Hesse/Schrader

Assessment Center für Führungskräfte

Das erfolgreiche Trainingsprogramm

Alles zum Trendthema
Management Audit

Eichborn

Die Autoren
Jürgen Hesse, Jahrgang 1951, geschäftsführender Diplompsychologe im Büro für Berufsstrategie, Berlin.
Hans Christian Schrader, Jahrgang 1952, Diplompsychologe in Berlin.

Anschrift der Autoren
Büro für Berufsstrategie
Hesse/Schrader
Oranienburger Straße 4–5
10178 Berlin
Tel. 0 30 – 28 88 57-0
Fax 0 30 – 28 88 57-36
www.berufsstrategie.de
speziell für dieses Buch:
www.berufsstrategie.de/fuehrungskraefte-ac

2   3   4   5   6   11   10   09

© Eichborn AG, Frankfurt am Main, Oktober 2007
Umschlaggestaltung: Christina Hucke
Satz: Fotosatz Reinhard Amann, Aichstetten
Druck und Bindung: Fuldaer Verlagsanstalt, Fulda
ISBN 978-3-8218-5940-8

Eichborn Verlag, Kaiserstraße 66, D-60329 Frankfurt am Main
Mehr Informationen zu Büchern und Hörbüchern aus dem Eichborn Verlag finden Sie unter www.eichborn.de

Inhalt

Berichte von Assessment Centern und Management Audits 200

Fast Reader

Assessment Center und Management Audit – der Gedanke daran treibt selbst gestandenen Bewerbern den Schweiß auf die Stirn und lässt den Puls von souveränen, erfahrenen Führungskräften sprunghaft ansteigen. Assessment Center (AC) ebenso wie Management Audit (MA) haben etwas Mystisches, gelten als härteste Bewährungsproben auf dem beruflichen Karriereweg.

Dieses Buch zeigt Ihnen, worauf es bei Personalausleseverfahren wie Management Audit und Assessment Center wirklich ankommt, und macht Sie mit den einschlägigen Herausforderungen und Aufgabentypen sowie der dahinterstehenden Ideologie vertraut. Es lüftet alle Geheimnisse und vermittelt Ihnen klar, mit welchen Prüfungsmethoden Sie zu rechnen haben.

Wir wollen Sie ermutigen, ebenso bewusst wie beherzt in ein AC oder MA zu gehen, um dort den bestmöglichen Eindruck zu hinterlassen.

Kurzum: Mit diesem Buch können Sie sich gezielt vorbereiten, egal, ob Sie beruflicher Ein-, Auf- oder Umsteiger auf Führungsebene sind. Hier finden Sie

- sämtliche Aufgabentypen eines Assessment Centers oder Management Audits (Seite 76ff.),
- die entscheidenden Anforderungs- und Beurteilungskriterien (Seite 22ff. und 68ff.)
- und eine punktgenaue Vorbereitung sowie jede Menge Tipps für die Bewältigung der einzelnen Aufgaben und Themen (Seite 76ff.).

Zusätzlich bieten wir Ihnen
- eine kritische Betrachtung von Assessment Centern und Management Audits (Seite 21ff. und 198ff.),
- ebenso spannende wie lehrreiche Erlebnisberichte von AC- und MA-Teilnehmern (Seite 200ff.)
- und zahlreiche praktische Übungen zur Vorbereitung (Seite 261ff.), wie den AC-Wissenstest, den Sie am besten machen, bevor Sie dieses Buch lesen.

Ziel unserer Arbeit ist seit über zwanzig Jahren, zur Orientierung beizutragen, aufzuklären, zu beraten und bei der AC- und MA-Vorbereitung gezielt zu unterstützen. Dieses neue Buch setzt die Tradition unserer Publikationen auf diesem Sektor mit aktuellen Beispielen und Erkenntnissen fort. Wir zeigen Ihnen, wie Sie solche Auswahlverfahren erfolgreich bewältigen.

Überblick für eilige Leser

Vermutlich haben Sie sich dieses Buch gekauft, weil Sie zu einem Assessment Center eingeladen worden sind oder an einem Management Audit teilnehmen dürfen. Herzlichen Glückwunsch!

Gerade heutzutage ist es nicht leicht, sich unter der Vielzahl der Bewerber für die Teilnahme an einem AC zu qualifizieren. Offenbar waren Ihre Bewerbungsunterlagen hervorragend gestaltet, Ihre Referenzen und Zeugnisse so gut, dass das Unternehmen, bei dem Sie sich beworben haben, Ihre Fähigkeiten näher kennenlernen will. Darauf können Sie zu Recht stolz sein. Man verspricht sich von Ihrer Teilnahme an diesem AC, eine Kandidatin/einen Kandidaten kennenzulernen, die/der für einen zukünftigen Job auf Führungsebene qualifiziert ist.

Eine weitere Ausgangssituation: Sie arbeiten bereits seit geraumer Zeit in einem Unternehmen. Dieses will durch ein AC oder MA beurteilen lassen, wie Ihre Führungsqualitäten einzuschätzen sind. Vielleicht haben Sie selbst daran Interesse, denn Sie sehen Chancen für einen internen Aufstieg.

Möglicherweise nehmen Sie nur notgedrungen an einem firmeninternen AC oder MA teil, weil Sie von Ihrem Vorgesetzten dazu aufgefordert wurden und sich schlecht verweigern können. Eventuell befürchten Sie sogar, das Ergebnis dieses Prüfungs- und Auswahlverfahrens könnte negative Auswirkungen auf Ihre weitere Karriere, möglicherweise sogar auf den Verbleib in diesem Unternehmen haben.

Unterschiedliche Ausgangssituationen mit gleichem Ergebnis: Von der erfolgreichen Teilnahme hängt für Sie und Ihre berufliche Zukunft viel ab.

Zur Einstimmung – ein erster Assessment-Center-Bericht

Als promovierte Germanistin zog es mich nach dem Abschluss meiner Promotion und dem Auslaufen meiner wissenschaftlichen Assistenzstelle in die PR-Szene. Schon während meines Studiums hatte ich als »Freie« für mehrere PR-Agenturen gearbeitet und wusste also, wie der Alltag dort aussieht, als ich den Einstieg in dieses Metier nahm. Innerhalb von fünf Jahren und nach zwei Stellenwechseln hatte ich es zur Position als Abteilungsleiterin mit insgesamt 25 Mitarbeitern gebracht. Nun schickte ich mehrere Bewerbungen an renommierte PR-Agenturen, weil ich den nächsten Karriereschritt angehen wollte, und wurde sofort von einer zu einem Assessment Center gebeten.

Ob ich aufgeregt war? Nun, ein bisschen schon, aber ich dachte mir, es ist besser, ich gehe möglichst unvoreingenommen und entspannt in ein solches Bewerbungsverfahren, als dass ich mir vorher zu viele Gedanken mache, wie es laufen könnte.

Mit sieben Teilnehmern waren wir eine eher kleine Gruppe, die zu diesem Führungskräfteauswahl-AC eingeladen war. Außer mir zwei weitere Frauen und vier Männer. Daran sieht man, dass der Frauenanteil in der PR-Szene immer größer wird. Normalerweise, so hatte ich gehört, überwiegen bei Führungskräfte-AC die männlichen Teilnehmer – schließlich geht es um Führungspositionen, und die werden immer noch eher mit Männern besetzt. Alle waren klassisch bis chic angezogen, besonders eine der Frauen (die dann später auch den Job bekam) hatte sich richtig in Schale geworfen. Alles stimmte bei ihr, bis hin zum kleinen Fingernagel und zur Silberschnalle an ihren Schuhen.

Wir wurden in einen hellen, großzügigen Raum gebeten, in dem schon zwei Frauen und ein Mann saßen. Die beiden Frauen arbeiteten für die Firma, bei der wir uns beworben hatten. Der Mann stellte sich als Psychologe vor. Er übernahm die Moderation und bat uns, uns nach kurzer Vorbereitung in einem kleinen Vortrag selbst vorzustellen.

Mich selbst zu präsentieren, war ich gewöhnt, und ich glaube, ich habe mich ganz gut dargestellt. Mit Hilfe des Flipcharts schrieb ich einige Daten über mich und mein Leben auf, die ich etwas ausführlicher erklärte. Doch dann kam eine – meiner Meinung nach – tückische Aufforderung. Wir sollten unseren Nachbarn zur Linken vorstellen, und das aufgrund der Informationen, die er (oder sie) zuvor über sich gegeben hatte. Die entsetzten Blicke (auch meine) sprachen Bände, denn so ganz genau hatte keiner von uns bei den anderen zugehört, geschweige denn sich viel gemerkt. Zu sehr waren wir alle damit beschäftigt gewesen, unsere eigene Präsentation vorzubereiten und durchzuziehen. Letztendlich haben wir alle dann doch die Aufgabe mehr oder weniger gut hinter uns gebracht – der Schock jedoch blieb. Derart gewarnt passten wir von nun an besser auf.

Die nächste Aufgabe war eine Postkorbübung, von der ich zwar schon viel gehört hatte, die ich aber nie ganz ernst nehmen konnte. Jeder von uns stellte einen höheren PR-Berater dar, der den ganz großen Chef vertreten musste und so auch dessen Angelegenheiten auf den Tisch bekam. Im Klartext bedeutete dies, dass wir neben unserem eigenen Kram und privaten, unaufschiebbaren Dingen auch noch die Geschäfte für den Chef regeln sollten. Zudem war für den selben Tag eine Geschäftsreise geplant.

Zugegeben – bei dieser Postkorbübung geriet ich ins Schwitzen. Prioritäten zu setzen und Aufgaben zu delegieren liegt mir, aber die Situation an sich trug dazu bei, dass ich mit der zur Verfügung stehenden Zeit von etwa einer halbe Stunde

11

nicht auskam. Allerdings blieben auch die fünf anderen nicht in der vorgegebenen Zeit. Welch eine Beruhigung!

Nach diesen beiden Übungen war eine Kaffeepause angesetzt und wir trafen uns alle im Vorraum. Beim Kaffeetrinken wurden – ganz offensichtlich – unsere Small-Talk-Fähigkeiten geprüft. Jeweils einer von den drei uns begutachtenden AC-Prüfern, auch Assessoren genannt, gesellte sich zu jeweils zwei von uns und begann ein Gespräch. Mir ist klar, dass insbesondere die Kommunikationsfähigkeit zu den wichtigsten Eigenschaften eines PR-Beraters gehört, aber diese Taktik war zu durchsichtig und ich war etwas genervt. Ich glaube, ich habe mich trotz meiner Verärgerung ganz gut geschlagen.

Nach dem Kaffee wurden wir in zwei Dreiergruppen eingeteilt, um in einer Gruppendiskussion unsere Qualitäten unter Beweis zu stellen. Wir bildeten ein PR-Beraterteam, das eine sehr umfangreiche Imagekampagne für ein unpopuläres Produkt entwickeln musste: gentechnisch veränderte Tomaten, die im Supermarkt angeboten werden sollten. Schon bei den ersten Vorschlägen fingen wir an zu diskutieren. Jeder von uns hatte eine eigene Vorstellung davon, wie man ein solches Thema am besten in einer Kampagne darstellt, und es wurde mühsam, den geforderten Kompromiss zu finden. Zwischendurch verlor ich fast die Geduld, weil die andere Frau in meiner Gruppe dämliche Vorschläge machte (sie bekam erstaunlicherweise später den Job ...!). Ich weiß, Diplomatie ist ab einem gewissen Grad nicht mehr meine Stärke, und das war auch das Ausschlusskriterium, wie man mir im Abschlussgespräch sagte.

In der letzten Übung ging es um ein Einzelgespräch mit einem »Kunden«, gespielt von dem Psychologen, über die Zusatzhonorierung einer Kampagne. Es waren zusätzliche Kosten entstanden, die ich jetzt als leitende Mitarbeiterin vom Kunden honoriert haben wollte. Der Kunde sah – wie im richtigen Leben – diese Zusatzkosten natürlich überhaupt nicht ein. Meine Aufgabe: Ich sollte ihn nun davon überzeugen, dass sie doch gerechtfertigt waren. Meine Argumente waren wohl so überzeugend, dass der »Kunde« nach weniger als zehn Minuten die Waffen streckte. Mit diesem Erfolg konnte ich meine Gesamtbeurteilung zwar auch nicht mehr nachhaltig verbessern, aber immerhin gab es mir das gute Gefühl, mich durchsetzen zu können.

Wie ich schon andeutete – ich bekam den Job letztlich nicht, war darüber aber nur kurz enttäuscht. Ich tröstete mich mit dem Gedanken, dass ich mit dem absolvierten AC einen guten Schritt vorwärts gemacht hatte – in Richtung einer besseren Selbsteinschätzung und dem Empfinden, meine Grenzen jetzt klarer zu sehen. Insofern hat mir das AC zwar keinen neuen Job, aber immerhin wertvolle Einsichten verschafft. Und die möchte ich nicht mehr missen, zumal sie mir oft bei anderen Gelegenheiten zugute kommen.

Was Sie bei einem Assessment Center und Management Audit erwartet

Dieser erste Assessment-Center-Bericht ist typisch – zum einen, was die Abfolge der Aufgaben betrifft, aber auch, weil er den Gemütszustand der AC-Teilnehmerin anschaulich vermittelt. Die Stimmung geht hoch und runter, je nachdem, wie gut die einzelne Aufgabe gelaufen ist. Überraschungen sind nicht ausgeschlossen.

Das war nur ein kleiner Vorgeschmack, in diesem Buch finden Sie weitere Erlebnisberichte. Aber zunächst möchten wir Ihnen vorstellen, was in einem Assessment Center (AC) auf Sie möglicherweise zukommen kann und wie der Ablauf eines Management Audit (MA) aussieht.

Beiden Verfahren ist gemeinsam, dass man versucht, durch andere, bisweilen betriebsfremde Personen Ihre Leistungsfähigkeit einschätzen zu lassen. Beim AC kann das sowohl beim Neueintritt ins Unternehmen als auch bei einem möglichen Aufstieg – wenn Sie bereits einige Zeit mit dabei sind – erfolgen. Beim MA wird dies allein bei fest angestellten Mitarbeitern durchgeführt. Es kann jedoch auch im Zuge einer Firmenübernahme eingesetzt werden, wenn der neue Inhaber sich einen Eindruck verschaffen möchte, auf welcher Ebene die alten oder neuen Mitarbeiter bleiben dürfen oder nicht.

So sind beide Verfahren durchaus gemeinsam zu betrachten, haben sie doch den Anspruch, das Können und die Potenziale von Mitarbeitern kritisch zu be- bzw. zu durchleuchten. Ein AC ist in der Regel mit einem größeren organisatorischen Aufwand verbunden, während ein MA auch in einem deutlich kleineren Rahmen zum Einsatz kommen kann. Beide Ergebnisse sollen vordergründig dazu dienen, den »richtigen Mann auf den richtigen Platz« im Unternehmen zu positionieren, haben aber auch etwas Disziplinierendes an sich, wenn Mitarbeitern eröffnet wird, dass ihre »Entwicklungspotenziale« keinen Aufstieg anzeigen.

Sie werden schnell merken, wir setzen uns kritisch mit den Themen AC und MA auseinander. Der Grund dafür ist: Das AC und der scheinbar neuere, kleinere Bruder, das MA, sind keinesfalls die unfehlbare oder objektivste Methode, um qualifizierte Mitarbeiter aus einem großen Pool von Teilnehmern herauszufiltern. Gerade das jedoch wird gerne von den MA- und AC-Machern sowie den Unternehmen, die sie veranstalten, behauptet (mehr zur Kritik auf Seite 196ff.).

Die Struktur eines Assessment Centers (AC)

Was kommt bei einem Assessment Center auf Sie zu? Um es kurz zu sagen: Viele Aufgaben! Bei der Bewältigung dieser AC-Aufgaben sollen Sie – manchmal allein, manchmal in der Gruppe – den AC-Beobachtern (Assessoren) zeigen, ob Sie der richtige Mann oder die richtige Frau für die ausgeschriebene Stelle oder zu besetzende Position sind. Im Einzelnen sind dies bei einem AC (wobei die Reihenfolge variieren kann und je nach Unternehmen auch nicht alle Übungen gemacht werden):

- *Präsentation*
Sie stellen sich selbst vor oder bekommen die Aufgabe, Ihren Nachbarn vorzustellen. Mögliche weitere Übungen sind auch Gruppenpräsentationen oder Präsentationen zu einem bestimmten Thema (siehe Seite 76ff.).
- *Gruppendiskussion*
Sehr beliebt sind Diskussionsrunden, entweder mit bereits vorgegebenem Thema oder einem, das die Gruppe sich selbst suchen muss (auch das ist oft eine Diskussion bzw. eine interessant zu beobachtende Auseinandersetzung!). Es gibt auch Gesprächsrunden, bei denen vorher aus dem Kreis der Teilnehmer ein Diskussionsleiter ausgesucht wird (siehe Seite 87ff.).
- *Rollenspiel*
Hier wird bevorzugt eine Konfliktkonstellation kreiert. Sie übernehmen dabei den einen (oftmals den schwierigeren) Part, ein Mitspieler oder einer der Beurteiler den anderen. Typisch sind heikle Gespräche z. B. zwischen Vorgesetztem und Untergebenem über dessen mangelnde Leistung oder mit einem unzufriedenen Kunden, der sich bei Ihnen beschwert (siehe Seite 102ff.).
- *Unternehmensplanspiel*
Eine Übung, bei der Sie beispielsweise eine Firma umstrukturieren müssen, da ein Konkurs ansteht (siehe Seite 112ff.).
- *Case Study*
Ihnen allein oder auch der ganzen Gruppe wird ein Problem präsentiert – meist aus dem Unternehmensbereich –, das Sie allein oder alle gemeinsam lösen sollen (siehe Seite 118ff.).
- *Interview*
Hier wird unterschieden zwischen dem strukturierten Interview (SI) und dem Stressinterview. Im SI gibt es für alle Teilnehmer dieselben Fragen über Lebenslauf, Beruf, Ziele, Familie etc., damit die Antworten vergleichbar sind. Im Stressinterview wird oft durch provozierende Bemerkungen versucht, Sie aus der Reserve zu locken (siehe Seite 123ff.).
- *Feedbackgespräch*
Im Feedbackgespräch geben die Assessoren (»Beurteiler«) den während des AC gewonnenen Eindruck von Ihnen wider – und das manchmal so, dass sie Sie absichtlich schlechter beurteilen, als Sie wirklich waren. Ziel: Ihre Frustrationstoleranz soll geprüft werden. Es kann aber auch Ihre Aufgabe sein, selbst Feedback zu geben (siehe Seite 134ff.).

- *Postkorbübung*
  Dahinter verbirgt sich die Aufgabe, eine Vielzahl privater und geschäftlicher Ereignisse und Vorgänge zu sortieren, selbst zu erledigen oder zu delegieren. Diese Übung wird von vielen als unangenehm und stressig empfunden, da alles unter großem Zeitdruck zu bewältigen ist (siehe Seite 139ff.).
- *Persönlichkeits-, Intelligenz-, Leistungs-/Konzentrationstests*
  Diese Tests, oft Paper-Pencil-Tests oder auch computergestützt, dienen dazu, Sie als Person besser zu durchleuchten. Deshalb sollten Sie sich vorbereiten und genau darauf achten, was Sie von sich preisgeben (siehe Seite 164ff.).

So sieht die grobe Struktur eines Assessment Centers aus. Dabei spielt Ihr Fachwissen eine viel geringere Rolle als Ihre Persönlichkeit. Insbesondere Ihre »Soft Skills«, also Ihre persönlichen Eigenschaften, Ihr Verhalten, Ihre charakterlichen Merkmale werden unter die Lupe genommen. Sind Sie kommunikativ und kontaktfreudig, teamtauglich, konfliktfähig und stressresistent? Können Sie gut frei sprechen und verfügen Sie über Überzeugungskraft? Diese und viele andere Eigenschaften sind es, die Ihre Gegenüber, die AC-Beobachter und »Juroren« bei Ihnen überprüfen wollen. Deshalb erfahren Sie in diesem Buch an den entsprechenden Stellen auch etwas über Small-Talk-Verhalten und Körpersprache. Und Sie finden zum Schluss ein Kapitel mit Stellungnahmen von und Interviews mit den Menschen, die Ihnen gegenübersitzen werden: Menschen aus den Personalabteilungen großer Firmen, aber auch der Inhaber eines Unternehmens, das ACs im Auftrag von Unternehmen konzipiert. Auch ehemalige AC-Teilnehmer kommen zu Wort, die von ihren – durchaus gemischten Erfahrungen – berichten. Die Kritik an dem »Gesamtkunstwerk AC« fehlt ebenfalls nicht. Zu guter Letzt bieten wir Ihnen die Möglichkeit, sich anhand eines umfangreichen praktischen Übungsteils besonders auf die Paper-Pencil-Tests vorzubereiten.

Aufbau und Zielsetzung eines Management Audits (MA)

Wie auch schon beim Assessment Center gibt es nicht *das* Management Audit. In der Regel wird ein externes Beraterteam oder eine Consultingfirma mit der Durchführung von einem oder mehreren Audits beauftragt. Das Herzstück ist dabei ein mehrstündiges Interview, das ein bis drei externe Gesprächspartner mit einzelnen, ausgewählten Mitarbeitern des Unternehmens jeweils über mehrere Stunden führen. Dieses mehr oder weniger standardisierte Gespräch bildet den Kern der Überprüfung und Einschätzung. Es kann sehr unterschiedlich sein, was die Länge und den Grad der Strukturierung angeht. Bisweilen hat ein MA-Kandidat auch zwei oder drei Interviews mit verschiedenen Gesprächs- und Interviewpartnern. Teilweise holt man auch ganz gezielt Feedbacks aus dem Umfeld des Kandidaten ein,

15

durch die ein noch genaueres Bild von der »Gesamtpersönlichkeit« des Prüflings entstehen soll.

Im Vordergrund aber steht das ausführliche Gespräch oder Interview mit Ihnen, dem MA-Kandidaten. Dies ist weniger ein Dialog, als ein Frage-und-Antwort-Spiel, aufgrund dessen Sie von den Experten eingeschätzt und beurteilt werden. Es können aber ebenso wie beim AC auch *Präsentationen, Gruppendiskussionen, Unternehmensplanspiele, Case Studies, Rollenspiele, alle Arten von Tests (inklusive Postkorbübung)* sowie ein *Abschlussinterview* und *Feedbackgespräch* zum Einsatz kommen. Als MA-Kandidat treten Sie jedoch nicht – wie beim AC üblich – in direkter Konkurrenz zusammen mit anderen auf und haben auch keine »vielköpfige« hauseigene Jury (Assessoren, Hilfs-Beurteiler) vor sich, die Sie überzeugen müssen.

Auch beim MA werden Ihnen schauspielerische Fähigkeiten abverlangt. Diskussionsrunden und Rollenspiele bringen Sie in diese für viele von Ihnen als etwas bizarr erlebte Situation. Dennoch: Die größere Herausforderung richtet sich hier an Ihre Kommunikationsleistung, Argumentationsstärke und Überzeugungskraft. Sympathie und Vertrauen spielen zusätzlich eine wichtige Rolle, stehen jedoch im Vergleich zum AC etwas weniger im Vordergrund.

Alles in allem: Beschäftigen Sie sich mit beiden Verfahren – mit dem AC sowie mit dem MA – und profitieren Sie von beiden Konzept-Erklärungsansätzen und den hier im Buch und auf unseren Internetseiten (*www.berufsstrategie.de*) angebotenen Informationen. Schauen Sie unter die Oberfläche beider Beurteilungs- und Auswahlverfahren und entdecken Sie, worauf es wirklich ankommt. Bereiten Sie sich gezielt vor und verdeutlichen Sie sich immer wieder, worum es auch Ihnen in dieser Überprüfungssituation geht, was *Sie von sich* Ihren Beurteilern (egal ob AC-Assessoren oder MA-Profi-Personalberatungsinterviewer) vermitteln wollen.

Zur Einstimmung – jetzt ein erster Management-Audit-Bericht

Ich wurde von unserer Zentrale zu einer etwa halbtägigen »Profilanalyse« (synonym für Management Audit) eingeladen. Die Geschäftsleitung (Hotelmanagement) wollte über dieses Verfahren prüfen lassen, welches Potenzial einige leitende Mitarbeiter für höhere Aufgaben oder Positionen hätten.

Zum Einstieg hatte ich mit meinen beiden Gesprächspartnern zunächst einen freundlichen, aber belanglosen Small Talk. Diese stellten sich als Mitarbeiter einer renommierten Personalberatung vor, die seit längerem mit unserer Firma zusammenarbeiten.

Der erste Teil des Interviews bestand im Wesentlichen aus der ausführlichen Abfrage und Darstellung meines beruflichen Werdegangs. Angefangen damit, wo ich aufgewachsen bin, über Eltern, Geschwister, Schule, Berufswahl, Ausbildung,

Wechsel und den Einstieg vor etwa fünf Jahren in dieses Unternehmen. Es gab dazu viele Fragen und Nachfragen, etwa eineinhalb Stunden lang, dann eine kleine Kaffeepause.

Sehr spannend und eine Herausforderung war für mich der zweite Teil. Dabei musste ich konkrete Geschichten und/oder Beispiele vortragen, die veranschaulichen sollten, wie ich etwas mache, plane, umsetze etc. Folgende Fragen wurden gestellt:

- *Wie zeigen Sie Freude, wie loben Sie Mitarbeiter?*
- *Wie zeigen Sie Unmut, wie kritisieren Sie Mitarbeiter?*
- *Wie führen Sie Mitarbeiter, wie sind Mitarbeiter zu motivieren?*
- *Was sind für Sie die drei wichtigsten Eigenschaften einer Führungskraft?*
- *Was sind Sie für ein Mensch? Sie gesellen sich zu einer Gruppe von fremden Menschen, wie verhalten Sie sich?*
- *Was hat Ihnen an der Führung vorheriger Chefs nicht gefallen bzw. gefallen und wie wollen Sie Mitarbeiter führen?*
- *Was stört Sie momentan in/an (auch auf die Führung bezogen) der Niederlassung XYZ?*
- *Wie verhalten Sie sich bei Stress, z. B. bei Streitfällen?*
- *Wie verhalten Sie sich bei Kritik von Mitarbeiterseite an Ihrer Person?*
- *Können Sie länger ohne (regelmäßige) Pause arbeiten?*
- *Fühlen Sie sich innerhalb Ihrer Führungsebene wohl?*
- *Was sind Ihre weiteren Interessen/Hobbys?*
- *Könnten Sie sich eine andere Beschäftigung vorstellen?*
- *Haben Sie einen Traumberuf?*
- *Welche beruflichen Ziele haben Sie?*
- *Sind Sie ehrgeizig?*

Der dritte Teil bestand aus einem Rollenspiel. Ich bekam 15 Minuten Vorbereitungszeit. Dann sollte ich einen meiner Interviewpartner davon überzeugen, Kunde unseres Unternehmens zu werden. »Bitte stellen Sie mir Ihr Unternehmen vor und überzeugen Sie mich, dass ich Ihr Haus besuche und künftig nur noch Ihre Dienstleistungen in Anspruch nehmen will«, so die Instruktion. Ich hatte zehn Minuten Zeit, um den vermeintlichen Kunden für mich und unser Angebot zu gewinnen.

Nach einer kleinen Pause von etwa fünf Minuten kam das Abschlussgespräch. Meine Interviewpartner berichteten, welchen Eindruck ich bei ihnen hinterlassen hätte. Insbesondere das Rollenspiel wurde hinsichtlich verbaler Ausdrucksweise und der gezeigten Körpersprache analysiert. Ich wurde gefragt, woran ich noch arbeiten möchte und in welchen Gebieten ich gern eine Weiterbildung machen würde. Des weiteren berichteten sie mir, welche Einschätzung bezüglich meiner

Eignung als Führungskraft sie der Geschäftsleitung mitteilen werden. Ich war mit dem Ergebnis zufrieden, eine grundsätzliche Empfehlung für weiterführende Aufgaben wurde ausgesprochen. Ich wäre als Führungskraft durchaus geeignet, müsse aber stark an mir arbeiten. Es war vor allem meine Körpersprache, die sie weniger überzeugend fanden. Ob das ohne gute Vorbereitung auch so positiv gelaufen wäre? Zunächst war ich aber einfach nur erleichtert, diese Anstrengung hinter mich gebracht zu haben ...

Im weiteren Verlauf dieses Buches konzentrieren wir uns zuerst auf das AC, das als Ausgangsbasis, Lernhintergrund und Vorbereitung auch für das MA geeignet ist. Wenn angezeigt, erklären wir Ihnen am Ende eines Abschnittes den Unterschied oder die besondere Herausforderung des MA im Verhältnis zur meist ähnlichen AC-Aufgabe und weisen Sie auf Besonderheiten hin.

Definition, Geschichte und Konstruktion von Assessment Centern und Management Audits

Definition

Assessment Center firmieren unter unterschiedlichsten Namen: Die einen nennen es Management- bzw. Personalentwicklungs-Seminar, die anderen Führungskräfte-Potenzial-Test oder schlicht Auswahl-, Förderungs-, Beurteilungs-, Qualifikations- oder auch Entwicklungs-Seminar. Auch Abkürzungen wie PAC (AC der Hessischen Landespolizei für Aufstiegskandidaten) erfreuen sich großer Beliebtheit.

Laut Definition geht es um ein systematisches Verfahren »zur qualifizierten Feststellung von Verhaltensleistungen bzw. Verhaltensdefiziten, das von mehreren Beobachtern gleichzeitig für mehrere Teilnehmer in Bezug auf vorher definierte Anforderungen angewandt wird«.[1]

Mit anderen Worten: Sie haben es mit »einer multiplen Verfahrenstechnik« zu tun, »zu der mehrere eignungsdiagnostische Instrumente oder leistungsrelevante Aufgaben zusammengestellt werden«. Dabei geht es um »die Einschätzung aktueller Kompetenzen oder die Prognose künftiger beruflicher Entwicklung und Bewährung«.[2]

Wortwörtlich übersetzt leitet sich der Begriff aus dem Englischen »to assess« = bewerten, beurteilen, einschätzen ab. Zieht man das Wort »center« mit hinzu, steht im Mittelpunkt die Beurteilung, in der Auswahltest-Realität der Beurteilte.

Noch vor einigen Jahren kannten nur wenige Eingeweihte den Begriff *Management Audit* (MA) und noch seltener die alternative Bezeichnung *Management*

Appraisal. Inzwischen sind es mehrere tausend Angestellte in mittleren und höheren Führungspositionen, die bereits praktisch mit dieser Form der Personal- und Potenzialüberprüfung konfrontiert wurden. Die Frage, wie fit wichtige Mitarbeiter und mit Führungsverantwortung betraute Manager sind, versucht die Unternehmensleitung mit diesen Verfahren zu beantworten.

Veränderungsgeschwindigkeit in Industrie und Handel und immer kürzere Lebenszyklen von Produkten und Dienstleistungen können nur erfolgreich bewältigt werden, so die Vertreter und Fürsprecher von Management Audits, wenn man die Potenziale der wichtigsten Führungskräfte richtig einzuschätzen weiß. Damit verbunden wird ihre optimale Platzierung im Unternehmen (»Der richtige Mann am rechten Platz!«). Das macht eine verlässliche Bewertung der Führungsmannschaft unumgänglich, insbesondere wenn man bei wirtschaftlichen Schwierigkeiten, bei Fusionen und Akquisitionsprozessen nicht im Chaos unter-, sondern als Sieger hervorgehen möchte.

Das Management Audit präsentiert sich als individualisiertes Analyseverfahren und verspricht seinen Auftraggebern differenzierte Informationen über die »Angehörten« (audire, lat.: hören). So soll überprüft bzw. bewertet werden (to appraise, engl.: bewerten), ob Führungskräfte den aktuellen Anforderungen optimal entsprechen, welches Leistungspotenzial in ihnen steckt, ob sie weitergehende Verantwortung übernehmen könnten oder möglicherweise sogar eine Fehlbesetzung für das Unternehmen darstellen.

Es geht also um die Identifikation von Leistungsträgern und Top-Kräften, aber auch um das Erkennen, wer für das Unternehmen ein Problemfall ist oder sich nicht sicher einordnen lässt.

Häufigster Anlass für ein Management Audit (oder Management Appraisal) sind bevorstehende gravierende Probleme oder Veränderungen innerhalb eines Unternehmens, beispielsweise geplante oder bereits vollzogene Fusionen, Umstrukturierungsmaßnahmen, strategische Neuausrichtungen, Reorganisationen, Kapazitätserweiterungen oder anstehende Personalreduzierungen.

MAs werden in der Regel von externen Personalberatungs- oder Consultant-Firmen durchgeführt. Diese propagieren ihre teure Dienstleistung als *die* einzigartige Möglichkeit, mit der sich die Unternehmensleitung Ein- und Überblicke in die personellen Potenziale der Management-Ebene verschaffen kann.

In vielen Fällen wird das leitende Top-Management versuchen, bereits anstehende problematische Personalentscheidungen durch MAs abzusichern. Entscheidungen über Neubesetzungen und Entlassungen sollen »objektiv« mithilfe von externen Profis getroffen werden (dass diese Objektivität schwierig umzusetzen ist, versteht sich von selbst).

Grundlage jedes Management Audits sind sehr intensive Interviews, aus denen man rückschließt, wie wertvoll der/die befragte Mitarbeiter/in wirklich für das Unternehmen ist. Hier steht immer eine Person allein »im Zentrum der Beobachtung« und wird befragt, getestet sowie anschließend beurteilt. Die langen, oft über mehrere Stunden andauernden Interviews werden meist von einem bis drei Personalprofis durchgeführt. Ergänzt wird das persönliche Gespräch oftmals durch Methoden, die man von Assessment Centern her kennt: Postkorbübung, Rollenspiel, Präsentation usw.

Geschichte

Auch wenn es in der Sagen- und Märchenwelt immer Prüfungen und Initiationsriten als Vorläufer unserer heutigen Tests gab (beispielsweise bei Odysseus oder Herkules), ist die deutsche Wehrmachtspsychologie mit der Entwicklung des heute so benannten Assessment Centers eng verbunden. »Heerespsychotechnik« wurde dieses Verfahren im Ersten Weltkrieg genannt.

An der Berliner Universität gründete man 1920 ein psychologisches Forschungszentrum im Auftrag des Reichswehrministeriums. Ab 1927 durfte kein Offizier der Reichswehr ernannt werden, der nicht das sogenannte heerespsychotechnische Auswahlverfahren erfolgreich durchlaufen hatte. Die Hauptprüfung in der Offiziersanwärterauswahl war ein charakterologisches Verfahren. Es bestand aus einzeln und in Gruppen durchgeführten Arbeitsproben sowie verschiedenen Interviews, Intelligenz- und Persönlichkeitstests.

Auch andere Staaten und deren Militärs bedienten sich nach deutschem Vorbild der AC-Methode zur Auswahl ihres Offiziersnachwuchses. So wurde beim britischen Militär die AC-Übung »Der Unteroffizier spricht zu seinen Männern« durchgeführt, das sogenannte »Zugführergespräch«. Dabei hatte der AC-Kandidat »menschliche« Probleme zu behandeln, z. B.: »Als Zugführer wurden Sie gerade von Ihrem kommandierenden Offizier darüber informiert, er habe Informationen darüber erhalten, das gewisse Männer aus Ihrem Zug in der Stadt in Gesellschaft einer allseits bekannten Prostituierten gesehen wurden. Sie werden gebeten, darüber zu Ihrem Zug zu sprechen.«[3]

Die Idee, ein AC als Auswahlverfahren zu verwenden, ist also nicht neu. Die moderne Geschichte des AC entwickelte sich in den 50er Jahren des vergangenen Jahrhunderts weiter. Zu diesem Zeitpunkt wurde das AC in den Vereinigten Staaten wiederentdeckt und dort zuerst von der Telekommunikationsfirma »AT & T« zur Beurteilung von Führungskräften genutzt. Nach »AT & T« kamen immer mehr Firmen zu der Überzeugung, dass es von Vorteil ist, ihre Manager mittels AC-Verfahren auszuwählen. Im Laufe der 70er-Jahre gingen auch deutsche Unternehmen dazu über, neue Mitarbeiter mithilfe eines AC auszusuchen.

Konstruktion

»Das wichtigste Kapital eines Unternehmens sind seine Mitarbeiter«: Jedes Unternehmen will für sich die besten Mitarbeiter gewinnen. Um diese effizient aus der Masse an Kandidaten herauszufiltern, werden AC- und MA-Personalausleseverfahren genutzt.

Was steckt dahinter? Unter der Annahme, dass ein Arbeitsplatz ganz bestimmte Eignungs- und Persönlichkeitsmerkmale von seinem Inhaber abverlangt, versucht der AC-Konstrukteur, eben diese herauszufiltern und mittels von ihm erdachten Übungen spielerisch zu überprüfen.

Hat der AC-Konstrukteur die seiner Meinung nach entscheidenden Erfolgsmerkmale eines Arbeitsplatzes herausgefunden und glaubt diese in einer der Arbeitsrealität nachgestellten Situation (z. B. Rollenspiel) gut beobachtbar und damit überprüfbar machen zu können, folgt vor der Einladung der AC-Kandidaten noch ein weiterer wichtiger Schritt: Er muss geeignete Beobachter suchen, die er in der Art und Weise, wie Kandidaten zu beobachten und zu beurteilen sind, trainiert. Wenn diese AC-Beobachter (meist Führungskräfte des Unternehmens) wissen, wie und worauf sie bei den Kandidaten zu achten haben, kann das AC beginnen. Bisweilen treten auch sogenannte Moderatoren auf, deren Aufgabe darin besteht, die einführenden und überleitenden Worte zu den einzelnen AC-Aufgaben zu sprechen und den organisatorischen Ablauf zu gewährleisten.

Management Audit und Assessment Center im Vergleich

Im Bewusstsein, dass Spielsituationen den Arbeitsalltag und das Verhalten von Mitarbeitern nur sehr eingeschränkt beurteilbar machen, und auch aufgrund der personalaufwendigen, kostspieligen Durchführung eines AC entstand quasi als Alternative das Management Audit. Im Unterschied zum AC sind hier die Beobachter zumeist externe Personen und können somit angeblich etwas objektiver bewerten und beurteilen als interne und selten für diese Aufgabe besonders geschulte Beobachter aus dem Vorgesetzten- oder Kollegenkreis.

Etwas verkürzt und salopp formuliert könnte man sagen: *Assessment Center* sind eine bunte Mischung aus subtilen Psychotests und Spielszenen, die den Kandidaten in diversen Gruppen-, Paar- oder Einzelperformances zum Zwecke der Potenzialerkennung und Personalauslese die Lösung von Aufgaben abverlangen. Sie sind Ihnen unter anderem Namen bereits aus Grimms Märchen bekannt, in denen angehende Helden oder mögliche Freier von Königstöchtern nicht ohne gewisse Prüfungen zum Ziel bzw. Erfolg kommen konnten.

Und hier gibt es eine wunderbare Parallele zum *Management Audit*. Den Drachen besiegte im Märchen nur einer, nie eine Gruppe. Ebensolches gilt für die

Schatzsuche. Obwohl es auch Einzel-ACs gibt, vielleicht der Vorläufer des MA, wo nur eine Person allein im Zentrum steht und getestet sowie anschließend beurteilt wird, ist dieses Vorgehen eigentlich typischer für das MA. In einer Art höchst intensiven, langen, über mehrere Stunden andauerndem Interview (manche nennen es der Einfachheit oder der Verschleierung halber Gesprächsrunde) versuchen sich ein bis (sehr selten) drei Personalprofis ein genaues Bild von ihrem Gegenüber (also *Ihnen*) zu machen. Zwischendurch wird dann auch ein wenig »gespielt« und improvisiert, in der Hauptsache jedoch ein Frage-und-Antworten-Ritual durchgezogen, das als Basis für eine schriftliche Beurteilung Ihrer Person mit all den Kompetenzeinschätzungen und eventuellen Potenzialen dient.

Kritische Stimmen vergleichen die Vorgehensweise beim MA mit der mittelalterlichen Inquisition. Dem muss entgegengehalten werden, dass die modernen Verhörmethoden weniger auf Daumenschrauben als auf scheinbare Sympathie, Verständnis und Offenheit angelegt sind. Wichtig bleibt in jedem Fall eine gründliche Reflexion der eigenen Person und des Handelns, in der Vergangenheit, aktuellen Gegenwart und Zukunft. Mit dieser Lektüre hier wird Ihnen das sicher gelingen. Sie sind auf dem besten Weg.

Was im Assessment Center und Management Audit von Ihnen verlangt wird

Fast könnte man meinen: Wer ein AC positiv bestehen will, muss ein wahres Allround-Genie sein. Zahlreiche Unternehmen, Organisationen, die staatliche Verwaltung und mittlerweile sogar die Kirchen (!) versuchen ihre zukünftigen Mitarbeiter per AC aus dem großen Pool der Bewerber herauszufiltern. Sie alle suchen nach Kandidaten, die leistungsstark und hoch motiviert sind, kommunikationsstark, flexibel, durchsetzungs- und zugleich kooperationsfähig, kunden- wie teamorientiert sind, stressresistent, kreativ usw.

Klar ist, es gibt nicht viele Kandidaten, die all diese Eigenschaften in sich optimal vereinigen und dann auf Verlangen vorweisen können. Das lässt nur einen Schluss zu: Ein AC muss kein unüberwindliches Hindernis sein, für niemanden. Und schon gar nicht für Sie. Voraussetzung: Sie machen sich vor einem AC mit Thema, Hintergrund und Ablauf gut vertraut. Das wird auch von der durchführenden Seite (Arbeitgeber wie Beurteiler) erwartet.

Sicherlich haben Sie es bei der Aufzählung der erwünschten Eigenschaften bemerkt: Zum Teil bilden sie geradezu Gegensatzpaare – ein deutliches Beispiel dafür ist Teamfähigkeit versus Durchsetzungsfähigkeit. Das bedeutet in der AC-Praxis einen ständigen Balanceakt vollbringen zu müssen. Zwar sollen Sie Eigenschaften wie Führungsstärke und Durchsetzungsfähigkeit vorweisen können, aber davon nicht zu viel, denn eine gewisse Unterordnungsbereitschaft und Frustrationstoleranz (insbesondere Vorgesetzten gegenüber) sind ebenso vonnöten wie Teamfähigkeit und individueller Kampfgeist. Der ideale Kandidat kann sich durchsetzen, ist gleichzeitig kooperativ, entscheidungsstark und weist einen Gutteil sozialer Kompetenzen auf: die sprichwörtlich »Eier legende Wollmilchsau«.

Diesen Balanceakt kennen Sie aus Ihrem bisherigen Berufsleben: Sie sollen einerseits anpassungsfähig sein, andererseits zu sich selbst und Ihren Entscheidungen stehen, »authentisch« sein. In einem AC oder MA werden Sie dazu sogar explizit aufgefordert. Doch nicht verzweifeln, es geht hier primär um Ihre schauspielerischen Talente (AC) bzw. um Ihre erzählerische, suggestive Begabung (MA).

Niemand macht es wirklich gern, sich anders zu geben, als er ist. Aber im Laufe eines Bewerbungs- oder Überprüfungsverfahrens ist es unmöglich, sich gewissen Konventionen zu entziehen. Positiv umgedeutet vergleichen Sie es am besten mit einem ersten Rendezvous. Hier würden Sie sich auch bemühen, im besten Licht zu erscheinen: lässige Eleganz statt Jogginghose, gepflegte Erscheinung statt Freizeit-Look, kein offensichtlicher Streit selbst bei kontroversen Ansichten.

Ebenso verlangt ein Bewerbungs- und/oder Leistungs-Beurteilungsverfahren nach Anpassung, sei es in der klassischen Form eines Vorstellungsgesprächs oder in der verschärften Variante eines AC bzw. eines MA. Als Bewerber oder zu Beurteilender auf dem Prüfstand sollten Sie sich nach Kräften bemühen, sich von Ihrer Schokoladenseite zu präsentieren und Unsicherheiten, Schwächen, Krankheiten oder gar persönliche Probleme mit dem Vorgesetzten, Partner oder Kindern außen vor zu lassen.

Nur nett und unkompliziert zu erscheinen, wird Ihre Beurteiler jedoch auch nicht überzeugen. Ecken und Kanten gehören dazu, bloß nicht zu viele, und vor allem nicht zu scharfe! Auf die Mischung kommt es an und auf die Art und Weise, wie es Ihnen gelingt, diesen komplexen und komplizierten Sachverhalt überzeugend darzustellen.

Die entscheidenden Weichensteller

Grundsätzlich gilt: Es hilft zu wissen, worauf die AC-Assessoren und Verantwortlichen der Personalabteilung oder die externen Begutachter des MA achten. Und es wäre naiv, das AC oder MA als simple »Spielshow und Quiz mit psychologischem Anspruch« abzuqualifizieren und so zu tun, als ob es »ein Spaziergang« wäre, kinderleicht zu bewältigen. Man sollte ACs wie MAs nicht unterschätzen, denn Aufgaben und Herausforderungen sind gut durchdacht.

Andererseits gibt es auch keinen Grund zur Panik. Wie in anderen Prüfungssituationen, die Sie bis jetzt erfolgreich bestanden haben, ist vor allem eins wichtig: Sie müssen vorher durchschauen, worum es bei dem Auswahlverfahren geht und nach welchen Kriterien Sie beurteilt werden sollen. Dann können Sie sich darauf einstellen. Und darauf kommt es an, auf Ihre Einstellung (und weitere Anstellung), im doppelten Wortsinne.

Auf den Punkt gebracht: Die Eignung eines Bewerbers bzw. eines zu beurteilenden Kandidaten wird sowohl beim AC als auch bei einem MA an drei wesentlichen Kriterien festgemacht:

1. **Persönlichkeit**

   Wie kommen Sie beim Gegenüber an? Sind Sie sympathisch? Vertrauenswürdig? Wirken und verhalten Sie sich natürlich? Inwieweit sind Sie in der Lage, sich anzupassen? Passen Sie zur Firma und in das Team der Kollegen? Kann man Ihnen vertrauen und damit etwas zutrauen?

2. **Leistungsmotivation**

   Wie sieht es mit Ihrem Engagement aus? Haben Sie Biss? Wie arbeits- und lernwillig präsentieren Sie sich? Sind Sie bereit, Außerordentliches zu leisten. Inwieweit identifizieren Sie sich mit den Zielen der Firma?

3. **Kompetenz**

   Wie wach, wie fit sind Sie? Wie ist Ihre Ausbildung? Welche Erfahrungen in der Branche mit speziellen Problemen und ihren Lösungen können Sie vorweisen? Können Sie klar denken und die richtigen Entscheidungen treffen?

Diese drei Aspekte oder Teilbereiche sind gegeneinander nicht immer klar abzugrenzen, zumal es Eigenschaften (»Skills«) gibt, die man allen dreien zuordnen würde, wie beispielsweise Zuverlässigkeit oder Verantwortungsbewusstsein.

Bewusst haben wir die Persönlichkeit an die erste Stelle dieser Anforderungsliste gestellt, nicht die Kompetenz. Der Grund dafür ist: Nicht nur im normalen Bewerbungsgespräch, sondern auch in einem AC ist die Sympathie, das Vertrauen, das Sie in anderen für sich mobilisieren können, sehr, sehr wichtig.

Es reicht also bei Weitem nicht aus, dass Sie kompetent sind. Entscheidend für oder gegen eine Einstellung oder Beförderung ist, wie sympathisch Sie Ihrem Gegenüber, also den Assessoren oder Personalprofis erscheinen. Das bestätigen – wenn auch nicht laut und offiziell – Personalchefs nationaler wie internationaler Unternehmen (siehe Seite 200ff.).

Sympathie, Vertrauen und Zutrauen

Vor allem der berühmte erste Eindruck stellt die Weichen dafür, ob Ihr Gesprächspartner Ihnen mit positiven oder negativen Gefühlen begegnet. Dies gilt sowohl für die Beurteiler als auch für Ihre Mitkandidaten, auf die Sie spätestens in der Gruppendiskussion treffen. Es gibt sogar Übungen, die sich mit genau dem Thema »Sympathie« auseinandersetzen (Beispiel: Wem aus der Gruppe würden Sie ein gebrauchtes Auto abkaufen? Siehe Seite 28f.)

Sympathie zwischen zwei Menschen kann vom ersten Moment des Kennenlernens an vorhanden sein oder sich erst im Laufe der Zeit entwickeln (wie die sprichwörtliche Liebe auf den ersten und auf den zweiten Blick). Wodurch das geschieht, können Sie der folgenden Tabelle entnehmen:

Sympathie wird eher hervorgerufen durch …	Antipathie wird eher hervorgerufen durch …
Anpassung	mangelnde Anpassung
Charisma	fehlendes Charisma
Freundlichkeit	Unfreundlichkeit
Höflichkeit	Unhöflichkeit
Gelassenheit	Nervosität
Ruhe	Unruhe
Selbstsicherheit	Selbst-Unsicherheit
Geduld	Ungeduld
Toleranz	Intoleranz
Gleichberechtigung	Dominanz-/Machtstreben
Gewährenlassen (Freiheit)	Beherrschung (Unfreiheit)
Attraktivität	Abstoßendes Äußeres
Schönheit	Hässlichsein
Gewandtheit	Unsicherheit
Entspanntheit	Anspannung
gleiche/ähnliche Interessen/Hobbys	stark unterschiedliche Interessen/Hobbys

Stellen Sie sich vor, Sie sind leidenschaftlicher Formel-1-Fan oder Sie interessieren sich für Archäologie. Ist Ihnen jemand, der Formel-1 und Archäologie ablehnt, sympathischer als jemand, der Ihre Neigungen teilt? Die Antwort ist klar: Es geht darum, eine ähnliche Ebene, gemeinsame Werte zu finden. Sie führen dazu, dass sich Menschen sympathisch sind.

Je mehr Parallelen es zwischen den Assessoren und Ihnen gibt, umso sympathischer können Sie ihnen erscheinen. Das können Hobbys sein oder auch biografische Ähnlichkeiten (z. B. bezüglich früherer Wohnorte, Ausbildungsinstitutionen und Arbeitgeber). In diesem Fall beginnt Ihr Gegenüber, sich in Ihnen wiederzuerkennen, sich mit Ihnen zu identifizieren (»Der/die ist ja wie ich«).

Als Folge: Wenn Sie sympathisch und somit vertrauenswürdig wirken, wird man Ihnen die Kompetenz, die Lösung der Aufgaben zutrauen. Denn: Vertrauen schafft Zutrauen und all das startet auf der Basis der Sympathie.

Ebenso sympathisch wirken motivierte und kompetente Bewerber. Sie vermitteln dem Arbeitgeber das Gefühl, in ihnen einen leistungsstarken Mitarbeiter finden zu können, der mithilft, Probleme zu lösen. Allerdings werden diese Eigenschaften nicht so unmittelbar deutlich wie das eher unbewusste Sympathiegefühl. Als Bewerber müssen Sie deshalb vor allem ein Ziel im Auge haben: den Assessoren die drei wichtigsten Entscheidungsfaktoren *Persönlichkeit, Leistungsmotivation* und *Kompetenz* während des gesamten AC immer wieder gekonnt zu vermitteln.

Um dieses Ziel im Auge zu behalten und zu erreichen, sollten Sie sich folgende Fragen stellen:

- Was für ein Mensch sind Sie und wie präsentieren Sie sich in beruflichen Bereichen?
- Wie bringen Sie Ihre Leistungsmotivation für das Unternehmen deutlich und überzeugend zum Ausdruck?
- Wie vermitteln Sie angemessen Ihre Kompetenz?

Ob man Sympathie für jemanden empfindet oder nicht, entscheidet sich jedoch nicht nur anhand verbaler Kommunikation, d. h. über die Sprache und die Sprechweise, sondern auch über die nonverbale Kommunikation. Dazu gehören vor allem Aussehen, Auftreten, Körpersprache und Kleidung. Daher ist es wichtig, einen positiven und gepflegten Eindruck zu vermitteln. Geben Sie sich bei der Auswahl Ihrer Kleidung und Ihrer gesamten Erscheinung ebenso viel Mühe wie bei einem ersten Rendezvous. Und: Vergessen Sie nicht, sich auch von hinten zu betrachten!

A. Verbale Kommunikation
  - Sprache
    (formal/inhaltlich)
  - Sprech-/Redeweise (nonverbale Anteile der verbalen Kommunikation)
    laut, leise, Dialekt, Klang (»Der Ton macht die Musik«)

B. Nonverbale Kommunikation
  - Aussehen, Äußeres, Auftreten
  - Erscheinung
    Größe
    Figur
    Gewicht

Haare (auch: Bart)
Haut
- Körpersprache
Mimik
Gestik
- Kleidung
Brille/Accessoires

Ihre Kompetenzen und Leistungen für das Unternehmen

Das Management Audit hat ebenso wie das Assessment Center die Trias Kompetenz, Leistungsmotivation und Persönlichkeit im Fokus. Im Unterschied zum AC werden jedoch Verhaltens- und Umgangsweisen beim Kandidaten begutachtet, die sich stärker auf fünf »Kompetenzbereiche« konzentrieren:

- *Führungskompetenzen* = Führungsanspruch, Delegationsfähigkeit Durchsetzungsvermögen, Kooperations- und Integrationsfähigkeit sowie Leistungsorientierung
- *Strategische Kompetenzen* = unternehmerisches sowie vernetztes Denken und Handeln, organisatorische Fähigkeiten, Veränderungsprozesse initiieren, fördern und steuern sowie eine generelle Erfolgsorientierung
- *Problemlösungskompetenzen* = analytisches, logisches, systematisches Denken und Handeln, Entscheidungsverhalten, geistige Flexibilität und Kreativität
- *Soziale Kompetenzen* = Kontakt- und Kommunikationsfähigkeit, Auftreten und Umgang, Repräsentationsfähigkeit und Konfliktverhalten
- *Persönliche Kompetenzen* = Motivation und Antrieb, Ehrgeiz, Frustrationstoleranz und Durchhaltevermögen, Mut zum Risiko, Querdenken, Wandlungs- und Lernfähigkeit, Gewissenhaftigkeit und Verträglichkeit

Mithilfe eines gezielten Abfrage-Modells, beispielsweise als STARS-Methode abgekürzt, versucht man durch eine systematische Befragung bestimmten Verhaltens-, Kompetenz- und Persönlichkeitsmerkmalen auf die Spur zu kommen.

- Wie war die **S**ituation bzw. Ausgangslage?
- Was war der **T**ask oder die besondere Herausforderung?
- Wie sah Ihre **A**ktion, Ihre Vorgehensweise (Handlung) aus?
- Was war das **R**esultat/Ergebnis?
- Wie beurteilen Sie im Nachhinein die Situation? Kritische **S**elbst-Reflexion? Was würden Sie heute anders machen, was haben Sie daraus gelernt?

Die Auseinandersetzung mit den eigenen Handlungsweisen nach dem oben vorgestellten Muster (STARS) kann auch für AC-Kandidaten sinnvoll sein, wenngleich der Schwerpunkt im AC-Interview weniger auf dem liegt, was und wie etwas in der Vergangenheit geleistet wurde.

Nutzen Sie Ihre Chancen

Möglicherweise sind Sie nicht begeistert, wenn Sie hören, dass in Ihrem Unternehmen ein Management Audit ansteht und Sie daran teilnehmen müssen/sollen. Versuchen Sie die Sache jedoch möglichst positiv zu sehen. Geht man von den erklärten Zielen eines Management Audits aus, dann bedeutet diese Form der Mitarbeiterbewertung für Sie – neben allem Stress – auch eine Chance zu zeigen, was in Ihnen steckt, was Sie alles leisten.

Ziele eines Management Audits sind unter anderen:

- Leistungsträger zu identifizieren (daneben sollen natürlich auch »Störer und Problemfälle« ausgemacht werden)
- vorhandene Managementkompetenzen zu überprüfen (wenn Veränderungen im Unternehmen anstehen)
- mögliche Führungskräfte zu entdecken und zu fördern (durch nachfolgende Trainingsmaßnahmen).

Nicht immer geht es um die sogenannte Freisetzung überflüssig gewordener Mitarbeiter. Vielleicht braucht das Unternehmen demnächst Führungskräfte für neue Arbeitsfelder und will sie lieber aus den eigenen Reihen rekrutieren und entsprechend schulen, anstatt sie teuer und unsicher einzukaufen und eine lange Erprobungsphase in Kauf zunehmen

Wenn in Ihrem Unternehmen ein Management Audit ansteht, sollten Sie sich also gut informieren, welche firmenpolitischen Entscheidungen demnächst anstehen. So können Sie besser einschätzen, worum es (für Sie) geht.

Ohne mich – ein zweiter Assessment-Center-Bericht

Zu sechst waren wir in einer Höhle eingeschlossen – berichtet uns ein Bewerber. *Das Wasser stieg unaufhaltsam, nur einer von uns konnte gerettet werden. Man gab uns 30 Minuten, um zu entscheiden, wer der Glückliche sein sollte. Als die Gruppe sich schließlich auf den Jüngsten geeinigt hatte, zog ich meine (imaginäre) Pistole und erzwang mir den Weg in den Rettungskorb. Der Personalpsychologe beendete mit einer knappen Handbewegung das aus dem Stand von uns abverlangte Rollenspiel.*

Misstrauisch blickten mich meine Mitspieler im Konferenzraum der bekannten XY-Versicherung an: Ob der im wirklichen Leben auch so brutal ist?

Ich war Bewerber um eine Position im Außendienst einer Spezial-Ärzteversicherung, die zur XY-Gruppe gehört. Schon beim ersten Auswahlgespräch hatte man uns aufgefordert, an einem Auswahlverfahren teilzunehmen: dem »Assessment Center«.

Begonnen hatte dieser Testtag mit dem »Gebrauchtwagentest«: Jeder musste anonym aufschreiben, wem er aus der Gruppe am ehesten einen Gebrauchtwagen abkaufen würde. Damit sollte getestet werden, wer besonders vertrauenswürdig wirkt. Aus Taktik stimmte ich für jemanden, den ich eher unsympathisch fand.

Später saß ich einem Mitbewerber gegenüber. Ich sollte herausfinden, ob er schon einmal seine Frau betrogen hatte. Mein Mitbewerber durfte nicht merken, worum es in dem Gespräch ging. Ich plauderte mit ihm über Partys und Alkohol. Nach einer Viertelstunde hob ich den Arm: Ich war mir ganz sicher – er hatte seine Frau noch nie betrogen. Er war übrigens überzeugt, dass ich in unserem Gespräch feststellen wollte, ob er ab und zu mal einen über den Durst trinkt.

Mittags gingen wir zum Essen in ein gutes Restaurant. Da saßen wir nun um den Tisch: sechs Bewerber um die 30, ein Personalpsychologe, vier Versicherungsmanager. Drei Gerichte standen zur Auswahl: ein rustikales Steak, eine Geflügelkeule und ein kompliziertes Fischgericht. Ich grübelte: War dies Essen nun vielleicht auch ein Bestandteil des Tests?

In der Testauswertung am späten Nachmittag zeigten sich die Versicherungsmanager sehr angetan von meinem Verhalten bei Tisch: Als Einziger hatte ich Fisch gewählt, keine Gräte war mir im Halse stecken geblieben.

Die Prüfer waren beeindruckt von meiner Durchsetzungsfähigkeit und meinem »Biss«: Doch beide Eigenschaften machten sie mir auch zum Vorwurf: Ich hätte es darauf angelegt, mich um jeden Preis durchzusetzen – sie aber suchten jemand, der auch anpassungsfähig mit Geschäftspartnern umgehen konnte.

Trotzdem bekam ich ein Angebot – unter einer Bedingung: Die Manager wollten mich gerne mal zu Hause besuchen, um mich in meinem »persönlichen Umfeld« zu erleben. Offensichtlich mochten sie sich auf die Ergebnisse ihres Assessment Centers doch nicht ganz verlassen.

Abends griff ich zum Telefon und zog meine Bewerbung zurück. Ich wollte nicht ihr Wolf im Schafspelz sein.

Hinweis: Mehr Erlebnisberichte finden Sie unter www.berufsstrategie.de/ac-berichte

Die Herausforderung –
eine gründliche Vorbereitung

Vermutlich fragen Sie sich, was zu tun ist, damit Sie so ein AC- oder MA-Verfahren erfolgreich absolvieren? Die Antwort fällt verhältnismäßig einfach aus und lautet schlicht: sich richtig vorbereiten. Schätzungsweise weniger als ein Drittel der Kandidaten eines AC oder MA bereiten sich gezielt vor, davon etwa 50 Prozent nicht umfassend und gründlich genug. Das ist Ihre Chance. Denn: Auf eine fundierte Vorbereitung kommt es an und auf Ihre persönliche, mentale Einstellung zu diesem Auswahl- und Beurteilungsverfahren.

Gehen Sie möglichst »unverkrampft«, wenn auch bestens vorbereitet, an so ein Auswahlverfahren heran. Idealtypischer Weise fröhlich-optimistisch, positiv und hoffnungsvoll gestimmt, schließlich findet man Sie so interessant und unterstellt Ihnen ein gewisses Potenzial, dass man Sie zum AC bzw. MA eingeladen hat. Falls es am Ende nicht wie gewünscht klappt, verbuchen Sie das Ganze als wichtige Erfahrung und lernen etwas daraus. Wenn es gut läuft, umso besser für Sie.

Ein wichtiger Hinweis: Auch wenn Ihnen diese Aufforderung etwas merkwürdig vorkommt – ziehen Sie keine verbindlichen (positiven oder negativen) Rückschlüsse aus den Beurteilungsergebnissen hinsichtlich Ihrer persönlichen Eignung für eine spezielle Aufgabe, das Berufsbild oder Ihr zukünftiges berufliches Wohlergehen. Es ist kaum möglich, Erfolgskriterien eindeutig festzuschreiben, und noch schwieriger, diese in Form von Kandidaten-Spielen vorführ- und überprüfbar zu machen, geschweige denn Verhaltensvorhersagen für die zukünftige berufliche Entwicklung daraus abzuleiten. Daher: Vertrauen Sie sich und Ihren Fähigkeiten und lassen Sie sich bloß nicht schnell entmutigen!

Auch wenn AC- wie MA-Veranstalter behaupten, man könne sich auf ein professionelles MA oder AC nicht vorbereiten, sind Sie in jedem Fall gelassener, wenn Sie es tun. Viele Unternehmen erwarten, dass sich Bewerber kundig machen. Wenn Sie blauäugig an diese Aufgabe herangehen, könnte man annehmen, dass Sie am Arbeitsplatz ähnlich unprofessionell agieren.

Außerdem machen Bewerber, die mehrmals an AC teilgenommen haben, immer wieder die Erfahrung, dass der wachsende Lerneffekt sich positiv auf die Ergebnisse niederschlägt. So bestätigt diese Kandidatin:

Nachdem wir den ersten Tag mit diversen Paper-Pencil-Tests hinter uns gebracht hatten und nach einem exzellenten Essen (bei dem wir uns endlich mal unbeobachtet unterhalten konnten), gab es die ersten Testergebnisse. Die Hälfte der Teilnehmer durfte abreisen. Ich auch. Auf einer Neuner-Skala hatte ich nicht bei allen Tests die 5 erreicht. Im Einzelfeedback wurde detailliert erläutert, woran es gehapert hatte. Bei mir war das Problem der Umgang mit dem komplexen Zahlenmaterial, also das schnelle Abschätzen und mutige Raten.

Mir war diese Schwäche zuvor verborgen geblieben. Meine Lehrer damals in der Schule, meine Professoren an der Uni, meine Freunde zu Hause, sogar die Berufsberater hatten mir das Gegenteil bescheinigt (im Mathe-Leistungskurs sogar »sehr gut«). Vielleicht neige ich doch eher zu fundierten Ergebnissen als zu Schätzungen?

Damit hatte also die »Fünf« ihr Wort gesprochen, und es gab keinen weiteren Bedarf. Schade, ich dachte doch tatsächlich, dass auch Teamfähigkeit, Gesamteindruck, Persönlichkeit und Gruppenverhalten wichtig sind. Nun, all das sollte ich einen Monat später bei einem weiteren AC unter Beweis stellen dürfen!

Mit Erfolg: Bei einer anderen Unternehmensberatung veranstaltete dieselbe Personalberatungsfirma nahezu dasgleiche AC. Diesmal ging ich gut präpariert ins Rennen und schnitt fast überall mit sieben oder acht ab. Da es angeblich keinen Lerneffekt bei solchen Übungen gibt, bin ich wohl innerhalb eines Monats zu einer Intelligenzbestie mutiert ...

Bereiten Sie sich also vor und präsentieren Sie sich von Ihrer besten Seite (siehe Seite 78ff.). Versuchen Sie jedoch nicht, sich total zu verbiegen. Sie wären auf Dauer nicht glücklich in einem beruflichen Umfeld und seinen Herausforderungen, in dem Sie nicht so sein können, wie Sie sind.

Zur Vorbereitung gehört auch, dass Sie sich mit sich selber, mit der eigenen Persönlichkeit, mit Ihren Leistungsressourcen, mit Ihrem Können, Ihren Stärken und Schwächen auseinandersetzen. Sowohl im AC als auch im MA müssen Sie während eines Interviews (siehe Seite 123ff.) oder auch bei einer Selbstpräsentationsaufgabe (siehe Seite 78ff.) über sich Auskunft geben, Wesensmerkmale, Fähigkeiten und Fertigkeiten, Interessen und Neigungen, berufliche und private Stationen benennen. Wie es kam, was Sie warum gemacht oder gelassen haben, wie Sie es jetzt beurteilen (Stichwort STARS, Seite 27) etc. Man möchte Ihre ganze Person kennenlernen, herausfinden, was für ein Mensch Sie sind, wie Sie funktionieren. Deshalb ist es wichtig, sich bereits im Vorfeld darüber klar zu werden, was Sie auszeichnet, um dies auch einer anderen Person gut vermitteln zu können. Wie also würden Sie sich beschreiben?

Selbstbeschreibung: Was für ein Mensch bin ich?

Nennen Sie zum Einstieg in diesen Fragenkomplex innerhalb einer Minute spontan drei Adjektive, die wichtige Merkmale Ihrer Persönlichkeit charakterisieren. Ich bin:

....

....

....

Sind Sie mit Ihrer Wahl zufrieden? Beschreiben diese Adjektive zentrale Eigenschaften Ihrer Persönlichkeit? Können Sie diese spontane Auswahl einer anderen Person überzeugend auch mit Beispielgeschichten vermitteln?

Um Ihnen den Einstieg in diese Thematik zu erleichtern, haben wir eine umfangreiche Liste von Persönlichkeitsmerkmalen zur Selbsteinschätzung zusammengestellt. Wenn Sie über die Frage »Was für ein Mensch bin ich?« nachdenken, festigen Sie Ihre psychische Ausgangsposition und damit Ihr Selbstbewusstsein für die konkrete Bewerbungssituation.

Denken Sie daran: Sie müssen bei dieser Selbstbeurteilungsliste nicht um jeden Preis »gut abschneiden«, Sie brauchen sich niemandem gegenüber zu rechtfertigen. Es geht allein um Ihre persönliche Einschätzung.

In einem zweiten Schritt können Sie eine (oder besser mehrere) Person(en) Ihres Vertrauens bitten, die (zuvor mehrfach kopierte) Adjektivliste ebenfalls auszufüllen. Auf diese Weise erhalten Sie wertvolle Hinweise darauf, wie andere Sie einschätzen. Der Vergleich beider Ergebnisse (Selbst- und Fremdbild) sollte Sie zum Nachdenken und Diskutieren anregen.

Vielleicht wirken Sie viel furchtloser, als Sie sich fühlen. Oder Sie halten sich nicht für besonders ordentlich, werden aber als gut organisiert wahrgenommen. Wenn Ihnen das übertrieben erscheint, warten Sie es ab: Sicherlich erleben Sie ein paar kleine Überraschungen. Für eine realistische Einschätzung bilden Sie hinterher einen Mittelwert. Nun zu Ihrer Selbstbeurteilung:

Um die Ausprägung einzelner Persönlichkeitseigenschaften besser einschätzen zu können, gibt es für jedes Adjektiv eine Skala mit den Extrempolen −3 (gar nicht oder kaum vorhanden) bis +3 (sehr stark ausgeprägt).

Falls Sie zu den einzelnen Eigenschaften Fragen haben, sich nicht sicher sind, wie es gemeint ist, oder was unter einem Begriff zu verstehen ist, entscheiden Sie bitte nach Ihrem persönlichen Verständnis.

Wie schätzen Sie sich ein? Kreuzen Sie bei jeder der Eigenschaften in der folgenden Liste an, wie ausgeprägt diese Ihrer Meinung nach bei Ihnen ist:

−3 = sehr schwach ausgeprägt
−2 = schwach ausgeprägt
−1 = weniger ausgeprägt
  0 = teils, teils oder etwas, ein bisschen
+1 = ausgeprägt
+2 = deutlich ausgeprägt
+3 = sehr stark ausgeprägt

	−3	−2	−1	0	+1	+2	+3
sympathisch							
vertrauenswürdig							
vorsichtig							
lernbereit							
lernfähig							
vertrauensvoll							
leistungsorientiert							
sorgfältig							
aufgeschlossen							
belastbar							
ausdauernd							
zufrieden							
aggressiv							
konformistisch							
dominant							
gerecht							
verlässlich							
wankelmütig							
zielstrebig							
geduldig							
gehemmt							
vital							
zweifelnd							
kompetent							
flexibel							
aktiv							
wagemutig							
gefühlsbetont							
anspruchsvoll							
passiv							
liebenswürdig							
gefühlsorientiert							
impulsiv							

	−3	−2	−1	0	+1	+2	+3	
durchsetzungsfähig	|	|	|	|	|	|	|	|
furchtsam	|	|	|	|	|	|	|	|
sachorientiert	|	|	|	|	|	|	|	|
fordernd	|	|	|	|	|	|	|	|
höflich	|	|	|	|	|	|	|	|
autoritär	|	|	|	|	|	|	|	|
pflichtbewusst	|	|	|	|	|	|	|	|
verantwortungsbewusst	|	|	|	|	|	|	|	|
zuverlässig	|	|	|	|	|	|	|	|
freundlich	|	|	|	|	|	|	|	|
glücklich	|	|	|	|	|	|	|	|
nervös	|	|	|	|	|	|	|	|
rechthaberisch	|	|	|	|	|	|	|	|
ordnungsliebend	|	|	|	|	|	|	|	|
ehrlich	|	|	|	|	|	|	|	|
loyal	|	|	|	|	|	|	|	|
schwermütig	|	|	|	|	|	|	|	|
begeisterungsfähig	|	|	|	|	|	|	|	|
intrigant	|	|	|	|	|	|	|	|
ordentlich	|	|	|	|	|	|	|	|
wählerisch	|	|	|	|	|	|	|	|
hartnäckig	|	|	|	|	|	|	|	|
entscheidungsfreudig	|	|	|	|	|	|	|	|
spontan	|	|	|	|	|	|	|	|
praktisch	|	|	|	|	|	|	|	|
beherrscht	|	|	|	|	|	|	|	|
risikobereit	|	|	|	|	|	|	|	|
selbstsicher	|	|	|	|	|	|	|	|
sensibel	|	|	|	|	|	|	|	|
selbstständig	|	|	|	|	|	|	|	|
offen	|	|	|	|	|	|	|	|
willensstark	|	|	|	|	|	|	|	|
zurückgezogen	|	|	|	|	|	|	|	|
misstrauisch	|	|	|	|	|	|	|	|
leidenschaftlich	|	|	|	|	|	|	|	|
unkompliziert	|	|	|	|	|	|	|	|
fortschrittlich	|	|	|	|	|	|	|	|
überzeugungsstark	|	|	|	|	|	|	|	|
zwanghaft	|	|	|	|	|	|	|	|
verständnisvoll	|	|	|	|	|	|	|	|
kontaktfähig	|	|	|	|	|	|	|	|

	−3	−2	−1	0	+1	+2	+3
schlagfertig	|	|	|	|	|	|	|	|
gründlich	|	|	|	|	|	|	|	|
kreativ	|	|	|	|	|	|	|	|
erfinderisch	|	|	|	|	|	|	|	|
selbstbewusst	|	|	|	|	|	|	|	|
introvertiert	|	|	|	|	|	|	|	|
extravertiert	|	|	|	|	|	|	|	|
anpassungsfähig	|	|	|	|	|	|	|	|
humorvoll	|	|	|	|	|	|	|	|
konservativ	|	|	|	|	|	|	|	|
präzise	|	|	|	|	|	|	|	|
besorgt	|	|	|	|	|	|	|	|
nachdenklich	|	|	|	|	|	|	|	|
kooperativ	|	|	|	|	|	|	|	|
problembewusst	|	|	|	|	|	|	|	|
beliebt	|	|	|	|	|	|	|	|
vernünftig	|	|	|	|	|	|	|	|
unerschütterlich	|	|	|	|	|	|	|	|
teamfähig	|	|	|	|	|	|	|	|
ausgeglichen	|	|	|	|	|	|	|	|
kommunikationsfähig	|	|	|	|	|	|	|	|
integrationsfähig	|	|	|	|	|	|	|	|
herzlich	|	|	|	|	|	|	|	|
ruhig	|	|	|	|	|	|	|	|
kompromissbereit	|	|	|	|	|	|	|	|
tolerant	|	|	|	|	|	|	|	|
zuhörbereit	|	|	|	|	|	|	|	|
selbstkritisch	|	|	|	|	|	|	|	|
kränkbar	|	|	|	|	|	|	|	|
hilfsbereit	|	|	|	|	|	|	|	|
einfühlsam	|	|	|	|	|	|	|	|
gelassen	|	|	|	|	|	|	|	|
optimistisch	|	|	|	|	|	|	|	|
freundlich	|	|	|	|	|	|	|	|
unberechenbar	|	|	|	|	|	|	|	|
_____	|	|	|	|	|	|	|	|
_____	|	|	|	|	|	|	|	|
_____	|	|	|	|	|	|	|	|

Falls Sie in der Liste bestimmte Adjektive vermisst haben, schreiben Sie diese einfach in die dafür vorgesehenen freien Zeilen.

Sicherlich ist Ihnen aufgefallen, dass positive und negative Eigenschaften aufgeführt worden sind. Sympathisch und aktiv möchte jeder sein; rechthaberisch und aggressiv niemand. Bei anderen Adjektiven ist die Beurteilung schwieriger. Für einen IT-Mitarbeiter ist »sehr stark zurückgezogen« eher kein Berufshindernis, dagegen gäbe eine Führungskraft mit der gleichen Eigenschaft bei ihrer Bewerbung kein gutes Bild ab.

Schauen Sie sich alle Adjektive an, die eine deutlich herausgehobene Bewertung bekommen haben, also die mit +3 bzw. −3. (Manche Menschen neigen dazu, die Ränder zu meiden und selten mehr als +2 bzw. −2 anzukreuzen.) Auf wie viele Adjektive trifft eine deutlich herausgehobene Bewertung zu? Sind es 5 oder 15 oder vielleicht sogar 25? In jedem Fall ist es sehr wahrscheinlich, dass sie sowohl im Plus- als auch im Minusbereich anzutreffen sind.

Bilden Sie Gruppen von Eigenschaften/Adjektiven, indem Sie für jedes Adjektiv eine einzelne Karteikarte anlegen: z. B. für fünf Adjektive mit +3-Markierung, für drei mit −3. Anschließend versuchen Sie, inhaltliche Zusammenhänge zwischen den einzelnen Adjektiven herzustellen. Finden Sie Überschriften, denen Sie dann die Karteikarten entsprechend zuordnen.

Als Beispiel: Angenommen, Sie haben sich für die folgenden +3-Eigenschaften entschieden: sorgfältig, verlässlich, pflichtbewusst, verantwortungsbewusst, ordentlich. Diese fünf Adjektive passen gut unter die Überschrift »preußische Tugenden«. Lauten Ihre −3-Eigenschaften unordentlich, spontan, fortschrittlich, werden hiermit Ihre preußischen Tugenden ergänzt und bestätigt.

Ziel dieser Übung ist, dass Sie in der Vorbereitungsphase zu einem AC oder MA ein präziseres Selbstbild entwickeln. Wer die Ergebnisse anschließend mit dem Partner, mit Freunden oder Bekannten diskutiert, kann eine neue verbale Kompetenz ausbilden und ein (im doppelten Sinn) neues Selbstbewusstsein, wenn es darum geht, sich im Auswahlverfahren erfolgreich zu präsentieren.

In einem weiteren Schritt sollten Sie den Blickwinkel von AC-Beobachtern einnehmen und sich mit den folgenden Fragen auseinandersetzen:

- Welche Eigenschaften sind wichtig für die Position, den Aufgabenbereich, um den ich mich bewerbe? Wie stellen AC-Veranstalter sich den idealen Stelleninhaber vor?
- Auf welche Eigenschaften und Fähigkeiten wird besonderes Augenmerk gelegt?

Gehen Sie die Adjektivliste jetzt nur unter diesem Aspekt ein zweites Mal durch und kreuzen Sie (mit einem farbigen Stift) die Eigenschaften an, die für den von Ihnen angestrebten Arbeitsplatz aus Arbeitgebersicht besonders wichtig sind. Ein Vergleich von Selbstbild, Fremdbeurteilung und Anforderungsprofil gibt weitere Aufschlüsse und Hinweise für Ihr Verhalten in der konkreten Bewerbungssituation.

Ihre Stärken und Schwächen

Wenn Sie sich Gedanken über Ihre Stärken und Schwächen machen, sind Sie auf unangenehme Fragen vorbereitet. Denken Sie über Ihre Schwächen nach, damit Sie erkennen, auf welchen Gebieten Sie an sich arbeiten müssen: Selbstkontrolle, Weiterbildung, Hilfe von außen zulassen können etc. ... Aber: Verzetteln Sie sich nicht. Sehen Sie es unter dem Motto: Nobody is perfect, und konzentrieren Sie sich auf Ihre Stärken. Dennoch sollten Sie einige »harmlose« Schwächen vorstellen können, wenn man Sie danach fragt.

Während eines Assessment Centers bzw. eines Management Audits werden Sie wahrscheinlich gezielt nach Ihren Schwächen gefragt. Überlegen Sie sich also vorher, welche Schwäche Sie zugeben könnten. Wenn es nicht um einen Arbeitsplatz in einer technischen Branche geht, könnten Sie z. B. unter der Rubrik »Schwächen« anführen, dass Sie nicht dazu in der Lage sind, Ihr Auto allein zu reparieren. Oder dass Sie Mühe haben, Kompositionen von Mozart und Chopin auf Anhieb richtig zuzuordnen. Auch sind Sie mit Ihren Italienischkenntnissen unzufrieden, obwohl Sie schon das dritte Mal dort Urlaub gemacht haben. Vielleicht kocht Ihr bester Freund besser als Sie, was Sie beschämt usw. Diese Beispiele sollen der Verdeutlichung dienen und für Sie eine Anregung sein, in entsprechend harmloser Richtung nachzudenken.

Zudem – alles ist eine Frage der Interpretation: Die eine oder andere vermeintliche Schwäche ist häufig nichts anderes als eine übertriebene Stärke. Denken Sie also um und verwandeln Sie Ihre Schwächen in Stärken!

Stärken	Schwächen
▪ strebt nach guter Leistung	▪ verlangt Perfektion
▪ bescheiden	▪ stellt sein Licht unter den Scheffel
▪ Führungsqualitäten	▪ kommandiert herum
▪ schnell	▪ impulsiv
▪ geht Risiken ein	▪ ist ein Spieler
▪ sparsam	▪ geizig
▪ beharrlich	▪ anmaßend
▪ gut im Verhandeln	▪ geht Kompromisse ein
▪ achtet auf Details	▪ zwanghaftes Verhalten

Die Einschätzung Ihrer Fähigkeitsmerkmale

Die folgende Skala für die Selbstbeurteilung wird Sie dabei unterstützen, Ihren persönlichen Standort detailliert zu bestimmen. Auf den nächsten Seiten finden Sie eine umfangreiche Liste von Kompetenzmerkmalen. Wie schätzen Sie sich selbst bezüglich der aufgeführten Fähigkeiten ein? Wie ist es z. B. um Ihre Leistungsbereitschaft bestellt?

Auch hier gilt: Wie stark, glauben *Sie*, ist die Leistungsbereitschaft bei Ihnen ausgeprägt? Dabei geht es allein um *Ihre* persönliche Einschätzung. Diese brauchen Sie mit niemandem zu diskutieren. Sie müssen sich für Ihre Einschätzung nicht rechtfertigen.

Um die einzelnen Merkmale einschätzen zu können, gibt es wieder eine Skala von −3 (sehr schwach ausgeprägt, kaum vorhanden) bis +3 (= sehr stark ausgeprägt bzw. vorhanden), die Mitte liegt bei 0 (teils, teils bzw. weder noch).

Zur Übersicht:

+3 = sehr stark ausgeprägt
+2 = deutlich ausgeprägt
+1 = ausgeprägt
 0 = teils, teils
−1 = weniger ausgeprägt
−2 = schwach ausgeprägt
−3 = kaum/nicht ausgeprägt

Zunächst geht es wieder um Ihre Selbsteinschätzung. In einem zweiten Schritt bitten Sie andere Personen, Sie einzuschätzen (Kopien der Listen erstellen!).

Falls Sie nicht sicher sind, wie es gemeint ist oder was Sie sich unter diesem Merkmal vorstellen sollen, entscheiden Sie einfach für sich, was Sie darunter verstehen.

Wie schätzen Sie sich ein? Bitte kreuzen Sie bei jeder Eigenschaft an, wie ausgeprägt diese Ihrer Meinung nach bei Ihnen ist:

Merkmalsgruppe 1	−3	−2	−1	0	+1	+2	+3
Sensibilität							
Zuhörfähigkeit							
Kontaktfähigkeit							
Aufgeschlossenheit							
Teamorientierung							
Kooperationsfähigkeit							
Anpassungsfähigkeit							
Kompromissbereitschaft							
Diplomatie							
Verhandlungsgeschick							
Integrationsvermögen							
Überzeugungspotenzial							
Begeisterungsfähigkeit							
Durchsetzungsfähigkeit							

Merkmalsgruppe 1	−3	−2	−1	0	+1	+2	+3
Motivationsfähigkeit							
sprachliches Ausdrucksvermögen							
schriftliches Ausdrucksvermögen							
rhetorische Fähigkeiten							
Teamfähigkeit							
Anpassungsbereitschaft							

Merkmalsgruppe 2	−3	−2	−1	0	+1	+2	+3
Zielstrebigkeit							
Selbstbewusstsein							
Verantwortungsbewusstsein							
Kritikfähigkeit							
Selbstbeherrschung							
Zuverlässigkeit							
Toleranzfähigkeit							
Unerschrockenheit							
Verantwortungsbereitschaft							

Merkmalsgruppe 3	−3	−2	−1	0	+1	+2	+3
Risikobereitschaft							
Entscheidungsfähigkeit							
Sicherheitsdenken							
Delegationsbereitschaft							
Delegationsfähigkeit							
Belastbarkeit							
Stresstoleranz							
Lebensfreude							
Flexibilität							
Repräsentationsvermögen							

Merkmalsgruppe 4	−3	−2	−1	0	+1	+2	+3
Arbeitsmotivation/-wille							
Tatkraft							
Führungsmotivation/-wille/-fähigkeit							
Eigeninitiative							
Autonomie							
Durchsetzungsvermögen							
Selbstvertrauen							
Ehrgeiz							
Zielstrebigkeit							
Durchhaltevermögen							
Durchsetzungsvermögen							
Frustrationstoleranz							
Erfolgsorientierung							

Merkmalsgruppe 4	−3	−2	−1	0	+1	+2	+3
Tatkraft							
Vitalität							
Leistungsbereitschaft							
Idealismus							
Identifikation mit Unternehmen							

Merkmalsgruppe 5	−3	−2	−1	0	+1	+2	+3
Autonomie							
Selbstständigkeit							
Verantwortungsbewusstsein							
Unabhängigkeit							
Zuverlässigkeit							
Selbstdisziplin							
Stresstoleranz							
Ausdauer							
Belastbarkeit							
Geduld							
Pflichtbewusstsein							
Loyalität							
Durchhaltevermögen							

Merkmalsgruppe 6	−3	−2	−1	0	+1	+2	+3
analytisches Denken							
konzeptionelles Planen							
planvolles Vorgehen							
kombinatorisches Denken							
effiziente Arbeitsorganisation							
Entscheidungsvermögen							

Merkmalsgruppe 7	−3	−2	−1	0	+1	+2	+3
Kosten-Nutzen-Bewusstsein							
unternehmerisches Denken							
systematische Arbeitsorganisation							
Zieldefinitionsfähigkeit							
Arbeitseffizienz							
gesunder Materialismus							
physische Fitness							
gesundheitliches Wohlbefinden							
psychische Konstitution							
Selbstkontrollfähigkeiten							

Nachdem Sie diese Liste bearbeitet haben: Gibt es Merkmale, die Sie vermisst haben und um die Sie die Liste erweitern möchten?

Auswertung

Welche +3- oder ggf. +2-Ankreuzungen, welche –3- ggf. –2-Ankreuzungen haben Sie in den folgenden Merkmalsgruppen? Tragen Sie sie bitte ein.

In der Merkmalsgruppe 1
Persönlichkeit/Kommunikationsfähigkeit/Soziale Kompetenz

In der Merkmalsgruppe 2
Selbstständigkeit/Unabhängigkeit

In der Merkmalsgruppe 3
Entscheidungsverhalten

In der Merkmalsgruppe 4
Leistungsmotivation

In der Merkmalsgruppe 5
Selbstkontrollfähigkeit/Aktivitätspotenzial

In der Merkmalsgruppe 6
Systematisch-zielorientiertes Denken und Handeln

In der Merkmalsgruppe 7
Wichtige globale Merkmale

Was fällt Ihnen zu einzelnen Merkmalen, was zu den Merkmalsgruppen insgesamt ein? Wo liegen Ihre Stärken, wo Ihre Schwächen? Welche Botschaft lässt sich aus Ihren positiven Fähigkeiten für Ihren »Auftraggeber«, den (potenziellen) Arbeitgeber, formulieren? Mit welchen Defiziten müssen Sie sich ernsthaft auseinandersetzen, wenn Sie Ihre Arbeitskraft (weiter) erfolgreich an den Mann bringen wollen? Welche Schwächen können Sie getrost vernachlässigen?

In einem weiteren Schritt sollten Sie jetzt mit einem andersfarbigen Stift jeweils die Qualifikationsmerkmale markieren, von denen Sie glauben, dass sie von AC- oder MA-Veranstaltern bzw. Arbeitgebern Ihres Wunschbereichs erwartet und für wichtig gehalten werden. Der Vergleich dieser beiden Profile (Selbstbild/imaginäres Idealbild; Markierungen durch eine Linie verbinden) wird Sie zum Nachdenken anregen

Bitten Sie anschließend ausgewählte Personen aus Ihrem Umkreis, Sie einzuschätzen. Der Vergleich beider Profile (Selbst- und Fremdbild) wird Ihnen weitere Denkanstöße geben.

Ein Hinweis: Sollten Sie die Extrempositionen (+3, –3) in Ihren Ankreuzungen vermieden haben (weniger als 5-mal), verwenden Sie die +2- bzw. –2-Ankreuzwerte.

Der Unterschied zwischen Fremd- und Selbstbild

Der Vorteil der Bearbeitung dieser Qualifikations-Merkmalsliste besteht wie bei der ersten Adjektivliste in einem verbesserten Selbstbewusstsein über die eigenen Fähigkeiten. Nutzen Sie die Gelegenheit, an den im Selbst- oder Fremdbild sichtbar gewordenen Defiziten zu arbeiten.

Nach dieser Übung sind Sie in der Lage, etwa fünf positive, und auch drei bis fünf defizitäre Merkmale zu benennen, die Ihre Fähigkeiten, Ihr Können und Nichtkönnen zutreffend beschreiben.

Das Ziel dieser Vorbereitung: Sie sollten einem (potenziellen neuen) Arbeitgeber bzw. zunächst den AC-Beobachtern bzw. MA-Gesprächspartnern Ihre persönlichen und fachlichen Qualitäten so prägnant und so eindrucksvoll wie möglich in einer zusammenfassenden Botschaft vermitteln.

Diese Form der Eigenwerbung fällt uns oft nicht leicht. Das Erziehungsmotto »Eigenlob stinkt«, eine uns antrainierte Bescheidenheit, die uns stets auferlegte Zurückhaltung, macht sich jetzt in ihren negativen Auswirkungen bemerkbar. Im Vorstellungsgespräch oder auch in der Vorbereitung darauf zeigt sich das häufig in Form eines mangelnden Selbstwertgefühls, eines defizitären narzisstischen Gleichgewichts.

Wir alle kennen das Phänomen: Für eine fremde Sache oder andere Personen können wir uns viel besser engagieren, deren Interessen deutlich erfolgreicher vertreten als unsere eigenen Belange. So versagen oft auch nachweislich erfolgreiche Top-Führungskräfte, wenn es darum geht, die eigenen Qualitäten und Leistungen in der Bewerbungssituation auf den Punkt zu bringen und überzeugend darzustellen.

Sie kommen aber nicht darum herum, eine neue Form der Selbstdarstellung zu erlernen. Für das Assessment Center ebenso wie für das Management Audit gelten spezielle Spiel- und Verhaltensregeln sowie Kommunikationsformen. Gerade in dieser Situation ist es jetzt besonders notwendig, sich selbst gut zu »managen«, d. h., sich erfolgreich zu vermarkten – Werbung in eigener Sache zu machen, Auskunft zu geben, um Vertrauen zu werben.

Dazu ist es notwendig, sich selbst und den Empfänger der »Werbebotschaft« möglichst genau zu kennen. Insbesondere die Dinge, die Sie über sich vermitteln wollen, sollten gut durchdacht sein. Aus dem Stand ist es nur wenigen vergönnt, hier profunde Auskünfte zu erteilen. Wenn Sie sich mit den vorangegangenen Listen intensiv beschäftigen, werden Sie auf einiges stoßen. Noch mehr helfen wird

Ihnen aber die nächste Aufstellung, und damit verbunden, die Gedanken, die Sie sich dazu machen und das, was Sie davon in Ihre Vorbereitung und später in Ihre AC- bzw. MA-Performance einfließen lassen.

Zur Bedeutung Ihrer Persönlichkeit bei Assessment Centern und Management Audits

Galt bis vor etwa 25 Jahren die fachliche Qualifikation als der entscheidende Weichensteller, ob man Karriere machte und Führungsverantwortung übertragen bekam, gilt seit etwa zehn Jahren die sichere Erkenntnis: Es sind die sozialen Komponenten, die Persönlichkeit und Art des Umgangs mit den Mitmenschen, die weichenstellend für die Karriere sind. Die soziale, emotionale oder auch Erfolgsintelligenz entscheiden über berufliche Leistung, Zufriedenheit und Erfolg. Wichtigster Untersuchungsgegenstand ist Ihre persönliche Verhaltensweise insbesondere im Umgang mit andern Menschen geworden. Und genau damit beschäftigen sich viele AC-Aufgaben und Themen im MA.

Neben der KLP-Formel (Kompetenz, Leistungsmotivation und Persönlichkeit) sowie den fünf Kompetenzfeldern: Führungskompetenzen, strategische Kompetenzen, Problemlösungskompetenzen, soziale Kompetenzen und persönliche Kompetenzen beleuchten folgende vier Untersuchungsthemen die persönliche Eignungsvoraussetzung für eine Führungsposition. Dabei geht es um …

die berufliche Orientierung (Ihren Macht- und Leistungsanspruch)
(oder: Führungs- und strategische Kompetenz: Was für berufliche Ziele haben Sie? In welcher »Liga«, auf welcher Ebene wollen Sie spielen?)
unterteilt nach und verbunden mit der Frage nach Ihrer

- Führungsmotivation
- Gestaltungsmotivation
- Leistungsmotivation
- Durchsetzungsfähigkeit

das Arbeitsverhalten (Ihre Arbeitsweise)
(oder: Problemlösungskompetenz: Wie ist Ihr Arbeitsstil? Wie gehen Sie an Aufgaben heran?)
unterteilt nach

- Handlungsorientierung
- Flexibilität
- Gewissenhaftigkeit
- Einfallsreichtum

die sozialen Komponenten (Ihr Sozialverhalten)

(oder: Wie gehen Sie mit anderen um? Wie kommen Sie mit andern klar?)
  unterteilt nach

- Teamfähigkeit
- Kontaktfähigkeit
- Verträglichkeit
- Einfühlungsvermögen

die psychische Konstitution (Ihr gesamter Seelenzustand)

(oder: persönliche Kompetenz: Wie normal, wie stabil, wie gesund sind Sie?)
  unterteilt nach

- Selbstbewusstsein
- emotionale Stabilität
- Belastbarkeit
- Sympathiemobilisierungspotenzial

Wir wenden uns diesem interessanten Untersuchungspanorama später intensiver zu und stellen Ihnen die Fragen vor, mit denen Sie konfrontiert werden könnten (ab Seite 313). Wichtig ist zunächst, dass Sie sich mit diesen vier Themen intensiv auseinandersetzen. Wie steht es um Ihren persönlichen Macht- und Leistungsanspruch, Ihre Arbeitsweise, Ihr Sozialverhalten und Ihren Seelenzustand?

Gut zu wissen, worum es geht. Jetzt hilft Ihnen der nächste Leitfaden, sich und Ihre Persönlichkeit inhaltlich optimal zu präsentieren.

Selbstpräsentation: So präsentieren Sie sich und Ihre Persönlichkeit erfolgreich

Wichtiger mentaler Ausgangs- und Erkenntnispunkt bei all Ihren vorbereitenden Überlegungen: Auf dem heutigen Arbeitsmarkt sind Sie nicht mehr klassischer Arbeitnehmer, der für einen Arbeitgeber tätig ist, sondern selbstständiger Unternehmer – ein modernes Ein-Mann-/Eine-Frau-Dienstleistungsunternehmen. Ihr berufliches Know-how ist Ihr Angebot, Ihr Vertriebsgegenstand. Stets müssen Sie darauf achten, dass Ihre Kunden (beispielsweise Ihr wichtigster Kunde, Ihr Vorgesetzter) zufrieden mit Ihnen und Ihren Leistungen sind. Den Nutzen, den Sie dabei durch Ihre Arbeit »erwirtschaften«, sollten Sie für andere klar vermitteln können. Das trifft besonders für die bevorstehende AC- sowie MA-Situation zu.

Verdeutlichen Sie sich selbst und Ihren AC-Beobachtern oder MA- Gesprächspartnern:

Ihre Ausgangsbasis ist ein gutes Maß an *Selbstvertrauen*

Egal ob Sie es unter Selbstbewusstsein, Selbstwertgefühl, Selbstvertrauen oder Selbstwirksamkeit verstehen und subsumieren wollen: Dies ist die entscheidende Ausgangsbasis, um erfolgreich zu sein, egal was Sie tun. Wer selbstbewusst ist, strahlt dies auch nach außen aus. Und das wiederum ist hilfreich für Ihre Sympathiegewinnung und für jede Art von Kontakt und Kommunikation.

Sie verfügen über ein Bewusstsein dafür, wie wichtig es ist, *sich und andere immer wieder motivieren zu können*

Warum arbeiten Sie? Klar, um Geld zu verdienen und um zu leben. Aber ist das der einzige Grund? Für die meisten von uns, egal in welcher Position sie arbeiten und wie viel Geld sie verdienen, ist der Verdienst bei weitem nicht das einzige Motiv. Manchem macht die Arbeit an sich Spaß, für den anderen ist das Gefühl wichtig, gebraucht zu werden, der Dritte liebt es, Dinge zu beeinflussen, Macht auszuüben. Ein anderer kombiniert all diese Motive.

Was treibt Sie an, was sind Ihre persönlichen Motive, die Sie mit Ihrer Arbeit verbinden? Streben Sie nach Anerkennung, Bewunderung, Respekt, Ruhm und Ehre, materieller Sicherheit oder Unabhängigkeit? Geht es Ihnen um Macht und Einfluss, wollen Sie vor allem viele Kontakte zu anderen Menschen, anderen helfen können, geistige Anregungen, den kreativen Kick, die Befriedigung von Abenteuerlust und Nervenkitzel erzielen?

Egal, was Ihre Motive sind: Wenn Sie glaubhaft vermitteln, dass Sie sich selbst gut motivieren können, wird das positive Auswirkungen haben. Wer motiviert arbeitet, fühlt sich wohler, hat eine positivere Ausstrahlung, wirkt flexibler und offener für Neues. Er entwickelt eigene Ideen und denkt weiter als bis zu seinem Feierabend. Und das werden Ihre AC-Beobachter und zukünftigen Vorgesetzten zu schätzen wissen!

Sie haben ein Gespür dafür, *wie man Sympathien gewinnt und überzeugt*

Erfolg und Zukunftssicherung hat nicht nur mit den eigenen fachlichen Qualifikationen zu tun. Die besten fachlichen und sachlichen Voraussetzungen werden Ihnen nicht zu dauerhaftem Erfolg verhelfen, wenn Sie die zwischenmenschlichen Faktoren außer Acht lassen. Daher: Arbeiten Sie daran, in der Kommunikation mit anderen einen angenehmen, vertrauenserweckenden Eindruck zu machen. Ihre Körperhaltung, Gestik, Mimik und Sprache sollten optimistisch-positiv ankommen. Üben Sie sich im Small Talk, entwickeln Sie Ihre kommunikativen Fähigkeiten. In Ihrer Arbeitswelt sind Sie umgeben von Personen, die über Ihre berufliche Laufbahn entscheiden – und diese gilt es für sich einzunehmen und für Ihre Vorhaben zu gewinnen. Zeigen Sie an diesem Punkt Sensibilität, Gespür, ein Wissen um die wichtige Bedeutung dieser Soft Skills und beweisen Sie Charme! So gewinnen Sie die Herzen, erhalten Sympathie und Vertrauensvorschuss und damit auch das notwendige Zutrauen Ihrer AC- bzw. MA-Entscheider.

Sie haben ein Bewusstsein dafür, *wie wichtig Kundenorientierung ist*

Jeder, der Ihre Fähigkeiten, Ihre Qualifikationen und Ihre Zeit gegen Geld in Anspruch nimmt, ist Kunde von Ihnen, auch wenn Sie als Festangestellter arbeiten. Kunden können anspruchsvoll und launisch, manchmal unberechenbar in ihren Wünschen und Vorstellungen sein. Jeder Unternehmer ist damit vertraut, auf Kundenwünsche zu reagieren, ja, sie möglichst im Voraus zu erspüren. Er plant in die Zukunft und variiert sein Angebot entsprechend der zu erwartenden Nachfrage.

Wenn Sie Ihren Chef so behandeln, wie Sie selbst als Kunde gerne behandelt werden möchten, und es Ihnen gelingt, das im AC oder beim Interview im MA zu vermitteln, haben Sie gewonnen!

... und Sie können (quasi auf Knopfdruck) ein bewusst *ziel- und erfolgsorientiertes Handeln, das auf die richtigen Prioritäten setzt,* zeigen

Gäbe es eine einfache Zauberformel, um Erfolg in der Arbeitswelt erklärbar zu machen, dann würde diese lauten: Prioritäten setzen. Die einzige verlässliche Konstante in der (Arbeits-)Welt ist die Veränderung. Umso mehr kommt es darauf an, sich den Herausforderungen mit der richtigen Strategie zu stellen und sich auf wenige Ziele zu konzentrieren.

Denn: Sie können noch so gut etwas planen, organisieren, bearbeiten – wenn Sie es nicht schaffen, mit Ihrem Projekt in der vorgegebenen Zeit fertig zu werden, Ihre Ergebnisse mit einem sinnvollen Maß an Einsatz zu erledigen, dann ist Ihr Engagement wenig wert.

Die Kosten-Nutzen-Relation muss stimmen. Das bedeutet, Sie setzen Ihre Ressourcen, Ihre Energie so effektiv, so nutzbringend wie möglich ein. Diese Fähigkeit, ein optimales Ergebnis durch einen klugen und kräftesparenden Einsatz zu erreichen, nennt man Erfolgsintelligenz. Und danach wird gefahndet, sowohl während des AC als auch beim MA.

Wichtige Voraussetzungen: Erfolgsintelligenz und Problemlösungsfähigkeit

Erfolgsintelligenz hat wenig mit objektiv abfragbarem Wissen zu tun – sie setzt sich viel mehr aus menschlichen Fähigkeiten zusammen, die es zu beherzigen und vor allem zu üben gilt.

Im Folgenden möchten wir Ihnen die wichtigsten zehn Aspekte vorstellen, die Sie »erfolgsintelligent« handeln lassen. Vieles davon wenden Sie bereits an, setzen

Sie erfolgreich in der Praxis, im Arbeitsalltag um. Im Assessment Center und im Management Audit kommt es besonders darauf an, schnell und präzise zu zeigen oder angemessen beschreiben zu können, was und wie Sie etwas machen. Dazu brauchen Sie die richtigen Erzählinhalte. Nicht irgendwas, sondern genau *dies hier* zählt besonders, und so will Ihr Gesprächspartner wissen:

1. Können Sie zwischen wichtigen und unwichtigen Dingen unterscheiden?

Es gibt Situationen, in denen winzige Details immens bedeutsam sein können, wie z. B. beim Bergsteigen, wo die kleinste Unaufmerksamkeit fatale Folgen haben kann. Meist jedoch ist es im Leben wichtiger, die Konzentration auf die Gesamtheit einer Sache zu lenken. Daher: Üben Sie, zwischen den wichtigen und unwichtigen Dingen im Leben zu differenzieren. Konzentrieren Sie sich auf das, was Sie tatsächlich Ihren Zielen näher bringt, verzetteln Sie sich nicht, sondern handeln Sie ergebnisorientiert.

2. Ergreifen Sie die Initiative und setzen Sie Ihre Ideen in Taten um?

Jede Initiative bedeutet eine Bindung an eine Situation und bedingt Risiken und Konsequenzen. Die Hemmung, sich auf etwas einlassen zu können, ist einer der Hauptgründe, weswegen Menschen eine Scheu davor haben, Initiative zu ergreifen. Versuchen Sie, sich verantwortungsbewusst auf etwas einzulassen und scheuen Sie nicht die Konsequenzen.

Die besten Ideen führen zu nichts, wenn man sie nicht wenigstens versucht umzusetzen. Interessanterweise ist diese wichtige Fähigkeit weniger von einem hohen IQ abhängig, als die meisten glauben. Während Menschen mit einem höheren IQ in entspannten Situationen bessere Führungsstärken zeigen als Personen mit einem eher niedrigen IQ, ist dies bei Stress häufig umgekehrt.

3. Schieben Sie Dinge nicht auf die lange Bank und erledigen Sie angefangene Arbeiten?

Viele Menschen behaupten, sie könnten unter Zeitdruck besser arbeiten. Diese Bewältigungsstrategie ist meist problematisch; erwiesenermaßen würden viele Aufgaben qualitativ besser ausfallen, wenn ausreichend Zeit dafür verwendet wird. Sie sollten daher Ihre Zeit so einteilen, dass Sie Ihre Aufgaben gut erledigen können.

Andererseits: Vermeiden Sie Abbrüche und führen Sie Dinge, die Sie begonnen haben, auch einem Ende zu. Es gibt Menschen die spüren eine Furcht vor dem »danach«, was sie zaudern lässt Angefangenes erfolgreich zu beenden. Manchmal reicht auch die Angst vor dem » etwas aus der Hand geben« aus, um eine Tätigkeit nicht zielorientiert fertigstellen zu wollen.

4. Akzeptieren Sie berechtigte Kritik und üben Sie sich im konstruktiven Streiten?

Menschen, die so von sich überzeugt sind, dass sie sich für nahezu unfehlbar halten, suchen für jeden noch so kleinen Fehler einen Schuldigen. Doch falsche Schuldzuweisungen können sowohl im Privat- wie auch im Berufsleben schwerwiegende negative Konsequenzen nach sich ziehen. Arbeiten Sie an sich und übernehmen Sie die Verantwortung für gemachte Fehler. Fordern Sie keine Entschuldigungen und übertragen Sie Ihre Schuld auch nicht auf andere. Wer einen Irrtum zugeben kann, demonstriert damit innere Größe ebenso wie Gelassenheit und hat dadurch die Chance, aus Fehlern zu lernen.

Auch die Fähigkeit, sich sachbezogen und konstruktiv mit Kollegen, Vorgesetzten und Geschäftspartnern auseinanderzusetzen, ist wichtig für ein erfülltes Berufsleben. Ein klärendes Gespräch kann Wunder wirken. Dabei sollten Sie Ihren Standpunkt kennen und diesen auch vertreten können. Nutzen Sie Ich-Aussagen, verzichten Sie auf Vorwürfe, bewahren Sie einen kühlen Kopf.

5. Bedauern Sie sich nicht (lange) selbst und überwinden Sie schnellstmöglich persönliche Schwierigkeiten?

Es ist schwer, sich nicht selbst zu bedauern, wenn sich Lebenssituationen ergeben haben, mit denen man nur schwer klarkommt und die einen stark belasten. Permanentes Selbstmitleid ist jedoch kontraproduktiv und erzeugt genau das Gegenteil von dem, was eigentlich intuitiv erhofft wurde: Zuwendung. Stattdessen reagieren die Mitmenschen mit wachsender Ungeduld und wenden sich schließlich ab. Daher sollten Sie alles daransetzen, die für Sie ungünstige Situationen so schnell wie möglich wieder ins Lot zu bringen.

Krisen im Leben haben meist Auswirkungen auf alle Lebensbereiche und somit auch auf das Berufsleben. Wenn irgend möglich, sollten Sie sich den unangenehmen Situationen mutig stellen und ihnen nicht permanent ausweichen. Dabei ist es wichtig, das Berufs- und Privatleben so weit wie möglich zu trennen.

6. Können Sie Ihre Impulse auch in schwierigen Situationen kontrollieren?

Impulsive Reaktionen sind an sich nichts Ungewöhnliches und in einigen Situationen durchaus notwendig. Dennoch kann das sofortige Umsetzen von inneren Impulsen zu unüberlegtem Handeln führen und verhindern, dass vorhandene Fähigkeiten erfolgreich umgesetzt werden. Handeln Sie – wenn nötig – rasch, ansonsten eher aus Ihrer Erfahrung und nach einer Zeit des Abwägens heraus.

Was immer Außergewöhnliches auf Sie zukommt, Sie stört und ärgert: Bleiben Sie gelassen, denken Sie an die chinesische Weisheit »In der Ruhe liegt die Kraft«.

7. Konzentrieren Sie sich auf Ihre Ziele und verzetteln Sie sich nicht?

Intelligenz ist keine Voraussetzung für Konzentrationsfähigkeit. Vielen Menschen gelingt es nie, sich längere Zeit auf eine einzige Sache zu konzentrieren. Gewiss ist

Ablenkbarkeit ein Faktor, den niemand gänzlich ausschließen kann. Versuchen Sie jedoch, sich auf die wesentlichen Dinge zu konzentrieren. Ermitteln Sie die Rahmenbedingungen, unter denen Sie am effektivsten arbeiten können, und schaffen Sie sich diese.

8. Bewahren Sie Ihre Unabhängigkeit (bei aller Loyalität gegenüber Ihrem Vorgesetzten)?

Selbstständiges Handeln ist für die meisten Aufgaben im Leben eine unabdingbare Voraussetzung. Auch in der Teamarbeit wird in gewisser Weise ein selbstständiges Arbeiten und Denken erwartet. Bauen Sie darum in erster Linie auf sich selbst; agieren Sie souverän und übernehmen Sie die Verantwortung für Ihre Handlungen.

Und wenn die zu überwindenden Widerstände allzu groß sind: Mit dem Kopf durch die Wand hilft in den seltensten Fällen. Das ist keine Aufforderung, »sein Fähnchen nach dem Wind zu hängen«, sondern auf die überlebensnotwendige Fähigkeit, sich wechselnden Verhältnissen anzupassen – ohne sich dabei selbst zu verlieren. Im Umgang mit anderen bedeutet dies, kompromissbereit zu sein und trotzdem Rückgrat zu zeigen.

9. Haben Sie Angst vor Fehlschlägen?

Alle Menschen machen Fehler, und niemand begeht sie absichtlich. Was Menschen jedoch unterscheidet, sind die Konsequenzen, die sie daraus ziehen. Viele Menschen entwickeln Versagensängste, die meist schon in der Kindheit entstanden sind und einem erfolgsorientierten Handeln im Wege stehen. Einen Fehler zu begehen ist jedoch nicht dasselbe wie Versagen.

Auch erfolgsintelligente Personen begehen Fehler, sie machen jedoch den gleichen Fehler – in der Regel – nicht noch einmal. Aus Fehlern zu lernen und sie zu korrigieren, ist ein wichtiger Aspekt der Erfolgsintelligenz.

10. Last but not least: Gelingt es Ihnen, das richtige Maß zwischen Überlastung und Unterforderung zu finden?

Zu viel Ehrgeiz kann schädlich sein: Wer sich überschätzt und sich zu viel zumutet, erreicht die gesteckten Ziele trotz Engagement und harter Arbeit nur selten. Es besteht ständig die Gefahr, sich in zu vielen Einzelprojekten zu verlieren. Genauso schädlich kann jedoch auch Unterforderung sein, da persönliche Qualitäten nicht zum Einsatz kommen und so verkümmern können. Lernen Sie, Ihre Kapazitäten optimal einzusetzen und Ihre Ziele so einzuteilen, dass Sie damit die beste Leistungssteigerung erreichen.

Ihre *Problemlösungsfähigkeit* und wie Sie diese während des Assessment Centers oder Management Audits präsentieren, ist von entscheidender Bedeutung für Ihren Erfolg. Aufgaben und Herausforderungen können auf ganz unterschiedliche

Weise bewältigt werden. Beim AC will man (vor allem) sehen, wie Sie etwas handhaben, beim MA lauscht man (insbesondere) der Beantwortung vieler Fragen und Ihren Erzählungen. Der eine sitzt gelähmt vor einem Problem; der andere gerät in hektische Aktivität, der Dritte wiederum analysiert und überlegt, und kommt zu spät zu einer Entscheidung. Nur wenige überlegen schnell, um dann mutig, gezielt und entschlossen zu handeln. Insbesondere im AC wird dieses entschlossene Auftreten honoriert, während Sie beim MA in Ihren Erzählungen, Berichten davon etwas (sprachlich und glaubwürdig) vermitteln müssen.

Für alle Bereiche, die Ihre Arbeit betreffen, sollten Sie Ihr Problemlösungsverhalten reflektieren. Stellen Sie sich dazu die folgenden Fragen:

- Wie gehe ich Probleme an?
- Wie plane ich meine Vorhaben?
- Wie setze ich meine Ideen und Vorhaben in die Tat um?
- Wie und vor allem was lerne/lernte ich daraus für zukünftiges Problemlösen?

Verschiedene Situationen im Leben erfordern unterschiedliches Denken. Nur so können mannigfache Aufgaben bewältigt werden. Manchmal ist analytisch geprägtes Denken von Vorteil, ein anderes Mal ein kreatives Herangehen oder eine praxisorientierte Handlungsweise. Üben Sie Ihre analytischen als auch kreativen und praktischen Denkfähigkeiten. Versuchen Sie einzuschätzen, in welcher Situation welche Art des Denkens die richtige ist. Erst dadurch sind Sie in der Lage, Anforderungen besser gerecht zu werden.

Bei Ihrer Vorbereitung auf ein AC oder ein MA kommt es vor allem darauf an, Dritten zu verdeutlichen, wie Sie sind, wie Sie etwas machen. Und ebenso, wie Sie aus einem Werkzeugkasten ganz bestimmte Werkzeuge auswählen müssten, wenn Sie eine Wand einreißen wollen, geht es im AC und MA darum, eine gute Auswahl an nützlichen Persönlichkeits- und Verhaltensmerkmalen zu präsentieren.

Exkurs: Prüfungssituation Bewerbung

Woher kommt das spontane Unbehagen, wenn es um Bewerbungssituationen geht? Unabhängig davon, ob es sich um ein MA oder ein AC handelt, ob man sich von außen bei einer Firma bewirbt oder für eine Führungsposition überprüft wird. Das Stichwort ist: Prüfung. Der Hauptgrund für die Beklommenheit ist die Abneigung, sich einem Anpassungs- und Unterwerfungsritual zu unterziehen, das die Gefahr beinhaltet, als Person abgewiesen zu werden. Hinzu kommt das Bewusstsein, dass andere, klassische Prüfungssituationen in Schule, Studium und Berufseinstieg der Vergangenheit angehören und man sich diesem Stress nicht mehr unterziehen möchte.

Hintergrund: Angst vor Abweisung

Im Grunde genommen ist jeder von uns tagtäglich vielen »Bewerbungssituationen« ausgesetzt – immer wenn es darum geht, für ein eigenes Anliegen zu werben, sei es beruflich oder privat. Gemeinsamer psychologischer Hintergrund aller Bewerbungssituationen ist der Wunsch, willkommen geheißen und angenommen zu werden, und damit verbunden ist gleichzeitig die Angst vor Abweisung. Die Bewerbungsthematik begleitet uns also ein Leben lang.

Bereits im embryonalen Stadium unserer Existenz befinden wir uns in einer ersten Bewerbungssituation. Schon hier geht es um die Frage: Werde ich von den Eltern angenommen? Entspreche ich den allgemeinen Wünschen – Junge oder Mädchen, angehende Eiskunstläuferin oder ein Doktor der Medizin in spe? Später wird die Frage lauten: Bin ich der ideale Kandidat für den neuen Aufgabenbereich?

Deutliche Bewerbungsherausforderungen und damit verbundene Anpassungsleistungen begleiten uns durch die Kindheit. Brav sein und gehorchen, aber auch wach sein und munter, insbesondere »kooperationsbereit«, wenn es die Eltern wollen. Die Art und Weise, wie wir vor der Autoritätsfigur Weihnachtsmann ein Gedicht aufsagen, scheint sich auf die Verteilung der Geschenke auszuwirken und die ersten Tage in Kindergarten und Schule sind klassische Bewerbungssituationen für den Neuankömmling.

Bewerbungssituationen im Alltag

Auch bei der Partnersuche, -auswahl und -eroberung geht es um ein typisches AC-Bewerbungsritual (Kleidung, Auftreten, Wortwahl, Flirtverhalten). Vielleicht kommt das MA diesem Ritual sogar noch näher, denn in der Hauptsache wird gesprochen, ausgetauscht, abgeglichen (Wertewelten, Einstellungen etc.) durch nur wenige Spielsequenzen unterbrochen.

Das Alltagsleben steckt voller Bewerbungssituationen: Da bewirbt man sich um eine Wohnung und muss sich vor dem Vermieter mehr oder weniger entblößen (»Sind Sie verheiratet? Haben Sie Kinder, Hunde, Katzen? Was verdienen Sie?«). Und auch das Kreditgespräch bei der Bank hat den Charakter einer MA- bzw. AC-Prüfung. Selbst wer eine fremde Person auf der Straße nach der Uhrzeit oder einer bestimmten Adresse fragt, bekommt nur dann eine brauchbare Antwort, wenn er sein Anliegen entsprechend formuliert vorträgt.

Wer von einem anderen etwas haben will, setzt sich auch immer der Möglichkeit aus, abgewiesen zu werden. Das bewusste Reflektieren der Gefahr einer narzisstischen Kränkung – so benennen die Psychologen diese Herausforderung – hilft, das Unbehagen vor und bei einer Bewerbungssituation besser in den Griff zu bekommen und sich auf die Chancen zu konzentrieren.

Ihre mentale Vorbereitung

Wer wirklich überzeugt ist, dass er etwas erreichen oder bekommen kann, hat sein Ziel schon halb »erobert«. Jeder Prüfung und damit besonderen Herausforderung sollte eine mentale Einstimmung und gezielte Vorbereitung vorausgehen. Mit der richtigen Einstellung kann man sein Ziel besser erreichen. Nicht nur im Sport bedient man sich dieser »Psycho-Technik«, auch in der Medizin gewinnt sie täglich an Bedeutung. Mentales Training wird in der Psychosomatik – sie beschäftigt sich mit dem Zusammenspiel von Seele und Körper – gezielt eingesetzt, um Gesundungsprozesse zu unterstützen und zu beschleunigen.

Die mentale Vorbereitung auf den Arbeitsplatzwechsel bzw. -einstieg, Ihre *Einstellung zur Einstellung* ist daher essenziell. Wer als AC-Teilnehmer oder MA-Interviewpartner von vornherein nicht sicher ist, ob er die angebotene Position haben möchte bzw. auch bewältigen kann, hat schlechte Karten. Dieser Mangel an Motivation und die Misserfolgserwartung werden den Beobachtern kaum verborgen bleiben. Verständlich, wenn diese sich lieber für einen anderen Kandidaten entscheiden.

Unbewusste Motive des Scheiterns

Auch eine diffuse negative Einstellung gegenüber dem Auswahlverfahren selbst ist in Bewerbungssituationen nicht zu unterschätzen. Hintergrund könnte die bewusst-unbewusste Verweigerung einer Anpassungsleistung sein: Die rigiden Gestaltungsregeln, festgelegt von der Arbeitgeberseite, provozieren einen Widerwillen, sich den vorgegebenen Bedingungen und formalen Anforderungen zu unterwerfen.

Ein weiteres (unbewusstes) Motiv könnte in der möglichen Niederlage, Ablehnung oder Kränkung in der späteren Bewerbungsphase (z. B. im Abschlussgespräch) oder im neuen Job selbst liegen. Dies geschieht, indem man augenscheinlich etwas unternimmt, gleichzeitig unbewusst dem Adressaten auf der Arbeitgeberseite signalisiert: »Lass mich in Ruhe, entscheide dich bloß nicht für mich!«

Das dritte mögliche Motiv basiert auf der unbewussten Tendenz, einen Stellenwechsel und gegebenenfalls Aufstieg zu vermeiden. Vielleicht möchte man nicht wirklich wechseln, sondern aus verschiedenen, zum Teil nicht eingestandenen Gründen in der jetzigen Position ausharren. Man will sich beispielsweise nicht von materiellen Vergünstigungen und/oder zwischenmenschlichen Annehmlichkeiten trennen, die der aktuelle Arbeitsplatz bietet. Auch ein unbewusstes Bedürfnis, zu leiden, verhindert oder verzögert eine Trennungsentscheidung.

Ferner kann die Tendenz, den neuen Arbeitsplatz nicht wirklich haben zu wollen, auch auf der unbewussten Strategie basieren, Partnern oder Angehörigen eine Enttäuschung zuzufügen. So könnte ein Drängen in die Berufsrolle gegen die eigene Überzeugung (»Großvater war leitender Ingenieur, Vater ist es, natürlich wirst auch du, mein Sohn, dich bemühen, dass du als Ingenieur vorankommst!«) dazu führen, dass ein Versagen in der Bewerbungssituation insgeheim als späte Rache gesehen wird. Nach außen wird jedoch die betreffende Position angestrebt.

Auch uneingestandene Schuldgefühle gegenüber den Eltern, die es nicht so weit gebracht haben, könnten eine (unbewusste) Rolle dabei spielen, einen Karrieresprung nicht mit vollem Einsatz anzugehen.

Wenn Sie also Tendenzen in diese Richtung bei sich wahrnehmen: Nutzen Sie die Vorbereitungsphase für eine konstruktive Auseinandersetzung mit sich selbst und den Ihnen nahe stehenden Menschen. Nehmen Sie sich Zeit und haben Sie Geduld mit sich und Ihrer Umwelt. Eine intensive Analyse mit Ihrer inneren Einstellung zu dem Projekt »beruflicher Ein- bzw. Aufstieg« wird Ihnen bei diesem wichtigen Vorhaben ein gutes Stück weiterhelfen.

Diese mentale Einstimmung, das Reflektieren der eigenen Person und Position, das alles geschieht im Hinblick auf Ihr Ziel: Wie können Sie für Ihr Vorhaben den AC-Beurteilern und Auswählern Ihre persönlichen und fachlichen Qualitäten so prägnant, so eindrucksvoll wie möglich vermitteln, um Ihr berufliches Ziel sicher zu erreichen?

Exkurs: Mit welchen Botschaften und Argumenten erreichen Sie Ihr Ziel?

Sie befinden sich noch in der Vorbereitungsphase. Ihr Hauptziel ist, eine spezielle Arbeitsplatzposition zu erobern bzw. zu halten oder auszubauen. Dafür müssen Sie bestimmte Personen von sich überzeugen.

Bis jetzt haben wir uns vor allem mit dem *Was* beschäftigt: mit Ihrer Person, Ihren persönlichen Merkmalen und den vielen beruflichen Fähigkeiten. Nun geht es um das *Wie*, um den gelungenen Transfer:

- Was wollen Sie von sich vermitteln?
- Und wie kommunizieren Sie es erfolgreich?

Sie wollen einen Gedanken, eine Idee oder Botschaft einer Person näher bringen. Sie möchten eine Entscheidung beeinflussen. Sie soll so ausfallen, wie Sie es sich wünschen. Gehen Sie so ähnlich vor, wie Sie es aus der Welt der Werbung kennen.

Dabei sind drei aufeinander abgestimmte Schritte zu beachten:

1. Was wollen Sie Ihrem Gegenüber, z. B. dem Arbeitsplatzanbieter, kommunizieren? Was ist Ihr Anliegen, Ihr Ziel?
   Dies ist der wichtigste und schwierigste Baustein, der die längste Bearbeitungszeit in Anspruch nimmt.
2. Wie formulieren Sie aus den sorgfältigen Überlegungen zu Ihrem Kommunikationsziel verständliche, schnell begreifbare, überzeugende Botschaften?
   Hier kommt es besonders auf Ihre Fähigkeit an, etwas auf den Punkt zu bringen.
3. Wie untermauern Sie die ausgewählten und präzise formulierten Botschaften, um deren Glaubwürdigkeit und Überzeugungskraft ebenso zu stärken wie deren Erinnerungsgehalt?

Wir stehen am Anfang eines Drei-Schritte-Projekts: «*Kommunikationsziel definieren – Botschaften formulieren – Argumente zusammenstellen*». Das bedeutet, sich zunächst mit der Frage auseinanderzusetzen, was Sie Ihren Gesprächspartnern von sich vermitteln wollen.

Vielen fällt spontan ein: »Ich will diesen oder jenen Job, denn ich bin der Beste, Erfahrenste, Kompetenteste …« Die Argumentation für dieses Kommunikationsziel ist jedoch für sich allein ziemlich schwach; auch andere Mitbewerber behaupten, am besten für den Job geeignet zu sein. Es geht für Sie eher darum: Wie können Sie es besser machen und sich damit von anderen positiv abheben?

Zunächst bedeutet das, ein Kommunikationsziel zu entwickeln. Das ist nicht so einfach, wie es sich anhört. Vielmehr haben Sie die Ihnen schon bekannte schwierige Aufgabe, sich genau zu überlegen,

- was für ein Mensch Sie beruflich und privat sind,
- was für besondere Fähigkeiten Sie haben und
- was Sie damit zum Wohl des Unternehmens anfangen/beitragen wollen.

Folgende Elemente kennen Sie bereits, wir möchten jedoch in diesem Zusammenhang erneut auf die Bedeutung hinweisen!
Variiert man die Abfolge dieser Fragen, geht es wieder um die Trias:

- Kompetenz
- Leistungsmotivation
- Persönlichkeit

bzw. die bereits bekannte Fünfer-Aufstellung

- Führungskompetenzen
- Problemlösungskompetenzen
- strategische Kompetenzen
- soziale Kompetenzen
- persönliche Kompetenzen

Es geht in dem, was Sie von sich vermitteln wollen/sollten, immer um

- die berufliche Orientierung (Ihren Macht- und Leistungsanspruch)
- das Arbeitsverhalten (Ihre Arbeitsweise)
- die sozialen Komponenten (Ihr Sozialverhalten)
- die psychische Konstitution (Ihren gesamten Seelenzustand)

Wenn Sie sich mit diesen Fragen und Themen intensiv auseinandersetzen, werden Sie zu substanziellen Ergebnissen kommen. Dann wird es Ihnen leichtfallen, ein Kommunikationsziel zu entwickeln, das sich auf den von Ihnen angestrebten Arbeitsplatz bezieht.

Dazu sollten Sie sehr genau wissen, welche Ihrer Eigenschaften und Fähigkeiten Sie den AC-Beobachtern/Interview-Personalprofis, vermitteln wollen, damit eine positive Entscheidung gefällt wird.

Ein Beispiel: Ihr definiertes und niedergeschriebenes Kommunikationsziel könnte so aussehen:

Mein Kommunikationsziel ist es, den AC-Beobachtern und MA-Personalentscheidern zu vermitteln, dass ich ein Mensch bin, der über außergewöhnliche kommunikative Begabungen verfügt. Darunter ist zu verstehen: Ich bin sehr gut in der Kontaktaufnahme zu anderen, kann mich schnell und gewandt ausdrücken und ohne große Hemmungen mit jedem Menschen leicht ins Gespräch kommen. Andere vertrauen mir auffällig schnell. Ich wirke auf viele Personen ermutigend und bin ein sehr guter und aufmerksamer Zuhörer. Trotz meiner Freude an Unterhaltungen und gezielten Gesprächen bin ich keine Plaudertasche, kann mich abgrenzen und vernachlässige keinesfalls das Nachdenken und Handeln.

In einem zweiten Schritt sollten Sie nun aus Ihren Zielvorstellungen klare und schnell zu verstehende Botschaften entwickeln. In unserem Beispiel wären das folgende:

Meine drei wichtigsten Botschaften lauten:

- *Ich bin ein kommunikativ begabter Mensch, der mit anderen mühelos ins Gespräch kommen kann und dadurch nachhaltige Beziehungen aufbaut.*
- *Ich gewinne schnell das Vertrauen anderer Menschen und bin ein guter und aufmerksamer Zuhörer, aber auch ein präziser Beobachter. Dadurch gelingt es mir, Probleme und deren Ursachen schneller zu erkennen und einer Lösung zuzuführen.*
- *Bei aller Kontakt- und Kommunikationsfreudigkeit kann ich mich jedoch auch abgrenzen, bleibe souverän und unabhängig, vernachlässige keinesfalls das Nachdenken und Handeln.*

»Die Botschaft hör ich wohl, allein es fehlt mir doch der Glaube« – so lautet ein bekanntes Goethe-Zitat. Um diesen Glauben zu schaffen, ist es in einem dritten Schritt wichtig, die Argumente zu finden, die Ihre Botschaften glaubwürdig untermauern helfen, die aus den Behauptungen Fakten werden lassen.

Denken Sie also darüber nach:

- Mit welchen beispielhaften Anekdoten, durch welche Detailbeschreibungen können Sie Ihrem Gegenüber verdeutlichen, dass Ihre in den Botschaften enthaltenen Aussagen glaubwürdig sind?
- Welche Situationen, Begebenheiten in Ihrem (Berufs-)Leben verdeutlichen, was Ihre Botschaften als Kurzformeln transportieren sollen?

Wenn Sie hier den richtigen Erzählstoff beisammen haben, stehen Ihre Argumente. Sie können damit die Glaubwürdigkeit Ihrer überlegt ausgewählten Botschaften festigen und untermauern.

In unserem Beispiel könnten die Argumente so aussehen:

In meinem Job als Abteilungsleiter verfüge ich über ein großes firmenin- und -externes Netzwerk. Ich werde zu vielen privaten Veranstaltungen meiner Kollegen eingeladen. So erhalte ich einen Informationsvorsprung, den ich in meiner Position gut verwenden kann.

Auch zu meinen Mitarbeitern pflege ich ein gutes Verhältnis. So war eines meiner Teammitglieder immer mal wieder einige Tage krankgeschrieben. Ich habe ihn darauf angesprochen. Zunächst wollte er nichts sagen. Nach freundlichem Nachfragen meinerseits gab er jedoch zu, dass er mit seiner neuen Aufgabe nicht klarkommt und er sich überfordert fühlt. Wir haben dann gemeinsam besprochen, dass er eine Weiterbildung erhält, zum anderen einen kleinen Teil des Projektes abgeben kann. Nun ist er wieder fit und voll einsetzbar und hat sich seit dem Gespräch vor einem halben Jahr nicht wieder krankgemeldet ...

Ihr Vorwissen über das Unternehmen

Nachdem Sie sich intensiv mit sich selbst beschäftigt haben, ist es an der Zeit, mehr über das Unternehmen, bei dem Sie sich bewerben oder in dem Sie eine neue Position anstreben, nachzudenken. Hier unterscheidet sich das Management Audit vom Assessment Center, insbesondere wenn Sie ein Außenbewerber sind.

Je mehr Sie über das Unternehmen und seine Produkte und Dienstleistungen wissen, die Wertevorstellungen kennen, desto besser. Der Arbeitgeber muss den Eindruck gewinnen, dass Sie seine Belange bestens verstehen und auf ihn zugeschnittene Lösungen anbieten. In den AC-Übungen Präsentation (siehe Seite 76ff.), Unternehmensplanspiel (siehe Seite 112ff.) oder auch Interview (siehe Seite 123ff.) kommt es z. B. vor, dass man Sie fragt: »*Stellen sich vor, Sie wären hier Chef und könnten über die Geschicke dieses Unternehmens entscheiden. Wo liegt Ihrer Ansicht nach die Zukunft?*«

Wahrscheinlich haben Sie bereits im Vorfeld Ihrer Bewerbung über das Unternehmen recherchiert. Wenn nicht, sollten Sie spätestens jetzt systematisch beginnen, so viele Informationen wie möglich über die Firma zusammenzutragen.

Anzeigentext und Einladung

Erste Informationen über das Unternehmen können Sie der Stellenanzeige entnehmen, der Art und Weise, wie der Kontakt mit Ihnen als Bewerber angebahnt wurde, sowie dem Einladungsschreiben zum AC und den eventuell beigefügten Informationen.

Angenommen, Sie bewerben sich bei der Firma Siemens, sollten die folgenden Unternehmensdaten zu Ihrem Basiswissen gehören:

- Hauptsitz
- Branchen
- wichtige Tochterunternehmen/Beteiligungen
- Niederlassungen im In- und Ausland
- Produktpalette
- Zahl der Mitarbeiter im In- und Ausland
- Umsatz/Gewinn
- Geschäftsleitung
- Position auf dem nationalen und internationalen Markt (Marktanteile)
- Mitbewerber auf dem in- und ausländischen Markt
- wirtschaftliche Entwicklung innerhalb der letzten fünf Jahre
- aktueller Aktienstand
- zukünftige Entwicklungschancen
- Firmengeschichte

Neben diesen allgemeineren Informationen benötigen Sie Spezialwissen über die Abteilung bzw. den Unternehmenszweig, für den Sie sich beworben haben. Eine Bewerbung als Ingenieur um eine Position im Bereich Bosch-Siemens-Hausgerätetechnik, in der Datenverarbeitung Fujitsu-Siemens oder bei der Energieerzeugung Kraftwerk Union erfordert eine unterschiedliche, gezielte Einarbeitung in die jeweiligen speziellen Aspekte und Aufgabenstellungen des angestrebten Arbeitsplatzes.

Internet, Printmedien, persönliche Kontakte

Nutzen Sie die Informationsmöglichkeiten des Internets. Fast jede Firma hat inzwischen eine Homepage, der Sie aktuelle Informationen über das Unternehmen und über die Art der Selbstdarstellung entnehmen können. Eventuell finden Sie hier Informationen über das Assessment Center selbst. Nicht alle Unternehmen behandeln dieses Thema wie ein Staatsgeheimnis, sondern tun offen kund, dass sie es einsetzen, welche Zielsetzung sie damit verfolgen, wie jeweilige Anforderungsprofile aussehen etc.

Informationen über den zukünftigen Arbeitgeber finden Sie auch in speziellen Nachschlagewerken (z. B. Hoppenstedt), in der Fachliteratur und in Zeitungen/Zeitschriften. Dazu können Sie sich in jeder größeren Bibliothek beraten lassen. Besorgen Sie sich Informationsmaterial, sofern Sie dies noch nicht zu Beginn Ihrer Bewerbung gemacht haben – eventuell unter dem Namen eines Freundes. Bitten Sie telefonisch um Auskünfte, bei größeren Unternehmen um Geschäftsberichte, Presseinformationen oder Organigramme.

Nutzen Sie persönliche Kontakte: Finden Sie heraus, wer Ihnen aus eigenem Erleben oder vom Hörensagen mit weiteren Infos zur Verfügung stehen kann. Wer kennt jemanden, der dann jemanden kennt, der … Über solche Netze können Sie wertvolles Informationsmaterial sammeln.

Selbst wenn Sie schon längere Zeit Mitarbeiter im Unternehmen sind, sollten Sie sich vorher nochmals die Unternehmenssituation vergegenwärtigen. Auch dazu könnten Sie interviewt werden. Man möchte *Ihre* Einschätzung und Sichtweise kennenlernen.

Ablauf eines Assessment Centers

Ein Assessment Center kann mehrere Stunden bis hin zu mehreren Tagen dauern. Aufgrund der hohen Kosten finden die meisten ACs jedoch an einem Tag statt. Über diesen Zeitraum beobachtet Sie eine Prüfungskommission (bestehend aus zwei bis sechs Beobachtern).

Im Folgenden eine Übersicht zum Ablauf eines typischen (hier zweitägigen) Assessment Centers bei einer Bank.

1. Tag

8.00–9.30	**Einführung** Allen Teilnehmern wird das AC, dessen Transparenz und Objektivität erläutert. Der genaue Zeitplan und der Ablauf werden bekanntgegeben. Die AC-Beobachter und -Moderatoren stellen sich vor. Im Anschluss daran folgt eine Vorstellungsrunde der Teilnehmer; jeder stellt nicht sich selbst, sondern seinen Nachbarn vor.
9.30–10.30	**Gruppendiskussion** Sechs Bewerber, vier Beurteiler. Jeder erhält eine kurze Aufgabenbeschreibung. In dieser führerlosen Gruppendiskussion wird ein betriebswirtschaftlich-gesellschaftspolitisches Thema diskutiert und ein Maßnahmenkatalog von den Teilnehmern erarbeitet.
10.30–11.00	**Kaffeetrinken/Small Talk**
11.00–13.00	**Kombinierte Einzel- und Gruppenübung** Jeder Teilnehmer bekommt schriftliche Unterlagen einer Fallstudie, die er 30 Minuten lang alleine bearbeitet und zu der er ein Kurzgutachten erstellt (Thema: ein personalpolitischer Fall). Anschließend gibt es für alle Gruppenteilnehmer weitere Unterlagen zu diesem Fall. Auf Grundlage der individuellen Ergebnisse bearbeitet die Gruppe insgesamt das Problem weiter.
13.00–14.30	**Gemeinsames Mittagessen aller AC-Teilnehmer**
14.30–15.30	**Rollenspiel Verhandlung** Zwei Bewerber und jeweils zwei Beobachter. Jeder Bewerber bekommt zwei Seiten Rollenanweisung und 20 Minuten Vorbereitungszeit. Rollen: Einkäufer und Verkäufer. Anschließend findet ein simuliertes Verkaufs- und Verhandlungsgespräch statt, bei dem ein Verkaufs-/Einkaufsergebnis zu erzielen ist.
15.30–16.15	**Kaffeepause/Small Talk**
16.15–17.00	**Vorbereitung/Präsentation** Jeder Bewerber bekommt einen 20-seitigen betriebswirtschaftlichen Text, der zusammengefasst und im Anschluss vorgetragen werden muss.
17.00–18.00	**Präsentation** Ein Bewerber, zwei Beobachter. Der bearbeitete Text muss innerhalb von zehn Minuten vorgetragen werden. Die Beobachter bleiben passive Zuhörer.
18.00–19.00	**Zwischenbilanz** Alle AC-Teilnehmer tauschen sich aus, sprechen über positive und negative Aspekte und Eindrücke des ersten Tages.
20.00–21.00	**Gemeinsames Abendessen**
21.00–21.45	**Informationen über das Personalentwicklungs- und Förderprogramm und Aufstiegsmöglichkeiten in der nahen Zukunft.**

2. Tag

9.00–9.45	Interview 1 Bewerber/Beobachter (Vieraugengespräch) Themen: Lebenslauf, Motive der Berufswahl, Karriere- und Zukunfts- pläne, Sprachkenntnisse, Sonstiges
9.45–10.00	Kaffeepause/Small Talk
10.00–10.45	Interview 2 Bewerber/anderer Beobachter (Vieraugengespräch) (gleiche Themen wie im ersten Gespräch)
10.45–13.00	Testbatterie (Intelligenz-, Leistungs-/Konzentrations- und Persönlichkeitstest)
13.15–14.00	Gemeinsames Mittagessen
14.00–14.30	Gruppenabschlussgespräch Ende der Veranstaltung für die Teilnehmer
15.00–21.00	Auswahlkonferenz AC-Beobachter und -Moderatoren treffen sich zur Ergebnisdiskussion und -findung. Jeder einzelne AC-Kandidat wird ausführlich besprochen.

Ein weiteres Beispiel aus der Praxis. Beim Automobilhersteller *A* ist folgender AC-Ablauf über drei Tage vorgesehen.

1. Tag

Zeit	Aufgabe	Kandidaten	Beobachter	Raum	Hinweise
13.00–13.15	Vorstellung	alle	alle	Plenum	
13.15–14.00	Beobachter- Besprechung	–	alle	Raum 1	
13.15–14.00	Einweisung für die Kandidaten	alle	–	Plenum	
14.00–14.45	**Fallstudie**	1–10	A B C D E F	Raum 1 Raum 2	
14.45–15.15	Vorbereitung Befragung	alle	–	Plenum	individuell
15.15–15.30	*Kaffeepause*				
15.30–17.15	**Befragung**	2 5 6 7 9 1 3 4 8 10	A C E B D F	Raum 1 Raum 2	
15.30–17.15	Vorbereitung Problem- landschaft	alle	–	Plenum	individuell
17.15–18.00	**Problem- landschaft**	1 3 5 7 9 2 4 6 8 10	A C D B E F	Raum 1 Raum 2	

18.00–18.30	Feedback der Kandidaten untereinander	1 3 5 7 9 2 4 6 8 10	–	Plenum	
18.30–19.00	Rückschau Kommentierung	alle	alle	Plenum	
19.00	*Ende des ersten Tags für die Kandidaten*				
19.00–19.30	Beobachter-Besprechung	–	alle	Plenum	
19.30	*Ende des ersten Tags für die Beobachter*				

2. Tag

Zeit	Aufgabe	Kandidaten	Beobachter	Raum	Hinweise
08.00–08.30	Vorbereitung Brainstorming	alle	–	Plenum	
08.30–09.15	**Brainstorming**	1 3 4 8 10 2 5 6 7 9	A C E B D F	Raum 1 Raum 2	
09.15–09.45	Ergebnisaustausch zwischen den Gruppen	alle	–	Plenum	ohne Beobachter
09.45–10.00	*Kaffeepause*				
10.00–10.45	**Konzept**	6 7 8 9 10 1 2 3 4 5	A B C D E F	Raum 1 Raum 2	
10.45–11.15	Ergebnisaustausch zwischen den Gruppen	alle	–	Plenum	ohne Beobachter
11.45–13.00	*Mittagessen*				
13.00–13.55	Aktionsplan	2 4 6 8 10 1 3 5 7 9	A C D B E F	Raum 1 Raum 2	
13.55–15.00	Vorbereitung Persönliche Stellungnahme	alle	–	Plenum	individuell
14.45–15.00	*Kaffeepause*				
15.00–16.45	**Persönliche Stellungnahme**	alle	alle	Plenum	
16.45–17.00	Gesamtrückschau	alle	alle	Plenum	
17.00	*Ende des zweiten Tags für die Kandidaten*				
17.00–22.00	Beobachter-Konferenz	–	alle	Plenum	
22.00	*Ende des zweiten Tags für die Beobachter*				

3. Tag

Zeit	Aufgabe	Kandidaten	Beobachter	Raum	Hinweise
08.00–14.00	Beobachter-konferenz	–	alle	Plenum	mit dem jeweiligen Vorge-setzten
Termine werden bekannt-gegeben	**Feedback**	alle	alle	Versch. Räume	individuelles Feedback für jeden Kandidaten

Was immer Sie als Bewerber vorzutragen und zu leisten haben, die Beobachter sind darin geschult, die Kandidaten miteinander zu vergleichen, und versuchen möglichst hinter die Fassade zu schauen. Ein oder mehrere Tage am Stück unter permanenter Kontrolle – kein Wunder, dass sich mancher hinterher ähnlich erschöpft und ausgelaugt fühlt wie ein Zehnkämpfer nach der letzten Disziplin:

Assessment-Center-Bericht

Ich bin 25 Jahre alt und habe die Fachhochschule für Wirtschaft mit einem sehr guten Abschlussdiplom verlassen. Dem vorausgegangen war eine zweieinhalbjährige Lehre als Industriekaufmann und ein bereits mit 17 exzellent bestandenes Abitur (Durchschnitt 1,1).

Bei einem großen japanischen Konzern bewarb ich mich um einen der begehrten Traineeplätze und erhielt auch prompt eine Einladung zu einem dreistündigen Nachwuchs-Führungskräfte-Einzel-AC.

Am Ort des Geschehens saß mir ein Auswahlgremium von vier Herren und zwei Damen gegenüber. Die eine Dame war Betriebspsychologin, die andere eine leitende Mitarbeiterin der Personalabteilung. Die Herren entstammten der oberen Führungsebene, alle Mitte 30 bis Anfang 40.

Die Anfangsatmosphäre wurde betont herzlich gestaltet. Jeder stellte sich vor, kleine Scherze wurden gemacht. Alles war darauf angelegt, dass man sich als Kandidat wohlfühlte. Das hatte durchaus Methode und Effekt.

Mein AC bestand aus drei Rollenspielen und einer Präsentationsübung. Die Vorbereitungszeit zu den einzelnen Rollenspielen betrug im Schnitt jeweils 10–15 Minuten, die ich in einem separaten Raum verbrachte, versorgt mit Schreibmaterial, aber auch mit Kaffee, Limonade und Plätzchen.

Die Anweisung für das erste Rollenspiel sah auf zwei eng beschriebenen Manuskriptseiten vor, dass ich seit sechs Wochen neuer Gruppenleiter für ein vierköpfiges Team war. Es gab keine Information, welche Aufgaben diese Ar-

beitsgruppe zu bewältigen hatte. Auf entsprechenden Papieren fand ich folgende, teilweise komplizierte und bewusst etwas verwirrende Situation beschrieben, mit der ich mich nun als neuer Gruppenleiter auseinandersetzen musste:

Mein Arbeitsteam sollte eine neue Aufgabe übernehmen, war aber gehandicapt durch einen leistungsschwachen Teammitarbeiter, der nicht ausreichend logisch-analytisch denken konnte, überhaupt insgesamt sehr langsam arbeitete und deshalb nicht wirklich in das Team integriert war. Mit anderen Worten: ein Außenseiter. Aus diesem Grund kursierten in dieser fiktiven Firma Gerüchte, mein Team könne die neue Aufgabe nicht bewältigen.

Die Rollenanweisung sah weiter vor, dass meine Bemühungen, zusätzliche Mitarbeiter zu bekommen, erfolglos waren. Hier wurden mir bereits Erwägungen in Richtung Kündigung des leistungsschwachen Mitarbeiters suggeriert.

Ich stand also vor dem Problem, mit diesem Team die neuen Aufgaben zu lösen, hatte aber – eine Verwirrungsstory am Rande – in der Kantine einen alten Bekannten getroffen, der mir anbot, gerne in mein Team zu kommen, mich aber bezüglich meiner Entscheidung erheblich unter Zeitdruck setzte: Er habe noch ein anderes lukratives Angebot.

Der problematische Mitarbeiter – nennen wir ihn Herr Klein – bat mich laut Rollenanweisung um ein Gespräch. Ich sollte nun vor den Augen der vorgestellten AC-Beobachter meine Kompetenz für ein schwieriges Mitarbeitergespräch unter Beweis stellen. Soweit die Anweisung für das Rollenspiel, das etwa 20 Minuten dauern sollte.

Als Gesprächspartner schlüpfte einer der AC-Beobachter in die Rolle des unglücklichen Herrn Klein. Dieser spielte Herrn Klein als sehr unterwürfigen, überangepassten, fast schon »schleimigen« Typ. Er drückte deutlich auf die »soziale Tränendrüse«, erzählte von seinem Haus, das er gerade gebaut hätte, und von seinen hohen Schulden. Um die Kosten für seinen Lebensunterhalt zu reduzieren – so tischte mir der begabte AC-Laienschauspieler auf –, habe er bereits ein Nachbargrundstück für den persönlichen Gemüseanbau gepachtet.

Herr Klein berichtete, dass er sehr ordentlich und gewissenhaft arbeiten würde, wenn auch zugegebenermaßen etwas langsam, klagte aber auch über die Kollegen, die ihm immer die unangenehmsten Arbeiten aufbürdeten. Die anderen würden ja nur »husch-husch« arbeiten, er verkörpere jedoch das Gewissen des Teams und habe nun gehört – so seine Gesprächseröffnung –, ich, der neue Gruppenleiter, wolle ihn rausschmeißen. Wie ich mir das eigentlich vorstelle, er sei doch wirklich arm dran und auch schon so lange bei der Firma, lauteten seine anklagend-rechtfertigenden Worte.

Ich hatte mich bereits in der Vorbereitungsphase dazu durchgerungen, Herrn Klein nicht zu entlassen. Schließlich war ich erst sechs Wochen in diesem Team. Auf meine Frage, wie lange er bereits in der Firma beschäftigt sei, stellte sich heraus, dass er mit sieben Jahren Betriebszugehörigkeit zu den dienstältesten Mit-

arbeitern gehörte, was mich in meiner Ausgangsüberlegung, ihn nicht zu kündigen, bestärkte.

Durch viele offene Fragen, die ich Herrn Klein stellte, kamen wir gut ins Gespräch (»Wie stellen Sie sich die zukünftige Aufgabenlösung vor?« usw.). Ich bin dann mit ihm darin übereingekommen, dass er seine Arbeitszeit auch auf die späten Abendstunden werde ausdehnen müssen, wenn er sein Pensum in der normalen Arbeitszeit nicht schaffe. Er erhielt meine Zusage, ihn zunächst nicht zu entlassen, und das Versprechen, ihn nach erfolgreichem Abschluss des Projekts, seine beruflichen Möglichkeiten gegebenenfalls auch in einer anderen Abteilung der Firma ins Gespräch zu bringen.

Eine weitere Anregung meinerseits für Herrn Klein war das Thema berufliche Fortbildung, zu der er nach seinen Worten von meinem Vorgänger nie zugelassen worden war. Mein Standpunkt dazu: Das sei nicht nur allein Aufgabe des Arbeitgebers. Fortbildung müsse auch auf Eigeninitiative eines jeden Mitarbeiters hin erfolgen. Damit war das erste Rollenspiel beendet und das zweite begann, aufbauend auf der Geschichte, die ich eben gerade mit Herrn Klein durchgestanden hatte.

In dem neuen Rollenspiel bat mich mein Vorgesetzter zum Gespräch. Er habe von meiner Unterredung mit Herrn Klein gehört und erwarte nun Rapport. Dieses Gespräch war um einiges stressiger als das mit Herrn Klein. Nach knapper Vorbereitungszeit betrat ich den Prüfungsraum und sah mich mit einem jungen, dynamischen Vorgesetzten konfrontiert, der mich überschwänglich begrüßte, kaum zu Worte kommen ließ und mich dafür lobte, dass ich jetzt endlich »klar Schiff« gemacht hätte, meine Mannschaft auf Vordermann gebracht und den langweiligen Herrn Klein gefeuert habe.

Ich musste zunächst dieses bewusst inszenierte Missverständnis aufklären und war nun in der Position, mich rechtfertigen zu müssen, warum ich denn nicht hart durchgegriffen hätte. Jetzt kam es darauf an, gut zu argumentieren, wobei mein Gegenüber mir oft ins Wort fiel und lautstark seine Enttäuschung wegen meiner angeblich »schlappen Haltung« zum Ausdruck brachte: »Wie können Sie sich bloß von dem Klein so vollquatschen lassen«, war sein herber Vorwurf und: »Das ist ja eine schöne Führungsschwäche, die Sie da an den Tag legen. Wir dachten, Sie seien durchsetzungsfähig, und jetzt dieser laue Sozialklimbim.«

Gar nicht so einfach, mit diesem Gegenwind fertig zu werden, aber darum ging es ja wohl in diesem AC-Rollenspiel. Ich behielt jedenfalls trotz dieser Vorwürfe die Contenance und legte meine Argumentation noch einmal dar. Im Übrigen verwies ich darauf, dass niemand mir vor meinem Rollenantritt als neuer Vorgesetzter gesagt hätte, dass man mich als »Rausschmeißer« engagiert habe. Auch diese Aufgabe schien ich damit zufriedenstellend gelöst zu haben. Aber es sollte im dritten Rollenspiel noch schwieriger werden:

Als Produktmanager für einen neuen Designerfernseher der oberen Preisklasse sollte ich einen Vertriebsfachmann von dieser Produktidee überzeugen. Mein Gegenüber, wieder einer der AC-Beobachter und »Hilfsschauspieler«, übernahm den Part des völlig uneinsichtigen »störrischen Esels«, der sich allen meinen Argumenten beharrlich widersetzte. Dessen Rollenvorschrift sah offenbar vor, absolut emotional, unsachlich und unlogisch zu reagieren, mir dabei ständig ins Wort zu fallen und mich zur Verzweiflung zu bringen, mit Sätzen wie »Sie haben ja keine Ahnung, was draußen los ist ... Was wissen Sie schon ... Völlig unmöglich ...«. Erschwerend kam für mich hinzu, dass mein Gegenüber mir geradezu körperlich »auf die Pelle rückte«.

Sich diesem Stress zu erwehren, war wirklich nicht einfach. Ich hatte Schweißperlen auf der Stirn und war kurz davor, zu verzweifeln. Endlich wurde ich erlöst und hatte 30 Minuten Zeit, eine neue AC-Aufgabe vorzubereiten, dieses Mal eine Präsentation. Ausgangspunkt war ein nicht gerade einfacher Text mit Untersuchungsergebnissen aus dem Gebiet Personalentwicklung und Motivationsförderung. Meine Aufgabe bestand darin, das Führungsgremium dieses Unternehmens – zufälligerweise diese sechs AC-Beobachter – davon zu überzeugen, dass Vorgesetzte zu wenig Zeit in die Förderung und Motivationspflege ihrer Mitarbeiter investieren. Ich sollte diesbezüglich ein Personalentwicklungskonzept vortragen und das erlauchte Gremium überzeugen.

Die eigentliche Präsentation war nicht so schwierig. Das Problem lag eher in der anschließenden heftigen Diskussion, wo mir wieder einmal – wie konnte es anders sein – Widerstand pur vorgespielt wurde. Abermals musste ich mit bockigen, uneinsichtigen, verschlossenen, rigiden und starrköpfigen »Führungskräften« klarkommen, die allesamt Anwärter für die nächste Oscar-Verleihung in Hollywood sein könnten. Sparte: beste Nebenrolle. Dabei sparte man nicht mit verletzenden Verbalattacken. Ich musste mir bieten lassen, für ein bisschen »plemplem« erklärt zu werden.

Nach diesem Schlachtfest – alle hatten sich auf mich eingeschossen – musste ich wie ein ungezogenes Schulkind den Raum verlassen, und das AC-Gremium beriet sich. Eine gute Dreiviertelstunde später wurde ich vor die Auswähler zitiert. Die Runde lockerte sich auf und jeder kam auf mich zu, mit Erklärungen und entschuldigenden Worten, wie leid es allen täte, mich auf so herbe Weise ständig provoziert zu haben. In Wirklichkeit sei jeder ganz anders und natürlich überhaupt nicht so wie in den AC-Rollenspielen dargestellt. Dem pflichtete ich mit den Worten bei, auch ich sei ganz anders – und hatte die Lacher auf meiner Seite.

Dann fand das Abschlussgespräch statt, mit viel Lob, aber auch einiger Kritik. Ich hätte ruhig auf die herben Angriffe etwas emotionaler reagieren dürfen.

Im Anschluss daran wurde ich von einem Teil der Beobachter zum Kantinenmittagessen eingeladen. Hier herrschte schnell ein vertraulicher Ton und man er-

zählte von Mitbewerbern und was von denen so geboten worden wäre. Indirekt hatte ich das Gefühl, jetzt ruhig mal Dampf ablassen zu können und mal so richtig frei von der Leber weg meinen Ärger auszusprechen. Das tat ich aber nicht, denn auch dieses Kantinenessen erlebte ich als einen Teil des ACs.

Der klassische Tagesablauf eines Management Audits

Bei einem Management Audit befinden Sie sich gemeinsam mit ein bis drei Herren (Damen sind in der Minderheit) in einem »neutralen« Konferenz- oder Büroraum freundlich-unverkrampft an einem Tisch gegenüber. Die Dauer eines MA beträgt oft einen ganzen Arbeitstag.

9.30 Beginn

Small Talk, Freundlichkeiten werden ausgetauscht für eine gute, kooperative Atmosphäre. In der ersten Vorstellungsrunde erfahren Sie kurz etwas über Ihre Interviewpartner, dann geben Sie in etwa fünf bis zehn Minuten einen ersten kurzen Überblick über Ihre Person. Danach geht es ins Detail: Die nächsten 60 bis 90 Minuten gehören Ihnen:

9.30–10.45

- *Stellen Sie uns doch bitte einmal Ihre Entwicklung mit den entsprechenden Schwerpunkten und entscheidenden Weichenstellungen vor.*
- *Am besten von der Ausbildung/Studienwahl bis hin zur heutigen Situation.*
- *Wie kam es zu Ihrer Berufswahl, wie zum Berufseinstieg?*
- *Was war entscheidend für die Wahl des Arbeitgebers und wie beurteilen Sie das aus heutiger Sicht?*

Hier geht es um die Hintergründe des Positions- und Arbeitgeberwechsels, Ihre Motivation und Bewertung, entscheidende Positionen für Ihre Karriere und überdurchschnittliche Leistungen. Auf welche Leistungen und Erfolge können Sie verweisen und warum?

Vergangenheit, Gegenwart und Zukunft bezogen auf Ihre ganz persönliche berufliche Situation sind die nächsten Themen, die etwas genauer abgefragt werden:

- *Schwierigkeiten, Herausforderungen, was haben Sie erlebt, welche Lösungen, welche Erfolge können Sie berichten?*
- *Wie sieht Ihre Position heute aus?*
- *Welche Ziele und besonderen Herausforderungen sehen Sie?*
- *Was haben Sie bisher erreicht?*
- *Was erwarten Sie für sich?*
- *Wie sieht Ihre Vorgehensweise aus, Ihre persönliche Strategie?*
- *Welche Planung haben Sie, was sind die nächsten Schritte?*

Wenn Sie diese Fragen beantwortet haben (rechnen Sie mit Nach- und Vertiefungsfragen), ist sicher mehr als eine Stunde vergangen.

Jetzt geht es über zum privateren Teil:

- *Was gibt es an Interessantem bezogen auf den außerberuflichen Teil zu berichten?*
- *Was machen Sie in der Freizeit? Wie steht es mit Hobbys, Interessen, Engagement? Wie bekommen Sie die Work-Life-Balance hin?*
- *Gibt es vielleicht private Herausforderungen, von denen Sie berichten können?*

Zum Abschluss dieses ersten Teils bekommen Sie die Stärken-und-Schwächen-Frage gestellt, dürfen Ihre Einschätzung, wie Sie sich von anderen Führungskräften unterscheiden, abgeben und werden charmant gefragt, wo Sie Entwicklungspotenzial für sich sehen, insbesondere welche Lernfelder Sie zukünftig intensiver bearbeiten wollen.

10.45–11.00

Kleine Kaffeepause, Small Talk.

11.00–12.00

Hier könnte es um die Unternehmenssituation gehen, erst aus Ihrer Sicht, später vielleicht auch aus der Sicht Ihrer Begutachter und Interviewpartner. Dabei steht die gesamte Branche im Fokus, der Wettbewerb, positive wie negative Trends, Konsequenzen und immer wieder Ihr Beitrag dazu – insbesondere dann, wenn Sie die angestrebte Position bekommen bzw. behalten sollten.

12.00–13.00

Sie erhalten umfangreiches Informationsmaterial und dürfen sich auf ein Unternehmensplanspiel vorbereiten. Dafür haben Sie ca. 20 Minuten Zeit. Nachdem Sie die Unternehmenssituation vorgestellt haben, werden Sie aufgefordert, zu verschiedenen Maßnahmen Stellung zu nehmen und Vorschläge abzugeben, was Sie in dieser oder jener Situation besser machen oder lassen würden.

13.00–14.00

Ihre Mittagspause, die Sie meist mit Ihren Begutachtern verbringen, manchmal aber auch allein.

14.00–15.00

Sie erhalten Feedback und sind selbst aufgefordert, sich über den Unternehmensplan-Spielablauf zu äußern. Vielleicht schließt sich daran ein Rollenspiel an, wo Sie die eine oder andere schwierige Entscheidung durchzusetzen haben. Ihre Interviewpartner spielen die Bösen, die störrischen Blockierer, und Sie dürfen sich argumentativ und rhetorisch ins Zeug legen, um den Beweis anzutreten, dass Sie nicht nur über Überzeugungskraft verfügen, sondern auch noch mit Begeisterung bei diesem Spiel mitmachen.

Nach einer kleinen Pause geht es zu den wichtigen Kompetenzfeldern, für die die nächsten ca. 80 Minuten vorgesehen sind.

15.00–16.30

Arbeiten Sie sich zügig durch die vielen Fragen und Aufforderungen, die Ihre Führungs-, Problemlösungs-, strategischen, sozialen und persönlichen Kompetenzen ans Tageslicht bringen sollen. Suchen Sie dabei nicht nur nach Antworten, sondern auch nach den passenden Episoden aus Ihrem beruflichen Alltag, um all das zu illustrieren, was man gerne von Ihnen hören möchte und was Sie überzeugend darstellen wollen (siehe auch Seite 324ff., MA-Fragenschwerpunkte).

Gegen 17.00

Vielleicht wird man sich von Ihnen nochmals eine Kurzzusammenfassung wünschen, Ihre persönliche Einschätzung zu den wichtigsten Kompetenzfeldern hören, möchte die Vergangenheit, Gegenwart und auch die Zukunft in Zusammenhang mit Ihren Leistungen für das Unternehmen vorgestellt bekommen, um dann nochmals zu erfahren, wo Sie selbst Ihre größten Entwicklungsfelder und Chancen sehen.

Anschließend dürfen Sie ein Feedback geben und sich für den interessanten und aufschlussreichen Tag bei Ihrem Gegenüber bedanken.

Gegen 18.00

... werden Sie den Raum verlassen und diesen Tag und Ihre Erlebnisse nicht so schnell vergessen. Viele Überlegungen werden Sie begleiten bis in die Nacht und die folgenden Tage und Nächte ...

So werden Sie beurteilt

Im Assessment Center ebenso wie im Management Audit stehen Sie auf dem Prüfstand. Herausfinden will man, ob Sie für die ausgeschriebene oder zur Disposition stehende Arbeitsaufgabe bzw. Position der/die Richtige sind und ob Sie das Zeug zur Führungskraft haben. Was eine gute (ideale) Führungskraft wiederum mitbringen soll, haben wir – modifiziert nach W. Jeserich – auf den folgenden Seiten aufgelistet. Das Anforderungsprofil mag etwas zu detailliert erscheinen, doch je genauer Sie sich auskennen und je deutlicher Ihre Vorstellung davon sind, in welchen Kategorien gedacht wird, desto größer die Chance, Ihren Auftritt glanzvoll zu gestalten.

Zeigen Sie ...

1. Soziale Kompetenz
Sensibilität
Einfühlungsvermögen, Probleme und Gefühle anderer erkennen und berücksichtigen
Realistische Einschätzung der Wirkung der eigenen Person auf andere
Kontaktfähigkeit
Auf andere zugehen können, leicht ins Gespräch kommen
Offenheit bezüglich eigener Ziele, Absichten, Methoden
Vertrauensvoller und hilfsbereiter Umgang mit anderen

Kooperationsfähigkeit
Aufgreifen und Weiterführen der Ideen anderer
Sich nicht auf Kosten anderer durchsetzen
Erfolg mit anderen teilen
Verzicht auf Konkurrenzdenken, Machtinteressen und Rivalität
Integrationsvermögen
Ursachen von Konflikten erkennen und Lösungen anstreben
Unterschiedliche Interessen zielgerichtet »kanalisieren« ohne Aufgeben des eigenen Konzepts
Informationsbereitschaft
Andere mit Informationen versorgen
Wichtige Informationen nicht zurückhalten
Zuhören können und Zeit für Gespräche haben
Selbstkontrolle
Auf Angriffe nicht aggressiv reagieren
Andere nicht provozieren
In der Stimmungslage berechenbar sein

2. Systematisch-zielorientiertes Denken und Handeln

analytisches Denken
Gemeinsamkeiten zwischen unterschiedlichen Sachverhalten erkennen
Allgemeine Regeln aus der Betrachtung von Einzelfällen ableiten können und auf die Ziele anwenden
konzeptionelles Denken
Entwickeln von Problemlösungsstrategien
Erstellen einer adäquaten Rangfolge von Einzelschritten bei der Projektplanung
kombinatorisches Denken
Verarbeitung und Übernahme von Informationen und Denkweisen anderer Fachdisziplinen
Kombinieren vorhandener Daten in neuartiger Weise und Entwickeln von Alternativen
effiziente Arbeitsorganisation
Einhalten von Terminen und Absprachen
Überblick halten und Aufgaben delegieren können
Eigene Aufgaben bis zum kompletten Abschluss bringen
Entscheidungsvermögen
Einbeziehung aller verfügbaren Informationen
Anfordern und Bewerten von Alternativen
Kein Auf- oder Abschieben von Entscheidungen
Kalkulierbares Risiko eingehen
Folgen der Entscheidung bedenken

Planungs- und Kontrollvermögen
Arbeitsziele formulieren
Ordnungskriterien suchen und sichtbar machen
Planvolles Vorgehen
Arbeitsabläufe aufeinander abstimmen
Komplexe Sachverhalte schnell strukturieren können
Überprüfung der Planerfüllung

3. Aktivitätspotenzial
Arbeitsmotivation
Konstantbleiben der Arbeitsleistung auch bei komplexen Aufgaben
Anstehende Arbeiten selbstständig schnell erledigen
Kurzfristige Veränderungen akzeptieren und verarbeiten
Führungsmotivation
Aufnahme und Organisation von Führungsrollen
Initiativen zur Durchführung eines Interessenausgleichs im Mitarbeiterbereich
Konzentration mehr auf die Arbeitsergebnisse als auf den Arbeitsprozess
Autonomie
Selbstständiges Arbeiten ohne Anweisungsbedarf
Eigenständige Formulierung neuer Aufgaben und Ziele
Streben nach verbesserten Arbeitsergebnissen
Bereitschaft, Neues zu erkunden und zu erlernen
Durchsetzungsvermögen
Ziele nicht aus dem Auge verlieren
Eigenen Standpunkt auch gegen Widerstände durchsetzen
Konkurrenzsituationen nicht ausweichen
Insgesamt stark zielorientiertes Vorgehen
Selbstvertrauen
Bei Rückschlägen nicht aufgeben
Sich von Fakten und Sachverhalten, nicht von der Persönlichkeit anderer beeinflussen lassen
Erfolgsorientiertes und sicheres Denken und Fühlen

4. Ausdrucksfähigkeit
mündliches und schriftliches Darstellungsvermögen
Klare, verständliche Sprache
Flüssige Formulierung, akustisch gut zu verstehen
Stilsichere Sprachgewandtheit im Schriftlichen
rhetorische Fähigkeiten
Argumentative Überzeugungskraft

Sollten Sie an dieser Stelle Differenzen zwischen dem Anforderungsprofil und Ihren Fähigkeiten feststellen, denken Sie daran: AC- bzw. MA-Kandidaten sind vor allem Meister der Selbstdarstellung – und die ist erlernbar.

Ein Anforderungsprofil-Beispiel aus Unternehmenssicht

Die Teilnehmer (junge Entwicklungsingenieure) eines Assessment Centers bei dem Automobilhersteller *A* erhalten im Vorfeld folgendes Papier, das ihnen Zielsetzung und Anforderungskriterien des Verfahrens erklärt:

Das Assessment Center (AC)

Ziel:
Ziel des Assessment Centers ist es, Ihr Fachmanagement- oder Ihr Führungspotenzial in unterschiedlichen Übungen zu überprüfen.

Teilnehmer:
Außer Ihnen nehmen am Assessment Center neun weitere Kandidaten aus den unterschiedlichsten Geschäftsbereichen teil. Beobachtet und eingeschätzt werden Sie von sechs erfahrenen A-Führungskräften, die als AC-Beobachter geschult sind. Die Veranstaltung wird von zwei qualifizierten Moderatoren geleitet, von denen einer ein externer Berater ist. Sie haben am Anfang des AC Gelegenheit, sich vorzustellen, und lernen dabei auch alle anderen Teilnehmer der Veranstaltung kennen.

Vorbereitung:
Sie können sich inhaltlich nicht auf das Assessment Center vorbereiten, wohl aber innerlich. Die Beobachter erwarten von Ihnen, dass Sie sich – individuell und im Team – um eine *realistische, kreative und praktikable* Problemlösung bemühen – im Rahmen der vorgegebenen organisatorischen, zeitlichen und personellen Bedingungen dieses Assessment Centers. Die inhaltlichen Ergebnisse Ihrer Arbeit, wozu auch die Kritik an Bestehendem gehört, sollten Sie präsentationsreif vorstellen können. Bei den zu bearbeitenden Themen handelt es sich um wichtige Fragestellungen im Unternehmenskontext.
Bitte nehmen Sie die Problemstellung ernst:
Bemühen Sie sich innerhalb der gegebenen Möglichkeiten um die bestmögliche Lösung.
Seien Sie so kreativ und so kritisch, wie Sie es auch sonst in Ihrer Arbeit sind.

Ablauf:
Der erste Teil des AC dauert anderthalb Tage, in denen Sie allein oder zusammen mit Ihren Kollegen verschiedene Aufgaben mit unterschiedlichen Arbeitsmethoden bewältigen. In einer Gruppendiskussion suchen sie zu fünft nach Lösungen. Andere Themenstellungen bearbeiten Sie im Zweiergespräch oder allein und stellen diese in Form eines Einzelvortrags dem Plenum vor. In der Regel behandeln Sie eine zentrale, für unser Unternehmen relevante Themenstellung in mehreren

Schritten bis zur Problemlösung und erarbeiten ein Ergebnis. Sie erhalten dazu gestaffelte Arbeitsaufträge mit den jeweiligen Instruktionen und Zeitangaben – auch für die individuelle oder gemeinsame Vorbereitung in der Gruppe. Während der Aufgabenbearbeitung machen sich die Beobachter Notizen.

Außerhalb der Übungszeiten im Assessment Center (Pausenzeiten etc.) wird Ihr Verhalten nicht beurteilt.

Am Ende des zweiten Tages ziehen sich die Beobachter zurück, tragen ihre individuellen Einschätzungen zusammen, formulieren eine gemeinsame Beurteilung jedes Kandidaten und erarbeiten ein differenziertes Feedback mit entsprechenden Entwicklungsvorschlägen. Zu dieser Beobachterkonferenz wird Ihr Vorgesetzter als passiver Teilnehmer eingeladen, damit er den Entscheidungsprozess zu Ihrer Beurteilung nachvollziehen kann. Am Nachmittag des dritten Tages teilt Ihnen ein Beobachter (in Vertretung des Beobachtergremiums) Ihre persönlichen Ergebnisse im Einzelgespräch detailliert mit und bespricht mit Ihnen die weiteren Schritte. Dieser Feedbackgeber nimmt auch an dem gemeinsamen Personalentwicklungsgespräch mit Ihrem Personalreferenten und Vorgesetzten teil, das ca. vier Wochen nach dem Auswahlverfahren stattfindet.

Anforderungskriterien:
Als *zentrale* Anforderungsbereiche werden folgende fünf Anforderungskriterien mit ausgewählten Unterkriterien geprüft:

Anforderungskriterien	Unterkriterien
Geistige Fähigkeiten	*Analysefähigkeit, komplexes Denken, Kreativität*
Pragmatisches Denken	*Entscheidungsfähigkeit, Organisationsfähigkeit*
Kommunikationsverhalten	*Extraversion, Verständlichkeit, Argumentation, Gesprächsführung*
Verhalten im Team	*Einfühlungsvermögen, Teamführung, Konfliktlösung, Überzeugen und Durchsetzen*
Stabilität und Selbstsicherheit	*Selbstbewusstsein, Belastbarkeit*

Im Idealfall lassen Sie in den Anforderungskriterien Potenzial in besonderem Maße (= 4) erkennen.

Eine eindeutige Empfehlung erfolgt auch dann, wenn Sie in allen 15 Unterkriterien deutlich (= 3) Potenzial zeigen.

Eine Empfehlung erfolgt selbst dann, wenn Sie in maximal einem der fünf Anforderungskriterien nur ansatzweise (= 2) Potenzial zeigen. In den 15 Unterkriterien werden maximal fünf Kriterien toleriert, in denen nur ansatzweise (= 2) Potenzial erkennbar ist.

Keine Empfehlung erfolgt, wenn Sie in mehr als einem Anforderungskriterium oder mehr als fünf Unterkriterien nur ansatzweise (= 2) Potenzial zeigen.

Anhand dieser »Anleitung« können Sie erkennen, worauf Firmen wie *A* bezüglich Ihres Verhaltens Wert legen. Im Folgenden demonstrieren wir Ihnen, mit welcher Art von Aufgaben dieses Verhalten geprüft wird.

Aufgabentypen im Assessment Center und Management Audit

Die Herausforderungen, die bei einem AC auf die Teilnehmer warten, werden gern als Rollenspiele oder Übungen verkauft. Das klingt harmlos, auch wenn es sich bei den einzelnen Bausteinen des AC um knallharte Prüfungen handelt.

Folgende Übungen mit verschiedenen Herangehensweisen machen ein klassisches AC aus. Die im MA verwandten Aufgaben, hier mit * gekennzeichnet, sind genauso zu absolvieren wie im AC:

- *Präsentationen*
  - Selbstpräsentation*
  - Partnerpräsentation
  - Gruppenpräsentation
  - Thematische Präsentation/Kurzvortrag
- *Verschiedene Arten von Gruppendiskussionen*
  - Gruppendiskussion mit und ohne Themenvorgabe
  - Gruppendiskussion mit Rollenvorgabe
  - Gruppendiskussion mit Leitung
- *Case Studies (Fallstudien)* *
- *Feedbackgespräche* *
- *Unternehmensplanspiele* *
- *Diverse Rollenspiele* *
  - Mitarbeitergespräch
  - Verkaufsgespräch
  - Überzeugungsgespräch
- *Interview und seine Varianten* *
- *Postkorbübungen* *
- *Intelligenztests* *
- *Konzentrations-/Leistungstests*
- *Persönlichkeitstests* *
- *Computersimulationen* *
- *Gesellige Runde*
- *Abschlussgespräch* *

Man kann die verschiedenen Übungen in vier Grundtypen einteilen:

1. »Objektive« Tests

Diese Tests sollen die geistigen und willensbezogenen Potenziale ausloten, beispielsweise allgemeine »Intelligenz« (z. B. Wortschatz, logisches Denken, Gedächtnis), Motivationsfähigkeit, Innovationsneigung, Frustrationstoleranz und weitere Persönlichkeitsmerkmale. Sie werden auch Paper-Pencil-Tests genannt.

2. »Situative« Tests

Tests einzeln und in der Gruppe, um das individuelle Verhalten in unterschiedlichen Situationen einschätzen zu können.

3. Soziometrische Rangreihentests

Wer ist sympathisch und warum? Bei diesen Tests wird überprüft, wer in der Gruppe wie sympathisch eingeschätzt wird, sowie das Maß an Anerkennung, das jedem der Teilnehmer von den anderen entgegengebracht wird (eine Rangreihe soll aufgestellt und begründet werden).

4. »Projektive« Tests

Kommen nicht so oft zum Einsatz. Sie gehören als spezielle Form zu den Persönlichkeitstests. Ein Beispiel: der Satzergänzungstest (Bitte ergänzen Sie die Sätze: Mein Vater ... / Misserfolg bedeutet für mich ...).

Eher umgangssprachlich lassen sich AC-Aufgaben folgendermaßen einteilen:

- Jeder für sich allein
- Jeder gegen jeden
- Einer gegen den anderen
- Einer vor allen anderen

Im Folgenden stellen wir Ihnen die einzelnen Aufgabentypen vor:

1. Jeder für sich allein

Ein Beispiel für diesen Aufgabentyp sind Postkorbübungen. Dabei müssen Sie unter enormem Zeitdruck einen simulierten Posteingang durchsehen und Entscheidungen treffen: Was ist wichtig? Was muss sofort erledigt werden? Was kann warten? und: Was ist gut zu delegieren? Das Ziel ist die Überprüfung des allgemeinen Organisationsvermögens. Aber auch andere schriftlich zu bewältigende Testverfahren (wie beispielsweise Intelligenz-, Leistungs-/Konzentrations- und Persönlichkeitstests, siehe Seite 164ff.) gehören in die Gruppe der »Jeder für sich allein«-Tests.

2. Jeder gegen jeden

Anhand eines vorgegebenen Themas muss jeder der AC-Teilnehmer seinen eigenen Standpunkt verteidigen. Am Schluss soll ein von allen Kandidaten getragenes Ergebnis erarbeitet werden. Hier führt, wer sich einerseits kompromiss- und kooperationsbereit zeigt und andererseits auch Durchsetzungsvermögen besitzt.

3. Einer gegen den anderen

Das bedeutet nichts anderes als ein Rollenspiel. So wird beispielsweise eine Verkaufsszene simuliert, bei der ein Verkäufer mit einem Kunden spricht. Meist geht es dabei um ein Problem, beispielsweise um eine Reklamation, und so müssen Käufer und Verkäufer einen Kompromiss finden. Wichtig ist hierbei diplomatisches Geschick, Eloquenz und Entscheidungsfähigkeit.

4. Einer vor allen anderen

Damit fängt ein AC im Allgemeinen an, beispielsweise mit einer Selbstpräsentation. Aber auch Kurzvorträge gehören zu diesem Aufgabentyp. Dabei bereiten Sie sich auf ein vorgegebenes Thema vor und präsentieren Ihr Ergebnis vor versammelter Mannschaft. Hierbei kommt es auf intelligente Argumentation, Rhetorik, Überzeugungskraft und Darstellungskunst an.

Kein AC ist vollkommen gleich – dies zeigen Ihnen die folgenden Kapitel AC-Bausteine und AC-Kandidaten-Berichte (siehe Seite 200).

Über die AC-Aufgabentypen informieren wir Sie jeweils mit einer detaillierten Beschreibung der Aufgabenstellung, einer Übersicht über die Anforderungen und konkreten Vorschlägen deren Bewältigung. Diese Darstellungen veranschaulichen wir zusätzlich mit Erlebnisberichten von Bewerbern, die an einem AC teilgenommen haben.

Auch als Teilnehmer eines MA profitieren Sie von dieser Aufstellung. Einige Aufgabentypen können auch im MA vertreten sein, hauptsächlich sind es die Selbstpräsentation, der Vortrag, das Rollenspiel, das Unternehmensplanspiel, die Case Study, das Feedback- und Abschlussgespräch, sowie die ganze Palette von schriftlichen Tests (wenn auch bis auf Persönlichkeitstests zunehmend seltener).

Ca. 70 Prozent der verbrachten Zeit sind jedoch ausschließlich im Frage-und-Antwort-Stil von Ihnen zu bewältigen.

Präsentationen

Bei Präsentationsübungen oder der »Vorstellung« kommt es vor allem auf Sprach-gestaltung – Form, Ausdruck, Klarheit und Sicherheit, Ausstrahlung, Überzeu-gungskraft – und erst an letzter Stelle auf Ihre Sachkompetenz an. Es gibt die Selbstpräsentation, bei der man sich oder seinen Nachbarn dem Gremium von Mitstreitern und AC-Beobachtern vorstellt, aber auch die Präsentation von The-men wie »Der Glaube« oder »Erbschaftssteuern pro/kontra«, die Sie »auferlegt« bekommen und bei deren Abarbeitung Sie genauestens beobachtet werden. Wie stellen Sie sich an?

Es existieren auch Präsentationsaufgaben, bei denen Ihre fachliche Versiertheit gefordert wird. Das sind Themen, die sich mehr mit Ihrem zukünftigen Arbeits-gebiet befassen. Trotzdem stehen selbst dabei Ihre Persönlichkeitsmerkmale im Vordergrund.

Anforderungen

Ob Selbst-, Partner-, Gruppen- oder thematische Vorstellung – Ziel der Präsenta-tion ist es,

- in einer begrenzten Zeit, ein Thema inhaltlich zu erfassen und
- in einem (Kurz-)Vortrag den Zuhörern und Zuhörerinnen zu vermitteln.
- Dabei müssen Sie oft auch einen eigenen Standpunkt vertreten oder
- die Zuhörer von einem Sachverhalt überzeugen.

Seitens der AC-Beobachter wird geachtet auf:

1. Erfassung und Steuerung sozialer Prozesse

- *Einfühlungsvermögen:*
  Erkennen/Berücksichtigen von Bedürfnissen der Zuhörer
- *Kooperationsfähigkeit:*
  Aufgreifen und Weiterführung vorhandener Meinungen/Ideen

2. Systematisches Denken und Handeln

- *Analytisches und abstraktes Denken:*
  didaktisch logischer Aufbau des Vortrages
  Strukturierungsfähigkeit
- *Arbeitsorganisation:*
  Einhalten von Zeitvorgaben
  Belastbarkeit
  Stressresistenz

- *Entscheidungsfähigkeit:*
  Entwicklung und Beurteilung von Alternativkonzepten
  Reflexion von Entscheidungskonsequenzen
- *Planung/Kontrolle:*
  Formulierung von Zielvorstellungen

3. Erkennbares Aktivitätspotenzial

- *Selbstwertgefühl:*
  Ausstrahlung von positivem Denken und Erfolgsorientierung
  angemessene Selbstsicherheit
- *Kreativität:*
  Einfallsreichtum
- *Durchsetzungsvermögen:*
  Erzielen von Aufmerksamkeit/Konzentration
  Zielstrebigkeit

4. Ausdrucksmöglichkeiten

- *mündliche Formulierungsfähigkeiten:*
  flüssige/unmissverständliche Ausdrucksfähigkeit
  akustische Verstehbarkeit
- *Überzeugungskraft:*
  Plausibilität von Vorschlägen/Methoden/Zielen
  Argumentation erzeugt keinen Widerstand
- *Flexibilität:*
  Verwendung von plastischen Vergleichen/Bildern
  Variabilität der Ausdrucksmöglichkeiten
  didaktischer Einsatz von optischen Hilfsmitteln

Dieses AC-»Spiel« kann Ihnen ohne oder mit nur geringer Vorbereitungszeit von bis zu zehn Minuten für einen drei- bis zehnminütigen Vortrag abverlangt werden, aber auch in verschärfter Form mit mehrstündigem Aktenstudium abends vor dem Prüfungstag und einer Präsentationszeit von bis zu einer halben Stunde.

Bisweilen kommt es vor, dass als zusätzliche Hürde der Vortragstext schriftlich auszuarbeiten ist (trotzdem sollten Sie ihn nicht ablesen, sondern frei vortragen). Bedenken Sie dabei, die Assessoren konzentrieren sich hauptsächlich auf das »Wie« Ihres Vortrages. Die inhaltliche Beurteilung Ihres Referats wird erst später eine Rolle spielen.

Folgende Formen von Präsentationsübungen können im Assessment Center auf Sie zukommen.

1. Selbstpräsentation

Zu Beginn eines AC wollen Assessoren und auch Mitbewerber wissen, mit wem sie es zu tun haben. Also werden die Teilnehmerinnen und Teilnehmer aufgefordert, sich vorzustellen. Auch wenn es zwanglos wirken kann, handelt es sich doch um mehr als nur ein lockeres gegenseitiges Bekanntmachen. Dies ist bereits die erste Übung, bei der die Beobachter registrieren:

- Wie stellen sich die einzelnen Kandidaten dar?
- Worauf legen sie bei ihrer Präsentation Wert?
- Ist der Vortrag gut verständlich und nachvollziehbar?

In vielen AC wird die Selbstpräsentation auch als AC-Übung offiziell angekündigt. Zum Beispiel so:

»Bitte präsentieren Sie sich vor der Gruppe. Berichten Sie über die wichtigsten Stationen Ihres Lebens.«

Häufig werden die AC-Veranstalter konkreter. Dann heißt es in der Arbeitsanweisung vielleicht:

»Bitte stellen Sie sich der Gruppe vor. Ihre Präsentation sollte auf jeden Fall enthalten:
1. Ihren größten beruflichen Erfolg,
2. Ihre Hobbys,
3. Ihre beruflichen Ziele und
4. Ihre Motivation, die angestrebte Position zu bekommen.«

Einige Firmen stellen diese AC-Aufgabe auch Kandidaten, die sie bereits seit Jahren aus der gemeinsamen Arbeit kennen. Diese werden bewusst aufgefordert, sich ansprechend und interessant (»heute mal von einer ganz andern Seite ...«) zu präsentieren, wobei sie zusätzlich alle Materialien nutzen sollen, die vorhanden sind (also Flipchart, Overheadprojektor bzw. Beamer etc.). Für die Vorbereitung gibt es 15 bis 20 Minuten Zeit.

Es könnte auch so ablaufen wie hier geschildert:

Da ich mich um eine Stelle als Chemiker bewarb, hat mich diese Art der Präsentationsaufgabe im AC gewundert. Denn die Aufgabenstellung war folgende:
»Ihr Bekannter, Herr Bleicher, ist Leiter des Rundfunksenders ›Rund um Starnberg‹; er plant eine neue Sendereihe mit dem Thema ›Beruflicher Alltag und Freizeit‹. Er bittet Sie, für eine der ersten Sendungen als Moderator zur Verfügung

zu stehen. In Ihrem Vortrag sollen Sie über Ihre Hobbys und Ihre Freizeitgestaltung berichten. Die Dauer Ihres Vortrags soll ca. 15 Minuten nicht überschreiten. Anschließend werden noch zwei im Studio anwesende Journalisten einige Fragen an Sie richten. Die Vorbereitungszeit beträgt 30 Minuten.

Hinweis: Sie können an dieser Stelle auch über Teile des Feuilletons der beigefügten Zeitung berichten.«

Ich habe von der Firma eine Absage erhalten, u. a. deshalb, weil ich beim Radiointerview über die Freizeitgestaltung etwas über die Theater- und Musicalszene an meinem früheren Wohnort London berichtet habe. Hieraus wurde haarscharf geschlossen, dass ich mich wahrscheinlich in Oberbayern nicht wohl fühlen könnte und allgemein noch stärker in der Vergangenheit lebe ... (weitere Berichte siehe Seite 202ff.).

2. Partnerpräsentation

Stellen Sie sich auch darauf ein, nicht nur sich, sondern jemand anderen aus dem Plenum präsentieren zu müssen, nachdem dieser sich selbst vorgestellt hat wie in unserem eingangs zitierten Beispiel (den kompletten Bericht finden Sie auf Seite 10ff.).

Des Weiteren können AC-Bewerber auch aufgefordert werden, sich in Zweiergruppen gegenseitig zu interviewen, um dann die Ergebnisse vor dem Plenum zu präsentieren.

Die Arbeitsanweisung für eine solche Übung lautet dann beispielsweise:

»Sie haben gemeinsam zehn Minuten Zeit, Ihren Partner zu interviewen. Versuchen Sie, die Besonderheiten Ihres Gegenübers herauszufinden, wie sein/ihr beruflicher Werdegang verlief, warum er/sie sich für diesen Beruf und unser Unternehmen interessiert. Sie haben dann beide jeweils fünf Minuten Zeit für die Präsentation Ihres Partners.«

3. Gruppenpräsentation

Bei dieser Variante der Präsentation steht das Teamverhalten im Vordergrund. In der Regel werden Gruppen mit je vier Personen gebildet. Die Aufgabe lautet z. B.:

»Interviewen Sie sich gegenseitig. Finden Sie wichtige biografische Aspekte heraus und halten Sie diese schriftlich fest. Im Anschluss stellen Sie gemeinsam Ihr Ergebnis im Plenum vor.«

Hier liegt die Herausforderung schon in der dirigistischen Arbeit. Wer übernimmt später was, wie erarbeitet man sich schnellstmöglich Inhalte, um dann die Rollen halbwegs gerecht zu verteilen, wer was wann vorträgt.

4. Thematische Präsentation

Die Bandbreite für thematische Präsentationen ist weit gefasst, von »*Die angemessene Höhe der Sozialhilfe*« bis zur »*Geschwindigkeitsbegrenzung auf Autobahnen*«. Im folgenden Beispiel berichtet ein AC-Teilnehmer bei einer Bank:

Nach der Eigenpräsentation wurden wir aufgefordert, in einen Raum zu gehen, in dem sich ein Pult mit Mikrofon befand. Ich fühlte mich etwas mulmig, mich in dieser Form vor den anderen am Rednerpult zu präsentieren. Die Assessoren legten die Reihenfolge fest, nach der jeder seinen Kurzvortrag halten musste.

Alles wirkte sehr technisch und kühl. Wir bekamen drei Themenvorschläge, unter denen wir uns einen aussuchen konnten – gesellschaftsbezogene Themen, Zivilcourage und ähnliches. Zehn Minuten lang durften wir uns vorbereiten, danach fünf Minuten Vortragszeit. Nach vier Minuten gab es ein Lichtzeichen, das die letzte Minute ankündigte. Alle Vorträge wurden auf Video aufgezeichnet. Zu sehen bekamen wir AC-Teilnehmer sie allerdings nicht.

Als weitere Aufgabenform bei der thematischen Vorstellung könnten Ihnen auch Unterlagen zur Verfügung gestellt werden, die Sie zu einem sinnvollen Vortrag zusammenstellen oder umformulieren sollen.

Das sollten Sie beachten!

Verdeutlichen Sie sich nochmals die Anforderungsmerkmale: Wie gehen Sie mit anderen um, wie reagieren diese auf Sie?

Im Mittelpunkt steht die Interaktion innerhalb der Gruppe. Wann sprechen Sie, wie reagieren die anderen darauf, welche Qualität hat Ihr Beitrag? Langweilen Sie oder bekommen Sie die ungeteilte Aufmerksamkeit der anderen Gruppenmitglieder?

Können Sie Sachverhalte oder die Vorstellung einer Person gut auf den Punkt bringen, so dass das Gefühl von Informationszuwachs bei Ihren Zuhörern entsteht?

In den nachfolgenden Empfehlungen finden Sie wertvolle Unterstützung. Dabei gelten die vorgestellten Tipps und Hinweise sowohl für das AC als auch für das MA, wo Präsentationen (sich selbst oder ein Projekt, an dem Sie arbeiten) fast immer zum Einsatz kommen.

Wie Sie in Präsentationen am besten performen

Im gekonnten Start liegt Ihre große Chance, denn der Beginn Ihres Vortrages ist besonders wichtig. Stellen Sie daher am Anfang sicher, dass Ihnen die ungeteilte Aufmerksamkeit Ihrer Zuhörer gilt. Bleiben Sie einen Moment lang schweigend stehen und geben Sie sich und den Zuhörern die Chance, sich zu sammeln. Etwa zehn Sekunden werden Ihnen helfen, sich auf das zu konzentrieren, was Sie anzubieten haben. Ein effektvoller Beginn, schon im allerersten Moment!

Überlegen Sie sich für den Einstieg Ihres Vortrags ein »Lockmittel«, z.B. eine knallige Headline, eine spannende Einleitung, eine interessante Frage, eine witzige Anekdote, ein geistreiches Wortspiel. Machen Sie Ihre Zuhörer neugierig auf das, was Sie ihnen sagen werden. Das wiederum sollte klar gegliedert sein. Eine eindeutige Struktur – Einleitung, Hauptteil, Schluss – erleichtert es, Ihren Ausführungen zu folgen.

Geben Sie Ihren Zuhörern etwas zu denken, beteiligen Sie sie an Ihrem Thema, beziehen Sie sie mit ein (z.B. durch Fragen). Fassen Sie die wichtigsten Aspekte des Themas kurz und prägnant zusammen. Der Schluss sollte ähnlich gestrickt sein wie der Anfang und primär gut unterhalten

Wichtig ist, dass es Ihnen gelingt, Ihre Zuhörer zu fesseln. Eine Prise Humor, ein Zitat, eine angemessene Provokation bringen Ihnen dabei Pluspunkte. Wenn Sie langweilen, darüber hinaus nuscheln und mit der Hand nervös durchs Haar fahren, sammeln Sie unter Garantie Minuspunkte. Ihr Auftreten ist dabei wichtiger als der Inhalt der Präsentation (siehe auch Exkurs Körpersprache, Seite 179ff.).

Zur überzeugenden Körpersprache zählt, dass Sie von Anfang an Blickkontakt halten und diesen möglichst »gerecht« auf alle Zuhörer verteilen, insbesondere die AC-Beobachter. Sprechen Sie eher langsamer und lauter als aufgeregt und hastig.

Setzen Sie gelegentlich Ihre Arme und Hände zur Unterstreichung dessen ein, was Sie vortragen. Beachten Sie, dass Sie insbesondere mit Ihren Händen nicht unkontrolliert Ihr Gesicht oder den Kopf berühren. Nutzen Sie, wann immer möglich, die Kunst der effektvoll inszenierten Pause, um die Aufmerksamkeit Ihrer Zuhörer zu steigern.

Schluss Ihres Vortrages könnte ein »Vielen Dank für Ihre Aufmerksamkeit« oder ein simples »Ich danke Ihnen« darstellen, verbunden mit einer angedeuteten Verbeugung (eher Kopfnicken) und einem Abgang.

Exkurs: AIDA – die Formel für den Erfolg

In der Werbepsychologie gibt es eine Grundformel, die kurz und effektiv beschreibt, wie man Wirkung erzielt, Eindruck macht und Nachhaltigkeit erreicht. Nützen Sie diese Formel als Wegweiser, wenn Sie die Aufmerksamkeit anderer für sich gewinnen wollen.

Bei allen Präsentationsaufgaben und weiteren Herausforderungen (z. B. Vorträge, aber auch wichtige Briefe wie Bewerbungsanschreiben oder Anliegen an andere) hilft Ihnen die AIDA-Formel.

Die Initialen »AIDA« stehen in diesem Zusammenhang für:

A = Attention (Aufmerksamkeit erzeugen)
I = Interest (Interesse wecken)
D = Desire (Wunsch auslösen)
A = Action (die Handlungsaktivität provozieren)

A

Zuerst kommt es darauf an, dass Sie bei Ihren Zuhörern Aufmerksamkeit wecken für das, was auf sie zukommen wird – eine Art Paukenschlag oder Sirene, die jedem signalisiert: »Achtung, jetzt wird's wichtig.«

I

Der nächste Schritt bedeutet: Interesse bei den Empfängern der Botschaft zu wecken. Jeder muss merken: Hier geht es um etwas, das wichtig für mich ist. Dabei sollen sich alle möglichst persönlich angesprochen fühlen.

D

Dieser Schritt soll beim Empfänger der Botschaft den Wunsch (Desire) auslösen: »Ja, das will ich, das ist das Richtige für mich, dem stimme ich zu.« Stellen Sie alle wichtigen Argumente, die Sie vorzubringen haben, in kurzer, kompakter Form dar. Der Zuhörer oder Leser soll den Wunsch verspüren, genau in dieser Angelegenheit, die Sie präsentieren, etwas unternehmen zu wollen.

A

Im letzten Schritt geht es um die Umsetzung (Action), nach dem Motto: »Der Worte sind genug gewechselt, lass uns Taten sehen.« Die Zuhörer sollten emotional aufgeladen sein und willens, konkret tätig zu werden.

1. Besondere Hinweise zur Bewältigung der Selbstpräsentation

Zur Selbstvorstellung und den anderen Präsentationsformen gehört die Begrüßung und Namensnennung. Üblicherweise stellen sich die Kandidaten vor mit »*Guten Tag, ich heiße ...*« oder auch »*... Ich freue mich, heute hier an diesem AC teilnehmen zu dürfen ...*« Sie können sich ebenfalls so vorstellen, diese Begrüßung ist nur nicht besonders originell. Vor allem dann nicht, wenn etliche andere vor Ihnen ähnlich begonnen haben. Lassen Sie Ihrer Kreativität freien Lauf. Denken Sie daran, sich von der Masse abzuheben. Sorgen Sie also für einen Überraschungseffekt und starten Sie als Hundehalter vielleicht wie folgt: Gehen Sie nach vorn, malen Sie einen Hund ans Flipchart und sagen Sie:

»Ich wünschen Ihnen einen guten Tag. Mein Name ist Michael Müller und das hier ist Franz, unser Mischling. Er ist zwei Jahre alt und ziemlich lebhaft. Das sieht man auch schon auf meiner Zeichnung. Und natürlich muss er regelmäßig raus, Gassi gehen. Was glauben Sie, an wem bleibt die Aufgabe hängen? Richtig, an mir! Das ist nicht immer angenehm, aber ich genieße es auch, raus an die frische Luft zu gehen, den Kopf frei zu bekommen, mich zu bewegen. Einen klaren Kopf brauche ich auch beruflich. Derzeit arbeite ich als ...«

Ein solcher Einstieg wird Ihnen Sympathien bringen und in Erinnerung bleiben. Wichtig ist, dass Sie nicht am Einstieg hängen bleiben, sondern zügig zum Wesentlichen kommen – also berufliche Situation, Ihre Stärken, die Entscheidung für diesen Beruf und das Unternehmen etc.

Dabei kommt es nicht darauf an, Daten herunterzurattern, sondern Ihre beruflichen Erfahrungen, vor allem Erfolge, an konkreten Beispielen, kleinen Anekdoten darzustellen. Das erhöht die Verständlichkeit und macht das Gesagte viel interessanter, weil lebendiger.

Mit dem Einstieg haben Sie die Zuhörer bereits emotional angesprochen, Aufmerksamkeit geweckt und die Bereitschaft erhöht, sich näher mit Ihnen zu beschäftigen. Zeigen Sie im weiteren Verlauf der Präsentation, dass es sich lohnt, Ihnen bis zum Ende Ihrer Ausführungen zuzuhören.

2. Besondere Hinweise zur Bewältigung der Partnerpräsentation

Bei der Partnerpräsentation kommt es vor allem darauf an, neben den gewünschten Daten über das Gegenüber auch dessen Persönlichkeit darzustellen. Lernen Sie also Ihren Partner schnell kennen und finden Sie auch Details über Vorlieben und Abneigungen jenseits des beruflichen Kontexts heraus. Verzichten Sie auf geschlossene Fragen, auf die Ihr Gegenüber nur mit Ja oder Nein antworten kann. Fragen Sie ihn, was ihn im Leben geprägt hat, welche bewegenden Momente es gab, ob er amüsante Geschichten zu berichten hat. Das ist das Salz in der Suppe Ihrer Präsentation. Wenn Sie sich nur auf Fakten beschränken, wie beispielsweise *»Das ist Andrea Krause, sie ist 36 Jahre alt, hat nach dem Abitur Sozialökonomie und Sprachen studiert ...«*, wird Ihr Vortrag nicht besonders brillant und Sie hinterlassen keine Erinnerungsspur. Die Persönlichkeit des Portraitierten bleibt im Hintergrund. Können Sie beispielsweise über ein Hobby oder Interessen, die über den Beruf hinausgehen, berichten, wird Ihr Vortrag lebendig. Das kommt insbesondere Ihrer Bewertung zugute.

Beachten Sie, dass Sie nicht die komplette Zeit für das Gespräch nutzen, sondern sich Raum lassen für die Vorbereitung Ihrer Präsentation. Nachdem Sie die Informationen notiert haben, sollten Sie alle Notizen in Ruhe durchgehen und sich eine Gliederung überlegen. »Womit steige ich ein, was ist der wichtigste Aspekt, was will ich im Hauptteil berichten, finde ich eine knackige Anekdote für den Schluss?«

Schreiben Sie sich Stichwörter leserlich auf Karteikarten, soweit sie vorhanden sind. Vermeiden Sie ausformulierte Sätze. Sonst besteht die Gefahr, dass Sie an Ihrem Text hängen und kaum die Augen von Ihrem Papier abwenden. Damit kommt der wichtige Blickkontakt zu kurz, was Ihnen in der Bewertung Ihrer Präsentation Minuspunkte einbringen wird.

Halten Sie sich ferner an die Zeitvorgabe. Wenn Sie fünf Minuten für den Vortrag haben, sollten Sie ein Manuskript für etwa drei Minuten entwerfen. Warum so kurz? Ein psychologischer Trick, der Ihnen zu mehr Ruhe verhilft. Sie wissen: Sie haben genügend Zeit, um Ihre Informationen vorzutragen. Selbst eine kurze Unterbrechung gefährdet nicht Ihren Zeitrahmen. Sie sprechen automatisch ruhiger, langsamer und damit verständlicher, weil Sie wissen, dass Sie sich nicht beeilen müssen.

3. Besondere Hinweise zur Bewältigung der Gruppenpräsentation

Nicht nur Ihr Vortrag oder Ihr Beitrag zur Präsentation des Ergebnisses wird hier bewertet. Man beobachtet insbesondere, wie Sie in der Gruppe miteinander umgehen. Bei dieser AC-Übung gelten ähnliche Hinweise wie für die Partnerpräsentation. Allerdings ist es hier zusätzlich wichtig, eine klare Aufgabenverteilung festzulegen, die möglichst ausgeglichen ausfallen sollte. Das heißt, Sie sollten mit dafür sorgen, dass alle in etwa gleich große Präsentationsanteile haben. Man könnte die Arbeit z. B. folgendermaßen aufteilen:

Der Erste macht eine Einführung, beschreibt den Prozess, der Zweite stellt zwei Interviewpartner oder Hauptaspekte vor, der Dritte Alternativen, die besprochen wurden. Der Vierte wiederum berichtet über Gemeinsamkeiten oder Unterschiede, die man festgestellt hat etc.

4. Besondere Hinweise zur Bewältigung der thematischen Präsentation

»Lassen Sie Ihren Gedanken freien Lauf«, könnte das Motto für den Beginn der Themenbearbeitung lauten. Mit anderen Worten: Sie sollten zuerst Material sammeln. Notieren Sie alles – ruhig ungeordnet, aber großzügig und mit weiten Zwischenräumen –, was Ihnen zu dem vorgegebenen Thema einfällt.

Hilfreich sind Fragestellungen wie:

- Welchen Kernbegriff (Keyword) enthält das Thema?
- Welche weiteren Begriffe stecken im Thema?
- Welche anderen Begriffe/Stichworte werden assoziiert?
  (Das können sein: vergleichbare, ähnliche, gegensätzliche, Ober-/Unterbegriffe zum Kernbegriff).

Auch die bekannten W-Fragen (wer, wie, was, wann, wo, warum) können dazu einen wichtigen Beitrag leisten:

1. *Was* heißt ...? Was ist ...? Was bedeutet (für mich/für den einzelnen/für die Gesellschaft) ...?
2. *Wer* ist mit ... befasst?
3. *Welche* Arten von ... gibt es?
4. *Wann* geschieht ...?
5. *Wo* geschieht ...?
6. *Warum* gibt es ...?
7. *Welche* Ursache ...? Welchen Zweck ...? Welche Folgen, Vor/Nachteile, Gefahren ...?
8. *Wem* nützt/schadet ...?
9. *Wozu* dient ...?

Schlüpfen Sie gedanklich in andere Personen (Freunde, Arbeitskollegen, Eltern, Geschwister, Nachbarn etc.). Wie würden die argumentieren?

Ordnen Sie die so gewonnenen Stichworte nach Zusammengehörigkeit und ordnen Sie sie den folgenden Gliederungsabschnitte zu:

- Einleitung
- Hauptteil
- Schluss

Bei Problemstellungen, die eine Pro-/Kontra-Erörterung verlangen, bewährt sich folgende Gliederung des Hauptteils:

- These (Argumente für ...)
- Antithese (Gegenargumente ...)
- Wenn möglich: Lösung, Entscheidung (Synthese)

Haben Sie es in Ihrem Vortrag mit einem berufstypischen Fachproblem zu tun, bietet es sich an, ihn wie einen problemlösungsorientierten Kurzvortrag durch folgende Fragen zu gliedern:

- Worin besteht das Problem?
- Wie ist bisher damit verfahren worden?
- Welche Lösungsansätze sind praktikabel, welche nicht?
- Wie sieht meine Empfehlung aus?

Auch hier gilt: Überschreiten Sie nicht die vorgegebene Zeit für Ihren Vortrag. Und bedenken Sie: Die Vortragszeit ist schneller vorbei, als Sie sich im Prüfungsstress vorstellen können. Wenn Sie mit dem Vortrag aufhören müssen, weil die Zeit abgelaufen ist und Ihre wichtigsten Argumente ungesagt bleiben, haben Sie diese AC-Übung unbefriedigend erfüllt. Dann kommt es darauf an, wie Sie reagieren (weinen oder lachen Sie, weigern Sie sich, sich hinzusetzen, entschuldigen Sie sich langatmig etc.) Benutzen Sie Ihren Charme, so können Sie die Panne (fast) wieder wettmachen. Also: Verzichten Sie lieber auf ein paar schwächere Argumente und lassen Sie genügend Raum und Zeit für die aussagekräftigen.

Beleuchten Sie das Thema von verschiedenen Seiten, Standpunkten usw. Sparen Sie nicht mit sprachlichen Bildern und Vergleichen. Greifen Sie auch bei dieser Übung – wenn irgend möglich – zu didaktischen Hilfsmitteln, sofern sie vorhanden sind (Flipchart, Overheadprojektor, Tafel usw.). Visualisieren Sie (komplizierte) Zusammenhänge. Schreiben Sie beispielsweise ein Keyword an die Tafel, um dessen Bedeutung zu unterstreichen. Zusammenhänge, die Sie durch Pfeile, Kreise oder andere Symbole vor den Augen der Zuschauer, z.B. auf der Overheadfolie visualisieren, werden evidenter – eine Methode, die gut ankommt.

Fazit

Welche Form der Präsentation auch immer vor Ihnen liegt – in jedem Fall gilt: In der Kürze liegt die Würze. Präzise und mit Witz (oder Charme) auf den Punkt zu kommen, ohne mit Nebenschauplätzen zu langweilen – das macht Ihren Auftritt erfolgreich. Ein gelungener, überzeugender Vortrag ist immer auch ein wenig Entertainment. Also: Denken Sie an den Blickkontakt, lächeln Sie zwischendurch und stehen Sie mit beiden Beinen fest auf der Erde. Vermeiden Sie, herumzuschaukeln oder zu wippen. Denn das »Wie« bei dieser Aufgabe ist häufig wichtiger als das »Was«. Denken Sie dran: Es geht um Ihre Persönlichkeit, Ausstrahlung, Überzeugungskraft. Besonders die Eloquenz ist gut trainierbar (siehe Abschnitt Gesprächsführung, Seite 92ff. u. 109f.).

Die wichtigsten Tipps

- Achten Sie auf die Zeit (Vorbereitung und Vortag).
- Beachten Sie für den Aufbau Ihres Vortrages die AIDA-Formel.
- Nehmen Sie Blickkontakt auf, schauen Sie Ihr Publikum an.
- Nutzen Sie den Effekt von Sprachpausen.
- Bemühen Sie sich um einen charmanten, witzigen, kurzweiligen Einstieg.
- Geben Sie wenn möglich einen Überblick über das, was Sie Ihrem Publikum erzählen/berichten werden.

- Nutzen Sie sprachliche Bilder zur Illustrierung, gegebenenfalls mit Medieneinsatz.
- Beleuchten Sie das Thema aus verschiedenen Blickwinkeln.
- Fassen Sie die Ergebnisse Ihrer Präsentation am Schluss kurz zusammen.

Spezieller Hinweise für das Management Audit

Das hier vorgestellte Kapitel hilft Ihnen auch im Management Audit, wo Präsentationen (von sich selbst oder einem Projekt, an dem Sie arbeiten) fast immer zum Einsatz kommen.

Gruppendiskussion

... durch die meiner Meinung nach ziemlich gut absolvierten Übungen ging ich optimistisch und froh gestimmt in die letzte Übung, eine Gruppendiskussion, in der ich dann einen gehörigen Dämpfer bekam. Wir (allesamt Theologen) sollten über unterschiedliche Baupläne für den Umbau eines Pastorats beraten, und da prallten natürlich die Meinungen aufeinander. Da ich ein eher ruhiger, strukturierter und zielorientierter Typ bin und mich nicht gern in den Vordergrund dränge, war mir gerade dieses Verhalten eines anderen Teilnehmers zuwider. Er meinte, die Führung übernehmen zu müssen und den Vorturner zu spielen. Ich versuchte zwar zwischendurch, die Moderation zu übernehmen, habe mich aber ansonsten eher rausgehalten. Das wurde mir später als zu passiv angekreidet, und ich kann das auch verstehen. Andererseits hatte ich keine Lust, mich in diese Diskussion zu sehr einzuschalten, die mir sinnlos vorkam (siehe auch den vollständigen Erlebnisbericht ab Seite 239).

Die Gruppendiskussion gehört zur Disziplin des »Jeder gegen jeden« und ist ein Standardbaustein eines jeden AC. Die Gruppengröße schwankt in der Regel zwischen vier, sechs und mehr Teilnehmern. Oftmals wird eine größere Bewerbergruppe für diese Übung aufgeteilt. Üblicherweise gibt es zwei bis drei AC-Beobachter, die während der Diskussion die Teilnehmer »observieren« und sich Notizen machen.

Bei der Gruppendiskussion ist das A und O, im direkten Vergleich zu den Mitbewerbern gut abzuschneiden. Ausnahmen bestätigen auch hier die Regel: wenn es um ein Einzel-AC geht und die Gruppe von Mitbewerbern zum Diskutieren fehlt. In diesem Fall sind es die AC-Beobachter, mit denen Sie als Kandidat etwas diskutieren (siehe auch Rollenspiele, Seite 102ff.).

Die meisten Diskussionsrunden dauern zwischen 15 und 45 Minuten. Nicht selten ist das Diskussionsthema so komplex, dass das erforderte gemeinsame Ergebnis, z. B. ein Gruppenkonsens, in der Kürze der vorgegebenen Zeit nicht zu erreichen ist. Dies führt häufig zu einer aggressiv-gereizten Stimmung, weil die Diskutierenden sich unter enormen Leistungsdruck fühlen und entsprechende Versagensängste entwickeln. Lassen Sie sich nicht mitreißen. Die Aufgaben werden oft absichtlich so gewählt. Denn dieser zum Teil bewusst erzeugte Stress ist für die AC-Beobachter ein zusätzlicher Prüfstein, der auf ihren Checklisten unter verschiedenen Überschriften entsprechend benotet wird. Im Klartext: Wer als AC-Kandidat in spürbare Aufregung gerät, sammelt Minuspunkte. Ergo: Bleiben Sie gelassen!

Oftmals wird jeder Kandidat im weiteren Verlauf des AC, meist im Einzelinterview, gefragt, wie er selbst die Diskussionsrunde erlebt hat (siehe auch Feedbackgespräche, Seite 134) und wie er seine eigene Rolle, aber auch die der anderen einschätzt. Mit Fragen wie »Wer hat Ihrer Meinung nach in der Diskussion geführt?« oder »Wer hat am wenigsten zum Ergebnis beigetragen?« sollen die AC-Kandidaten nur vordergründig zum Hilfs-AC-Beurteiler gemacht werden: Wenn beispielsweise alle AC-Teilnehmer in einer Gruppe ein bis zwei Mitglieder positiv erlebt haben oder ein Teilnehmer immer negativ eingeschätzt wird, bleibt dies für die genannten Personen nicht ohne Konsequenzen. Andererseits, wie geht der individuell Befragte und allein auf sich gestellte Kandidat mit der heiklen Frage nach der Beurteilung seiner Mitbewerber um? Zieht er vom Leder oder verweigert er sich, etwa im Sinne: »Wo denken Sie hin, ich werde doch jetzt hier niemanden schlecht machen …« Beide Haltungen wären von Nachteil. Eine vorsichtige, angemessene Ein- und Wertschätzung ist in dieser Situation angebracht. Versuchen Sie, eher jemanden zu loben, als eine Person aus Ihrer Gruppe abzuqualifizieren. Machen Sie deutlich, dass in dieser Situation der Beitrag von Kandidat X oder Y ihnen nicht mehr sehr präsent ist. Auf die Frage »Hat Herr XY etwas dazu beigetragen …?« könnten Sie beispielsweise anmerken: »Ich fürchte, ich erinnere mich nicht mehr …« bei einem Kandidaten, der nichts gesagt hatte oder auffällig zurückhaltend war (lesen Sie dazu auch den Punkt »Feedback geben«, Seite 136).

Mit scheinbar harmlosen Fragen wie »Mit wem aus der Gruppe würden Sie gerne einen gemeinsamen Urlaub planen?« oder »Von wem aus der Gruppe würden Sie am ehesten einen Gebrauchtwagen kaufen wollen?« wird für jeden Kandidaten ein Soziogramm erstellt. Das heißt, die auf die Teilnehmer entfallenden oder von ihnen ausgehenden positiven und negativen Wahlergebnisse werden in einer Grafik festgehalten. Diese Grafik soll ein fest umrissenes Bild über die Eigenschaften des jeweiligen Kandidaten geben.

Es gibt folgende Formen der Gruppendiskussion:

- Diskussion mit vorgegebenem oder frei zu wählendem Thema
- Diskussion mit vorgegebenen Rollen
- Diskussion mit Leitung

Doch bevor wir uns die drei Formen genauer anschauen, möchten wir Ihnen die allgemeinen Anforderungen für eine Gruppendiskussion darstellen.

Anforderungen

Hier eine Übersicht über die generellen Beobachtungs- und Beurteilungskriterien bei Gruppendiskussionen:

1. Erfassung und Steuerung sozialer Prozesse

- *Kontaktfähigkeit:*
  aktives Zugehen auf andere
- *Einfühlungsvermögen:*
  Erkennen/Berücksichtigen von Bedürfnissen/Gefühlen anderer
- *Integrationsfähigkeit:*
  die Fähigkeit zur Konfliktanalyse und -lösung
  Bündelung verschiedener Interessen auf ein Ziel hin
- *Kooperationsfähigkeit:*
  kein Dominanzstreben auf Kosten anderer
  der Verzicht auf Druck- und Machtmittel
- *Informationspolitik:*
  Weitergabe von Informationen
  die Fähigkeit, zuzuhören
- *Selbstdisziplin:*
  moderat-freundlicher Umgang mit anderen
  auf Angriffe angemessen und nicht eskalierend reagieren

2. Systematisches Denken und Handeln

- *Kombinationsfähigkeit im Denken:*
  Übernahme/Verarbeitung von Informationen/Denkstilen anderer
  die Fähigkeit, Alternativen zu entwickeln
- *Entscheidungsfähigkeit:*
  Entwicklung und Beurteilung von Alternativvorschlägen
  angemessene Entscheidungsfreudigkeit/kein Abschieben
  Reflexion der Entscheidungskonsequenzen

3. Erkennbares Aktivitätspotenzial

- *Führungspotenzial/-motivation:*
  Anstreben einer Führungsposition/-rolle
  Initiativen zur Strukturierung/Koordination sozialer Prozesse
- *Selbstwertgefühl:*
  positiv und erfolgsorientiert
  angemessene Selbstsicherheit
- *Durchsetzungsvermögen:*
  Zielstrebigkeit
  Durchsetzungsbeharrlichkeit

4. Ausdrucksmöglichkeiten

- *mündliche/schriftliche Formulierungsfähigkeiten:*
  flüssiger/unmissverständlicher Ausdruck
- *Überzeugungskraft:*
  Vorschläge/Ziele/Methoden werden von anderen übernommen
  Argumentation erzeugt bei anderen keinen Widerstand
  Flexibilität in Ausdruck und Argumentation

Auf den Punkt gebracht: Es geht viel weniger um das perfekte Endergebnis (was immer der Auftrag an die Gruppe auch sein mag) als vielmehr um die Art und Weise der Problemlösung. Dabei steht der Umgang miteinander im Vordergrund, die Interaktion, das Verbale hat Vorrang. Soziale Kompetenz ist das Schlüsselwort, diese ist hier fast ausschließlich auf der verbalen Ebene unter Beweis zu stellen.

Wer also andere an- oder niederbrüllt, zu herrisch auftritt, zu sehr zu dominieren versucht, hat verloren; wer sich ausschweigt, duckt, unsichtbar bleibt ebenso. Nicht das wirklich beste Argument zählt, sondern eher wie man auf die Argumente anderer eingeht und wie andere auf Ihre Argumente reagieren. Ihre Mitspieler an die Wand zu diskutieren ist ebenso verpönt wie Vielgequatsche, Rechthaberei oder Duckmäusertum.

1. Gruppendiskussion mit vorgegebenem oder frei zu wählendem Thema

Bei dieser Diskussionsform besteht die Aufgabe darin, ein vom Beobachterteam vorgegebenes oder frei zu wählendes Thema in einer Runde von Mitbewerbern gemeinsam zu diskutieren. Bisweilen wird ein Ergebnis gefordert (Stellungnahme, Konsens). Ein AC-Kandidat erlebte die Diskussion so:

... Bei der führerlosen Gruppendiskussion mussten wir uns in eine Unternehmensberatungsgesellschaft hineinversetzen, die einen Investor zu beraten hatte. Vorgegeben waren mehrere Investitionsobjekte an verschiedenen potenziellen Standorten, die sich durch unterschiedliche Kriterien auszeichneten. Vorab sollte jeder von uns einen eigenen schriftlichen Entwurf erstellen. Dann, in unserer gemeinsamen Diskussion ergab sich ein größeres Meinungs- und Konfliktpotenzial, da die Fragestellung wirklich komplex war (»interagierende Faktoren und Wirkungszusammenhänge«). Hinzu kamen individuelle Wertvorstellungen, aber letztendlich führte der schwachsinnig-beherzte Vorschlag eines Teilnehmers, eine Matrix zur Veranschaulichung aufzustellen, gänzlich ins Chaos. Meinen Einwand, uns zunächst über die Ziele und Werte zu verständigen, habe ich leider nicht engagiert genug vorgetragen (was mir im Nachhinein auch von den Beobachtern negativ angekreidet wurde) ...

Die Themenpalette bei Gruppendiskussionen ist vielfältig und reicht von berufs-bezogenen Themen über Inhalte aus den Bereichen Politik, Umwelt, Wirtschaft, Zeitgeschehen bis in den privaten, persönlichen Bereich.

Es gibt auch die Variante, dass die Gruppe sich unter zehn Themen auf eins einigen soll, um dieses dann anschließend zu diskutieren. Bereits die Einigung durch die Gruppenmitglieder geht normalerweise nicht leicht vonstatten (siehe oben). Sie ist wiederum ein wichtiger Bestandteil der Beobachtung und Beurtei-lung. Führungspersönlichkeiten im positiven Sinne sind hierbei sehr gefragt. Wer bei dieser Aufgabe eine von den anderen Gruppenmitgliedern akzeptierte Füh-rungsrolle übernehmen kann, steht bei weitem besser da als der graue Mitläufer oder der nörgelnde Neinsager bzw. Verweigerer.

Häufig werden die Kandidaten vor den Gruppendiskussionen – wie im obigen Beispiel geschildert – dazu aufgefordert, vorab schriftlich ihre Einschätzung abzu-geben. Zweck dieser Übung ist es, die individuellen Standpunkte und Beurteilun-gen »festzuhalten«, um hinterher von Seiten der AC-Beobachter einen Vergleich vornehmen zu können, inwieweit die individuelle Einschätzung von der Gruppen-beurteilung abweicht.

2. Gruppendiskussion mit festgelegten Rollen

Bei AC-Anwendern ebenfalls sehr beliebt: die Gruppendiskussion mit genau de-finierten Rollen. Bei dieser Form der Auseinandersetzung mit fest verteilten Stand-punkten ist jedem Teilnehmer ein klar definiertes und zu vertretendes Rollenskript vorgegeben. In dieser Variante erhalten Sie also vorab eine »Regieanweisung« und haben als Diskussionsteilnehmer ausschließlich diese Rolle oder Überzeugung zu vertreten (egal, was Sie darüber wirklich denken).

Klassisches Beispiel: Jeder Diskussionsteilnehmer bekommt auf seinem »Re-giezettel« mitgeteilt, Außendienstvertreter einer Versicherungsgesellschaft zu sein. Für seine Vertretertätigkeit steht ihm ein Dienstwagen zur Verfügung. Der eine AC-Teilnehmer hat einen relativ großen Wagen, obwohl er hauptsächlich in der Stadt arbeitet und die Parkplatznot kennt. Der andere ein ziemlich altes, stör-anfälliges Modell, ist aber als Vertreter recht erfolgreich. Ein Dritter hat einen zu kleinen Dienstwagen, obwohl er häufig mit mehreren Auszubildenden geschäft-lich unterwegs ist usw. Jeder Teilnehmer ist also mit einer »Legende« ausgestat-tet, mit Pro-, aber auch Kontra-Argumenten bezüglich seiner Tätigkeit in Rela-tion zu seinem zur Verfügung stehenden Dienstfahrzeug.

Das zu diskutierende Problem: Ein nagelneues kleines Sportcabriolet wird von der Geschäftsleitung zur Verfügung gestellt. Wer aber von den Vertre-tern (AC-Diskutanten) soll es nun gerechterweise bekommen, hat es sich ver-dient?

Die AC-Teilnehmer sollen eine gemeinsame und dabei gerechte Lösung herbeiführen. Und das, obwohl doch jeder – so seine Rollenvorgabe – den neuen Dienstwagen für sich mit gutem Recht beanspruchen könnte. Klar, dass sich hier eine heiße Auseinandersetzung anbahnt. Viel zu beobachten für die AC-Regisseure ...

3. Gruppendiskussion mit einem Diskussionsleiter

In seltenen Fällen wird ein Teilnehmer aus der Gruppe zum Diskussionsleiter ernannt. Diese Methode kommt nicht oft zum Tragen, weil dadurch einem der Kandidaten eine Sonderrolle zuteil wird, sodass sich die Leistungen schlecht mit denen seiner Konkurrenten vergleichen lassen. Und es ist meist nicht so viel Zeit gegeben, dass mehrere Diskussionsrunden veranstaltet werden, um im Wechsel alle Kandidaten in dieser Rolle auftreten zu lassen.

Das sollten Sie beachten!

Lassen Sie sich von dem harmlosen Begriff »Gruppendiskussion« nicht täuschen. Hier handelt es sich um eine ganz spezielle mündliche Testsituation, die von Ihnen hohe Konzentration abfordert. Anders als häufig angenommen wird am Ende von den Beobachtern weniger beurteilt, *was* das Ergebnis dieser Diskussion ist, als vielmehr, *wie* es zustande kam. Im Mittelpunkt des Beobachterinteresses steht also die Interaktion, insbesondere Ihr Sozialverhalten, der Umgang mit den anderen Mitdiskutanten. Ferner wird Ihr sprachliches Ausdrucksvermögen begutachtet.

Wie Sie in Gruppendiskussionen am besten performen

Worauf es in der Gruppendiskussion ankommt, wissen Sie bereits. Wie Sie Ihr Wissen strategisch umsetzen, zeigen wir Ihnen im folgenden Abschnitt.

Zunächst zum generellen Verhalten: Das »rechte Maß« ist der Schlüssel zum Erfolg. Es ist also nicht die alleinige Präsentation eines Anforderungsmerkmals gefragt, sondern die ausgewogene Mischung.

Folgendes Verhalten wird positiv bewertet:

Generelle Verhaltenstipps
Äußeres/Auftreten
- ausgeruht und gelassen wirken
- gepflegtes Äußeres
- sich freundlich, höflich, natürlich und ungezwungen geben
- weder innere noch äußere Verkrampfung zeigen

Allgemeinverhalten
- freundlich, verständnisvoll, einfühlend, hilfsbereit, rücksichtsvoll
- kompromissbereit
- andere ernst nehmen
- zuhören können
- Sympathie zeigen

Allgemeines Diskussionsverhalten
- sicher auftreten, eigene Meinung vertreten, sich selbstsicher geben
  (nur bedingt nachgiebig gegenüber Einwänden, aber:
  Aufgeschlossenheit zeigen, keinen Starrsinn)
- Anwesende mit Namen ansprechen
- keine deplatzierten Bemerkungen oder Fragen
- keine Monologe, dafür knappe und präzise Beiträge
- oberflächliche oder fehlerhafte Argumentation reflektieren
- auf andere eingehen, eigene Interessen zurückstellen können

Sprachverhalten
- knapp, präzise (keine Ausschweifungen, Nebensächlichkeiten)
- keine Superlative
- möglichst kein Räuspern, so wenig wie möglich »Äh« sagen
- Vermeidung von Füllwörtern (»sicherlich«, »letztlich« etc.)
- deutliche Aussprache, mittlere Lautstärke, in die Runde schauen, Gesprächspartner ansehen

Die folgenden allgemeinen Verhaltensregeln sollten Sie ebenfalls beachten:

- den jeweiligen Sprecher anschauen
- deutliche Aufmerksamkeit signalisieren
- stets kontrollierte Reaktionen, keine Nervosität
- gedämpftes, aber angemessenes Engagement
- deutlich und ruhig sprechen
- freundliches Interesse zeigen
- sachliche, weitestgehend affektfreie Argumentation; alles vermeiden, was die
  Gesprächsharmonie unnötig stören könnte
- auf Argumente eingehen und sie konstruktiv weiterentwickeln
- sich nicht in den Vordergrund spielen
- sich aber auch nicht zu sehr zurück- und raushalten
- kein Sarkasmus, keine Ironie, keine Herabsetzung
- auf ausgeglichene Rollenverteilung achten (z. B. nicht bei allen Themen Kontra geben – Gefahr, als Nörgler oder Miesmacher dazustehen)

93

- die aufgeworfenen Fragen auch mal loben (»wichtig«, »bemerkenswert« und ähnliche Prädikate)
- Mängel offen zugeben (»Sie sind da auf einen heiklen Punkt aufmerksam geworden!«)
- Bedenken Sie: Sie müssen nicht immer alles (besser) wissen und ständig versuchen, Patentrezepte und -lösungen anzubieten
- auch mal die eigene Meinung zur Diskussion stellen (»Mich interessierte, wie Sie darüber denken!« u. Ä.)

Besondere Bewältigungstipps

Gerade in Diskussionsrunden trifft man auf immer wieder dieselben Probleme und Konstellationen: Das Gespräch will nicht so recht in Gang kommen oder es verliert sich in Nebensächlichem, ein Teilnehmer reißt das Gespräch an sich usw. Wenn Sie für diese »Notfälle« einige Strategien verinnerlicht haben und anwenden können, machen Sie wichtige Punkte bei den Beobachtern.

Wie Sie Diskussionen am besten strukturieren

Nicht selten kommt eine Diskussion nur schleppend in Gang, weil keiner vorpreschen möchte oder das Thema so unumstritten ist, dass sich nur schwer unterschiedliche Positionen herauskristallisieren. Das macht die Sache nicht gerade einfach, wer will sich am Anfang schon exponieren. Andererseits können Sie eine solche Situation auch als Chance begreifen: Wenn Sie versuchen, Struktur in die Diskussion zu bekommen und damit einen konstruktiven Beitrag für den Argumentationsaustausch zu liefern, sammeln Sie Pluspunkte.

Um das zu erreichen, sollten Sie systematisch und schrittweise vorgehen:

1. Schritt: Orientierung

Jeder Versuch der Gruppe, sich bereits im Anfangsstadium auf ein Diskussionsziel zu einigen, dürfte zu erheblichen Problemen führen. Zu Beginn empfiehlt es sich daher, eine Einschätzung vorzunehmen, in welchem Ausmaß das zu bearbeitende Thema von subjektiven Werthaltungen und emotional begründeten Einstellungen beeinflusst wird. Beispiel: Diskutieren Sie das Thema: »Permanente Therapie oder lebenslange Haft für Kinderschänder?«

Versuchen Sie innerhalb der Gruppe zu verdeutlichen, dass keine absolut richtigen oder falschen Standpunkte im objektiven Sinne möglich sind und dass es bei der Diskussion eher um den Austausch von Meinungen, Empfindungen und Gefühlen geht. Wenn darüber in der Gruppe ein Konsens herbeigeführt werden kann, entsteht ein Bewusstsein, was die Diskussion konstruktiver verlaufen lässt. Dadurch, dass allen klar ist, dass es kein Ziel im Sinne eines Konsenses geben wird, werden unnötige Streitereien, zu viele Emotionen und Zeitverlust vermieden.

Eine sinnvolle AC-Strategie kann gerade zu Beginn einer Gruppendiskussion darin bestehen, das Thema durch Fragen besser handhabbar zu machen. Mögliche »Eisbrecher-Fragen« sind u. a.:

- Wie sieht jeder Einzelne in der Gruppe die Problematik? (Kurzumfrage/Meinungsbild)
- Wo sind die Meinungs-Schwerpunkte?
- Wo gibt es Gemeinsames/Trennendes?

2. Schritt: Zielsetzung

Sie werden es nicht schaffen, ein Thema bis in alle Facetten durchzudiskutieren und am Ende mit einem perfekten, für alle Gruppenmitglieder gleichermaßen zufriedenstellenden Ergebnis aufzuwarten. Wenn Sie dies vor der Gruppe verdeutlichen, trägt das oft dazu bei, von allen Druck zu nehmen, und ist förderlich für ein besseres Miteinander.

- Welche Diskussionsziele sind in der Kürze der Zeit realisierbar?
- Kann das Thema eingegrenzt werden und ist das hilfreich?

Diese beiden Fragen unterstützen die Gruppe in der Kürze der zur Verfügung stehenden Zeit, als Optimum einen Etappensieg zu erreichen. Sinnvoll ist hierbei, grafische Hilfs- und Darstellungsmittel einzusetzen, um das Vereinbarte für alle sichtbar zu machen. Wenn Ihnen Medien wie Overheadprojektor, Flipchart, Tafel etc. angeboten werden, nutzen Sie diese! So gestalten Sie Ihren Vortrag noch anschaulicher und stellen gleichzeitig Ihre Medienkompetenz unter Beweis. In der Gruppendiskussion könnten Sie z. B. Ihre Dienste anbieten, um am Flipchart die wichtigsten Punkte zu notieren. Fragen Sie vorher die anderen, ob es ihnen recht ist. Sonst sieht es so aus, als wollten Sie sich zu sehr in den Vordergrund drängen. Und das sehen wiederum auch die Assessoren nicht gern …

3. Schritt: Lösungsstrategie (oder: Gemeinsam sind wir stark)

Auch hier sind die richtigen Fragen das Zaubermittel: Fragen Sie die anderen Teilnehmer, wie man ihrer Meinung nach am besten zu einem Ergebnis kommt, oder auch, welche Möglichkeiten sich anbieten und welche davon am erfolgversprechendsten ist. Diese Fragen können helfen, alle in dieselbe Richtung (wenn auch mit unterschiedlichen Ergebnissen) denken zu lassen, und Sie erhalten Pluspunkte für Ihren Versuch, Struktur ins Gespräch zu bringen.

Bei allem Hoffen auf das eigene gute Abschneiden dürfen Sie die anderen nicht vergessen. Frei nach dem Motto: Gemeinsam sind wir stark! Daher sollten Sie versuchen, möglichst viele Gruppenmitglieder aktiv in die Bearbeitung des Themas zu integrieren, und auch passivere Teilnehmer zum Mitdiskutieren ermuntern. Auch das wird Ihnen positiv angerechnet.

4. Schritt: Ergebnisprüfung

Im Verlauf des Gesprächs (nicht erst gegen Ende) können Sie zur Ergebnisprüfung aufrufen: Fragen Sie in die Runde, wie weit man mit der Bearbeitung des Themas gekommen ist (Meinungsbild/Schwerpunkte).

- Was kann zusammenfassend zum jetzigen Zeitpunkt ausgesagt werden?
- Kann man ein Resümee ziehen?

Diese Fragen unterstützen Sie und die Gruppe dabei, das Hauptziel im Auge zu behalten und ergebnisorientiert vorzugehen.

Wie Sie am besten mit Einwänden umgehen

Dass in einer Gruppendiskussion nie alle einer Meinung sind, liegt auf der Hand. Rechnen Sie also damit, dass Ihre Diskussion kontrovers verläuft. Damit können und sollten Sie konstruktiv umgehen.

Aus der Rhetorik sind dafür vier Standardtechniken bekannt:

- die Umformulierungsmethode,
- die Vorteil-Nachteil-Methode,
- die bedingte Zustimmung und
- die Verzögerungstechnik.

1. Die Umformulierungsmethode

Mit einer Umformulierung können Sie einen Einwand weitestgehend entschärfen. Sie sollen z. B. den Standpunkt vertreten: »*Menschen, die Kinder sexuell miss-braucht haben, sind nicht therapierbar und müssen daher – möglichst lange – ins Gefängnis.*«*

Der Einwand Ihres Gesprächspartners: »*Täter darf man nicht einfach weg-schließen, sondern muss sie in die Gesellschaft reintegrieren.*«

Ihre Antwort könnte dann lauten: »*Wenn ich Sie richtig verstanden habe, sind Sie der Ansicht, dass man sich auf die Therapien verlassen kann.*«

Jetzt können Sie weiter von Ihrem Standpunkt aus argumentieren, andere Kri-terien in den Vordergrund rücken oder als wichtig herausstreichen, z. B. *dass Vor-fälle der letzten Zeit gezeigt haben, dass einige therapierte Täter durchaus wieder*

---

* Achtung: Dies gibt nicht unsere Meinung wider (vielleicht in einem AC auch nicht Ihre), sondern dient nur zur Veranschaulichung von Argumentationsmöglichkeiten.

rückfällig wurden, dass die Therapien einfach noch nicht gut genug sind, um Sicherheit zu geben etc.

2. Die Vorteil-Nachteil-Methode

Hier wird der Einwand nur zum Schein aufgenommen: *»Ich habe Sie doch richtig verstanden – Sie meinen also: Wenn jemand ein Kind sexuell missbraucht hat, macht der Täter das nicht aus bewusster Überlegung, sondern weil er krank ist und die Krankheit ihn zu dieser kriminellen Tat treibt. Da gebe ich Ihnen natürlich Recht. Der Vorteil bei der Therapie liegt in der Resozialisierungschance, die trotz des Verbrechens besteht ... Der Nachteil einer Therapie ist, dass der Täter nach wie vor für die Bevölkerung, insbesondere für wehrlose Kinder, eine große Bedrohung darstellt, weil erstens keine Garantie auf Heilung besteht und zweitens, wie oft erlebt, die Sicherheitsbedingungen in einer psychiatrischen Anstalt nicht so gut sind wie in einem Gefängnis.*

Aus meiner Sicht ist der Vorteil der Therapie nicht einleuchtend genug, sodass ich hier den Standpunkt vertreten möchte: Sicherheit geht vor. Solange es noch keine gesicherten Therapieerfolge gibt, muss ein solcher Täter ins Gefängnis – das sind wir der Sicherheit unserer Kinder schuldig ..., die Argumente überwiegen ganz deutlich ... und sind natürlich auch abhängig von anderen Faktoren wie beispielsweise ...«

Da Sie diese Sätze selbst formulieren, liegt das Ergebnis in Ihrer Hand und ist damit gut steuerbar. So können Sie zu der von Ihnen angestrebten Position überleiten.

3. Die bedingte Zustimmung

Die bedingte Zustimmung funktioniert so: Sie greifen einen Teilaspekt des vorgebrachten Einwandes heraus, stimmen ihm bedingt zu, um daraufhin Ihren eigenen Standpunkt umso besser zu präsentieren. Im Anschluss daran relativieren Sie den vorgebrachten Einwand nun insgesamt und überzeugen.

Ein Beispiel: Ihr Gesprächspartner wendet ein, Ihr Argument (Therapie ist bei Sexualstraftätern nicht erfolgreich) stimme nicht, weil auch Täter als geheilt entlassen wurden.

Sie können dann so reagieren: *»Das ist ein wichtiger Aspekt, den Sie da ansprechen. Sie haben Recht. Ich habe wahrscheinlich noch nicht ausreichend begründet bzw. deutlich gemacht, worin ich die Gefahr sehe ...«*

4. Die Verzögerungstaktik

Sie signalisieren, den Einwand verstanden zu haben, und bitten darum, zunächst noch dies und das sagen, erklären, zeigen, fragen zu dürfen. Das tun Sie auch und bringen somit das Thema an einen anderen Punkt. Auf diese Art wird der vorherige Einwand hoffentlich vergessen bzw. erscheint nicht mehr interessant.

Praxis-Tipp: Schauen Sie sich im Fernsehen genau die Politik-Sendungen an. Einige Politiker beherrschen diese Taktik ganz hervorragend, nach dem Motto: *»Eine interessante Frage (Hinweis, Bemerkung usw.). Lassen Sie mich bitte aber zunächst noch einmal darauf hinweisen, dass ...«*

Wie Sie Vielschwätzer und Störer ruhigstellen

Jeder der Teilnehmer will den Job erobern und will im AC besonders gut abschneiden. Deshalb kann es trotz aller Strukturierungsversuche zu Konflikten und Auseinandersetzungen in einer AC-Gruppendiskussion kommen. Das ist oftmals von den Assessoren so intendiert, denn an der Art und Weise, wie Sie diese Situation bewältigen, werden Sie gemessen.

So kann es passieren, dass die Diskussion dahinplätschert, die Diskutanten sich bekämpfen oder auch monologisieren. Viel häufiger reden jedoch die Gruppenmitglieder aneinander vorbei und sind nicht in der Lage, eine wirkliche Auseinandersetzung zu führen oder einen Beitrag eines anderen aufzugreifen und weiterzuentwickeln.

Ihre eigene Strategie in einer solchen Situation: Bleiben Sie ruhig und gelassen, lassen Sie sich auf keinen Fall zu etwas Unbedachtem hinreißen. Kritisieren Sie nicht das egozentrische Verhalten Ihrer Mitdiskutanten. Das überlassen Sie besser den Beobachtern ...

Sie können jedoch dazwischenfunken. Und zwar dann, wenn ein Vielschwätzer gar kein Ende finden will oder den Rest der Gruppe mit Fachausdrücken zu erschlagen droht, weil er sich in einem Thema besonders gut auskennt. Greifen Sie auf freundliche Art und Weise ein, wie z. B.: »Entschuldigung, aber darf ich Sie an diesem Punkt unterbrechen? Ich würde gern wissen, ob die Gruppe das auch so sieht?«

Will einer der Teilnehmer Sie durch direkte oder indirekte Angriffe verunsichern, sollte Ihre Gegenstrategie lauten: Heben Sie die Partnerrolle hervor, unterstreichen Sie Gemeinsamkeiten in der Situation, leiten Sie auf das sachliche Thema zurück, lassen Sie sich nicht provozieren und suchen Sie bei anderen Unterstützung.

Es macht nichts, wenn Sie – falls es sich nicht um berufliches Grundwissen handelt – offen bekennen, dass Sie etwas nicht verstehen. Niemand ist allwissend und Sie geraten nicht in die peinliche Situation, plötzlich zu Ihrer Meinung gefragt zu werden und keinen vernünftigen Beitrag leisten zu können. Sagen Sie einfach: »Können Sie mir das erklären, damit ich auch mitreden kann?« Oder: » Ich bin nicht sicher, ob ich Sie richtig verstehe. Können Sie mir das bitte erklären ...« Oft zeigt sich, dass derjenige, der vorher so großspurig mit Begriffen umgegangen ist, in Erklärungsnot gerät.

Manchmal kommt es vor, dass Sie ständig von einem Kandidaten unterbrochen werden. Dann ist ein Hinweis in Richtung »Lassen Sie mich bitte ausreden«

angemessen. Reden Sie ruhig weiter und lassen Sie sich nicht in den Hintergrund drängen und entmutigen.

Stoßen Sie auf diametral entgegengesetzte Standpunkte, sind Diplomatie und Flexibilität gefragt, ohne den eigenen Standpunkt zu »verraten«. Mithilfe von geschickt formulierten Fragen kann es Ihnen gelingen, die Schärfe aus der Konfrontation herauszunehmen. Bleiben Sie und zeigen Sie sich souverän.

1. Besondere Hinweise für die Gruppendiskussion mit vorgegebenem oder frei zu wählendem Thema

Begeben Sie sich, ohne zu murren oder sich über das zu diskutierende Thema offen lange Gedanken zu machen, in die Diskussion. Bringen Sie nicht als erster, aber auch nicht als letzter Teilnehmer Ihren Standpunkt, Ihre Ideen und Vorschläge freundlich und konstruktiv ein und zeigen Sie ernsthaftes Engagement.

Startet die Gruppenarbeit mit der Kompromisssuche nach einem passenden Thema, beachten Sie dabei Ihre Rolle. Diese sollte eher als die eines freundlich-verbindlichen Vermittlers wahrgenommen werden denn als die eines Bremsers und Bedenkenträgers.

Insgesamt für Ihr Verhalten in der Diskussionsrunde gilt: Drängen Sie sich nicht allzu sehr in den Vordergrund. Nehmen Sie moderat und doch engagiert an der Diskussion teil, demonstrieren Sie aufmerksames Zuhören und fassen sie sich eher kurz. Notieren Sie dabei – wenn überhaupt – nur das Nötigste, was von anderer Seite vorgetragen wird, greifen Sie jedoch sehr bewusst gute Vorschläge anderer auf (loben Sie »den Einbringer« dafür angemessen) und ergänzen Sie diese bzw. führen Sie diese einer weiteren Bearbeitung, Modifikation zu.

2. Besondere Hinweise für die Gruppendiskussion mit festgelegten Rollen

Fügen Sie sich anstandslos in die Ihnen zugedachte Rolle innerhalb der Diskussionsrunde. Nicht mosern oder zum Ausdruck bringen, Sie seien benachteiligt worden. Diese Art von Kritik dürfen Sie nicht laut werden lassen. Also besser gute Mine zum bösem Spiel, denn: Verweigerung käme schlecht an.

Wenn die Ihnen zugedachte Rolle inhaltlich moralisch nicht zu rechtfertigendes Gedanken- und/oder Handlungsgut enthält (Sie sollen beispielsweise einen Kinderschänder oder Attentäter spielen), ist freundliche, sachlich begründete Zurückweisung angezeigt.

3. Besondere Hinweise für die Gruppendiskussion mit einem Diskussionsleiter

Wenn Sie vor die Aufgabe gestellt werden, in einer AC-Gruppendiskussion die Gesprächsleitung zu übernehmen, empfehlen wir Ihnen folgende Strategie:

1. Einleitung der Diskussion

- Allgemeine Problemskizze entwickeln, d. h., Sie fixieren das Thema
- Sie versuchen, das Thema auf einen oder zwei Aspekte festzulegen (»Darf ich Ihr Einverständnis voraussetzen, wenn wir ...?«)
- Delegation der Gesprächskompetenz
  a) Frage als Diskussionsanreiz:
    »Wie ist Ihre Erfahrung?«
    »Was sollte geschehen?«
    »Welche Möglichkeiten sehen Sie ...?«
  b) These zur Diskussion stellen, evtl. in Frageform:
    »Sind Sie auch der Ansicht, dass ...?«

2. Während der Diskussion

- Versuchen Sie, die bisher beigebrachten Beiträge in eine prägnante Aussage zu fassen und als These weiterzugeben; evtl. Zielfrage anfügen: »Ist es nicht wirklich besser, wenn wir ...?«.
- Halten Sie sich mit einer eigenen Meinung zurück und lassen Sie widersprechende Beiträge als Widersprüche stehen; d. h.: Alle Beiträge und Positionen sind »interessant ...«, »überlegenswert ...«, »nachdenkenswert« usw.
- Bemühen Sie sich die Rollenverteilung auszugleichen und auch zurückhaltende Diskussionsteilnehmer einzubeziehen.
- Schalten Sie sich ein, wenn plötzlich »Pausen« eintreten (Differenzierung, Hervorheben des Positiven etc.).
- Verstärken Sie die Beiträge positiv (»Ein interessanter Gesichtspunkt ...«, »Das scheint mir ein außerordentlich wichtiger Aspekt ...«, »Gut, dass Sie darauf eingehen!« etc.).
- Zeigen Sie deutliches Interesse für die Beiträge (»Ich habe auch schon überlegt, ob möglicherweise ...«, »Ich glaube, es lohnt sich ganz gewiss, noch mehr darüber zu wissen/zu sagen/nachzudenken« etc.).

3. Ende der Diskussion

- Vorschlag: »Vielen Dank für Ihre Diskussionsbeiträge, die ich persönlich sehr interessant fand. Sie haben uns die Vielschichtigkeit des Themas X deutlich gemacht, auch wenn einige wichtige Aspekte wegen der Kürze der Zeit nicht ausreichend behandelt werden konnten ...«

Als Diskussionsleiter haben Sie eine besondere Rolle. Hier in Kürze die wichtigsten Punkte, die Sie dabei beachten sollten, um dieser Rolle gerecht zu werden:

- Nehmen Sie moderat an der Diskussion teil.
- Notieren Sie nur das Nötigste.

- Skizzieren Sie in gestraffter Form die wichtigsten Aussagen, Gegensätze und Gemeinsamkeiten
- Thematisieren Sie offen gebliebene Problemansätze als Ausblick.

Fazit

Machen Sie eine gute Mine (auch wenn das Thema Ihnen überhaupt nicht behagt) und schalten Sie sich relativ schnell (als zweiter, spätestens als dritter oder vierter Beitragsredner) in die Diskussion ein. Immer freundlich, optimistisch und konstruktiv. Sparen Sie nicht am Lob für andere gute Beiträge, die Sie gerne aufgreifen und fortführen. Gegebenenfalls malen Sie zur Verdeutlichung, wo die Gruppe sich diskussionstechnisch befindet, ein Tafelbild.

Die wichtigsten Tipps

- Versuchen Sie am Anfang, Orientierung (Struktur, Gliederung) in das Thema und möglichst auch in die Diskutanten-Gruppe zu bringen.
- Seien Sie sich darüber klar, dass Sie das Thema nicht vollständig ausdiskutieren können; Mut zur Lücke, zur Auswahl und Konzentration, aber auch zur Begrenzung.
- Sie sollten neben Ihrem eigenen Abschneiden auch sehr genau das Ihrer Mitdiskutanten im Blick behalten.
- Fragen Sie zwischendurch, ob das Ziel noch im Blick ist.
- Beteiligen Sie sich in angemessener Weise, fassen Sie sich kurz und drängen Sie sich nicht in den Vordergrund; weder ein Vielschwätzer noch der stumme Fisch ist in Ihrer angestrebten Führungsposition gefragt.
- Gehen Sie auf Argumente Ihrer Mitdiskutanten ein und entwickeln Sie diese konstruktiv weiter. Das wird besonders gerne beobachtet.
- Loben Sie zwischendurch Ihre Mitdiskutanten und hören Sie aufmerksam zu.
- Sprechen Sie ruhig und deutlich.
- Achten Sie darauf, dass Sie unterschiedliche Rollen einnehmen. Überlegen Sie sich vorher, was und wie Sie etwas von sich vermitteln wollen.
- Verzichten Sie auf Spot und Ironie.

Spezieller Hinweis für das Management Audit

Das hier vorgestellte Kapitel hilft Ihnen auch im Management Audit, wo Gruppendiskussionen zwar nicht in dieser Form vorkommen, Sie jedoch fast jedes Thema mit Ihren Interviewpartnern in ganz ähnlicher Weise verhandeln.

Rollenspiele

... Die nächste Aufgabe war recht knifflig. Wir sollten zu zweit ein Rollenspiel absolvieren. Dabei ging es um eine Angelegenheit aus einer Gemeinde, in der der Küster bei einem wichtigen Gottesdienst barfuß und mit aus der Hose heraushängendem Hemd in der Kirche aufgetreten war. Wir sollten gemeinsam nun als Kirchenvorstandsmitglieder (ich war der Vorsitzende) mit dem Mann sprechen und ihn darauf aufmerksam machen, dass dieses Verhalten untolerierbar sei und dass es zu großen Irritationen in der Gemeinde geführt habe. Der Küster, gespielt von einem der Prüfer, verhielt sich am Anfang sehr renitent und wollte nicht einsehen, dass er einen Fehler gemacht hatte. Wir versuchten daraufhin, von ihm zu erfahren, warum er sich so verhalten hatte, worauf er zu einem langen Lamento anhob. Er behauptete, er würde zu wenig Geld verdienen und er hätte zu große Verpflichtungen gegenüber seiner Ex-Frau. Auch wenn wir das nicht als wirklichen Grund anerkennen konnten, schließlich hält wenig Geld nicht davon ab, sich wenigstens Schuhe anzuziehen und sein Hemd in die Hose zu stecken, machten wir ihm klar, dass er sich künftig der Situation angemessen zu verhalten habe. Außerdem boten wir ihm an, bei der Suche nach einem weiteren kleinen Job zu helfen, da er in der Gemeinde ohnehin nur eine Halbtagsstelle hatte.

Bei dieser Übung hatte ich insofern Schwierigkeiten, als meine Partnerin mir häufig ins Wort fiel und ich zum Teil nicht zum Reden kam. Das hatten auch die Assessoren bemerkt, wie sie später sagten ... (siehe auch den vollständigen Bericht eines angehenden Pastors, Seite 239ff.)

Spielen Sie gerne Theater? Dann ist das Ihre AC-Übung! Das Rollenspiel – eine Art Mini-Diskussionsgruppe mit Theatercharakter – bringt Sie in die Position eines Personalchefs, Vorgesetzten, Geschäftsführers oder Teamleiters, alles typische Rollen für AC-Kandidaten.

Dabei geht es um ein simuliertes (Kritik- oder Konflikt-)Gespräch zwischen AC-Prüfling und einem AC-Beobachter, der aktiv den Part des Gegenübers übernimmt. Seltener sind Rollenspiele, die zwei AC-Prüflinge gemeinsam absolvieren müssen (siehe oben).

Für dieses Stegreiftheater-Rollenspiel hat man zwischen 10 und 30 Minuten Zeit. Vorher steht eine meist als zu knapp empfundene Vorbereitungszeit (etwa 5 bis 15 Minuten) zur Verfügung, in der sich der AC-Prüfling mit einer schriftlichen Rollen- und Situationsbeschreibung vertraut macht.

Neben den festgelegten Rollen gibt es in aller Regel eine klare Zielsetzung für die AC-Kandidaten. Es geht z.B. darum, herauszufinden (in der Rolle eines Vorgesetzten), weshalb die Leistungen eines Mitarbeiters in letzter Zeit nachlassen (Mitarbeitergespräch); im Verkaufsgespräch sollen Sie ein Produkt oder eine Dienstleistung an den Mann bringen, im Überzeugungsgespräch gilt es, Ihr Gegenüber für etwas zu gewinnen, z. B. dass Ihr Budget nicht gekürzt werden darf. Eine beliebte Variante ist auch, dass ein Kunde verärgert ist und sich bei Ihnen beschwert. Dann heißt es Contenance bewahren ...

Anforderungen

Ziel dieser Rollenspiele ist es, aus Ihrem gesamten Gesprächsverhalten Rückschlüsse und Prognosen auf Ihr künftiges Führungsverhalten zu ziehen. Wie werden Sie mit Mitarbeitern umgehen, für die Sie Personalverantwortung haben, oder auch mit Kunden und Geschäftspartnern? Zeigen Sie in diesem AC-Rollenspiel Ansätze einer Gesprächsstrategie? Gelingt Ihnen eine Klärung? Können Sie ein Verhandlungsergebnis vorweisen bzw. sind Sie in der Lage, am Ende des Gesprächs klare Vereinbarungen, gegebenenfalls Entscheidungen zu treffen?

Besonders wichtig ist das sich daran anschließende Gespräch über Ihr gerade demonstriertes Verhalten in der Rollenspiel-Situation: Zeigen Sie, wenn Sie von den AC-Beobachtern kritisch hinterfragt werden, dass Sie bereit sind, Verantwortung zu übernehmen. Fallen Sie nicht beim ersten Anflug von Kritik um und gestehen Sie keinesfalls in einer Art vorauseilender Gehorsam, dass alles ein Fehler war, für den Sie sich schämen und entschuldigen möchten ...

Im AC-Rollenspiel kommt es auf ähnliche Anforderungsmerkmale an wie bei der Gruppendiskussion:

1. Erfassung und Steuerung sozialer Prozesse

- *Einfühlungsvermögen:*
  Erkennen/Berücksichtigen von Bedürfnissen/Gefühlen anderer
- *Kontaktfähigkeit:*
  Beratung anbieten
  Vertrauen entgegenbringen
- *Kooperationsfähigkeit:*
  anderen aus Schwierigkeiten heraushelfen
  kein Dominanzstreben auf Kosten anderer
  Verzicht auf Druck- und Machtmittel
- *Informationspolitik:*
  die Fähigkeit zuzuhören
- *Selbstdisziplin:*
  auf Angriffe angemessen (nicht eskalierend) reagieren
  moderat-freundlicher Umgang mit anderen

2. Systematisches Denken und Handeln

- *Arbeitsorganisation:*
  Überblick verschaffen

- *Entscheidungsfähigkeit:*
  Suchen/Verwerten von allen verfügbaren Informationen
  Entwicklung und Beurteilung von Alternativvorschlägen
  angemessene Entscheidungsfreudigkeit/kein Abschieben
  Reflexion der Entscheidungskonsequenzen
- *Planung und Kontrolle:*
  Arbeitsziele setzen

3. Erkennbares Aktivitätspotenzial

- *Führungspotenzial/-motivation:*
  Initiativen zur Strukturierung/Koordination sozialer Prozesse
- *Arbeitsantrieb/-motivation:*
  schnelle Erledigung anstehender Arbeiten/Probleme
- *Selbstständigkeit:*
  erkennbares Bemühen um Optimierung eigener Arbeitsergebnisse
- *Selbstwertgefühl:*
  positiv und erfolgsorientiert
  angemessene Selbstsicherheit
  Durchhaltevermögen auch bei Rückschlägen
- *Durchsetzungsvermögen:*
  Zielstrebigkeit
  Durchsetzungsbeharrlichkeit

4. Ausdrucksmöglichkeiten

- *Flexibilität:*
  rhetorische Fähigkeiten/Argumentationstechnik
- *Überzeugungskraft:*
  Vorschläge/Ziele/Methoden werden von anderen übernommen
  Argumentation erzeugt bei anderen keinen Widerstand
  Flexibilität in Ausdruck/Argumentation
  Führungsrolle wird anerkannt

In Kürze: Die soziale Kompetenz ist auch hier wieder der Schlüsselbegriff, um den sich alles dreht. Gefragt sind im Wesentlichen Kontaktfähigkeit, Einfühlungsvermögen und Verhandlungsgeschick, gepaart mit einer Mischung aus Überzeugungskraft und Durchsetzungsvermögen.

1. Mitarbeitergespräch

Das Mitarbeitergespräch ist im Assessment Center das wohl am häufigsten angewandte Rollenspiel. Typische Szenarien sind hier Konfliktgespräche zwischen Vorgesetztem und Mitarbeiter, in denen es um unangenehme Themen wie Kündigung, schlechte Leistung oder sonstige Kritik geht, wie es auch der folgende Erlebnisbericht zeigt:

Ein dreiseitiger Text, den ich von einem AC-Beobachter in die Hand gedrückt bekommen hatte, erklärte mir die zweite AC-Übung für diesen Vormittag.

Plötzlich war ich nicht mehr Bewerber, sondern zum Gruppenleiter Süd aufgestiegen. Ich hatte eine Gruppe von Versicherungsvertretern zu übernehmen, lauter alte Hasen, die schon zehn Jahre und länger im Geschäft waren. Einer allerdings machte Probleme: Herr Schmidt. Seit einem halben Jahr schien bei ihm alles schiefzulaufen (was ihn mir auf Anhieb sympathisch machte). Vor zwei Jahren war Herr Schmidt noch der Erfolgreichste der Truppe, ab da ging es bei ihm langsam, aber kontinuierlich bergab. Das letzte Halbjahr war die reinste Katastrophe. Quasi null Umsatz.

Der Personalchef hatte mir gesteckt – wie in meinem Text zu lesen war –, dass es bei Herrn Schmidt wohl Alkohol- und Eheprobleme gäbe. Von einem Kollegen war mir in der Kantine geflüstert worden, dass Frau Schmidt die Schwägerin des Geschäftsführers sei. Weitere Informationen folgten, zum Teil so wichtige wie, Schmidt sei Linkshänder, aber ein ausgezeichneter Feuerwehrmann und pflege in seiner Freizeit ein reges Vereinsleben. Und etwas Dramatisches zum Schluss des mehrseitigen Textes: Sein Sohn sei vor einem Monat an Leukämie gestorben.

Dann kam meine Aufgabe: Ich sollte mit Herrn Schmidt ein Konfliktgespräch über seine schlechten Leistungen führen. Anschließend musste ich dem Personalchef Bericht erstatten und eine Empfehlung abgeben, wie man mit Schmidt weiter verfahren solle. Die Konsequenzen einer möglichen Trennung seien ernsthaft zu erwägen, so die Regieanweisung.

Der umfassende Text und die darin enthaltenen Details – Gott sei Dank hatte ich Papier und Bleistift zur Verfügung – beanspruchten fast zehn Minuten meiner Vorbereitungszeit. Viel Zeit blieb nicht, um mir eine Gesprächsstrategie zu überlegen. Da ging die Tür auf und mein AC-Beobachter holte mich persönlich ab. Vor allen fünf AC-Beobachtern nahm ich an einem extra Tisch Platz. Mir gegenüber mein »Opfer«, die Hand mir leutselig lächelnd entgegenstreckend: »Schmidt ist mein Name. Sie wollten mich sprechen?

Beim Mitarbeitergespräch sollten Sie vor allem Folgendes bedenken:

- Machen Sie sich zunächst klar, was Sie in dem Gespräch bewirken wollen (Ziel in unserem Beispiel: Verhaltensänderung bei Herrn Schmidt).
- Sorgen Sie für eine gute, sachlich-entspannte Gesprächsatmosphäre.
- Tragen Sie Ihre Kritikpunkte sachlich vor, weitestgehend neutral und wertfrei. Seien Sie dabei so konkret wie möglich (keine Pauschalierungen wie z. B.: »*Sie machen wohl in der letzten Zeit alles falsch!*«). Belegen Sie Ihre Ausführungen mit konkreten Beispielen und Vorfällen. Vermeiden Sie es, in die Problemdarstellung bereits eine persönliche Bewertung einzubringen.
- Berücksichtigen Sie auch die Gefühle Ihres Gegenübers.

- Machen Sie deutlich: Ihre Kritik gilt dem speziellen Verhalten bzw. einer speziellen Situation und nicht der gesamten Person.
- Fordern Sie Ihren Gesprächspartner auf, Stellung zu nehmen, seine Sicht der Dinge darzustellen. Bitten Sie um Erklärungen, warum sich Ihr Gegenüber so verhält.
- Rechnen Sie mit offenen Aggressionen, Leugnen der Sachverhalte, Zweifel an Ihrer Kompetenz (vgl. auch Gruppendiskussionen, siehe Seite 98ff.).
- Werden Sie nicht Ihrerseits aggressiv, drohen Sie nicht, vermeiden Sie Gegenattacken oder einen Streit darüber, wer Recht hat.
- Wenden Sie gegebenenfalls als Gesprächsmethode die sogenannte »Spiegeltechnik« an. Das ist eine bewährte Gesprächstechnik, deren Hauptfunktion darin besteht, durch Zuhören mehr Informationen zu bekommen und parallel emotional entlastend zu wirken:
  - Hören wir unserem Gegenüber aufmerksam zu, wird dieser über kurz oder lang erwarten, dass wir zu dem von ihm Gesagten Position beziehen, also selbst Stellung nehmen (damit er eventuell umso heftiger kontern kann).
  - Die Gesprächstechnik des Spiegelns hilft dabei, dies nicht tun zu müssen. Sie bewahrt davor, bereits in einer frühen Gesprächsphase in Widerspruch und wenig konstruktive Auseinandersetzungen mit unserem Gesprächspartner verstrickt zu werden.
  - Die Spiegeltechnik ermöglicht es Ihrem Gesprächspartner, auch seinen Gefühlen (vor allem Wut und Ärger!) entsprechend Ausdruck zu verleihen. Das entlastet ihn, und der Weg für einen konstruktiven und erfolgversprechenden Lösungsansatz oder weiteren Gesprächsverlauf wird frei.

Die Spiegeltechnik – ein Beispiel

A: (sich beklagend) »... *und dann haben mir die Kollegen gesagt, Sie hätten behauptet, ich würde für die Bearbeitung der Akten zum Vorgang XY die doppelte Zeit brauchen wie mein Vorgänger und das Ergebnis sei doch recht mager ...*«

Sie haben eine Weile zugehört und müssten nun Position beziehen. Mit der Spiegeltechnik können Sie diesen Zeitpunkt hinausschieben, vielleicht sogar umschiffen. Sie könnten jetzt beispielsweise empört sagen:

B: »*Was soll ich gesagt haben, das ist ja ungeheuerlich und so stimmt das gar nicht ...!*«

Doch damit landen Sie auf einer Streitebene, bei der es darum geht, wer wann was, gesagt und wie gemeint hat (wechselseitige Schuldzuweisungen, Fronten verhärten sich). Besser: Das Gespräch durch folgende »Spiegelung« der ersten Aussage von A weiter voranbringen:

B: »*Ihre Kollegen haben Ihnen also gesagt, ich hätte mich negativ über Sie und Ihre Arbeitsleistung geäußert.*«

Wenn Sie an dieser Stelle eine Pause machen, wird Ihr Gegenüber schnell wieder das Wort ergreifen und sich seinen Frust weiter von der Seele reden. Sie aber haben mit dieser Antwortreaktion überhaupt keine konkrete Stellung bezogen, also weder bejaht noch dementiert, sondern die Aussage von A lediglich »gespiegelt«.

Ihr Gegenüber fährt also fort, im Gefühl, Sie haben zugehört und zumindest verstanden, worum es ihm geht, anstatt gleich alles zu leugnen, zu beschwichtigen oder ihn gar anzugreifen. A könnte jetzt sagen:

A: »*Ja und außerdem, dann haben mir die Kollegen noch gesagt ...*«

Jetzt besteht die realistische Chance, noch weitere Informationen zu bekommen und Aspekte sichtbar werden zu lassen, die für Ihre spätere Stellungnahme wichtig sind.

Strategie

Im Rollenspiel Mitarbeitergespräch erwartet man von Ihnen nicht, dass Sie alleine einen Lösungsvorschlag aus dem Hut zaubern. Viel besser ist es, wenn Sie Gemeinsamkeiten herstellen.

- Erbitten Sie zunächst konkrete Lösungsvorschläge von Seiten Ihres Gesprächspartners (»*Was schlagen Sie selbst vor?, Wie können Sie Ihre Probleme und Schwierigkeiten in den Griff kriegen?*« *und nach einer Weile aber auch:* »*Wie kann ich Sie dabei unterstützen?*«).
- Entwickeln Sie gemeinsam Problembewältigungsstrategien (»*Was halten Sie davon, wenn Sie in Zukunft ...*«).
- Einigen Sie sich nach einer Bewertung der verschiedenen Vorschläge auf ein konkretes zukünftiges Vorgehen.
- Fassen Sie das Gesprächsergebnis, den erarbeiteten Lösungsvorschlag abschließend zusammen (»*Wir sind zu dem Ergebnis gekommen, ... haben gemeinsam vereinbart ...*«, »*Sind Sie damit einverstanden, dass ...*«).
- Denken Sie zum Schluss daran, das Gespräch mit einer positiven Bemerkung ausklingen zu lassen, z. B.: »*Ich freue mich, dass es uns gelungen ist, trotz aller Schwierigkeiten gemeinsam etwas erreicht/vereinbart zu haben ...*«

2. Verkaufs- und Überzeugungsgespräch

Neben dem Mitarbeitergespräch können auch Verkaufs- oder Überzeugungsgespräche auf Sie zukommen. Die Bezeichnung ist Programm: Sie haben die Aufgabe, einem »Kunden«, ein Produkt oder eine Dienstleistung zu verkaufen. Meist handelt es sich um eine realistische Situation, möglich sind aber auch Konstellationen wie »Verkaufen Sie einem Afrikaner eine Heizung«.

Das sollten Sie beachten!

Wie geschickt sind Sie im (verbalen) Umgang mit anderen Menschen? Wie groß ist Ihre Empathie, d. h. wie gut können Sie sich in Ihr Gegenüber einfühlen? Sind Sie in der Lage, Verhaltenshintergründe zu erhellen und zugleich gemeinsame Lösungswege zu erarbeiten? Mit diesen Fragen entscheiden die AC-Beobachter darüber, ob AC-Kandidaten Plus- oder Minuspunkte sammeln. Erfolgreich schneidet ab, wer die wichtigsten drei Grundregeln der Gesprächsführung beherrscht:

1. Aktiv zuzuhören,
2. Konkrete, klare Aussagen zum eigenen Standpunkt zu machen sowie
3. Motive und Ziele der eigenen Argumentation zu verdeutlichen.

Beim Rollenspiel kommt es nicht auf Härte, sondern auf Feingefühl an – bei gleichzeitiger konsequenter Verfolgung des eigenen Gesprächsziels. Und dieses ist gefärbt durch die Interessen des Unternehmens, das Sie im Rollengespräch zu vertreten haben.

Wie Sie in Rollenspielen am besten performen

In der Alltagsrealität sehen Konflikte und die Gespräche darüber oftmals anders aus. Davon müssen Sie abstrahieren. Entscheidend ist in dieser künstlichen AC-Situation, schnell und konstruktiv (freundlich, angenehm) miteinander ins Gespräch zu kommen, Zuhörfähigkeit und Einfühlungsvermögen (bis zu einem bestimmten Punkt) zu demonstrieren, um dann, nach der obligatorischen Frage an Ihr Gegenüber: »*Was schlagen Sie selbst vor, wie wollen wir verfahren?*«, mit einem eigenen Angebot zu kommen. Das wird abgelehnt werden, denn so ist Ihr Gegenüber gebrieft, und nun heißt es für Sie: verhandeln. Zeigen Sie sich aufgeschlossen, gesprächs- und kompromissbereit. Verdeutlichen Sie Ihren Beobachtern, dass Sie in der Lage sind, klar Ihr Ziel zu benennen und trotz Widerstände mit Ihrem Gegenüber nicht nur ins Gespräch zu kommen, sondern vor allem drin und daran zu bleiben. Die hier aufgeführten Hinweise zur Gesprächsführung stellen einen guten Leitfaden dar.

Exkurs: Regeln für eine erfolgreiche Gesprächsführung

Um bei den Assessoren – nicht nur im Rollenspiel – einen überzeugenden Eindruck zu hinterlassen und in Sachen Kooperations-, Kommunikations- und Teamfähigkeit viele Punkte zu sammeln, sollten Sie sich an bestimmte Regeln der Gesprächsführung halten.

1. Hören Sie aktiv zu

Vermeiden Sie es, Ihren Standpunkt als Erster ausführlich darzustellen und auf alles von anderen Gesagte spontan mit einer Gegenrede (Angriff/Verteidigung) zu reagieren. Besser: Vermitteln Sie Ihren Gesprächspartnern durch Ihre geduldige Zuhörbereitschaft das Gefühl, ernst genommen zu werden. Allerdings sollten Sie nach angemessener Zeit auch in die Diskussion einsteigen.

Übrigens: Der häufigste Fehler in Diskussionen ist die Unfähigkeit der beteiligten Gesprächspartner, einander wirklich zuzuhören. Richtig zuhören ist anstrengend, aber eine Grundvoraussetzung.

2. Kommunizieren Sie klar und deutlich

Je klarer Sie miteinander kommunizieren, desto wahrscheinlicher ist es, dass Sie zu einem konstruktiven Ergebnis kommen. Anlass für viele Missverständnisse in Gesprächen sind unklare und wenig konkrete Aussagen, die ein Richtig-verstanden-Werden verhindern, häufig sind sie sogar Anlass für neuen Konfliktstoff. Fragen Sie also im Zweifel nach, ob Sie richtig verstanden haben und ob auch Sie richtig verstanden wurden.

Beispielsweise kann die Frage *»Habe ich Sie richtig verstanden, Sie stellen sich vor, dass ...?«* dazu beitragen, dass sich Ihr Gegenüber noch einmal bzw. weiter erklärt und die Argumentation damit präziser, konkreter fassbar wird.

3. Verdeutlichen Sie Motive und Ziele

Sie sollten nicht nur Ihren Standpunkt deutlich darstellen, sondern ebenso Ihre Motive, Ziele und sogar Gefühle, *weshalb* Sie eine bestimmte Haltung einnehmen. Zum »Was« gehört auch immer das »Warum«. Gelingt es Ihnen, Ihre Beweg- und Hintergründe, Zusammenhänge zu verdeutlichen, gewinnt auch Ihr Standpunkt an Klarheit.

Ein weiterer Vorteil: Die anderen können sich eher dazu in Bezug setzen und sind nicht auf Spekulationen angewiesen.

4. Setzen Sie Ihre Argumente geschickt ein

Grundsätzlich gilt: Verschießen Sie Ihr Pulver, d. h. Ihre Argumente, nicht zu früh. Eins sollten Sie für alle Fälle immer noch im Köcher haben.

Bringen Sie das beste Argument zum Schluss, das zweitbeste am Anfang. Denken Sie aber bitte daran, dass Sie Ihre Zeit so einteilen, dass Sie das Argument auch anbringen können, und dass Ihr Gegenüber sich sehr wahrscheinlich auf das schwächste Argumentationsglied Ihrer Kette konzentrieren wird.

Die sogenannte Fünfsatztechnik bietet ein gutes gedankliches Rüstzeug, praktische Hilfe und Orientierung. Sie leistet nützliche Dienste, wenn Sie Ihre Statements situativ und hörerbezogen vortragen:

- **Benennen Sie klar und kurz Ihren Standpunkt:**
  »Ich bin davon überzeugt, dass ...«
- **Präsentieren Sie Ihre Argumente:**
  »Meiner Ansicht nach sind ...«
- **Untermauern Sie diese durch Beispiele, Beweise:**
  »Ich habe bereits mit Erfolg z. B....«, »Als Nachweis für ... kann ich anführen ...« usw.
- **Begegnen Sie möglichen Einwänden bzw. kommen Sie ihnen zuvor:**
  »Sie werden jetzt denken ...«, Ich versichere Ihnen ...«
  (siehe auch den nächsten Abschnitt)
- **Ziehen Sie das Fazit:**
  »Aus folgenden Gründen (1. ..., 2. ..., 3. ...) plädiere ich für ...«

1. Besondere Hinweise zur Bewältigung von Mitarbeitergesprächen

Im Kritik-/Mitarbeitergespräch generell und besonders hier in Ihrer AC-Situation geht es nicht um den Nachweis von Schuld, sondern um die gemeinsame Vereinbarung, das konstruktive Miteinander, wie sich der Mitarbeiter in Zukunft verhalten sollte. Es kann also nicht Ihre Aufgabe sein, im Rollengespräch Ihr Gegenüber »zur Schnecke zu machen«, autoritär mit Konsequenzen oder mit der Kündigung zu drohen. Verfolgen Sie im Rollengespräch vielmehr Ziele wie:

- die psycho-sozialen Ursachen von Leistungsversagen oder Fehlverhalten bei Ihrem Gesprächspartner zu erhellen,
- die Begründung Ihres Gegenübers für sein Verhalten zur Sprache zu bringen und ihm dabei gut zuzuhören,
- die Förderung der Einsicht Ihres Gegenübers, dass Derartiges in Zukunft vermieden wird (Verhaltensänderung) sowie
- das Erreichen einer Übereinkunft, dass zukünftig gemeinsam vereinbarte Ziele realisiert werden.

2. Besondere Hinweise zur Bewältigung von Verkaufs- und Überzeugungs-gesprächen

Begehen Sie nicht den Fehler, nur Ihr vorgegebenes Ziel (den Verkauf) im Kopf zu haben und dieses mit allen Mitteln durchsetzen zu wollen. Wichtig ist, dass Ihr Gegenüber sich in dem Gespräch »wohlfühlt«, damit seine Bereitschaft wächst, sich auf Ihre Argumentation einzulassen.

Vermeiden Sie Suggestivfragen à la »*Sie sind doch auch der Meinung, dass ...?*«. Diese drängen Ihr Gegenüber in eine Verteidigungsposition. Monologe sind ebenso zu vermeiden, wie mit der geballten Ladung Ihrer Argumentation Ihren Kunden zu »erschlagen« (mit dem »Erfolg«, dass er nur noch den Wunsch hat, sich aus dieser Situation zu befreien, statt Ihnen weiter zuzuhören oder sich für den Kauf zu entscheiden).

Dasselbe gilt auch für das Überzeugungsgespräch. Behalten Sie Ihr Gegenüber im Blick. Machen Sie sich bereits in der Vorbereitung Gedanken über mögliche Einwände und wie Sie darauf reagieren. Halten Sie sich an die wichtigsten Regeln der Gesprächsführung (siehe Seite 109). Lassen Sie sich nicht unter Druck setzen, nach dem Motto: Gleich ist die Zeit um und ich hab mein Gegenüber noch nicht überzeugt ... Keine Hektik aufkommen lassen, damit erreichen Sie nichts. Bevor Sie über Ihre Auffassungen sprechen und warum Sie *so und so* überzeugt sind, fragen Sie Ihren Rollenspielpartner nach seinen Vorstellungen. Je klarer das Bild ist, das Sie von Ihrem Gesprächspartner haben, desto besser können Sie im Gespräch Ihre Argumentation auf ihn abstimmen.

Vermeiden Sie geschlossene Fragen. Sinnvoll sind diese – wenn überhaupt – am Anfang; und dann sollte es möglichst eine Frage sein, auf die Ihr Gegenüber nur mit »Ja« antworten kann. Das ist gut für die positive Stimmung. Im Verlauf des Gesprächs ist es besser, offene Fragen zu stellen und Ihrem Gegenüber damit die Möglichkeit zu geben, sich angemessen darzustellen. Hören Sie aufmerksam zu. Und: Verpulvern Sie Ihr bestes Argument nicht sofort, schon gar nicht in einer Folge von schwächeren Argumenten. Es könnte sehr leicht passieren, dass sich Ihr Gesprächspartner das schwächste Glied Ihrer Argumentationskette herausgreift und sich daran festklammert. Besser ist es, Ihr schlagendstes Argument wie das Tüpfelchen auf dem i zu präsentieren(siehe Fünfsatztechnik auf Seite 110).

Es liegt auf der Hand: Die Rolle, in die Sie bei diesem AC-Baustein schlüpfen müssen, ist weder leicht noch angenehm, auch dürfen Sie nicht mit viel Entgegen-kommen Ihres Rollenspielpartners rechnen. Denn seine Rolle sieht vor, Ihnen »das Leben schwer zu machen«.

Fazit

Beim Rollenspiel geht es noch stärker als bei der Gruppendiskussion um die (verbal) gezeigte soziale Kompetenz. Gefragt ist dabei eine Mischung aus schauspielerischem Können und der Anwendung des Wissens, auf welche Anforderungsmerkmale es besonders ankommt. In diesem Fall: auf den so genannten demokratischen bzw. kooperativen Führungsstil, auf Kontakt- und Kommunikationsfähigkeit, Einfühlungsvermögen und Verhandlungsgeschick. Alles wichtige Bausteine Ihrer sozialen Kompetenz. Verdeutlichen Sie sich nochmals, was Sie bereits in Ihrem Verhaltensrepertoire zur Verfügung haben und welche Aspekte in der AC-Situation besonders wichtig sind.

Die wichtigsten Tipps

- Stellen Sie zuerst eine angenehme Gesprächsatmosphäre her.
- Lassen Sie einen roten Faden erkennen.
- Hören Sie demonstrativ gut zu und gehen Sie auf die Argumente Ihres Gegenübers ein.
- Die Redeanteile sollten ausgeglichen verteilt sein, Sie sollten sogar eher etwas weniger reden.
- Fragen Sie explizit nach Vorschlägen Ihres Gegenübers, wie der die Situation verbessern möchte, bevor Sie Ihre Vorschläge einbringen.
- Ihre Gesprächsziele sollten möglichst erreicht oder zumindest deutlich werden.

Spezieller Hinweis für das Management Audit

Auch das hier vorgestellte Kapitel hilft Ihnen im Management Audit, wo Rollenspiele in der hier beschriebenen Form häufig zum Einsatz kommen.

Unternehmensplanspiele

Eine recht zeitaufwändige AC-Übung stellt das Unternehmensplanspiel dar, bei dem die Entwicklung einer Firma simuliert wird. Die Kandidaten sollen dabei entweder gemeinsam oder (seltener) jeder für sich diese Form der AC-Aufgabe bewältigen.

Auch im MA kommen Unternehmensplanspiele gelegentlich zum Einsatz, wenngleich Sie allein aufgefordert sind, Lösungsansätze zu demonstrieren. Die folgenden Ausführungen sind daher auch für MA-Kandidaten interessant.

Anforderungen

Grundsätzlich geht es bei Unternehmensplanspielen um eine konkrete betriebswirtschaftliche Aufgabenstellung, die auf der Grundlage von schriftlichem Informationsmaterial innerhalb der AC-Gruppe zu diskutieren ist. Fiktive unternehmerische Rahmenbedingungen sind vorgegeben und Entscheidungen auf organisatorischer Ebene gefordert.

Ein Bewerber berichtet beispielsweise von folgender Aufgabe im AC:

Die AC-Teilnehmer sollten sich vorstellen, Mitarbeiter einer Firma zu sein, die sich einen guten Ruf durch die Herstellung von Fahrrädern im mittleren Preisniveau erworben hat. Um den Fortbestand der Firma aufgrund der billigen Angebote anderer Hersteller zu sichern, musste man sich entscheiden, entweder qualitativ wertvolle, aber teure Fahrräder zu produzieren oder auf eine Billig- und Massenproduktion umzustellen. Dazu gab es schriftliches Hintergrundinformationsmaterial, Marktforschungsanalysen etc.

Bei Unternehmensplanspielen kommt es auf folgende Anforderungsmerkmale an:

1. Erfassung und Steuerung sozialer Prozesse

- *Kontaktfähigkeit*
  Auf andere zugehen können, leicht ins Gespräch kommen
  Offenheit bezüglich eigener Ziele, Absichten, Methoden
- *Kooperationsfähigkeit*
  Aufgreifen und Weiterführen der Ideen anderer
  Sich nicht auf Kosten anderer durchsetzen
  Erfolg mit anderen teilen
  Verzicht auf Konkurrenzdenken, Machtinteressen und Rivalität
- *Integrationsvermögen*
  Ursachen von Konflikten erkennen und Lösungen anstreben
  Unterschiedliche Interessen zielgerichtet »kanalisieren« ohne Aufgeben des eigenen Konzepts
- *Informationsbereitschaft*
  Andere mit Informationen versorgen
  Wichtige Informationen nicht zurückhalten
  Zuhören können und Zeit für Gespräche haben

2. Systematisches Denken und Handeln

- *analytisches Denken*
  Gemeinsamkeiten zwischen unterschiedlichen Sachverhalten erkennen
  Allgemeine Regeln aus der Betrachtung von Einzelfällen ableiten können und auf die Ziele anwenden

- *konzeptionelles Denken*
  Entwickeln von Problemlösungsstrategien
  Erstellen einer adäquaten Rangfolge von Einzelschritten bei der Projektplanung
- *kombinatorisches Denken*
  Verarbeitung und Übernahme von Informationen und Denkweisen anderer Fachdisziplinen
  Kombinieren vorhandener Daten in neuartiger Weise und Entwickeln von Alternativen
- *effiziente Arbeitsorganisation*
  Einhalten von Terminen und Absprachen
  Überblick behalten und Aufgaben verteilen können
  Eigene Aufgaben bis zum kompletten Abschluss bringen
- *Entscheidungsvermögen*
  Einbeziehung aller verfügbaren Informationen
  Anfordern und Bewerten von Alternativen
  Kein Auf- oder Abschieben von Entscheidungen
  Kalkulierbares Risiko eingehen
  Folgen der Entscheidung bedenken
- *Planungs- und Kontrollvermögen*
  Arbeitsziele formulieren
  Ordnungskriterien suchen und sichtbar machen
  Planvolles Vorgehen
  Arbeitsabläufe aufeinander abstimmen
  Komplexe Sachverhalte schnell strukturieren können
  Überprüfung der Planerfüllung

3. Erkennbares Aktivitätspotenzial

- *Arbeitsmotivation*
  Konstantbleiben der Arbeitsleistung auch bei komplexen Aufgaben
  Anstehende Arbeiten selbstständig schnell erledigen
  Kurzfristige Veränderungen akzeptieren und verarbeiten
- *Führungsmotivation*
  Aufnahme und Organisation von Führungsrollen
  Initiativen zur Durchführung eines Interessenausgleichs im Mitarbeiterbereich
  Konzentration mehr auf die Arbeitsergebnisse als auf den Arbeitsprozess
- *Autonomie*
  Selbstständiges Arbeiten ohne Anweisungsbedarf
  Eigenständige Formulierung neuer Aufgaben und Ziele
  Streben nach verbesserten Arbeitsergebnissen
  Bereitschaft, Neues zu erkunden und zu erlernen
- *Durchsetzungsvermögen*
  Ziele nicht aus dem Auge verlieren
  Eigenen Standpunkt auch gegen Widerstände durchsetzen
  Konkurrenzsituationen nicht ausweichen
  Insgesamt stark zielorientiertes Vorgehen
- *Selbstvertrauen*
  Bei Rückschlägen nicht aufgeben
  Sich von Fakten und Sachverhalten, nicht von der Persönlichkeit anderer beeinflussen lassen
  Erfolgsorientiertes und -sicheres Denken und Fühlen

4. Ausdrucksmöglichkeiten

- *mündliches und schriftliches Darstellungsvermögen*
  Klare, verständliche Sprache
  Flüssige Formulierung, akustisch gut zu verstehen
  stilsichere Sprachgewandtheit im Schriftlichen
- *rhetorische Fähigkeiten*
  Argumentative Überzeugungskraft

1. Komplexe Unternehmensplanspiele

Anhand dieses Beispiels wollen wir Ihnen wichtige Beurteilungskriterien mit beispielhaften Lösungsstrategien verdeutlichen:

- *Werden alle verfügbaren Informationen bei der Entscheidungsfindung herangezogen? Sind z. B. die schriftlichen Unterlagen gründlich studiert worden?*
- *Wird ein systematisches Vorgehen in der Gruppe deutlich? Werden Probleme und deren Ursachen differenziert untersucht?*
- *Entwickelt die Gruppe auch Alternativen zur Billig- oder zur High-End-Produktion? Werden z. B. statt Entweder-oder-Entscheidungen sinnvolle Mischformen bei der Produktion in Erwägung gezogen?*
- *Werden die Folgewirkungen berücksichtigt? Zum Beispiel diejenigen, die durch die Umstellung der Produktion von einer Sorte von Fahrrädern auf eine andere entstehen können. Oder auch, dass es bei den Käufern zu Verwirrung führen kann, wenn ein anderes Segment besetzt wird.*
- *Werden verschiedene Lösungsstrategien durchgespielt? Zum Beispiel die eine oder andere Produktionsumstellung.*
- *Ist die getroffene Entscheidung und der Weg dahin nachvollziehbar? Insbesondere für die Mitspieler und die begutachtenden Beobachter.*
- *Werden die von der Entscheidung unmittelbar Betroffenen in den Entscheidungsprozess mit einbezogen? Zum Beispiel die Befragung der mit der Produktion und mit dem Verkauf befassten Personen (Arbeiter, Vertreter, Fachhändler).*
- *Wird der Entscheidungsprozess für alle Mitarbeiter transparent gemacht? Ist ein Bemühen zu erkennen, für alle in der Produktion, dem Vertrieb und Verkauf Beschäftigten die getroffene Entscheidung nachvollziehbar zu machen?*
- *Ist über mögliche Negativfolgen der Entscheidung nachgedacht worden und wird die Bereitschaft sichtbar, wenn diese eintreten sollten, die Gesamtsituation neu zu überdenken? Sind Schwierigkeiten bei der Produktionsumstellung bedacht worden und wurde eine mögliche Korrektur der getroffenen Entscheidung im Voraus in Erwägung gezogen?*

- *Wird die Entscheidung nicht unnötig aufgeschoben oder an andere delegiert? Herrscht eine ängstliche Abwarte-Haltung im Sinne des »bloß nichts falsch machen« oder gibt es Versuche, die Entscheidung auf andere Mitspieler abzuwälzen?*

- *Werden Standpunkte und Meinungen den anderen Mitspielern gegenüber deutlich sichtbar gemacht? Wird Stellung bezogen oder hält man sich nach allen Seiten hin bedeckt oder sogar raus?*

- *Ist bei der Entscheidung das eingegangene Risiko kalkulier- und vertretbar? Wird alles auf eine Karte gesetzt oder herrscht eine angemessene Risikobereitschaft?*

- *Werden gerechtfertigte und einmal bezogene Standpunkte auch gegen einen deutlichen Widerstand nicht leichtfertig aufgegeben? Wird eine gewisse Eigenständigkeit und Unerschrockenheit deutlich?*

Viele Punkte, die zu berücksichtigen sind. Alle werden Sie nicht in Betracht ziehen können. Grob zu unterscheiden sind Beobachtungskriterien wie

- technisch-administrative Verhaltensweisen,
- defensiv reagierende und
- offensiv gestaltende Verhaltensweisen.

2. Computergesteuerte Planspiele

Immer üblicher wird es, das Planspiel am Computer zu absolvieren. Sie erhalten Informationen über die Firma und zur Aufgabenstellung am Bildschirm. Hier werden bestimmte Sachlagen simuliert, auf die Sie innerhalb eines festgelegten Zeitraums reagieren müssen. Die Entscheidungen, die Sie treffen, geben Sie in den PC ein. Der wiederum ermittelt, welche Konsequenzen sich daraus ergeben und was Sie infolgedessen für Ihre nächsten Entscheidungen zu berücksichtigen haben.

Das sollten Sie beachten!

Wichtig ist, dass Sie die Aufgabenstellung verstanden haben und dass auch Ihre Mitspieler die Aufgaben und Ziele genau kennen. Fragen Sie nach. Wählen Sie gemeinsam aus den vorhandenen Informationen die wichtigsten aus und arbeiten Sie die Aufgabenstellung stringent ab. Setzen Sie Prioritäten, denn nach diesen werden Ihre Ergebnisse bewertet: Welche Werte, welche Motive haben Sie bei Ihren Entscheidungen beeinflusst? Dies möchten die Tester herausfinden, um einschätzen zu können, welche Kandidaten am besten zu den Firmenaufgaben sowie der Firmenkultur passen.

Wie Sie im Unternehmensplanspiel am besten performen

Bereiten Sie sich bestmöglich vor: Welche Probleme müssen in der Branche häufig gelöst werden? Welche Strategien zur Problemlösung haben sich hierbei erfolgreich etabliert? Welche Trends und Innovationen zeichnen sich im Markt ab? Des Weiteren: Trainieren Sie Ihre Teamfähigkeit, die kooperative Gruppenarbeit, um nicht nur theoretisch, sondern auch praktisch die Aufgabenstellungen lösen zu können.

1. Besondere Hinweise zur Bewältigung von Unternehmensplanspielen

Gerade bei den Unternehmensplanspielen ist ein Ergebnis nur durch eine Gesamtleistung bzw. eine Kooperation aller Mitspieler erfolgreich. Gut möglich, dass jedem Teilnehmer unterschiedliche Informationen z. B. auf Extra-Kärtchen zur Verfügung stehen und alle einzelnen auf den Karten vermerkten Informationen erst im Austausch der Teilnehmer untereinander Sinn ergeben. Sorgen Sie also gleich zu Beginn dafür, dass alle Informationen jedem Teilnehmer zugänglich gemacht werden und dass man sich darüber untereinander austauscht. Vielleicht können Sie bereitgestellte Medien dazu nutzen, oder Sie verteilen Ihre Kärtchen für alle sichtbar auf dem Boden bzw. pinnen sie an die Wand.

2. Besondere Hinweise zur Bewältigung von computergesteuerten Planspielen

Durch die Simulation einer Unternehmenssituation am Computer werden die Sachverhalte oft komplexer. Im Grunde genommen bleibt es jedoch dieselbe Übung, die früher als »Paper-Pencil-Test« daherkam. Wichtig ist, dass Sie auch hier die Aufgabenstellung genau verstehen und klug eine Auswahl der Informationen treffen. Ihre Entscheidungen müssen nicht nur logisch durchdacht, sondern auch entsprechend Ihrer Werte, Motive sowie Ihrer Zielsetzungen begründbar sein.

Lassen Sie sich also nicht verunsichern. Es geht nicht darum, Ihre EDV-Kenntnisse zu überprüfen.

Fazit

Viele Hinweise, die wir Ihnen zu den Case Studies nennen werden, gelten auch für das Unternehmensplanspiel (Stichwort Hubschrauberperspektive, das Unterscheiden von wichtigen und unwichtigen Informationen etc., siehe Seite 121). Das Unternehmensplanspiel verlangt von den Teilnehmern allerdings eine echte Gratwanderung. Einerseits heißt das Spiel »Jeder *gegen* jeden«, was bedeutet alle wollen sich in den Augen der Beobachter positiv von den Mitbewerbern abheben, andererseits ist ein konstruktives Ergebnis nur durch einen sozial kompetenten Umgang *miteinander* möglich. Hier das richtige Maß zu finden, ist – zugegebenermaßen – nicht einfach.

Die wichtigsten Tipps

- Stellen Sie sicher, dass alle Informationen allen Teilnehmer zugänglich sind.
- Versuchen Sie, eine Übersicht zu erstellen.
- Verdeutlichen Sie sich in Ruhe die Aufgabenstellung.
- Verlieren Sie sich nicht in Details. Filtern Sie aus der häufig sehr umfangreichen Menge an Informationen die für Sie wirklich relevanten heraus.
- Notieren Sie beim Finden des Lösungsweges, auf welche Art Sie zu Ihren Erkenntnissen gelangt sind. Grund: Es ist durchaus möglich, dass Sie in einem anschließenden Interview nach Ihren Gründen befragt werden.
- Schreiben Sie deutlich, wenn Sie die Aufgabe handschriftlich lösen müssen. Sollen Sie Ihre Ergebnisse in Form einer Präsentation demonstrieren, ist es empfehlenswert, Medien (Flipchart, Overheadprojektor, Metaplanwand, Tafel) zu nutzen, um die Aussagen grafisch zu unterstützen.
- Wenn Sie in der Gruppe eine Fallstudie lösen sollen, lautet auch hier wieder die Parole: Gemeinsam sind wir stark.
- Bedenken Sie, dass es sowohl zurückhaltende als auch forsche Menschentypen gibt. Versuchen Sie dafür Sorge zu tragen, dass auch die eher ruhigeren Gruppenmitglieder zu Wort kommen.
- Bemühen Sie sich, möglichst alle Teammitglieder in den Entscheidungsprozess mit einzubinden.

Spezieller Hinweis für das Management Audit

Das hier vorgestellte Kapitel hilft Ihnen auch im Management Audit, wo Unternehmensplanspiele gelegentlich zum Einsatz kommen, wenngleich Sie dort allein aufgefordert sind, Lösungsansätze zu demonstrieren.

Case Studies (Fallstudien)

Diese Übung existiert in sehr unterschiedlichen Darbietungsformen. Oft konfrontiert man Sie mit Kurzfällen (im Rahmen des Interviews) nach dem Motto: »*Sie sind Geschäftsführer der Firma XY. Folgendes Problem tritt auf ... Erklären Sie uns, wie Sie weiter vorgehen würden.*«

Anforderungen

Egal, ob sie als Einzel- oder Teamaufgabe vorgesehen ist – die Beobachter werden bei der AC-Aufgabe Fallstudie besonderes Augenmerk auf Ihre analytischen und Problemlösungsfähigkeiten legen. Können Sie komplexe, komplizierte Problemstellungen schnell erfassen, um dann angemessene Lösungsprozesse anzustreben? Die Assessoren werden darauf achten, mit welcher Systematik Sie an die Aufgabenlösung herangehen.

Manchmal ist die Aufgabenstellung weitaus umfassender, als im oben genannten Beispiel beschrieben. Dann sollen Sie zusätzlich eine Reihe von Hintergrundinformationen bearbeiten und auswerten, um zu dem Fall gestellte Fragen beantworten zu können. Häufig sind die erarbeiteten Lösungen schriftlich abzugeben, manchmal sogar in einem mündlichen Vortrag (thematische Präsentation, siehe Seite 80) darzulegen.

Um Ihnen zu verdeutlichen, wie eine solche Aufgabenstellung lauten könnte, hier als Beispiel folgende Aufgabe aus dem AC einer Unternehmensberatung:

»*Sie beraten ein im Luftfrachtmarkt tätiges Unternehmen mit Frachtzentren auf circa 100 Flughäfen weltweit. Das Unternehmen ist für die Verladung und den Transport der Fracht mittels LKW verantwortlich. LKW-Spediteure fungieren als Subunternehmer. Die Fracht wird von Paletten (LKW) auf Kleincontainer (Flugzeug) umgepackt. Das Unternehmen verliert Marktanteile und schreibt Verluste. Wie würden Sie die Situation analysieren?*«

Hier die wichtigsten Anforderungsmerkmale, die bei Fallstudien an Sie gestellt werden.

1. Systematisches Denken und Handeln

- *analytisches Denken*
  Gemeinsamkeiten zwischen unterschiedlichen Sachverhalten erkennen
  Allgemeine Regeln aus der Betrachtung von Einzelfällen ableiten können und auf die Ziele anwenden
- *konzeptionelles Denken*
  Entwickeln von Problemlösungsstrategien
  Erstellen einer adäquaten Rangfolge von Einzelschritten bei der Projektplanung
- *kombinatorisches Denken*
  Verarbeitung und Übernahme von Informationen und Denkweisen anderer Fachdisziplinen
  Kombinieren vorhandener Daten in neuartiger Weise und Entwickeln von Alternativen
- *Entscheidungsvermögen*
  Einbeziehung aller verfügbaren Informationen
  Anfordern und Bewerten von Alternativen
  Kein Auf- oder Abschieben von Entscheidungen

Kalkulierbares Risiko eingehen
Folgen der Entscheidung bedenken
- *Planungs- und Kontrollvermögen*
Arbeitsziele formulieren
Ordnungskriterien suchen und sichtbar machen
Planvolles Vorgehen
Arbeitsabläufe aufeinander abstimmen
Komplexe Sachverhalte schnell strukturieren können
Überprüfung der Planerfüllung

2. Erfassung und Steuerung sozialer Prozesse

- *Einfühlungsvermögen*:
Erkennen/Berücksichtigen von Bedürfnissen/Gefühlen anderer
- *Kontaktfähigkeit*
Auf andere zugehen können, leicht ins Gespräch kommen
Offenheit bezüglich eigener Ziele, Absichten, Methoden
- *Integrationsvermögen*
Ursachen von Konflikten erkennen und Lösungen anstreben
Unterschiedliche Interessen zielgerichtet »kanalisieren« ohne Aufgeben des eigenen Konzepts
- *Selbstkontrolle*
Auf Angriffe nicht aggressiv reagieren
Andere nicht provozieren
In der Stimmungslage berechenbar sein

3. Erkennbares Aktivitätspotenzial

- *Arbeitsmotivation*
Konstantbleiben der Arbeitsleistung auch bei komplexen Aufgaben
Anstehende Arbeiten selbstständig schnell erledigen
Kurzfristige Veränderungen akzeptieren und verarbeiten
- *Autonomie*
Selbstständiges Arbeiten ohne Anweisungsbedarf
Eigenständige Formulierung neuer Aufgaben und Ziele
- *Selbstvertrauen*
Bei Rückschlägen nicht aufgeben
Sich von Fakten und Sachverhalten, nicht von der Persönlichkeit anderer beeinflussen lassen
Erfolgsorientiertes und -sicheres Denken und Fühlen

4. Ausdrucksmöglichkeiten

- *mündliches und schriftliches Darstellungsvermögen*
Klare, verständliche Sprache
Flüssige Formulierung, akustisch gut zu verstehen
Stilsichere Sprachgewandtheit im Schriftlichen
- *rhetorische Fähigkeiten*
Argumentative Überzeugungskraft

Das sollten Sie beachten!

Analysieren Sie sorgfältig die Ausgangslage: Was ist bzw. worin besteht das Hauptproblem? Verfügen Sie über alle notwendigen Informationen oder müssen Sie durch Nachfragen bzw. Austausch innerhalb Ihrer AC-Gruppe sich zunächst ein Bild zusammensetzen, bevor Sie die Lösung des Problems erkennen und angehen können? Stichwort Hubschrauberperspektive: von oben betrachten, sich nicht zu lange an einem Punkt aufhalten. In jedem Fall muss Ihr Lösungskonzept logisch gut durchdacht sowie pragmatisch und effizient umsetzbar sein.

Wie Sie in Case Studies am besten performen

Wie geht man am besten vor? Im vorliegenden Fall wäre es wichtig, zunächst den Markt zu analysieren (Stichworte: steigender Luftverkehr, Globalisierung ...). Als Nächstes sollte die Konkurrenz betrachtet werden (Preise, Leistungen, Prozesse). Schließlich gilt es, die Kostenseite des Unternehmens offenzulegen und Einsparungsmöglichkeiten zu erörtern (Spediteure, eventuell Schließung von Frachtzentren, effizientere Verladetechnik, Stichwort »process-reengineering«, in Form von beispielsweise einheitlichen Containern etc.). Es kann auch vorkommen, dass Sie eine Fallstudie im Team lösen sollen. Die Aufgabenstellung lautet dann beispielsweise:

»Die folgende Fallstudie behandelt Probleme eines Beratungsunternehmens für EDV-Systeme. Lesen Sie sich den beigefügten Text durch. Erarbeiten Sie in der Gruppe eine detaillierte Problemanalyse. Entwickeln Sie gemeinsam einen konkreten Maßnahmenkatalog. Zeit: 10 Minuten (individuell), 35 Minuten (Gruppendiskussion).«

Ein Bewerber, ein junger BWLer mit erster Führungserfahrung bei einer Bank, berichtete über folgende Aufgabe:

Wir hatten 40 Minuten Zeit für die Gruppendiskussion eines Fallstudienbeispiels: Für den Vorstand eines deutschen Handyherstellers muss eine Entscheidungsvorlage erstellt werden, die sich mit der Frage beschäftigt, ob man eine andere Firma, die im Massengeschäft für Handys tätig ist, übernehmen solle. Die eigene Firma ist mit Produkten in hoher Qualität am Markt, WAP-Handys, Fotogeschichten und dergleichen. Anhand verschiedener Stellungnahmen ist die Situation im Hinblick auf folgende Kriterien zu prüfen:
* *Ist die Finanzierung gesichert?*
* *Wie ist der Einfluss auf das Image der bisherigen Firma?*
* *Wie ist der Einfluss auf die Artikel des Massenanbieters bei Übernahme?*

- *Wie sind die Marktchancen?*
- *Wie entwickelt sich der Umsatz?*
- *Wie entwickelt sich der Gewinn?*
- *Gibt es ein Kostensenkungspotenzial?*
- *Gibt es Wettbewerbsvorteile?*
- *Gibt es bereits Erfahrungen in den neuen Branchenbereichen?*

Besondere Hinweise zur Bewältigung von Case Studies

Pluspunkte sammeln Sie, wenn Sie die sogenannte Hubschrauberperspektive einnehmen. Verschaffen Sie sich zunächst einen Überblick über die Ihnen gestellte Aufgabe, um sich nicht mit unwichtigen Details zu verzetteln. Häufig enthalten Fallstudien jede Menge Daten, die für die Problemlösung unerheblich sind. Wichtig: Filtern Sie heraus, welche Daten für Sie von Bedeutung sind und was Sie in Ihre Fallbearbeitung einfließen lassen müssen. Noch ein Hinweis: Lassen Sie sich nicht verwirren, wenn Sie in einem anschließenden Gespräch oder der Präsentation auf Widerstand stoßen nach dem Motto: »*Meinen Sie wirklich, dass das funktioniert? Das klappt doch nie ...*« Nicht selten testet man auf diese Weise, wie leicht der Kandidat sich irritieren und von der eigenen Überzeugung abbringen lässt. Stellen Sie sich also auf Rückfragen ein und überlegen Sie sich schlüssige Antworten, warum Sie Ihren Lösungsweg für geeignet halten. Steigen Sie ohne rechthaberisch zu wirken in den Auseinandersetzungsprozess ein (was ist das richtige Vorgehen, was die beste Empfehlung?). Vermitteln Sie auf diese Art auch in der Nachbearbeitung Ihre Kompetenz.

Fazit

Mut zur Lücke: Generell sollten Sie sich beim Lösen von Fallstudien dieses Motto zu eigen machen. Meist gibt es nicht *die* geniale Lösung und die Zeit ist knapp bemessen. So bleibt Ihnen oft nichts anderes übrig, als Lösungsansätze zu beschreiben, da sich kompaktere Ergebnisse nicht verifizieren lassen. Machen Sie sich also selbst keinen Druck, wenn Sie nicht zu einem Superergebnis kommen. Wichtiger ist, dass Sie Ihre Gedankengänge nachvollziehbar beschreiben und begründen können.

Die wichtigsten Tipps

- Stellen Sie sicher, dass Sie alle Informationen haben, und zögern Sie nicht, gegebenenfalls nachzufragen.
- Verdeutlichen Sie sich die Aufgabenstellung.

- Verlieren Sie sich nicht in Details. Filtern Sie die wichtigsten Informationen heraus.
- Notieren Sie schriftlich den Lösungsweg und auf welche Art Sie zu Ihren Erkenntnissen gelangt sind. Grund: Es ist durchaus möglich, dass Sie in einem anschließenden Interview nach Ihren Gründen befragt werden.
- Schreiben Sie deutlich, wenn Sie die Aufgabe handschriftlich lösen müssen. Sollen Sie Ihre Ergebnisse in Form einer Präsentation demonstrieren, ist es empfehlenswert, Medien (Flipchart, Overheadprojektor, Metaplanwand, Tafel) zu nutzen, um die Aussagen grafisch zu unterstützen.
- Wenn Sie in der Gruppe eine Fallstudie lösen sollen, lautet auch hier wieder die Parole: Gemeinsam sind wir stark. Vergewissern Sie sich, dass Ihr Ausgangswissen gleich ist.
- Bemühen Sie sich, möglichst alle Teammitglieder in den Entscheidungsprozess mit einzubinden.
- Wichtig für die Bewertung sind am Ende die eigenen Werte bzw. die Passgenauigkeit der eigenen Wertewelt zur Unternehmenskultur, zu den gelebten Firmenwerten. Wenn z. B. bei der Kosmetikfirma *Body Shop* keine Tierversuche als Firmenwert benannt werden, so sollte ein Bewerber bei Unternehmensplanspielen oder Case Studies keine Lösungen vorschlagen, die diesen Wert verletzen würden. Wichtig ist also nicht nur die logische, kluge Abarbeitung der Aufgaben, sondern auch die Begründung der Entscheidungen entsprechend der eigenen und/oder Unternehmenswertewelt.

Spezieller Hinweise für das Management Audit

Das hier vorgestellte Kapitel hilft Ihnen auch im Management Audit, wo Case Studies fast immer zum Einsatz kommen.

Interviews

Als dritte Übung wurde ich zu einem Interview gebeten, bei dem ich vor fünf Leuten saß und von ihnen »ausgequetscht« wurde – über mein bisheriges Leben, meine Zukunftspläne u. a. Die Beobachter machten ganz schön Druck, indem sie mich fragten, warum mein Studium so lange gedauert habe, meine Erstanstellung nach einer Lehre verhältnismäßig kurz gewesen sei etc. Dennoch habe ich diese Aufgabe meiner Meinung nach sehr gut gelöst, da ich meine eigenen Einstellungen zum Thema berufliche Zukunft ruhig, überlegt und sachlich darlegen konnte. Ich habe klar erkennen lassen, dass ich eigenständig denken und auch eine eigene Meinung vertreten kann. Interessant waren für mich Fragen wie »Können Sie

*auch mal wütend werden?« oder »Wie gehen Sie mit traurigen Ereignissen um?«,
da ich nach außen hin immer einen sehr ausgeglichenen (vielleicht zu ausgeglichenen?) Eindruck mache. Der könnte darüber hinwegtäuschen, dass auch ich ein
Mensch bin mit unterschiedlichen Gefühlen.*

Dass es im Interview noch härter kommen kann, musste ein anderer Bewerber erleben:

*Zwei unbekannte Personen saßen mir gegenüber, eine dritte kannte ich bereits aus
dem Kreis der AC-Beobachter. Letztere übernahm die Vorstellung, machte uns
miteinander bekannt. Ich bekam als Erstes die Frage gestellt: »Nun, Herr M., wie
fühlen Sie sich denn heute?« – mit einem gewissen Unterton, der mir Sorgen bereitete. Spielte man auf die am Vortag eingestandene leichte Erkältung an? Oder
war es der nicht gerade überzeugende Eindruck, den ich bei der Gruppendiskussion zum das Thema »Glücksspiel« hinterlassen hatte?*

*Mein »Danke der Nachfrage« schien auszureichen, denn sofort hatten sie eine
neue Frage parat: Ob ich so gut sein könnte, ihnen einmal kurz meinen Werdegang zu schildern. Nach zwei Minuten wurde ich unterbrochen mit der Frage,
wie denn meine beruflichen Ziele aussehen würden. Meine Antwort anzuhören war man nur noch eine knappe halbe Minute lang bereit. Ich war kaum in
Fahrt gekommen, da unterbrachen sie mich mit der Frage, ob ich denn wirklich zufrieden sein könne mit meinen bisher gezeigten Leistungen im Assessment
Center.*

*Natürlich nicht, gab ich zähneknirschend zu, was dazu führte, dass sie nun
wissen wollten, ob ich mich nicht mit der Bewerbung als Diplomkaufmann hier
bei XYZ einfach übernommen hätte? Außer einem etwas dummen »Wieso?« fiel
mir vor lauter Schreck nichts ein. Mit süß-saurer Miene gaben sie zu, mein
schlechtes Abschneiden aufrichtig zu bedauern, und wollten wissen, was ich dazu
zu sagen hätte.*

*Das Ganze ging noch etwa 15 Minuten so weiter, die mir allerdings vorkamen
wie eine geschlagene Stunde. Viel habe ich nicht zu meiner Verteidigung sagen
können, als plötzlich der Interviewstil kippte und man mir bedeutete, dass alles
vorher Gesagte überhaupt nicht so gemeint gewesen sei. Im Gegenteil – man sei
recht zufrieden und ich hätte eben bewiesen, was ich für gute Nerven habe. Ob
ich schon mal was vom Stressinterview gehört hätte? Leider nicht. Mit weichen
Knien setzte ich mich wieder an das Aufsatzthema »Vorbilder heute« und musste
an die Irrfahrten und Prüfungen des armen Odysseus denken ...*

Das Interview ist als eine Art Vorstellungsgespräch zu sehen, bei dem es nicht nur
um Anforderungen des zu besetzenden Arbeitsplatzes geht. Dieser klassische AC-
Baustein in Form eines Frage-und-Antwort-Spiels wird in der Regel mit jedem

Kandidaten einzeln durchgeführt. Nur selten findet das Interview in einer kleineren AC-Kandidatenrunde statt. Es sind im Verlauf eines AC jedoch mehrere Einzel- oder Kleingruppeninterviews denkbar. Parallelen zum AC-Rollenspiel und zum AC-Aufgabenmuster »Einer gegen die anderen« (in diesem Fall gegen die AC-Beobachter) drängen sich auf, und auch die Assoziation »Verhör« liegt durchaus nahe. Man will dem einzelnen Kandidaten hinter die Fassade schauen, ihn aus der Fassung bringen. Am deutlichsten wird das beim Stressinterview.

Auch diese Übung wird Sie im MA über einen längeren Zeitraum beschäftigen. Fast könnte man sagen, das ganze MA besteht vornehmlich aus dieser Kommunikationsform.

Anforderungen

Generell sind Persönlichkeit, Leistungsmotivation und Kompetenz die Oberbegriffe der Anforderungsmerkmale, die im AC- wie auch beim MA-Interview im Mittelpunkt stehen. Im Einzelnen geht es um:

1. Erfassung und Steuerung sozialer Prozesse

- *Kontaktfähigkeit*
  Auf andere zugehen können, leicht ins Gespräch kommen
  Offenheit bezüglich eigener Ziele, Absichten, Methoden
  Vertrauensvoller, offener und hilfsbereiter Umgang mit anderen
- *Sensibilität*
  Einfühlungsvermögen, Probleme und Gefühle anderer erkennen und berücksichtigen
  Realistische Einschätzung der Wirkung der eigenen Person auf andere
- *Informationsbereitschaft*
  Andere mit Informationen versorgen
  Wichtige Informationen nicht zurückhalten
  Zuhören können und Zeit für Gespräche haben
- *Selbstkontrolle*
  Auf Angriffe nicht aggressiv reagieren
  Andere nicht provozieren
  In der Stimmungslage berechenbar sein
- *Kooperationsfähigkeit*
  Aufgreifen und Weiterführen der Ideen anderer
  Sich nicht auf Kosten anderer durchsetzen
  Erfolg mit anderen teilen
  Verzicht auf Konkurrenzdenken, Machtinteressen und Rivalität
- *Integrationsvermögen*
  Ursachen von Konflikten erkennen und Lösungen anstreben
  Unterschiedliche Interessen zielgerichtet »kanalisieren« ohne Aufgaben des eigenen Konzepts

2. Systematisches Denken und Handeln

- *analytisches Denken*
  Gemeinsamkeiten zwischen unterschiedlichen Sachverhalten erkennen
  Allgemeine Regeln aus der Betrachtung von Einzelfällen ableiten können und auf die Ziele anwenden
  konzeptionelles Denken
  Entwickeln von Problemlösungsstrategien
  Erstellen einer adäquaten Rangfolge von Einzelschritten bei der Projektplanung
- *kombinatorisches Denken*
  Verarbeitung und Übernahme von Informationen und Denkweisen anderer Fachdisziplinen
  Kombinieren vorhandener Daten in neuartiger Weise und Entwickeln von Alternativen
- *effiziente Arbeitsorganisation*
  Einhalten von Terminen und Absprachen
  Überblick halten und Aufgaben verteilen können
  Eigene Aufgaben bis zum kompletten Abschluss bringen
- *Entscheidungsvermögen*
  Einbeziehung aller verfügbaren Informationen
  Anfordern und Bewerten von Alternativen
  Kein Auf- oder Abschieben von Entscheidungen
  Kalkulierbares Risiko eingehen
  Folgen der Entscheidung bedenken
- *Planungs- und Kontrollvermögen*
  Arbeitsziele formulieren
  Ordnungskriterien suchen und sichtbar machen
  Planvolles Vorgehen aufzeigen können
  Arbeitsabläufe aufeinander abstimmen
  Komplexe Sachverhalte schnell strukturieren können
  Überprüfung der Planerfüllung

3. Erkennbares Aktivitätspotenzial

- *Arbeitsmotivation*
  Konstantbleiben der Arbeitsleistung auch bei komplexen Aufgaben
  Anstehende Arbeiten selbstständig schnell erledigen
  Kurzfristige Veränderungen akzeptieren und verarbeiten
- *Führungsmotivation*
  Aufnahme und Organisation von Führungsrollen
  Initiativen zur Durchführung eines Interessenausgleichs im Mitarbeiterbereich
  Konzentration mehr auf die Arbeitsergebnisse als auf den Arbeitsprozess
- *Autonomie*
  Selbstständiges Arbeiten ohne Anweisungsbedarf
  Eigenständige Formulierung neuer Aufgaben und Ziele
  Streben nach verbesserten Arbeitsergebnissen
  Bereitschaft, Neues zu erkunden und zu erlernen
- *Durchsetzungsvermögen*
  Ziele nicht aus dem Auge verlieren
  Eigenen Standpunkt auch gegen Widerstände durchsetzen

Konkurrenzsituationen nicht ausweichen
Insgesamt stark zielorientiertes Vorgehen
- *Selbstvertrauen*
Bei Rückschlägen nicht aufgeben
Sich von Fakten und Sachverhalten, nicht von der Persönlichkeit anderer beeinflussen lassen
Erfolgsorientiertes und -sicheres Denken und Fühlen

4. Ausdrucksmöglichkeiten

- *mündliches (gelegentlich auch schriftliches) Darstellungsvermögen*
Klare, verständliche Sprache
Flüssige Formulierung, akustisch gut zu verstehen
Stilsichere Sprachgewandtheit im Schriftlichen
- *rhetorische Fähigkeiten*
Argumentative Überzeugungskraft

1. Das strukturierte Interview

Da die einzelnen AC-Teilnehmer miteinander verglichen werden sollen, führt man in aller Regel bei einem AC ein sogenanntes »strukturiertes Interview« durch. Hier wird keine Frage dem Zufall überlassen, sondern alle sind im Vorfeld detailliert festgelegt und werden jedem Teilnehmer gestellt. Selbst die Reihenfolge der Fragen steht fest und der Interviewer hat sich genau an den Interviewleitfaden zu halten. Oftmals wird ein Kandidat von mehreren AC-Beobachtern gleichzeitig interviewt.

Strukturierte Interviews werden auch deswegen geführt, um den subjektiven Einfluss der Beobachter zu minimieren. Wenn jeder Teilnehmer dieselben Fragen bekommt, können nach Meinung der AC-Konstrukteure die Auswähler leichter die Ergebnisse vergleichen.

Bei dem Automobilhersteller *A* beispielsweise erhalten die AC-Kandidaten folgendes Hinweispapier, um sich auf das strukturierte Interview einstellen zu können:

Das strukturierte Interview (SI)

Ziel:
Ziel des Interviews ist es, Sie in Ihrer Persönlichkeit – d.h. in Ihren Fähigkeiten, Fertigkeiten, Interessen und Einstellungen – näher kennenzulernen. Auf der Basis dieser Informationen wird dann gemeinsam durch die Beteiligten über Ihre Empfehlung für das Fach- bzw. Führungs-AC entschieden.

Teilnehmer:
Das Interview wird von einem externen, professionellen Gesprächspartner geführt. Als Beobachter und Entscheidungsträger nehmen Ihr Vorgesetzter, eine Führungskraft, die Sie nicht kennt, und ein Vertreter des Personalwesens am Interview teil.

Ihr Vorgesetzter bringt dabei seine Beobachtungen und Erfahrungen aus dem Arbeitsfeld mit in die Beurteilung ein.

Ablauf und Themen im Interview:
Vor dem Gespräch werden Sie Gelegenheit haben, eine Selbsteinschätzung anhand des Anforderungsprofils der Firma und des Managementpotenzials vorzunehmen.

Im ersten Teil des Interviews sind Sie aufgefordert, die Schwerpunkte Ihres Lebenslaufes, vor allem aber die Ihres beruflichen Werdegangs, im Hinblick auf Ihre Eignung für die Fach- oder Führungslaufbahn im Management darzustellen. Für die Beobachter sind dabei nicht nur die Ereignisse an sich von Bedeutung, sondern Ihr Umgang damit, Ihre spezifischen Lösungen zu wahrgenommenen Problemen. Folgendes teilen Sie uns also mit:

1. Fakten sowie Ihre Beurteilungen und Einstellungen dazu,
2. Ihre Initiativen, Handlungen, Entscheidungen,
3. die entsprechenden Rahmenbedingungen und Ergebnisse,
4. konkrete Beispiele, die Ihre Selbsteinschätzung belegen,
5. Ihre Erwartungen an Ihre Zukunft sowie Ihre Planungen.

Der zweite Teil des Interviews bezieht sich schwerpunktmäßig auf Ihre vorgenommene Selbsteinschätzung bezüglich der einzelnen Kriterien.

Vorbereitung:
Die wichtigste Vorbereitung ist das Einnehmen einer inneren Haltung, die lauten könnte: »Ich bin bereit, ein Gespräch über meine Person zu führen. Ich kenne meine Stärken – aber auch meine Schwächen, weiß jedoch, damit umzugehen. Ich habe es nicht nötig, eine Rolle zu spielen, sondern verhalte mich so, wie ich mich sonst auch gebe.«

Anforderungskriterien:
Im SI wird Managementpotenzial anhand des Firmen-Anforderungsprofils geprüft: Als zentrale Anforderungskriterien aus dem Managementpotenzial gelten hier »Unternehmerische Einstellung«, »Motivation« sowie »Stabilität und Selbstsicherheit«. Darüber hinaus wird die Zuordnung zur Fach- oder Führungslaufbahn bestätigt.

Folgende Bewertungsskala wird bei Ihrer Einschätzung im SI zugrunde gelegt: Entsprechendes Verhalten bzw. Potenzial ist...

1 = zu wenig/fast nie erkennbar
2 = ansatzweise/gelegentlich erkennbar
3 = deutlich/häufig erkennbar
4 = in besonderem Maße/fast immer erkennbar.

1. **Im Idealfall** lassen Sie in den Anforderungskriterien aus dem Managementpotenzial Potenzial in besonderem Maße (= 4) erkennen.

2. **Eine eindeutige Empfehlung** erfolgt auch dann, wenn Sie in den acht Anforderungskriterien deutlich (= 3) Potenzial zeigen.

3. **Eine Empfehlung** erfolgt selbst dann, wenn Sie in maximal einem von den fünf Anforderungskriterien geistige Fähigkeiten, pragmatisches Denken, Kommunikationsverhalten, Verhalten im Team sowie Zielorientierung und Selbststeuerung nur ansatzweise (= 2) Potenzial zeigen. Lediglich in den Anforderungskriterien Stabilität und Selbstsicherheit, Motivation und Unternehmerische Einstellung muss deutliches Potenzial (= 3) vorhanden sein. In den Unterkriterien werden im Sinne einer summarischen Betrachtung individuelle Defizite toleriert.

4. **Keine Empfehlung** erhalten Sie, wenn Sie in zwei oder mehr Anforderungskriterien nur ansatzweise (= 2) Potenzial zeigen.

Schauen Sie sich unbedingt die MA-Frageliste ab Seite 324ff. im Übungsteil an.

2. Das Stressinterview

Wie in dem Bericht zu Beginn dieses Kapitels deutlich wird (siehe Seite 123f.), können auch Stressinterviews geführt werden, um Ihre Stabilität und Frustrationstoleranz zu testen. Die AC-Konstrukteure und -Beobachter veranstalten beispielsweise eine Art »Mini-Vorstellungsgesprächsrunde«, und Sie werden aufgefordert, Ihren Lebenslauf kurz vorzustellen oder Ihren Ausbildungs- bzw. beruflichen Werdegang zu skizzieren.

Kaum haben Sie damit angefangen, werden Sie unterbrochen, beschuldigt, für nicht würdig erklärt, sich hier für diese oder jene Aufgabe zu bewerben. Oder man erklärt Ihnen mit leicht enttäuschter Miene, dass Ihre bisher gezeigten Leistungen bei weitem nicht ausreichen, um für die anstehende Position qualifiziert zu sein.

Hauptziel der AC-Interviewer ist es, Sie aus der Reserve zu locken, Sie zu provozieren, Ihr Verhalten in einer Stresssituation zu testen.

Das sollten Sie beachten!

Insgesamt kommt es im AC-Interview – unabhängig vom Inhalt der Einzelfragen, mit denen Sie konfrontiert werden – auf eine gute Portion Selbstdarstellungsfähigkeit an. Wer von sich und seinen Fähigkeiten im angemessenen Maß überzeugt ist und darüber hinaus in der glücklichen Lage, andere davon überzeugen zu können, hat es bedeutend leichter. So einfach ist die Sache. Und deshalb bereiten Sie sich vor. Erarbeiten Sie sich sehr genau das Bild Ihrer Persönlichkeit, aber auch eines Ihrer Leistungsfähigkeit und Kompetenz, mit dem Sie antreten wollen. Wenn Sie nicht klar im Bewusstsein haben, als was Sie auftreten wollen, geben Sie einen großen Teil Ihrer Gestaltungsmöglichkeiten aus den Händen.

Wie Sie in Interviews am besten performen

Verwechseln Sie das AC-Interview nicht mit einer gewöhnlichen Vorstellungsrunde oder dem AC-Abschlussgespräch. Es ist auch kein Small Talk wie beispielsweise am Mittagstisch oder bei der abendlichen Essenseinladung, selbst wenn es oftmals so locker sympathisch und recht vertraulich anfängt. Ziel ist es (beim Stressinterview), Sie »auf eine Anhöhe zu führen, um Sie noch besser herabstürzen zu sehen«, um es in einem Bild auszudrücken. Entscheidend ist Ihr Wissen um diesen Mechanismus. Und wenn Sie anfangen zu denken und zu fühlen, »... *die können mich doch alle* ...«, dann erinnern Sie sich, dies alles ist Teil eines AC-Programms und Sie können wieder »runterschalten«.

Im Interview werden bestimmte Anforderungsmerkmale wie »Führungsneigung und -qualifikation« in den Mittelpunkt der »Frage-Antwort-Stunde« gerückt. Von Seiten der Interviewer müssen Sie mit folgenden Fragen rechnen:

1. Wurde Ihnen in Ihrem bisherigen Berufsleben bereits einmal eine Führungsposition angeboten? Wenn ja, wie haben Sie reagiert? Wenn nein, warum nicht?
2. Was hätten Sie aus Ihrer heutigen Sicht bezogen auf Ihre berufliche Laufbahn anders gemacht?
3. Auf welche Gründe führen Sie es zurück, dass Ihnen (k)eine Führungsaufgabe angeboten wurde?
4. Welche Prioritäten setzen Sie bei der Führung von Mitarbeitern?
5. Wie delegieren Sie Aufgaben?
6. Machen Sie Unterschiede bei der Aufgabendelegation und wenn ja, warum?
7. In welchem Umfeld arbeiten Sie am erfolgreichsten?
8. Mit welcher Art von Mitarbeitern arbeiten Sie am produktivsten?
9. Was bezeichnen Sie als Ihre größten Erfolge als Führungskraft, was als größte Misserfolge?
10. Wie wurden Sie selbst auf Ihre letzte/bisherige Position vorbereitet?
11. Wie bereiten Sie Ihre Mitarbeiter auf mehr Verantwortung vor?
12. Können Sie konkrete Beispiele dazu angeben, Ziele und Ergebnisse erläutern?
13. Wie gehen Sie mit Kritik von Seiten Ihrer Mitarbeiter um und welchen Nutzen ziehen Sie daraus?
14. Welche Motivationsformen kennen Sie und welche setzen Sie bei Ihren Mitarbeitern ein?
15. Haben Sie früher in Ihrem Leben (Schule, Freizeit, Studium, Militär) schon einmal Führungsaufgaben oder -funktionen übernommen?
16. Wie kam es dazu und was haben Sie mit welchem Ergebnis geleistet?
17. Welche Freizeitaktivitäten entwickeln Sie in Ihrem Freundeskreis?
18. Auf welche zwischenmenschlichen Qualitäten legen Sie besonderen Wert?

19. Gibt es in Ihrem Leben eine Person, die Sie besonders beeindruckt hat? Wenn ja, warum?
20. Betätigen Sie sich in einem Ehrenamt? Warum bzw. warum nicht?

1. Besondere Hinweise zur Bewältigung von strukturierten Interviews

Vor dem AC-Interview sollten Sie sich Gedanken darüber machen, wie Sie folgende Aspekte präsentieren:

- beruflicher Werdegang, Aus- und Weiterbildung,
- berufliche Kompetenz und Eignung,
- Motive der Bewerbung und Leistungsmotivation sowie
- Ihr persönlicher, familiärer und sozialer Hintergrund.

Das wird Ihnen umso leichter fallen, je intensiver Sie sich auf die Bewerbung vorbereitet haben. Das heißt, bevor Sie sich bewerben, sollten Sie sich im Klaren sein über die zentralen Fragen:

1. Was für ein Mensch bin ich?
2. Was kann ich?
3. Was will ich?
4. Was ist für mich realistisch möglich?
5. Was liegt hinter mir?
6. Was ist die aktuell entscheidende Herausforderung?

Ganz wichtig, beachten Sie das Frage-Antwort-Erzählschema STARS (siehe Seite 27f.).

2. Besondere Hinweise zur Bewältigung von Stressinterviews

Mit einem Stressinterview soll getestet werden, wie Sie in extrem belastenden Situationen reagieren. Sie werden provoziert, man wird versuchen, Sie aus der Reserve zu locken, sogar persönlich angreifen und kränken. Es liegt nun an Ihnen, wie weit Sie sich darauf einlassen oder ob Sie vorbereitet sind und deshalb gelassen bleiben. Wichtig ist es, das »Spiel« zu durchschauen, Ruhe zu bewahren und Gelassenheit zu demonstrieren. Bleiben Sie freundlich, aufmerksam und antworten Sie möglichst kurz und knapp.

Beispiel: So kann es Bewerberinnen im AC-Stressinterview passieren, dass sie mit einer Bemerkung wie folgender provoziert werden: »*Wissen Sie, wir suchen ja eigentlich einen Mann für die ausgeschriebene Position ...*« Wer da gleich sauer reagiert mit einem schnippischen »*Ach ja, und warum bin ich dann hier!!?*«, wirkt nicht souverän. Diese Frage etwas umformuliert und mit einem Lächeln im Gesicht, hinterlässt gleich einen viel positiveren Eindruck. Ihre Reaktion könnte lauten: »*Ach wirklich? Da bin jetzt aber interessiert, weshalb Sie mich trotzdem eingeladen haben. Denn dieses Kriterium erfülle ich – wie man unschwer erkennt – ja nicht ...*«

Hört der Interviewer nicht auf, Sie mit stichelnden oder verletzenden Bemerkungen zu provozieren, weisen Sie ihn darauf hin, dass es auch für Ihre Toleranz und Geduld Grenzen gibt. So, wie es diese Bewerberin gemacht hat:

... ich saß beim Interview und mein Gegenüber erzählte mir, dass ich mich seiner Meinung nach nicht sonderlich gut in den bisher gelaufenen Abschnitten des AC präsentiert hatte. Ich habe eigentlich ein gutes Gespür für meine Wirkung, und war erstaunt über diese Aussage. Also fragte ich ihn, woran er diesen Eindruck festmache, und da meinte er nur lapidar: »*Na ja, wenn man sich Ihre affektierte Art ansieht, mit der Sie sich hier gezeigt haben, ist ja schon einiges klar.*« *Ich begann mich zu ärgern, und in einem solchen Fall vergesse ich mich schon manchmal. Als er dann noch sagte:* »*Glauben Sie wirklich, dass wir eine so gekünstelte Mitarbeiterin brauchen können?*«*, antwortete ich nur kühl:* »*Und glauben Sie, dass ich mit jemandem zusammenarbeiten möchte, der sich so beleidigend verhält? Mäßigen Sie sich bitte!*«

Gern schweigen Interviewer auch für ein bis zwei Minuten. Diese lange Pause soll Kandidaten verwirren und aus dem Konzept bringen. Sie lassen sich natürlich (!) nicht in diese Falle locken, durchschauen diesen Versuch und ertragen ihn mit freundlicher Gelassenheit.

Übrigens: Sie müssen nicht alle Fragen beantworten. Intime Details, ob Sie schwanger sind etc., gehen niemanden etwas an. Weisen Sie derartige Fragen zurück – selbstverständlich auf die freundliche Art. Zeigen Sie, dass Sie Grenzen setzen können.

Lassen Sie sich nicht »verführen« oder dazu hinreißen, Dinge auszuplaudern, die Sie nicht mitteilen wollten. Gehen Sie in schwierigen Situationen diplomatisch vor, bewahren Sie Contenance. Ein wegweisendes Motto für solche Situationen könnte lauten: kontrollierte Spontaneität.

Sie sollten auf unangenehme Fragen vorbereitet sein. Sie selbst wissen am besten, was für Sie heikle oder schwierige Themen sein könnten. Auch wenn Sie nicht alle Fragen vorwegnehmen oder vorbereiten können: Es kommt darauf an, für sich selbst eine generelle Beantwortungsstrategie und Umgangsweise zu entwickeln, um auch mit dieser schwierigen Situation gut fertig zu werden.

Beispiele für unangenehme Fragen:

- Was spricht gegen Sie als Kandidat?
- Haben Sie persönliche Schwächen, Nachteile, Defizite?
- Was haben Sie in Ihrem (Berufs-)Leben trotz guter Vorsätze (noch) nicht erreicht?
- Ihr größter (beruflicher/persönlicher) Misserfolg, Ihre größte Enttäuschung, Niederlage etc.?
- Was haben Sie daraus gelernt, welche Konsequenzen gezogen?
- Wovor fürchten Sie sich?
- Was kann Sie so richtig ärgerlich machen?
- Was mögen Sie nicht, schätzen Sie nicht, haben Sie Schwierigkeiten … (bei der Arbeit, am Arbeitsplatz, tätigkeits- und personenbezogen, bei Kollegen, Mitarbeitern, Vorgesetzten, sich selbst)?
- Was würden Sie anders machen als Ihr Vorgesetzter?
- Stellen Sie uns aus Ihrer beruflichen Laufbahn (aus Ihrem Werdegang, Leben) Negativ-(Anti-)Vorbilder vor und erklären Sie …
- Was würden Sie in Ihrem (Berufs-)Leben anders machen, wenn Sie es könnten (wenn Sie noch mal von vorn anfangen dürften)?
- Was wollen Sie wann und wie (beruflich) in Ihrem Leben erreicht haben?
- Was sind Ihre persönlichen (beruflichen) Ziele, Ihr Motto (bis hin zum Sinn des Lebens)?
- Wie definieren Sie für sich die Begriffe: Führung, Verantwortung, Schwäche, Leistung etc.?
- Wie sollte Ihr Stellvertreter sein?
- Worin sollte er Sie ergänzen? Was sollte er haben, vorweisen, was Sie nicht haben?
- Was machen Sie, wenn wir Sie nicht nehmen?
- Was würden Sie tun, wenn Sie nicht mehr arbeiten müssten?

Fazit

Seien Sie aufmerksam und rechnen Sie beim Interview auch mit stressigen Fragen. Aber: Missverstehen Sie nicht jede kritische Frage als den Beginn eines Stressinterviews und begegnen Sie Ihrem AC-Interviewpartner nicht von vornherein misstrauisch (siehe Seite 324ff. MA-Fragen und STARS Model Seite 27f.).

Die wichtigsten Tipps

- Hören Sie stets aufmerksam, konzentriert-zugewandt und freundlich zu.
- Halten Sie angemessenen Blickkontakt.

- Beobachten Sie genau (ohne zu mustern).
- Bereiten Sie sich auf die unangenehmsten Fragen vor, die Ihnen Schwierigkeiten machen, und was Sie am besten darauf antworten.
- Nehmen Sie sich die Zeit und überlegen Sie, bevor Sie antworten.
- Scheuen Sie sich nicht, nachzufragen.
- Reden Sie lieber etwas weniger als zu viel.
- Lassen Sie Ihren Gesprächspartner (aus-)reden.
- Warten Sie ab, stehen Sie auch eine längere Gesprächspause durch.
- Seien Sie lieber etwas zurückhaltender als zu offen und leutselig.
- Bleiben Sie freundlich, sachlich, ruhig, geduldig und gelassen.
- Last but not least: Versuchen Sie, die wichtigsten Regeln der Körpersprache, die wir weiter unten ausführen (Seite 179ff.), zu berücksichtigen.

Spezieller Hinweise für das MA

Das hier vorgestellte Kapitel hilft Ihnen besonders im Management Audit, wo ausführliche, stundenlange Interviews den Hauptteil der Gesprächszeit ausmachen. Relativ außergewöhnlich wären aber Stressinterviews. Die normale Form reicht schon, um genug Stress zu erzeugen!

Feedbackgespräche

Häufig werden Sie direkt im Anschluss an eine AC-Aufgabe – oftmals ist es eine Fallstudie, die im Team gelöst werden sollte – aufgefordert, ein Feedbackgespräch zu führen. In diesem gibt jeder Kandidat jedem Gruppenmitglied eine Rückmeldung, sodass alle Teilnehmer sowohl ein Feedback abgeben als auch eines erhalten.

Bisweilen bekommen Sie auch allein ein direktes Feedback von den Assessoren und nicht immer muss sich diese Rückmeldung an eine Gruppenaufgabe anschließen. Beim klassischen Postkorb ist beispielsweise ein individuelles (sogar verhandelbares) Feedback fester Bestandteil des Vorgehens (siehe auch 139ff.).

Anforderungen

Zwei Aspekte sind für die Beobachter bei einem solchen Feedback interessant:

- Zum einen können sie überprüfen, ob ihre Einschätzung sich mit denen der Kandidaten decken.
- Zum anderen registrieren sie, wie sich Feedback-Geber und -Nehmer in der

Interaktion verhalten. Wie gehen beide mit Kritik um? Bleiben sie sachlich? Lässt sich der eine oder andere zu persönlichen Angriffen verleiten?

Insbesondere diese Merkmale werden zur Kenntnis genommen:

1. Erfassung und Steuerung sozialer Prozesse

- *Sensibilität*
  Einfühlungsvermögen, Probleme und Gefühle anderer erkennen und berücksichtigen
  Realistische Einschätzung der Wirkung der eigenen Person auf andere
- *Kontaktfähigkeit*
  Auf andere zugehen können, leicht ins Gespräch kommen
  Offenheit bezüglich eigener Ziele, Absichten, Methoden
- *Selbstkontrolle*
  Auf Angriffe nicht aggressiv reagieren
  Andere nicht provozieren
  In der Stimmungslage berechenbar sein

3. Erkennbares Aktivitätspotenzial

- *Führungsmotivation*
  Aufnahme und Organisation von Führungsrollen
  Initiativen zur Durchführung eines Interessenausgleichs im Mitarbeiterbereich
  Konzentration mehr auf die Arbeitsergebnisse als auf den Arbeitsprozess
- *Autonomie*
  Selbstständiges Arbeiten ohne Anweisungsbedarf
  Eigenständige Formulierung neuer Aufgaben und Ziele
  Streben nach verbesserten Arbeitsergebnissen
- *Selbstvertrauen*
  Bei Rückschlägen nicht aufgeben
  Sich von Fakten und Sachverhalten, nicht von der Persönlichkeit anderer beeinflussen lassen
  Erfolgsorientiertes und -sicheres Denken und Fühlen

4. Ausdrucksmöglichkeiten

- *mündliches und schriftliches Darstellungsvermögen*
  Klare, verständliche Sprache
  Flüssige Formulierung, akustisch gut zu verstehen
- *rhetorische Fähigkeiten*
  Argumentative Überzeugungskraft

1. Feedback entgegennehmen

Hier ist jeder AC-Kandidat aufgefordert, sich zu den anderen Mitbewerber konstruktiv zu äußern. Manche AC-Kandidaten missverstehen dies als ihren großen Auftritt und versehen jeden ihrer Mitbewerber mit wohlmeinend-kritischen Bewertungen und hilfreichen Ratschlägen. Auch diesen sollten Sie mit Contenance begegnen. Wenn Sie an der Reihe sind und etwas zu Ihren Beiträgen gesagt wird, hören Sie mit freundlicher Miene aufmerksam zu und bleiben Sie gelassen. Beim Lob können Sie an der einen oder anderen Stelle kopfnickend zustimmen; bei der Kritik sitzen Sie bitte nicht versteinert da oder rutschen nervös auf dem Stuhl herum. Bleiben Sie gelassen, bei Positivem wie auch bei Negativem.

2. Feedback geben

Wenn Sie selbst Feedback geben, empfiehlt es sich, zunächst die positiven Leistungen zu würdigen. So könnten Sie jeden einzelnen Kandidaten positiv bewerten und dann, wo unbedingt nötig, vorsichtig Kritisches hinzufügen. Gestalten Sie Ihren Beitrag insgesamt kurzweilig, am besten mit ein bisschen Selbstironie, wohl wissend, wie schwierig alles ist und dass Sie ja selbst auch kein Meister sind. Relativieren Sie Ihren kritischen Beitrag durch die geschickte Bemerkung, vielleicht hätten allein Sie es so und so wahrgenommen, die anderen möglicherweise nicht ... Ein netter Versuch, Ihr eben kritisiertes Gegenüber etwas zu trösten.

Das sollten Sie beachten!

Es geht immer um Sie, insbesondere dann, wenn Sie aktiv Feedback geben müssen, deutlich weniger, wenn Sie im Zentrum der Feedback-Aufmerksamkeit stehen. Konstruktiv geben und ebenso aufnehmen (»Das ist sehr interessant, was Sie da sagen ...«), freundlich und optimistisch, keinesfalls nörgelnd und kleinkariert, Streit vermeidend. Letztendlich ist ein Feedback immer subjektiv und es geht nicht darum zu beweisen, Sie seien im Recht oder man füge Ihnen mit dieser oder jener Beurteilung Unrecht zu.

Wie Sie in Feedbackgesprächen am besten performen

Denken Sie daran: *Die größten Kritiker der Elche waren früher selber welche.* Es geht nicht darum, sich durch zu kritische Äußerungen gegenüber anderen AC-Kandidaten ins rechte Licht setzen zu wollen oder gemeinsam mit anderen Teilnehmern sich auf einen schwachen Mitspieler einzuschießen. Das geht schief und fällt auf Sie zurück!

1. Besondere Hinweise zum Umgang mit Feedback

Um auf professionelle Art mit Feedback umzugehen, sollten Sie sich an folgende Regeln halten:

- Entwickeln Sie zum Feedback eine positive Einstellung. Sehen Sie die Rückmeldung als Chance, mehr über sich zu erfahren und damit an der eigenen Entwicklung zu arbeiten.
- Hören Sie in Ruhe zu und bleiben Sie gelassen. Unterbrechen Sie Ihr Gegenüber nicht mit vorschnellen Reaktionen wie »*Das habe ich doch* nur *gemacht, weil ...*« oder »*Nein, das sehen Sie ganz falsch ...*«
- Fragen Sie bei Unklarheiten nach: »*Was meinen Sie* genau *damit?*«, »*Habe ich Sie* richtig *verstanden?*«
- Rechtfertigen oder verteidigen Sie sich nicht. Machen Sie sich klar: Es gibt keine allgemeingültigen Aussagen darüber, wie Sie wirklich sind. Aber: Der Feedback-Geber gibt Ihnen Hinweise darauf, wie Sie bzw. Ihr Verhalten auf andere wirkt. Und deshalb ist diese Wahrnehmung auch nicht »klarzustellen« nach dem Motto: »*Nein, das war aber ganz anders gemeint.*« Für den Feedback-Geber zählt nur, wie es bei ihm angekommen ist. Feedback ist immer subjektiv.
- Nehmen Sie nicht alles an, aber behalten Sie es für sich! Überlegen Sie, welchen der genannten Punkte Sie akzeptieren und welchen nicht.
- Bedanken Sie sich am Ende bei dem Feedback-Geber für die Rückmeldung.

2. Besondere Hinweise zum Feedbackgeben

Versuchen Sie, Ihre Zeit einigermaßen »gerecht« aufzuteilen, indem Sie jedem Kandidaten in etwa eine gleich lange Einschätzung geben.

Folgende Regeln sind wichtig für ein konstruktives Feedback:

- Beginnen Sie Ihr Feedback damit, was Ihnen positiv aufgefallen ist. So vergrößern Sie die Bereitschaft des Feedback-Nehmers, spätere Kritikpunkte zu akzeptieren.
  Beispiel: »Mir hat gut gefallen ...«, »Ich fand, prima, dass ...«
- Formulieren Sie immer klar, konkret und verständlich. Verfallen Sie nicht in Interpretationen, Vorwürfe, Vermutungen, moralische Bewertungen. Beschreiben Sie nur, was Sie tatsächlich wahrgenommen und bemerkt haben. »Ich habe in Ihrem Vortrag nichts über unsere Abteilung gehört. Das hat mich geärgert.« »Ich nahm wahr ...«, »Ich hörte ...«
- Sprechen Sie Gefühle und persönliche Eindrücke nur in Ich-, nicht in Man-, Wir- oder Du/Sie-Form an:
  Statt: »Man hat den Eindruck, Sie ...«
  Besser: »Ich hatte den Eindruck, dass Sie ...«
- Benennen Sie negative Punkte nur dann, wenn Sie Verbesserungsvorschläge haben. Führen Sie nur Punkte an, die der Feedback-Empfänger auch tatsächlich ändern kann – also nicht Stottern, Lispeln, Erröten. Denn das sind keine

hilfreichen Hinweise, die nur dazu führen, dass Ihr Gegenüber sich verletzt oder gekränkt fühlt.

▪ Halten Sie angemessenen Blickkontakt mit dem Feedback-Empfänger und nicht mit den AC-Beobachtern. Konzentrieren Sie sich jeweils auf denjenigen, den Sie ansprechen.

▪ Verdeutlichen Sie, dass Sie Person und Verhalten trennen können. Wenn Ihnen ein bestimmtes Verhalten nicht gefallen hat, zeigen Sie dem Feedback-Empfänger trotzdem: »Du bist o. k.« Als Feedback-Geber hat man nicht das Recht, den Menschen zu be- oder gar zu verurteilen. Der Feedback-Geber kann nur das beurteilen, was er wahrnimmt, also das gezeigte Verhalten in einer bestimmten Situation.

▪ Sprechen Sie nicht über den Feedback-Empfänger: »Er hat gesagt ...«, sondern sprechen Sie ihn direkt an: »Sie haben gesagt, dass ...«

Fazit

Die Feedback-Übung ist für Sie als AC-Teilnehmer eine gute Gelegenheit, Ihre soziale Kompetenz zu demonstrieren. Lassen Sie sich nicht zu unüberlegten Äußerungen hinreißen. Halten Sie sich an die Feedback-Regeln, um einen souveränen Eindruck zu hinterlassen.

Die wichtigsten Tipps

▪ Keine Angst vor dem Feedback, Sie werden nicht vorgeführt.
▪ Immer konstruktiv bleiben und Kritisches knapp äußern.
▪ Loben Sie deutlich ausführlicher und ermutigen Sie.
▪ Lassen Sie sich nicht kränken, verletzen Sie aber selbst auch niemanden.
▪ Bloß nicht rechtfertigen, selbst wenn die Kritik an Ihnen völlig unbegründet ist.
▪ Nicht vergessen: Am Ende bedanken Sie sich für das offene, konstruktive Feedback, das Sie bekommen haben.

Spezieller Hinweis für das Management Audit

Im Management Audit treten Sie meist ausschließlich als Feedback-Nehmer auf, wenn Ihnen z. B. Ihre Interviewpartner Rückmeldung über Ihre Leistungen geben.

Postkorbübungen

Postkorbübungen, ein etwas in die Jahre gekommener AC-Klassiker, sind ursprünglich Paper-Pencil-Tests, die zunehmend als PC-Übung eingesetzt werden (siehe Seite 174ff.). Jeder Teilnehmer bearbeitet diesen für sich allein. Ihre Aufgabe: Sie müssen als Vorgesetzter viele Dokumenten durcharbeiten, die sich in Ihrer Post angesammelt haben, weil Sie z. B. auf Dienstreise waren. Leider können Sie nicht mehr telefonieren, alle Entscheidungen müssen von Ihnen unter enormem Zeitdruck mehr oder weniger sofort getroffen werden, weil Sie auch gleich wieder das Büro verlassen. Dabei handelt es sich typischerweise um Entscheidungen aus folgenden Bereichen:

- Geschäftliche Angelegenheiten
- Finanzielle Probleme
- Familiäre Sorgen

Die Vielzahl unterschiedlicher Papiere durchzulesen, erfordert den größten Teil Ihrer Bearbeitungszeit. Dann sollten Sie sich in der vorgegebenen schwierigen Situation sehr schnell für eine angemessene Umgangsweise mit den Ihnen vorgestellten Ereignissen, Anforderungen, Problemen etc. entscheiden. Dabei müssen Sie alles, was Sie zu tun gedenken, schriftlich kurz festhalten und begründen. Hier heißt es Prioritäten setzen und mutig Entscheidungen treffen.

Manchmal erhöht sich der Schwierigkeitsgrad noch dadurch, dass die AC-Beobachter diese Übung durch eine andere unterbrechen oder Ihnen weitere Papiere nachreichen, durch die getroffene Entscheidungen neu zu überdenken sind.

Kein Wunder, dass die Teilnehmer unter Druck geraten, wie folgender Bewerber eindrucksvoll beschreibt:

... In der Postkorbübung mutierte ich plötzlich zu Hans Klein. Mir wurden meine Frau Inge, zwei Kinder, Putzfrau, Nachbarn, Kollegen, mein Vorgesetzter, ja sogar mein Rechtsanwalt kurz schriftlich vorgestellt. Meine Situation im Rahmen der Übung war ungefähr folgende:

Sie sind heute, am Donnerstag, den 2. Juli von einer Dienstreise zurückgekehrt. Jetzt ist es 15.30 Uhr. Niemand ist zu Hause, die Familie scheint unterwegs zu sein. Sie finden eine Nachricht vor, dass Ihr Flug nach Kuala Lumpur (Malaysia) – eine wichtige unaufschiebbare Dienstreise – um einen Tag vorverlegt worden ist. Um 17.00 Uhr müssen Sie bereits am Flughafen sein. Der Weg dorthin dauert 30 Minuten, sodass Sie lediglich noch eine Stunde Zeit haben, um die anstehenden Dinge zu regeln. Da Ihr Handy kaputt ist und Sie sich in der Kürze der Zeit kein neues beschaffen können, sind Sie in Kuala Lum-

pur nicht zu erreichen und haben selbst auch nicht die Möglichkeit zu telefonieren.

Und in der Tat gab es noch vor meiner Abreise jede Menge zu regeln. Ich saß mit einem Berg von Unterlagen da und musste nun lesen, dass ...

- *meine Tochter sich im Krankenhaus befindet (Mandel-OP), sich aber auf meinen Besuch am Abend freut,*
- *meine Frau Einkäufe für eine Schulreise der anderen Tochter ins Ausland macht*
- *und mich bittet, für diese Reise Geld umzutauschen,*
- *unserer Putzfrau von meiner Frau fristlos gekündigt wurde, da sie in letzter Zeit schlampig gearbeitet hat,*
- *der Nachbar mich dringend bittet, ihn zu besuchen, da am Abend die wichtige Bürgerinitiative gegen die geplante Landebahn für den Großflughafen in unserer unmittelbaren Nachbarschaft tagt,*
- *der Klempner eine böse Mahnung geschrieben hat, weil er nun schon zwei Wochen auf sein Geld wartet,*
- *ein Anruf von der Lehrerin auf dem Anrufbeantworter ist, die wegen gravierender Disziplinverstöße meines Sohnes um sofortigen Rückruf bittet,*
- *mein Rechtsanwalt in einer für mich wichtigen Rechtsangelegenheit unbedingt einen Termin vor meiner Malaysia-Reise mit mir verabreden möchte,*
- *mein Vorgesetzter meinen Anruf wegen der bevorstehenden Verhandlungen in Kuala Lumpur wünscht, und, und, und ...*

Ungefähr 20 dieser Informationen, besser Katastrophenmeldungen, lagen schriftlich vor mir. Sie waren nicht etwa kurz und präzise, sondern zum Teil sehr weitschweifig formuliert. Ich musste mir erst den Bedeutungsgehalt für meine Situation mühsam herausarbeiten.

Jetzt wurde von mir verlangt, zu diesen Nachrichten, Aufträgen, Erwartungen und Ansinnen Stellung zu nehmen. Wie gedachte ich damit umzugehen? Auf einem Extrapapier sollte ich meine Entscheidungen zu jeder dieser 20 Angelegenheiten/Vorkommnisse kurz skizzieren und begründen. Alles in einer knappen Stunde, versteht sich, mein Flugzeug wartete ja nicht auf mich.

Ich dachte darüber nach, mich in Kuala Lumpur niederzulassen ...

Ziel der Postkorbübung ist es, Ihr Entscheidungs- und Führungsverhalten sowie Ihren Arbeitsstil zu beurteilen. Sind Sie in der Lage, Wichtiges von Unwichtigem zu unterscheiden und Prioritäten zu setzen? Können Sie Sachaufgaben delegieren und gleichzeitig nicht aus dem Auge verlieren, sondern ein System der Effizienz- und Erfolgskontrolle mit einplanen?

In der Regel gibt es für diese Übung eine halbe bis ganze Stunde Bearbeitungszeit. Seltener sind kürzere (sogenannte Mini-Postkörbe) oder deutlich längere Aufgaben mit entsprechend vielen Unterlagen (die Sie beispielsweise schon am Vorabend erhalten).

Oftmals werden Sie unmittelbar im Anschluss an die Übung von Ihren Beobachtern zu einem Nach-(Klärungs-)Gespräch gebeten. Dort dürfen Sie Ihre Entscheidungen mündlich vortragen und erklären, gegebenenfalls rechtfertigen.

Anforderungen

Im Einzelnen geht es im schriftlichen Teil um folgende Anforderungsmerkmale:

1. Erfassung und Steuerung sozialer Prozesse

- *Einfühlungsvermögen*:
  Erkennen/Berücksichtigung von Bedürfnissen/Gefühlen anderer
- *Integrationsfähigkeit*:
  Fähigkeit zur Konfliktanalyse und -lösung
  Bündelung multipler/divergierender Interessen auf ein Ziel hin
- *Kooperationsfähigkeit*:
  Kein Dominanzstreben auf Kosten anderer
  Verzicht auf Druck- und Machtmittel
- *Informationspolitik*:
  Weitergabe von Informationen

2. Systematisches Denken und Handeln

- *Abstraktes und analytisches Denkvermögen*:
  Informationsordnung nach vorgegebenen Kriterien
- *Kombinationsfähigkeit im Denken*:
  Übernahme/Verarbeitung von Informationen/Denkstilen anderer
  Die Fähigkeit, Alternativen zu entwickeln
- *Entscheidungsfähigkeit*:
  Aufsuchen und Verarbeiten aller Informationen
  Entscheidungsfreudigkeit/kein Abschieben
  Reflexion der Entscheidungskonsequenzen
- *Arbeitsorganisation*:
  Delegationsfähigkeit
  Einhalten von Zeitvorgaben
  Belastbarkeit/Stressresistenz
  Überblick verschaffen
  Gewissenhafte Bearbeitung
  Konzentrationsfähigkeit
- *Planung und Kontrolle*:
  Strukturierungsvermögen komplexer Sachverhalte

3. Erkennbares Aktivitätspotenzial

- *Arbeitsantrieb/-motivation*:
  Konstanz der Arbeitsleistung bei komplexen Aufgaben

4. Ausdrucksmöglichkeiten

- *Schriftliches Darstellungsvermögen*:
  Klare, verständliche Sprache
  Stilsichere Sprachgewandtheit im Schriftlichen

Bei dem sich an den Postkorb anschließenden Interview erkundigen sich die AC-Beobachter (oftmals detailliert) nach Ihren Entscheidungsgründen. Letztlich geht es darum, herauszufinden, ob Sie über Qualifikationsmerkmale wie Organisations- und Planungstalent und systematischen Arbeitsstil verfügen. Besonders interessiert sie Ihr Weitblick, d. h., ob Sie auch die Konsequenzen Ihrer Entscheidungen mit berücksichtigt haben.

Im Einzelnen geht es im Postkorbinterview u. a. um folgende Anforderungen:

1. Erfassung und Steuerung sozialer Prozesse

- *Kontaktfähigkeit*:
  Vertrauen/Unterstellen positiver Absichten
- *Selbstdisziplin*:
  Auf Kritik angemessen (nicht eskalierend) reagieren
  Moderat-freundlicher Umgangsstil

2. Systematisches Denken und Handeln

- *Abstraktes und analytisches Denkvermögen*:
  Gemeinsamkeiten herausfinden
- *Kombinationsfähigkeit im Denken*:
  Übernahme/Verarbeitung von Informationen
- *Entscheidungsfähigkeit*:
  Angemessene Entscheidungsfreudigkeit/kein Ab-, Aufschieben
  Reflexion der Entscheidungskonsequenzen
- *Planung und Kontrolle*:
  Suchen und Sichtbarmachen von Ordnungskriterien

3. Erkennbares Aktivitätspotenzial

- *Selbstwertgefühl*:
  Positiv und erfolgsorientiert
  Angemessene Selbstsicherheit (auch bei Kritik)
- *Durchsetzungsvermögen*:
  Zielstrebigkeit
  Durchsetzungsbeharrlichkeit

4. Ausdrucksmöglichkeiten

- *Mündliche Formulierungsfähigkeiten*:
  Flüssige/unmissverständliche Ausdrucksfähigkeit
- *Überzeugungskraft*:
  Argumentation erzeugt keinen Widerstand
  Flexibilität in Ausdruck/Argumentation

Das sollten Sie beachten!

Sowohl in der Postkorbübung als auch im daran anschließenden Interview geht es vor allem um Ihre Belastbarkeit, Ihre Auffassungsgabe und Flexibilität. Können Sie vermitteln, dass Sie bei komplexen Aufgaben planvoll und überlegt organisieren, Ihre Arbeitsleistung selbst bei hohem Zeitdruck für eine längere Zeit nicht abfällt, Ihre Konzentration konstant bleibt und Sie begonnene Arbeiten zügig abschließen?

An dieser Stelle zur Erinnerung: Nobody is perfect – und der Postkorb erst recht nicht! Jedoch: Dadurch, dass Sie wissen, was auf Sie zukommt, wird die Bewältigung entschieden einfacher. Und noch ein Trost: Er wird zunehmend seltener eingesetzt!

Wie Sie bei Postkorbübungen am besten performen

Auch wenn es in der realen Arbeitswelt angezeigt ist, Dinge gründlich zu durchdenken – im Postkorb machen Sie damit keine Punkte, weil Sie keine oder zu wenig Zeit haben. Dokumentieren Sie hier Entscheidungsmut und Entschlossenheit. Zeigen Sie Selbstsicherheit und Optimismus. Und setzen Sie Prioritäten.

Zunächst verschaffen Sie sich einen Überblick über alle Ihnen vorgelegten Informationen und notieren sich parallel auf einem Extrazettel wichtige Details. Dabei sollten Sie die folgenden Fragestellungen berücksichtigen:

1. Ist ein Überblick geschafft?
2. Lässt sich ein Zeitplan aufstellen?
3. Welche Vorgänge/Ereignisse sind wirklich wichtig, von Bedeutung und warum?
4. Welche können zurückgestellt, zunächst vernachlässigt werden und warum?
5. Wie sind die Zusammenhänge zwischen einzelnen Vorgängen/Ereignissen?
6. Welche weiteren Gemeinsamkeiten lassen sich finden?

Mit der bewährten »Vier-Häufchen-Methode« kommen Sie gezielt weiter: Ordnen Sie die Informationen folgenden vier Gruppen zu:

1. Muss ich selber machen
2. Kann ich delegieren
3. Kann warten
4. Kann in den Papierkorb

In den ersten beiden Gruppen gibt es wiederum Fragestellungen, an denen Sie sich orientieren können.

Fragen für die Eigenbearbeitung:

- Welche Aufgaben müssen Sie unbedingt selbst bearbeiten?
- Welche Termine müssen eingehalten werden?
- Was passiert, wenn Termine verpasst werden?
- Lässt sich ein Ordnungssystem (Unterscheidungsmerkmale) für die einzelnen Vorgänge finden?
- Wo sind Prioritäten zu setzen und aus welchen Gründen?
  - Wie ist dabei die Interessenlage?
  - Wird bei der Bearbeitung, bei den Entscheidungen ein systematischer Leitfaden evident?

Fragen für zu delegierende Aufgaben

- Was lässt sich an andere Personen delegieren und warum?
  (Kontrollfrage dabei: Könnte bei den AC-Beobachtern der Eindruck entstehen, dass Sie sich vor Entscheidungen, Aufgaben drücken wollen?
  Diesen Eindruck sollten Sie vermeiden!)
- Wie lässt sich dabei eine Effizienz- und Erfolgskontrolle gestalten?

Abschließend können Sie Ihre Entscheidungen einer kritischen Fragenkontrolle unterziehen:

- Fließen in die Entscheidungsfindung alle verfügbaren Informationen ein?
- Welche Konsequenzen, möglicherweise Probleme ziehen bestimmte Entscheidungen nach sich?
- Gibt es dazu Alternativen?
- Wie sind die Entscheidungen zu erklären, zu rechtfertigen, zu begründen?
- Sind die den Entscheidungen zugrunde liegenden Motive für die AC-Beobachter einsichtig?

Besondere Hinweise zur Bewältigung von Postkorbübungen

Denken Sie daran, während der Bearbeitung der Aufgaben möglichst gelassen zu wirken (kein Haareraufen, kein lautes Stöhnen etc.). Denn Ihre Körpersprache wird von den Assessoren registriert, garantiert!

In 99 Prozent der Postkorbübungen existiert keine Königslösung, also kein einzig richtiger Weg. Wichtig ist vielmehr, dass Sie im Interview begründen können, weshalb Sie sich für eine bestimmte Aufgabenverteilung entschieden haben, z. B. »weil Personalfragen immer Chefsache sind« etc.

Wer im Interview einen zu zögerlichen Eindruck macht, nicht klar erkennen lässt, dass er in der Lage ist, Entscheidungen zu treffen und die sich daraus ableitende Verantwortung zu übernehmen, wird mit Kritik an seinem Führungspotenzial rechnen müssen. Schlechte AC-Noten handelt sich auch ein, wer unsystematisch, eher aus dem Gefühl heraus Entscheidungen trifft bzw. sich sogar vor einigen drückt. Andererseits ist dieses Gespräch auch eine Chance, in der Situation durch neue Überlegungen und gute Argumente zu punkten.

Und: Seien Sie tapfer, wenn aufgedeckt wird, dass Ihre Herangehensweise an die Probleme alles andere als logisch sinnvoll, geschweige denn systematisch und angemessen war.

Warum? Es könnte sein, dass man Sie auch dabei nur wieder testen will: Man möchte prüfen, wie schnell Sie von Ihrem Standpunkt abzubringen sind.

Fazit

Auch wenn der Name banal klingt, stellt die Postkorbübung hohe Anforderungen an die AC-Kandidaten. Eine halbe bis etwa eine Stunde lang muss der Teilnehmer einen enormen Zeitdruck ertragen. Über diesen Zeitraum sind insbesondere Konzentrationsfähigkeit, Stressresistenz, Arbeitsorganisation, Entscheidungsverhalten und Delegationsvermögen gefragt. In dem sich oftmals anschließenden Interview befindet man sich in einer Erklärungs- und Rechtfertigungssituation. Hier werden Kandidaten nicht selten in die Enge getrieben, um zu sehen, wie sie mit einer solchen Stresssituation umgehen und wie sehr sie zu ihren Entscheidungen stehen. Ergo: Nicht ins Bockshorn jagen lassen!

Die wichtigsten Tipps

- Gehen Sie mit Ruhe und Überlegung an die Arbeit.
- Treffen Sie nicht vorschnell Entscheidungen. Lesen Sie erst einmal alles quer. Denn: Später stellen sich Sachverhalte anders dar ...
- Seien Sie jedoch auch nicht zu zögerlich in Ihren Entscheidungen.

- Setzen Sie klare Prioritäten und verdeutlichen Sie diese Ihren Prüfern.
- Bleiben Sie äußerlich ruhig und gelassen, denn Sie werden beobachtet, auch wenn man Ihnen im direkten Gespräch vorhalten sollte, Sie lägen völlig falsch.
- Versuchen Sie nicht, Ihre (angebliche) zu langsame Arbeitsweise zu erklären, zu rechtfertigen. Das schwächt Sie eher, als dass es hilft.
- Nehmen Sie eventuelle Vorwürfe aufmerksam, aber mit Gelassenheit zur Kenntnis, möglicherweise will man Sie nur testen. Zeigen Sie Zuhörbereitschaft und setzen Sie sich offen-interessiert mit alternativen Vorgehensweisen auseinander, ohne gleich Fehler oder Schwächen einzugestehen.

Spezieller Hinweis für das Management Audit

Das hier vorgestellte Kapitel hilft Ihnen besonders im Management Audit, wo Sie auch des Öfteren häufig mit Postkorbübungen konfrontiert werden.

Persönlichkeitstests

Häufig kommen im AC auch die klassischen psychologischen Testverfahren zum Einsatz. Dazu gehören neben den sogenannten Intelligenz- und Leistungs-/Konzentrationstests vor allem Persönlichkeitstests. In den nächsten beiden Kapiteln wenden wir uns diesen speziellen Ausleseverfahren zu.

Auch als MA-Kandidat sollten Sie dieses Kapitel aufmerksam lesen, da hier die Persönlichkeitstests sehr oft verwendet werden.

Ein Bewerber beschreibt sein AC:

... Mit etwa 190 Fragen versuchte man am Ende des zweiten AC-Tages, unser Seelenleben zu durchleuchten. Ich sollte ankreuzen, welche Behauptung/Aussage jeweils für mich zutraf, z. B.:

Wenn man mein Vertrauen enttäuscht, dann
a) bin ich bereit, sofort zu verzeihen
b) teils, teils
c) werde ich sehr böse

Von Freunden im Stich gelassen zu werden, ist mir
a) ziemlich häufig
b) manchmal
c) kaum jemals passiert

Ich fände es interessanter, in einer Fabrik verantwortlich zu sein für
a) die Auswahl und Einstellung neuer Mitarbeiter
b) weiß nicht
c) für Maschinen oder die Buchhaltung

In einem kleinen, engen Raum, z. B. in einem überfüllten Aufzug, habe ich schnell das Gefühl, eingesperrt zu sein.
a) gelegentlich
b) selten
c) nie

Ich würde mein Leben, wenn ich es noch einmal zu leben hätte,
a) genau so wünschen
b) weiß nicht
c) ganz anders planen

Wenn ich die Wahl hätte, wäre ich lieber
a) ein Wissenschaftler in der Forschung
b) teils, teils
c) ein Manager mit vielen Besprechungen

Ich rede mit Leuten,
a) nur dann, wenn ich etwas zu sagen habe
b) teils, teils
c) damit sie sich wohlfühlen können

Wenn man mir freundlicher begegnet, als ich eigentlich erwartet habe, zweifle ich an der Echtheit dieser Freundlichkeit.
a) stimmt
b) teils, teils
c) stimmt nicht

Wenn Leute eine moralisch überlegene Haltung demonstrieren, regt mich das auf.
a) nein
b) teils, teils
c) ja

(Eine Auflösung zu diesen neun Testaufgaben finden Sie auf Seite 160f.)

Mit Persönlichkeitstests im AC wollen Unternehmen einen möglichst genauen Einblick in die Psyche des Bewerbers bekommen. Sie versuchen, seine allgemeinen Verhaltensweisen abzuschätzen und insbesondere seine Reaktionsweisen bei bestimmten Situationen (z. B. Konflikten) zu beurteilen.

Dahinter stehen Fragen wie: Passt dieser Bewerber zu uns? Fügt er sich möglichst reibungslos in das Arbeitsteam ein? Ist er ein einsatzbereiter, starker und dennoch leicht zu »handhabender«, gut funktionierender potenzieller Mitarbeiter? Oder auch: Wie flexibel verhält er/sie sich bei der Zielverfolgung?

Ergründet werden sollen die Persönlichkeit und der Charakter des Bewerbers. Sie spielen bei der Personalentscheidung eine zentrale Rolle.

Anforderungen

Im Wesentlichen geht es bei dieser Art von Tests um vier Persönlichkeitsmerkmale, aufgrund derer man glaubt, entscheiden zu können, ob Sie für eine bestimmte Position der richtige Bewerber sind:

1. *Berufliche Orientierung* (Macht- und Leistungsanspruch)
   Führungsmotivation, Gestaltungsmotivation, Leistungsmotivation
2. *Arbeitsverhalten* (Arbeitsweise)
   Handlungsorientierung, Flexibilität, Gewissenhaftigkeit
3. *Soziale Kompetenzen* (Sozialverhalten)
   Durchsetzungs-, Team-, Kontaktfähigkeit, Verträglichkeit, Einfühlungsvermögen
4. *Psychische Konstitution* (gesamter Seelenzustand)
   Selbstbewusstsein, emotionale Stabilität, Belastbarkeit

Etwas detaillierter betrachtet geht es um Aussagen wie diese:

1. **Emotionale Stabilität (vergleichbar mit der psychischen Konstitution)**
   - Man unterliegt nicht grundlos Stimmungsschwankungen,
   - wird nicht von diffusen Ängsten und Sorgen gequält,
   - kennt keine Schuldgefühle,
   - neigt nicht zum Perfektionismus,
   - ist nicht launisch,
   - ist nur sehr selten krank,
   - hat keine Schwierigkeit, sich auf seine Arbeit zu konzentrieren,
   - kennt keine Tagträumereien,
   - ist mit seinem Leben zufrieden und würde sich ein neues Leben genauso wünschen und vorstellen,
   - leidet nicht unter Platzangst,
   - plant seine Arbeit und geht ihr zügig nach,

- fühlt sich selten schlecht oder elend,
- ist gewöhnlich nicht nervös, sondern ausgeglichen,
- ist nach dem Aufwachen frühmorgens frisch und munter,
- leidet nicht unter Schlafstörungen und kann auch gut einschlafen,
- ist nicht wetterfühlig,
- lässt sich durch Unordnung nicht stören,
- leidet nicht unter Kopfschmerzen, Migräne oder Schwindelanfällen,
- sorgt sich nur wenig um die eigene Gesundheit,
- hat als Kind auch schon mal etwas gegen den Willen der Eltern getan,
- fühlt sich den Anforderungen des Lebens gut gewachsen,
- zeigt Toleranz,
- hat Selbstvertrauen und kennt keine Minderwertigkeitsgefühle,
- handelt nicht impulsiv,
- neigt nicht zu Grübeleien,
- ist eher offen,
- kennt keine ständig wiederkehrenden unnützen Gedanken,
- fühlt sich nicht unverstanden, verkannt oder im Stich gelassen,
- leidet nicht unter Appetitlosigkeit
- usw.

2. Kontaktfähigkeit (vergleichbar mit dem sozialen Verhalten)
- Man ist von der Grundstimmung her Optimist,
- fühlt sich zusammen mit vielen Menschen wohl,
- man trifft sich gern mit Freunden,
- schließt schnell Freundschaften,
- verfügt über einen großen Bekannten- und Freundeskreis,
- ist aktiv, gesprächig, temperamentvoll, kurzum lebhaft,
- geht gerne und oft aus,
- glaubt, erfolgreich zu sein,
- fühlt sich auch in großen Gruppen unbefangen,
- ist in der Lage, in Gesellschaften aus sich herauszugehen,
- sucht die Geselligkeit anderer Leute,
- ergreift gewöhnlich bei neuen Bekanntschaften die Initiative,
- übernimmt in Gruppen gerne eine Führungsposition,
- bevorzugt gesellige Freizeitbeschäftigungen,
- lässt sich leichter auf Risiken ein,
- bevorzugt Berufe, die einen Kontakt zu anderen Menschen schaffen bzw. herstellen,
- telefoniert lieber, als Briefe zu schreiben,
- geht eher auf eine Party, als ein Buch zu lesen,
- ist schlagfertig und hat immer eine passende Antwort parat,
- erzählt auch gerne mal einen Witz,
- behält selbst in kritischen Situationen bei Problemen und Ärger die gute Laune,
- hält es für wichtig, allgemein beliebt zu sein,
- empfindet keine Hemmungen beim Sprechen vor größeren Gruppen
- usw.

3. Leistungsbereitschaft (vgl. Macht- und Leistungsanspruch sowie Arbeitsverhalten)
- »Erst die Arbeit, dann das Vergnügen« ist der Lebensgrundsatz,
- schiebt Arbeiten nicht auf,
- lässt begonnene Arbeiten nicht liegen,

- lässt sich bei der Arbeit nur schwer unterbrechen,
- arbeitet planvoll, überlegt und organisiert, überlegt vorher genau, was zu tun ist,
- kann sich auf seine Arbeit leicht konzentrieren,
- bereitet sich z. B. auf Prüfungen intensiv vor,
- scheut einen Wettkampf nicht,
- vergleicht die eigene Leistung und Fähigkeit mit der von anderen,
- zeigt Ehrgeiz und verfolgt seine Ziele mit Entschlossenheit,
- lässt sich nicht von der Arbeit abhalten,
- zeigt sich bemüht, begonnene Arbeiten abzuschließen,
- beneidet den Erfolg anderer,
- besitzt genug Kraft, um mit eigenen Problemen fertig zu werden,
- möchte gerne eine wichtige oder berühmte Persönlichkeit sein,
- denkt selbst in den Ferien an die Arbeit,
- zeigt sich ständig bemüht, voranzukommen,
- genießt seine Freizeit erst dann, wenn die Arbeit getan ist
- usw.

4. Geschlechtsidentität (völlig überholt, aber immer noch anzutreffen)
Dieser Merkmalsbereich ist von Seiten der Tester in Personal- und Persönlichkeitsfragebögen eindeutig nach gängigen männlichen Rollenklischees ausgerichtet – auch Bewerberinnen werden an diesem dubiosen Maßstab gemessen. Eigentlich überholt, aber im Zuge eines Rufes nach mehr Leistung und härterer Gangart ist mit dem Wiederaufleben zu rechnen. Deshalb sicherheitshalber:
- Man ist optimistisch eingestellt,
- kennt keine Angst,
- ist nicht schreckhaft,
- ist auch nicht zu sentimental,
- mag handfeste körperliche Tätigkeiten,
- denkt nicht viel über die Liebe nach,
- ist an Sport interessiert,
- hat kein Interesse für Chorgesang,
- hat als Kind gern mit Spielzeugwaffen gespielt,
- tut ab und zu aus Spaß etwas Gefährliches,
- kann Blut sehen, ohne dass einem übel wird,
- liest lieber wissenschaftliche als belletristische Literatur,
- kennt weder kalte Füße noch Hände,
- findet Tanzveranstaltungen weniger interessant,
- hat vor Schlangen und Insekten keinen Ekel oder Abneigung,
- zieht technische Berufe musischen vor,
- hat wenig Interesse an einer schönen Umgebung,
- empfindet Romantik eher als Fremdwort,
- erzählt auch mal einen unanständigen Witz,
- usw.

Wir geben Ihnen im Folgenden einen tieferen Einblick in die gängigen Persönlichkeits-Testverfahren, wie den 16 PF, den Satzergänzungstest, das FPI sowie biografische Fragebögen.

1. 16 PF – Schwarzweißdenken als Test

Dieser Persönlichkeitstest reduziert den Menschen auf 16 konträre Persönlichkeitsmerkmale:

1. Sachinteresse – Kontaktinteresse
2. Konkretes Denkvermögen – Abstraktes Denkvermögen
3. Emotionale Labilität – Emotionale Stabilität
4. Soziale Anpassung – Dominanzstreben
5. Besonnenheit – Begeisterungsvermögen
6. Flexibilität – Pflichtbewusstsein
7. Zurückhaltung – Selbstsicherheit
8. Robustheit – Sensibilität
9. Vertrauen – Misstrauen
10. Pragmatismus – Fantasie
11. Offenheit – Cleverness
12. Selbstvertrauen – Besorgtheit
13. Sicherheitsdenken – Veränderungsbereitschaft
14. Teamfähigkeit – Einzelgängertum
15. Spontaneität – Selbstkontrolle
16. Ausgeglichenheit – Angespanntheit

Weiterhin werden fünf Zusatzfaktoren ermittelt:

- starke Normorientierung – geringe Normorientierung
- große Stresstoleranz – geringe Stresstoleranz
- große Autonomie – geringe Autonomie
- große Entscheidungsfreudigkeit – geringe Entscheidungsfreudigkeit
- starker Kontaktwunsch – geringer Kontaktwunsch

Nun etwas ausführlicher:

Faktoren	in den Dimensionen	überprüft durch Fragen wie
1. Sachbezogenheit gegenüber Kontaktorientierungen	von eher kühl und reserviert bis aufgeschlossen und warmherzig	Ich wäre lieber: a) Förster b) weiß nicht c) Lehrer
2. Konkretes, eher langsames Denken gegenüber abstraktem und logischem Denkvermögen	von weniger intelligent bis deutlich intelligent	Wenn der Himmel »unten« ist und der Winter »heiß«, dann ist auch ein Verbrecher: a) ein Heiliger b) eine Wolke c) ein Gangster
3. Emotionale Störanfälligkeit gegenüber emotionaler Stabilität	von sich leicht beunruhigen lassen bis stabil und gelassen bleiben	Wenn ich zu Bett gehe, schlafe ich a) nur schwer ein b) teils, teils c) sehr schnell ein
4. Soziale Anpassung gegenüber Selbstbehauptung und Dominanz	von sich anpassen und sich unterordnen bis selbstbewusst und unnachgiebig auftreten	Wenn ich in einem Kaufhaus von einer Verkäuferin nicht so bedient werde, wie ich es mir wünsche, gehe ich ohne Zögern zum Abteilungsleiter. a) stimmt b) teils, teils c) stimmt nicht
5. Ausdrucksarmut und Besonnenheit gegenüber Begeisterungsfähigkeit	von ernsthaft und nachdenklich bis schnell, wach, enthusiastisch, sorglos	Ich kenne bei mir ein starkes Verlangen nach aufregenden und spannenden Erlebnissen. a) stimmt b) teils, teils c) stimmt nicht
6. Flexibilität oder auch Über-Ich-(Gewissens-) Schwäche gegenüber Pflichtbewusstsein, ein starkes, kontrollierendes Gewissen	von ungezwungen, unordentlich bis ordnungsliebend, gewissenhaft	Wenn ich mit einer schweren Erkältung im Bett liege, erlebe ich dies a) als eine Art von Urlaub b) macht mich das besorgt, weil ich nicht arbeiten kann c) teils, teils
7. Zurückhaltung und soziale Scheu gegenüber Initiative und Selbstsicherheit	von gehemmt, zurückhaltend und vorsichtig bis aktiv, ungehemmt, sorglos	Bei gesellschaftlichen Anlässen mich unter die Leute zu mischen, das fällt mir a) leicht b) teils, teils c) schwer

Faktoren	in den Dimensionen	überprüft durch Fragen wie
8. Grobschlächtigkeit und Robustheit gegenüber Feinfühligkeit und Sensibilität	von realistisch, rücksichtslos bis intuitiv, sensibel	Die Schönheit eines Gedichts bewundere ich mehr als die präzise Verarbeitung eines Gewehrs. a) stimmt b) weiß nicht c) stimmt nicht
9. Vertrauensbereitschaft und Vertrauensseligkeit gegenüber Argwohn und skeptische Haltung	von vertrauensvoll, tolerant, vergebend bis skeptisch, kritisch, Haltung bewahrend, offen misstrauisch	Angst vor Strafe hält die meisten Menschen davon ab, sich kriminell zu betätigen. a) stimmt b) teils, teils c) stimmt nicht
10. Nüchternheit und Pragmatismus gegenüber Unbekümmertheit und Unkonventionalität	von konventionell und bedacht, das Richtige zu tun, über Zweckmäßigkeit bis zur Bereitschaft, vom Üblichen abzuweichen, unbekümmert, was andere davon halten	Meine Devise: a) anfangen und probieren, es wird schon schiefgehen b) teils, teils c) erst einmal nachdenken, sich bloß nicht lächerlich machen
11. Unbefangenheit und Offenheit gegenüber Überlegtheit und Scharfsinn	von natürlich, unkompliziert und direkt bis überlegt, diplomatisch, kultiviert, berechnend, ausgekocht	Die nationale Verteidigungsmacht zu stärken, halte ich für klüger, als sich nur auf die internationale Verständigungsbereitschaft zu verlassen. a) stimmt b) teils, teils c) stimmt nicht
12. Zuversicht und Selbstvertrauen gegenüber Besorgtheit	von unbekümmert und wenig zu beeindrucken bis sorgenvoll und leicht zu entmutigen	Weil ich mir Gedanken über einen unglücklichen Vorfall mache, schlafe ich schwerer ein. a) selten b) gelegentlich c) oft
13. Konservative Haltung und Sicherheitsinteresse gegenüber Veränderungsbereitschaft bis hin zum Radikalismus	von Beständigkeit und Risikovermeidung bis hin zur Bereitschaft, zu widersprechen, zu verändern, Risiken einzugehen	Über die Möglichkeit, wie man unsere Welt verändern müsste, damit sie besser funktioniert, denke ich gerne nach. a) stimmt b) teils, teils c) stimmt nicht

Faktoren	in den Dimensionen	überprüft durch Fragen wie
14. Gruppenabhängigkeit gegenüber Eigenständigkeit	von konform und bereit, sich anderen anzuschließen, bis hin zum Einzelgängertum, eigenbrötlerischen Verhalten	Mein Bürozimmer möchte ich mit niemandem teilen. a) stimmt b) unsicher c) stimmt nicht
15. Mangel an Willenskontrolle, Spontaneität gegenüber Selbstkontrolle	von spontan, unbeherrscht bis diszipliniert, zielstrebig, zwanghaft	Viele Menschen denken, dass meine Ansichten über Politik und Gesellschaft a) etwas außergewöhnlich b) teils, teils c) sehr vernünftig sind.
16. Innere Ruhe und Ausgeglichenheit gegenüber Anspannung	von entspannt bis ehrgeizig, nervös, frustriert	Bei einem Test oder einer Prüfung bin ich vorher a) angespannt b) teils, teils c) ganz gelassen.

Im Einzelnen verstehen die 16-PF-Testautoren unter:

1. *Sachinteresse* gegenüber *Kontaktinteresse*,
- wenn man sich bei gleicher Arbeitszeit und gleichem Lohn eher für den Beruf des Zimmermanns oder Kochs als für den des Kellners entscheiden würde,
- wenn man lieber Chemiker in der Forschung wäre als Geschäftsführer in einem Hotel,
- wenn man lieber Mitglied in einem Fotoklub als in einer Diskussionsgruppe wäre.

Kontaktinteresse signalisiert, wer mit Leuten redet, damit diese sich wohlfühlen, und lieber Versicherungsagent ist als Landwirt.

2. *Abstraktes* gegenüber *konkretem Denkvermögen* beweist, wer begreift, dass sich Hund zu Knochen wie Kuh zu Gras verhält, heiß zu warm wie Berg zu Hügel und Flamme zu Hitze wie Rose zu Duft oder dass sich besser als wie zu am schlechtesten verhält und langsamer zu am schnellsten.

3. *Emotionale Stabilität* zeichnet sich gegenüber *Labilität* dadurch aus, dass man ...
- selbst gesteckte Ziele im Privatleben erreicht,
- bei beruflichen und privaten Entscheidungen nie auf mangelndes Verständnis von Seiten der Familie stößt,
- sich immer den Anforderungen des Lebens gewachsen fühlt,
- nie Sachen macht, die schiefgehen.

Als emotional labil gilt, wer sich ein Leben wünscht, das geschützter ist und mit weniger Schwierigkeiten versehen, oder wer gar sein Leben, wenn er es noch einmal zu leben hätte, anders planen würde.

4. Eher *Dominanzstreben* und *Selbstbehauptung* gegenüber *sozialer Anpassung bis Unterwürfigkeit* zeigt, wer
   - in einer fremden Stadt dorthin geht, wo es ihm beliebt,
   - glaubt, dass es ihm besser als anderen gelingt, Herausforderungen mutig zu begegnen,
   - spöttische Bemerkungen macht, wenn andere Leute sie verdient haben.

Sozial angepasst ist jemand, der sich in einer Stadt verläuft und dann seinem Begleiter ohne zu murren folgt, obwohl er davon überzeugt ist, dass dieser den Weg auch nicht sicher weiß.

5. Wer öfter als einmal in der Woche ausgeht, zeigt *Begeisterungsfähigkeit*, wer dagegen nicht Spaß dabei empfindet, Gäste einzuladen und sie zu unterhalten, zeigt *Besonnenheit*, die aber eher negativ interpretiert wird. Begeisterungsfähigkeit beinhaltet, einen Urlaub zu wählen, in dem viel unternommen wird, statt sich richtig zu entspannen.

6. Wer *Pflichtbewusstsein* demonstrieren will, fühlt sich von unordentlichen Menschen abgestoßen und ärgert sich über sie. Ein unordentliches Zimmer stört ihn und er besteht darauf, dass die Moralgesetze befolgt werden. Wer zu Hause ist und über Zeit verfügt und nichts Bestimmtes macht, außer sich zu entspannen, zeigt *Flexibilität*. Wer keine starke Abneigung gegen Unordnung empfindet, ebenso.

7. *Selbstsicher* wirkt, wer nicht verlegen reagiert, wenn er plötzlich zum Mittelpunkt der Aufmerksamkeit wird, und keine Mühe hat, mit Fremden ins Gespräch zu kommen. *Zurückhaltung* und *Schüchternheit* zeichnet denjenigen aus, der mit Fremden in öffentlichen Verkehrsmitteln nicht leicht ins Gespräch kommt oder sich Schwierigkeiten vorstellen könnte, vor fremdem Publikum eine Rede zu halten.

8. *Robustheit* gegenüber *Sensibilität* ist dadurch charakterisiert, dass man im Fernsehen lieber eine nützliche und informative Sendung über neue Erfindungen anschaut als ein Konzert. Auch einen Oberst halten die Testerfinder für robust im Gegensatz zu einem Bischof, der für Sensibilität steht. Wer lieber elektrische Geräte repariert, als Kinderbücher schreibt, ist also im Sinne des Tests robust, vielleicht sogar grobschlächtig, andernfalls intuitiv bis sensibel.

9. Wer nicht gut mit eingebildeten Leuten auskommt, vor allem, wenn sie prahlen, zeigt (bereits eine starke Tendenz! zum) *Misstrauen*. Wer die Aufrichtigkeit von Menschen bezweifelt, die freundlicher sind, als man erwarten könnte, ebenso. Wenn jemand das in ihn gesetzte Vertrauen enttäuscht, hat man keinen Grund, böse auf ihn zu sein – es sei denn, man möchte noch stärker als misstrauisch eingestuft werden. *Vertrauen* zeigt, wer glaubt, dass niemand es wirklich gern sehen würde, wenn man in Schwierigkeiten gerät. Wer sich nichts daraus macht, wenn man heimlich schlecht über ihn redet, demonstriert ebenfalls sehr viel Vertrauensseligkeit.

10. *Fantasie* hat, wer gerne bei einer Zeitung Kritiken über Dramen, Konzerte oder Opern schreiben würde, oder sich vorstellen könnte, als Bewährungshelfer mit Haftentlassenen zu arbeiten. Wer aber glaubt, dass es für einen Mann wichtiger sei, ein gutes Familieneinkommen zu sichern, als sich Gedanken über den Sinn des Lebens zu machen, beweist eine Portion Nüchternheit bzw. *Pragmatismus*. Wer Freunde mag, die tüchtig sind und praktische Interessen haben, statt sich ernsthafte Gedanken über ihre Lebenseinstellung zu machen, bekommt wieder einen Punkt auf der Pragmatismus-Skala. Zeitungsberichte über alltägliche Gefahren und Unfälle fesseln die Aufmerksamkeit eines Pragmatikers.

11. *Offenheit* signalisiert, wer lieber mit höflichen Menschen verkehrt als mit ungeschliffenen Personen. *Clever* ist, wer das Leben eines Tierarztes, der Tiere behandelt und operiert, nicht toll findet. Wer Scherze über den Tod nicht OK findet, zählt auch zu den Cleveren, meinen die 16-PFler. Wer sich nicht bemüht, über Witze leise zu lachen, gehört zu den Offenen und Unbefangenen, die – natürlich – unkompliziert und direkt sind. Wer nicht glaubt, mehr Glück als andere Menschen zu haben, ist clever und zeigt Überlegtheit, besonders dann, wenn er immer (oder häufiger) Dinge tun kann, die ihm Spaß machen.

12. Durch *Selbstvertrauen* zeichnet sich aus, wer sich nicht entmutigt fühlt, auch wenn er von anderen kritisiert wird. Ebenso der, der nicht gewissenhaft bis zum Exzess ist und sich keine Gedanken über zurückliegende Handlungen oder Fehler macht. *Besorgtheit* dagegen wird bei dem entdeckt, der sich fürchtet, etwas falsch gemacht zu haben, wenn er zu seinem Chef oder Lehrer gerufen wird. Wer meint, dass seine Freunde ihn nicht so sehr brauchen, wie er sie, macht auf die Tester ebenfalls einen besorgten Eindruck.

13. *Sicherheitsdenken* äußert sich in Statements wie ...
    - die Welt braucht mehr beständige und verlässliche Bürger
    - besser einen Arbeitsplatz mit festem und sicheren Gehalt
    - lieber sich auf bewährte Methoden verlassen
    - besser Hausmannskost als ausländische Speisen

    Veränderungsbereitschaft dokumentiert, wer ...
    - auch als Jugendlicher bei seiner Meinung blieb, selbst wenn die anders war als die der Eltern
    - gerne über Möglichkeiten nachdenkt, wie sich die Welt verändern müsste
    - oft Menschen und deren Ansichten widerspricht

14. *Einzelgängertum* zeichnet sich dadurch aus, dass man ...
    - lieber etwas alleine aufbaut als mit anderen zusammen
    - lieber Pläne alleine schmiedet
    - lieber und leichter lernt durch das Lesen eines Sachbuches
    - Bücher unterhaltsamer findet als Menschen

    Teamfähigkeit wird belegt durch ...
    - Freude an gemeinschaftlichen Unternehmungen
    - die Wahl, einen freien Abend gemeinsam mit Freunden bei einem Hobby zu verbringen
    - die Entscheidung, eigene Probleme mit anderen zu besprechen

15. *Selbstkontrolle* manifestiert sich darin, dass man alles plant und die Dinge nicht dem Zufall überlässt – beim Ausgehen, Essen und Arbeiten überlegt und systematisch vorgeht. (Da fragt man sich doch: Wie isst man bitteschön »überlegt und systematisch«?) Wer beim Ausgehen, Essen, Arbeiten gern von einer Sache zur anderen wechselt, neigt zu *Spontaneität* (beim Essen also besser von den Kartoffeln zum Fleisch und zum Gemüse, ein Häppchen hier, ein Häppchen da ...). Selbstkontrolliert ist der, der es sich zum Prinzip macht, sich nicht ablenken zu lassen oder Einzelheiten nicht zu vergessen. Das gegenteilige Verhalten spricht dann angeblich für Spontaneität.

16. *Angespannt* wirkt, wer sich über verhältnismäßig kleine Rückschläge manchmal mehr als notwendig aufregt oder wer sich oft zu schnell über andere ärgert. Wer vor einem Test oder einer Prüfung gelassen bleiben kann, zeigt *Ausgeglichenheit*. Auch wer seine Gefühlsäußerung immer genau zu beherrschen weiß und wer sich für weniger reizbar hält als die meisten Menschen, dokumentiert Ausgeglichenheit.

2. Unseriös, aber immer noch gebräuchlich: Satzergänzungstests

AC- und Test-Entwickler haben den harmlosen Begriff »Kreativitätsüberprüfung« für den sogenannten Satzergänzungstest erfunden. Letztlich aber steckt nichts anderes als eine spezielle Art von Persönlichkeitstest hinter diesem Verfahren.

Man legt Ihnen Satzanfänge vor und bittet Sie, den unvollständigen Satz nach Ihren Vorstellungen zu beenden, z. B.:

- Ich möchte gerne ...
- Ich fürchte ...
- Ich mag es nicht, wenn ...

Egal, wie diese Sätze anfangen, es geht darum, Ihnen Gedanken, Statements, Meinungen etc. zu entlocken, die dann interpretiert werden. Dass dieses Verfahren unseriös ist und Sie sich eigentlich weigern sollten, so etwas mitzumachen, ist eine Empfehlung von unserer Seite – wenn auch in der Zwangssituation Bewerbung oftmals nicht realisierbar.

Auch wenn es scheinbar um andere Personen geht wie z. B.

- Erik ist immer ...,
- Susanne mag es nicht, wenn man ...,

geht es dabei um *Sie*, das heißt die Vervollständigung des Satzes soll Rückschlüsse auf Ihre Persönlichkeitsstruktur ermöglichen.

3. Nur scheinbar harmlos: biografische Fragebögen

»Wir haben hier noch einige Fragen an Sie. Bitte füllen Sie doch unseren Personalfragebogen aus ...« Wenn Sie als AC-Kandidat dazu aufgefordert werden, freuen Sie sich bitte nicht zu früh. Das heißt noch lange nicht, dass Sie es geschafft haben. Was aussieht wie die letzten Formalitäten vor dem endgültigen Arbeitsvertrag, ist nichts anderes als eine weitere Art von Persönlichkeitstest. Neben den persönlichen Daten (Name, Adresse, Alter, Bildungsabschlüsse, Schuhgröße usw.) werden überwiegend Fragen aus folgenden Bereichen gestellt:

1. Ursprungsfamilie (Größe, Ausbildung und Beruf der Eltern)
2. Eigene Familie (Größe, Alter der Kinder, Ausbildung und Beruf des Partners), Kindheit/Jugend (elterlicher Erziehungsstil, prägende Erfahrungen)
3. Schulischer Werdegang (geliebte/ungeliebte Fächer, Leistungen, Anpassung an Lehrer/Mitschüler)
4. Ausbildung (Schwerpunkte, Berufswahl, Gründe für eventuelle Fehlleistungen)

5. Arbeits-/Berufserfahrung (Gründe für die Wahl des Arbeitsplatzes, besondere Kenntnisse/Fähigkeiten, Häufigkeit von Arbeitsplatzwechseln, Gründe und zeitlicher Verlauf)
6. Freizeitgestaltung/Interessen (Hobbys, soziales Engagement)
7. Außerberufliche Aktivitäten
8. Selbsteinschätzung (besondere Stärken und Schwächen, Gründe für Fehl- und Rückschläge, Entwicklungs- und Verbesserungschancen)
9. Lebensziele (berufliche und persönliche Ziele, dito für die Kinder, optimistische/pessimistische Zukunftseinschätzung)

Aber auch Fragen, die Sie angeblich ganz frei beantworten können, möglicherweise in Form eines Kurzaufsatzes, können es in sich haben.

Dazu drei Beispiele:

- Welche Menschen bewundern Sie am meisten (bitte Namen nennen)?
- Nennen Sie einige von Ihnen bevorzugte Bücher (Begründung)!
- Welchen Beruf würden Sie wählen, wenn Sie ohne Rücksicht auf Gehalt und Vorbildung frei wählen könnten?

Das sollten Sie beachten!

Persönlichkeits-Testverfahren sind nicht einfach zu durchschauen und Sie sollten wissen, worauf es dabei ankommt. Diese Tests erfolgreich zu bewältigen ist eine Kunst – aber sie ist erlernbar.

Entscheidend ist erstens, dass Sie Persönlichkeits-Testverfahren überhaupt als solche erkennen. Nicht alles, was Ihre Persönlichkeit erforschen will, tritt in der Ihnen bekannten Testform auf (z. B. Fragebögen).

Zweitens ist es wichtig, dass Sie wissen, wer und vor allem wie Sie sind, also Ihre eigene Persönlichkeit, Ihre eigenen Charaktermerkmale möglichst gut kennen.

Drittens ist es notwendig, in Erfahrung zu bringen, was die andere Seite (die AC-Beobachter, der Arbeitgeber) für Persönlichkeitsmerkmale erwartet bzw. wünscht.

Und viertens muss es einem gelingen – leichter gesagt als getan –, das Übermitteln dieser Merkmale glaubhaft zu gestalten.

Wie Sie bei Persönlichkeitstests am besten performen

Am praktischen Beispiel können Sie selbst überlegen, wie Sie bei der Beantwortung dieser persönlichen Fragen vorgehen sollten. Nummerieren Sie dazu die Fragen auf Seite 146f. von 1 bis 9 durch.

Sicherlich haben Sie bereits gemerkt, worum es bei den im Bericht präsentierten neun Fragen geht. Drei »Persönlichkeitsmerkmale« (Faktoren) sind es, die hinter diesen Fragen stehen:

1. *Sachbezogenheit* (kühl und reserviert)
   gegenüber
   Kontaktorientierung (aufgeschlossen und warm)
   Frage 3: Antwort a) ist kontaktbezogen, c) ist sachbezogen
   Frage 6: Antwort a) ist sachbezogen, c) kontaktbezogen
   Frage 7: Antwort a) ist sachbezogen, c) kontaktbezogen

Haben Sie sich mindestens zweimal für einen der beiden Faktoren entschieden, ist Ihr Persönlichkeitsbild »festgenagelt«. Sie sind dann also z. B. ein eher kühler, bei dreimal a) ein eiskalter Sachmensch ... Bei dreimaliger Kontaktorientierung sind Sie nicht bloß warm(herzig), sondern bereits geschwätzig.

2. *Vertrauensbereitschaft* (vertrauensvoll)
   gegenüber
   skeptische Haltung (misstrauisch)
   Frage 1: Antwort a) ist vertrauensvoll, c) misstrauisch
   Frage 8: Antwort a) ist misstrauisch, c) vertrauensvoll
   Frage 9: Antwort a) ist vertrauensvoll, c) misstrauisch

Hier wären die Extrempole (dreimalige Ankreuzung) vertrauensvoll-naiv zu sein bzw. unangenehm, verschlossen bis misstrauisch.

3. *Emotionale Störbarkeit* (neurotisch)
   gegenüber
   emotionale Stabilität (gelassen)
   Frage 2: Antwort a) ist neurotisch, c) stabil
   Frage 4: Antwort a) ist neurotisch, c) stabil
   Frage 5: Antwort a) ist stabil, c) neurotisch

Und hier geht es um die Polaritäten neurotisch-gestört oder cool-gelassen.

Sollten Sie bei diesen neun Fragen mehr als zweimal die Antwortmöglichkeit b) angekreuzt haben (teils – teils, weiß nicht, manchmal etc.), laufen Sie Gefahr, als Lügner und Vernebler dazustehen, der den Test nicht offen beantworten will.

Bitte verstehen Sie diesen Demonstrationstest als eine Art didaktisches Beispiel, dessen Ergebnis Sie nicht im Entferntesten glauben sollten. In der Testrealität wird bei der Auswertung so wie hier vorgegangen: Man legt Ihnen die Ankreuzungen entsprechend aus und interpretiert. Da kann selten etwas Positives herauskommen. Auf jeden Fall sollten Sie wissen, dass es keinesfalls immer eindeutig einen »guten« und anstrebenswerten gegenüber einem »schlechten« und zu vermeidenden Persönlichkeitsfaktor gibt.

Es ist schwer, generelle Empfehlungen für das Bearbeiten von Persönlichkeitstests auszusprechen, aber achten Sie darauf, die Fragen nicht zu extrem in eine Richtung anzukreuzen. Es geht um die »richtige Mischung« aus folgenden drei Komponenten:

1. Wie stellt sich der Arbeitgeber den idealen Bewerber für diese Position/Aufgabe vor?
2. Wie glauben Sie wirklich zu sein?
3. Nur sehr gelegentlich Ausweichen auf die »teils, teils«-Position.

1. Besondere Hinweise zur Bewältigung von Persönlichkeitstests

Dringende Empfehlung sich intensiv zu beschäftigen und hierfür einen angemessenen Zeitraum der Vorbereitung einzuplanen. Belesen Sie sich! Neben unseren Testtrainingsbüchern empfehlen wir den Klassiker *Testtraining Persönlichkeit* und *Der Testknacker* (siehe Literaturhinweise im Anhang).

Wichtig ist es ferner, sich von der Vorstellung zu befreien, alle Fragen oder Einschätzungen wirklich nach der eigenen Wahrnehmung, nach dem eigenen Erleben anzukreuzen. Machen Sie sich bewusst: Hier geht es nicht um Ihren Standpunkt, um Ihre Sichtweise oder Beurteilung der Dinge. Überlegen Sie genau, welches Bild Sie von sich abgeben wollen und welches Ihre Gegenüber von einer Person erwartet, die sich für diese Aufgaben bewirbt.

2. Besondere Hinweise zur Bewältigung von Satzergänzungstests

Bei Satzergänzungstests sollten Sie Ihre Antworten knapp halten und im sozial erwünschten Rahmen. Bleiben Sie sachlich, vermitteln Sie den Eindruck, dass Sie sich um aufrichtige Antworten bemüht haben, und bewegen Sie sich im gesellschaftlich unverfänglichen und konfliktfreien Klischee. Hier drei Negativ-Beispiele, wie Sie es bitte *nicht* machen:

Ich fürchte ... *nicht den richtigen Erfolg zu haben.*
Früher war ich ... *ein bisschen schüchterner als meine Freunde.*
Es ärgert mich besonders, *wenn ... man mir nicht glaubt.*

Diesen Beispielen seien andere, *bessere* Ergänzungsmöglichkeiten gegenübergestellt:

Ich fürchte ... *mich nicht.*
Früher war ich ... *ein erfolgreicher Torwart unserer Schulmannschaft.*
Es ärgert mich besonders, wenn ... *andere Menschen abergläubisch sind.*

Verdeutlichen Sie sich positive Verhaltensklischees, die man von Ihnen erwarten kann. Machen Sie sich noch einmal klar: Es geht nicht um Wahrheit oder Ihre reale persönliche Meinung. Banal wirkende Sätze sind keine Gefahr, sondern eher ein Indiz dafür, dass Sie kein Neurotiker sind.

Weitere Beispiele, wie Sie sich geschickt aus der Affäre ziehen:

Ich kann nicht ...
Antwortvorschlag: ... klagen.

Wenn ich einen Fehler mache, dann ...
Antwortvorschlag : ... bemühe ich mich, ihn zu korrigieren.

Als man mir sagte, das könne ich nicht ...
Antwortvorschlag : ... bat ich, es doch einmal versuchen zu dürfen.

Wenn alles misslingt, dann ...
Antwortvorschlag : ... suche ich nach der Ursache und beseitige sie.

3. Besondere Hinweise zur Bewältigung von biografischen Fragebögen

Manchen Kandidaten beschleicht das trügerische Gefühl, er habe – bei dieser Aufgabe angekommen – den Job schon erobert. Warum sonst wolle man seine persönlichen Daten aufnehmen. Welch ein Irrtum! Der harmlos wirkende Fragebogen verleitet viele Bewerber dazu, unvorsichtig zu werden und einfach aufzuschreiben, was ihnen zu den unterschiedlichen Fragen in den Sinn kommt, ohne zu bedenken, welches Bild sie damit von sich abgeben. Eine Frage beispielsweise nach dem Erziehungsstil in Ihrem Elternhaus (eventuell noch ergänzt durch die Frage, wie Sie dies damals und heute beurteilen und was Sie davon übernehmen für Ihre Kinder) dürfen Sie keinesfalls so beantworten, wie Sie es in Erinnerung haben, sondern Sie müssen sich – selbst wenn dies einige Jahrzehnte her ist – genau überlegen, was Sie hierauf gefahrlos antworten.

Fazit

Wir halten den absoluten Anspruch des Arbeitgebers, genau wissen zu wollen, um welche Bewerber- bzw. Mitarbeiterpersönlichkeit es sich handelt, für eine rechtswidrige Ausnutzung eines Abhängigkeitsverhältnisses und eine Verletzung von grundlegenden Persönlichkeitsrechten (siehe auch Kapitel Kritik, Seite 196ff.).

Aus juristischer Sicht sind die in diesem Kapitel vorgestellten Persönlichkeitstests ein unzulässiger Eingriff in Ihre per Gesetz geschützte Privatsphäre. Das Bundesarbeitsgericht billigt jedem Bewerber bei unzulässigen Fragen im Bewerbungsverfahren ein Recht auf Notlüge zu. Sie dürfen also Ihrer Fantasie freien Lauf lassen. Es kann hier nicht um die wahrheitsgemäße Beantwortung von unzulässigen, die Persönlichkeits- und Privatsphäre durchbrechenden Fragen gehen. Sie liegen nicht bei Ihrem Psychoanalytiker auf der Couch oder befinden sich in einem Beichtstuhl, falls Ihnen dieses Bild näher steht!

Umso wichtiger ist es für Sie, sich auf diese Persönlichkeits-Testverfahren gut vorzubereiten (siehe auch Literaturhinweise, Seite 357f.).

Die wichtigsten Tipps

- Verdeutlichen Sie sich, um was für eine Testart es geht und was dahintersteckt.
- Bereiten Sie sich innerlich auf diese Art der »Durchleuchtung« vor.
- Beschäftigen Sie sich mit sich selbst, mit der Art und Weise, wie Sie wirklich sind, bereiten Sie aber auch etwas vor, das Sie anderen ohne Bedenken und ohne zu tiefe Einblicke in Ihre Psyche zu geben, offenbaren können.
- Machen Sie sich klar, dass es bei Testaufgaben dieser Art nicht wirklich um Ihre persönliche Einschätzung und Beurteilung geht – jedenfalls ist dies nicht in Ihrem Interesse.
- Überlegen Sie sich, welches Charakterbild Sie abgeben wollen und welches von Ihren Prüfern wohl favorisiert wird.
- Denken Sie immer daran: Sie haben das (gesetzlich verbriefte) Recht zur Notlüge.
- Lassen Sie sich nicht schnell durch etwas erschrecken, das man Ihnen aufgrund der Testergebnisse mitteilt. Dies ist vielleicht auch nur wieder ein Test.
- Lesen Sie zu diesem wichtigen Thema eingehende Literatur (siehe Seite 357f.).

Spezieller Hinweise für das Management Audit

Das hier vorgestellte Kapitel hilft Ihnen besonders im Management Audit, wo Persönlichkeitstests sehr häufig zum Einsatz kommen.

Intelligenz- und Konzentrations-/Leistungstests

Neben den Persönlichkeitstests gehören sie zu den gängigsten Testverfahren in einem AC, aber auch im MA kommen Intelligenz- und Konzentrations-/Leistungstests gelegentlich zum Einsatz.

Im Folgenden eine Übersicht der typischen Testverfahren, systematisiert nach Anforderungen und Aufgabentypen:

1. Allgemeine intellektuelle Fähigkeiten

1.1   Allgemeinwissen

1.2   Spezielle berufsbezogene (Vor-)Kenntnisse

1.3   Logisches Denken/Abstraktionsfähigkeit

1.4   Merkfähigkeit/Kurzzeitgedächtnis

1.5   Gestaltwahrnehmung

2. Spezielle intellektuelle Fähigkeiten

2.1   Sprachbeherrschung/Verbale Intelligenz

2.1.1   Wort- und Sprachverständnis

2.1.2   Rechtschreibung

2.1.3   Schriftliche Ausdrucksfähigkeit (z. B. Kurzaufsatz)

2.1.4   Mündliche Ausdrucksfähigkeit

2.1.4.1 Vorstellungsgespräch/Interview

2.1.4.2 Gruppendiskussion

2.1.4.3 (Kurz-)Vortrag

2.1.4.4 Rollenspiel

2.2.   Praktisch-technische Intelligenz

2.2.1   Rechenfähigkeit/Mathematisches Denken

2.2.2   Technisches Verständnis

2.3   Räumliches Vorstellungsvermögen

2.4   Kreativität

3. Arbeitsverhalten

3.1   Konzentrationsvermögen/Ausdauer/Belastbarkeit

3.2   Ordnung und Sorgfalt

3.3   Arbeitsorganisation

3.4   Einfallsgeschwindigkeit

3.5   Bearbeitungsgeschwindigkeit

Anforderungen

Bei den sogenannten Intelligenztests kommen vor allem Aufgaben aus dem Anforderungsbereich »logisches Denken/Abstraktionsfähigkeit« zum Einsatz.

Was ist unter dem Begriff »logisches Denken« zu verstehen? Er beinhaltet ein folgerichtiges, schlüssiges, »denkrichtiges« Denken, das zu einleuchtenden und richtigen Schlussfolgerungen führt. Welcher Arbeitgeber hätte nicht gern solche Mitarbeiter? Allerdings gibt es auch hier einen Haken: Die Tests halten nicht, was sie versprechen.

Dass so mancher Intelligenztest seinen Namen nicht verdient, musste auch ein Bewerber erfahren, der sich mit folgenden Fragen auseinanderzusetzen hatte:

» Wie lang ist ein 10-Euro-Schein? Wie groß ist ein achtjähriges Kind? Oder: Was ist das Wichtigste am Fernseher? Zu wählen hatten wir unter a) der Kontrastregler, b) die Antenne, c) die Bildröhre, d) der Abstellknopf.

Aber es kamen auch noch einige andere knifflige Fragen vor, wie z. B.: » Welcher Tag war vorgestern, wenn der Tag nach übermorgen zwei Tage vor Samstag liegt ...«

Bei anderen Tests wird Konzentrationsleistung gefordert oder bisweilen längst vergessenes Schulwissen abgefragt, wie ein anderer Bewerber zu berichten weiß:

Am Anfang bekamen wir vier Seiten mit Zahlen von 1 bis 100 willkürlich bedruckt, die man jeweils in 30 Sekunden so schnell wir möglich verbinden sollte. Bei der ersten Seite kam ich noch bis zur 25, die anderen Seiten erschienen mir ungleich schwerer, die Zahlen versteckter. Anschließend gab es einen Sprachtest: Einem Wort (z. B. Signal) musste eins von fünf möglichen zugeordnet werden (Punkt/Symbol/ Zeichen/Hinweis/Schild), das dem ersten am ehesten entsprach (hier relativ einfach: Zeichen). Daraufhin gab es Zahlenreihen, die man mit einer Zahl (3 8 63 ?) oder andere Reihen, die mit einem weiteren Symbol ergänzt werden mussten. Außerdem kam reichlich Oberstufenmathematik zum Tragen, z. B. Volumen von Kugeln und Kreiszylindern berechnen, Logarithmusfunktionen und Grenzwertberechnungen. Es folgte eine Ergänzungsaufgabe mit geometrischen Figuren, die in einer bestimmten Reihenfolge angeordnet waren, wozu ein viertes Bild zu ergänzen war, das man aus fünf zur Verfügung stehenden auszuwählen hatte.

1. Intelligenztests

Mithilfe unterschiedlicher Testaufgabentypen versucht man, das logische Denken und die Abstraktionsfähigkeit zu prüfen. Es lassen sich grafische Aufgaben, sprachliche (z. B. Analogien) und Zahlenaufgaben (-reihen) unterscheiden.

1. Beispiel:
   Sie sehen ein Rechteck mit 8 Figuren. Welcher der vorgegebenen 9 Lösungs-vorschläge – rechts, a) – i) – passt als einziger in das freie 9. Feld?

1. Beispiel:

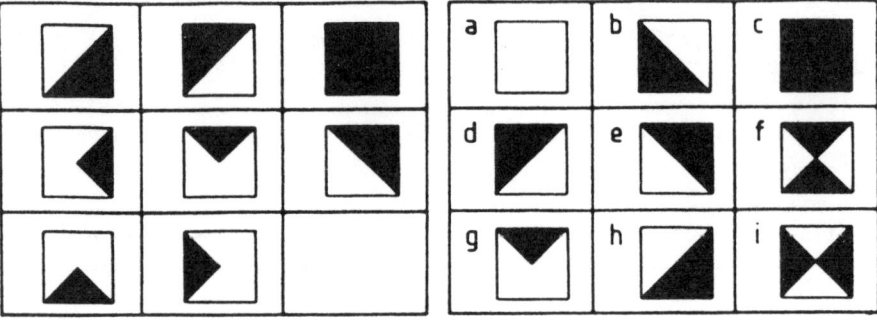

Lösung: b)
Die schwarze Fläche der ersten Figur addiert mit der schwarzen Fläche der zwei-ten Figur ergibt (sozusagen als Summe) die dritte Figur. Dieses Prinzip gilt sowohl in vertikaler wie in horizontaler Richtung – ein wichtiger Hinweis für die gene-relle Bearbeitung dieses Aufgabentyps.

2. Beispiel:

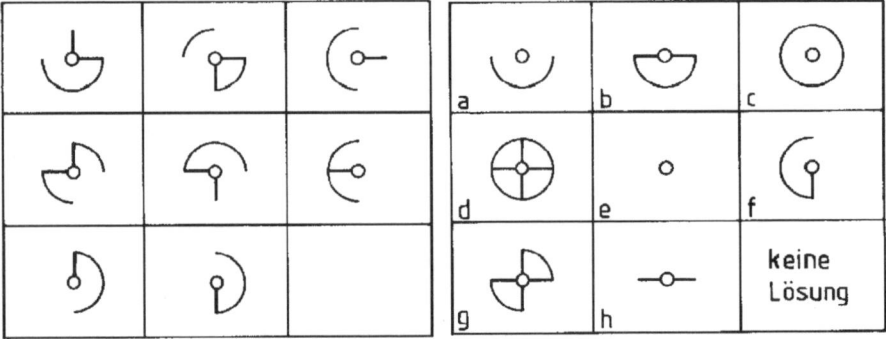

Lösung: e)
Hier beherrschen drei Elemente die Szene: Der Mittelpunkt, der daran befestigte »Zeiger« und die Kreisteile (am besten in Vierteln eines Zifferblatts vorstellbar, nach dem System 1. Viertel = 12–3, 2. Viertel 3–6, 3. Viertel 6–9, 4. Viertel 9–12).
   Der Mittelpunkt bleibt in allen Figuren erhalten. Leider enthalten auch alle Lösungsvorschläge a) – i) den Mittelpunkt, sodass die sinnvolle Testbearbeitungs-

strategie, nicht infrage kommende Lösungsvorschläge zu eliminieren (= Ausschluss-Strategie), hier nicht weiterhilft.

Betrachten wir als zweites Element den »Zeiger«: Er bleibt in der ersten und in der zweiten Zeile jeweils in gleicher, unveränderter Position. In der dritten Zeile gibt es ihn nicht mehr. Wir schließen daraus, dass die Lösungsfigur entsprechend der dritten Zeile keinen Zeiger haben darf. Insofern hilft die Ausschluss-Strategie jetzt weiter: Die Lösungsvorschläge b), d), f), g), h) und i) fallen weg (als Lösungen bleiben nur noch a), c) und e) übrig).

Nun kommen wir zur Betrachtung des dritten Elements, der Kreisteile (Viertelkreise). Doppelt, d. h. sowohl in der ersten wie in der zweiten Figur (= Zeichnung, Kästchen) enthaltene Kreisteile fallen in der dritten Figur weg, einmal vorhandene bleiben.

Am Beispiel der ersten Zeile: Der Viertelkreis 3–6 ist in der zweiten Figur ebenfalls enthalten und in der dritten nicht mehr. Der Viertelkreis 6–9 in der ersten Figur ist in der zweiten Figur nicht vorhanden, aber in der dritten. Der Viertelkreis 9–12 wird in der ersten Figur nicht verwendet, aber in der zweiten und bleibt deshalb auch in der dritten.

Nach dem gleichen Prinzip ist auch die zweite Zeile aufgebaut. In der dritten Zeile herrscht als »Gesetz«, dass der Kreis 12–6 (zwei zusammengesetzte Kreisviertel) in den ersten beiden Figuren (= Zeichnung, Kästchen) vorhanden ist und deshalb im dritten wegfallen muss. Also bleibt als Lösung unter Berücksichtigung der Elemente Mittelpunkt und Zeiger nur die Lösung e) übrig.

Die aufgeführten »Gesetzmäßigkeiten« gelten auch für die Aufgabenbearbeitung in vertikaler Richtung.

Weitere Beispielaufgaben:*

1. Für die folgenden vier Aufgaben haben Sie 7 Minuten Zeit.

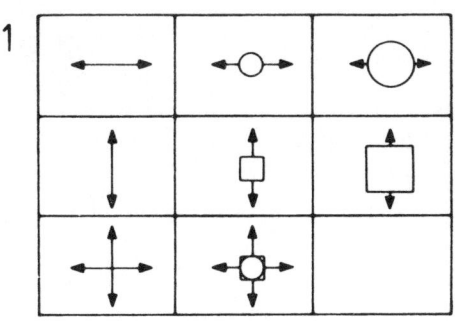 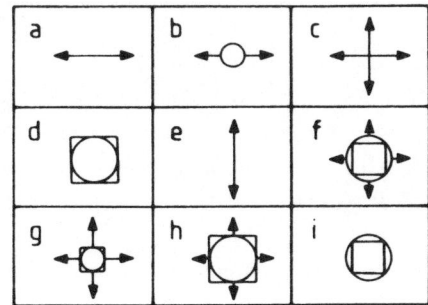

---

* Die Lösungen finden Sie auf Seite 174.

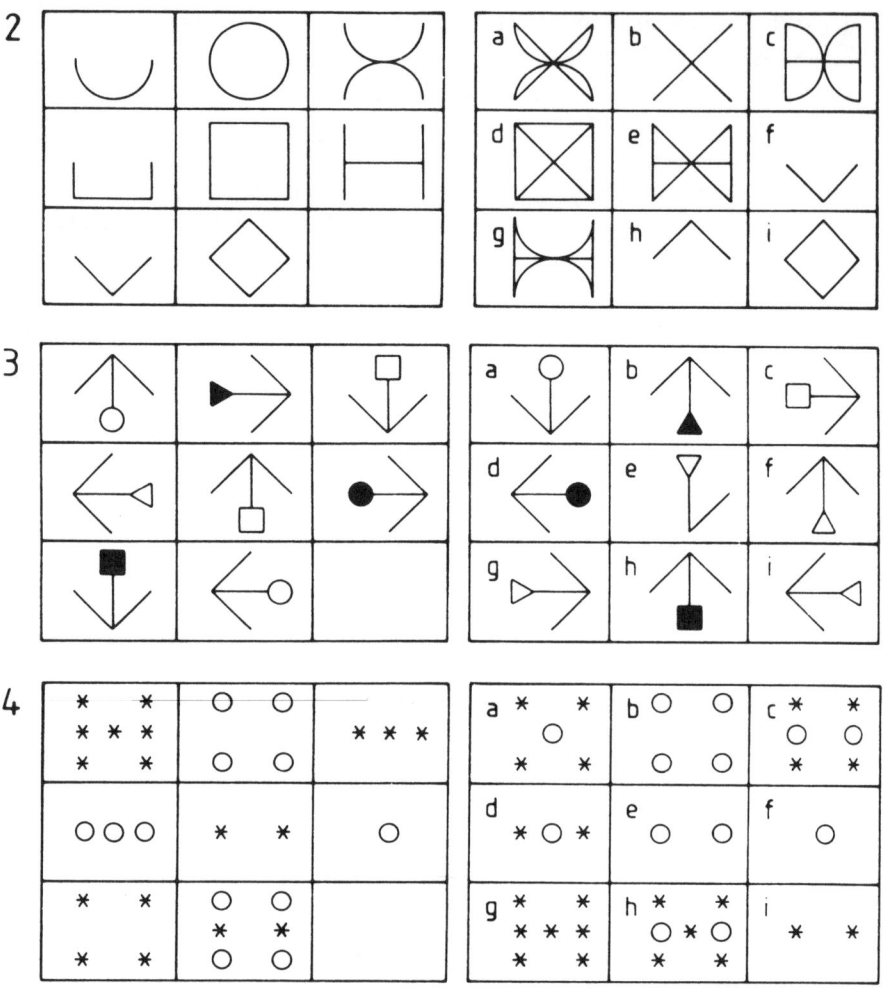

Wie lautet das fehlende Wort bei den folgenden Wortgleichungen?

2. Muster verhält sich zu Entwurf wie Maschine zu ...?
   a) Antrieb b) kaputt c) Räder d) Arbeit e) Konstruktion

3. Leder verhält sich zu Eisen wie zäh zu ...?.
   a) flexibel b) schwer c) hart d) haltbar e) biegsam

4. Kanal verhält sich zu Fluss wie Park zu ...?.
   a) Anlage b) Bäume c) Sträucher d) Landschaft e) Rasen

5. Die folgenden Zahlenreihen sind nach bestimmten Regeln aufgebaut. Wie lautet die nächste Zahl in der Reihe?
   a) 81 9 18 2 11 ?
   b) 2 5 11 23 47 ?
   c) 18 20 10 14 6 12 6 14 ?

Aber auch Aufgaben wie diese sind zu lösen:

6. Wenn es um die Wurst geht, ist Rambo nicht der schnellste Hund. Waldi und Bonzo sind gleich schnell. Ringo ist schneller als Bonzo, aber doch langsamer als Fiffi. Ricky ist langsamer als Waldi, aber bedeutend schneller als Hektor. Rambo ist schneller als Ricky, und Hektor ist ein guter Futterverwerter. Welcher Hund kriegt die Wurst (am schnellsten)?

Jetzt geht es um logisches Denken und Abstraktionsvermögen – die Realität ist außer Kraft gesetzt. Welche Aussage a) – e) ist logisch richtig?
   Hier können mehrere Antworten aber auch keine richtig sein?

7. Nur schlechte Menschen betrügen oder stehlen.
   Elfriede ist gut.
   Also was stimmt? (im Sinne von logisch richtig!)
   a) Elfriede ist ein guter Mensch.
   b) Elfriede betrügt und stiehlt nicht.
   c) Elfriede ist nicht schlecht.
   d) Gute Menschen wie Elfriede betrügen oder stehlen nicht.
   e) Schlechte Menschen betrügen.

8. Im Winter heizen Telefone nur dienstags.
   Jeden Dienstag fällt Schnee.
   Was stimmt?
   a) Wenn Schnee fällt, heizen Telefone.
   b) Jeden Dienstag im Winter heizen Telefone.
   c) Telefone heizen immer dienstags.
   d) Dienstags im Winter fällt Schnee.
   e) Wenn im Winter dienstags Schnee fällt, heizen Telefone.

Neue Trends

Erfreulicherweise können wir Ihnen an dieser Stelle berichten, dass die Versuche, Sie als Führungskraft mit Fragen zum Allgemeinwissen oder Mathedreisatz-Textübungen zu konfrontieren, deutlich abgenommen haben. Auch ist nicht mehr Ihr räumliches Vorstellungsvermögen oder Ihre Rechtschreibeleistung Mittelpunkt der Testuntersuchung. Der Trend geht vielmehr dahin, Ihre Kurz-, Mittel- und Langzeitgedächtnisleistungen, Ihre Einfalls-, Bearbeitungsgeschwindigkeit sowie Ihre Kreativität zu testen.

2. Konzentrations-/Leistungstests

Sehr häufig werden diese im Assessment Center eingesetzt, um etwas über Ihr allgemeines Konzentrations- und Leistungsvermögen zu erfahren. Ob das in der Stresssituation eines Einstellungstests überhaupt möglich ist, kann bezweifelt werden. Zwei Beispiele für Aufgabentypen aus diesem Bereich:

1. Buchstaben durchstreichen

In den Buchstabenreihen müssen alle d's, die zwei Striche haben, durchgestrichen werden. Dabei geht es um folgende d's:

d d d

d's, die mehr oder weniger als zwei Striche haben (oben/unten), dürfen nicht durchgestrichen werden, ebenso wenig wie alle b's, p's und q's.

Ein kleiner Ausschnitt – Sie haben zwei Minuten Bearbeitungszeit:

1. d b q d q d q d q b b b d b d b d b d b d b d b d b d b d

2. b q d q d q d q d q d q b d d d d d d b d d d d d d d b q

3. d d d d d q d b q d d d d d d d b q d b q d d d d d d d d

4. d d d d q d q d q d d d d d b b d b d b q d b q d b d d b

5. b d d d q q d d d d d b d d d d d d d d d b d b d b d q q

6. b d b d b d b d q d q d q b d b d d d d b d b d b d b q d

7. b d b d b d b d b d b d b b d d d b d b d b d b d b d q d

8. q d q d q d b d q d q d q d b d q d q d q d d d d b d q d

2. Kopfrechenaufgaben

Die nachstehenden Aufgaben sind nach folgendem Muster zu lösen: Die obere Zeile wird zuerst ausgerechnet. Das Ergebnis darf nicht aufgeschrieben, sondern muss »im Kopf« behalten werden. Nun ist die untere Zeile auszurechnen und auch dieses Ergebnis ist zu merken. Jetzt gilt folgende Regel: Stets ist die kleinere Zahl von der größeren abzuziehen und nur dieses Ergebnis wird aufgeschrieben. Es dürfen keine Nebenrechnungen oder Notizen gemacht werden.

Beispiel:

```
2 + 8 − 7
4 + 5 − 2        Ergebnis: 4
```

```
Obere Zeile:      Ergebnis: 3
Untere Zeile:     Ergebnis: 7
```

7 − 3 = 4, nur die 4 darf als Lösung notiert werden.

Für die folgenden 10 Aufgaben haben Sie zwei Minuten Zeit. In der Testrealität erwarten Sie weit über 200 Aufgaben mit etwa 30–45 Minuten Bearbeitungszeit.

```
A   4 + 5 + 2      F   8 − 6 + 5
    8 − 6 + 9          4 + 9 − 7

B   8 − 3 + 7      G   4 + 8 + 6
    9 − 5 + 3          7 − 9 + 8

C   2 + 6 + 7      H   9 − 5 + 7
    5 − 3 + 7          4 + 3 + 6

D   8 + 4 − 9      I   4 − 3 + 6
    3 + 8 − 5          5 + 7 − 3

E   2 + 8 − 7      J   5 − 2 + 9
    6 − 5 + 9          4 + 8 + 6
```

Nach dieser Rechenoperation fangen Sie mit folgender Variante von vorne an: Ist das Ergebnis der oberen Zeile größer als das Ergebnis der unteren Zeile, müssen Sie jetzt die untere Zeile von der oberen abziehen (wie gehabt). Ist das Ergebnis der oberen Zeile kleiner als das Ergebnis der unteren Zeile, müssen Sie es dazuzählen.

Neue Trends

Konzentrations-/Leistungstests werden häufiger eingesetzt als man annehmen sollte. Dabei geht es um den Wunsch, auch nach einem anstrengenden Arbeitstag die Konzentrationsleistung der Kandidaten zu überprüfen und zu vergleichen. Zugegeben ist das mögliche Spektrum an einsetzbaren Aufgaben so groß, dass Sie unmöglich alle Typen vorher üben können. Machen Sie sich mit einigen Aufgaben vertraut und für den Testfall überlegen Sie sich eine effiziente Arbeitsmethode, die es Ihnen ermöglicht, die Aufgaben rationell zu bewältigen. Etwa 80 Prozent aller Konzentrations-/Leistungstesttypen finden Sie in unseren Spezial-Testtrainingsbüchern (siehe Literaturhinweise im Anhang ab Seite 357f.).

Das sollten Sie beachten!

Lassen Sie sich nicht verunsichern. Der Umgang mit diesen Aufgabentypen ist für die meisten zunächst ungewohnt. Sie können sich jedoch in die Bearbeitungs- und Lösungstechniken einarbeiten und durch konsequentes Üben Ihr Ergebnis deutlich verbessern, auch wenn dies von Seiten der Anwender bestritten wird.

Wie Sie bei Intelligenz- und Konzentrations-/Leistungstests am besten performen

Zunächst kommt es auf die richtige Vorbereitung an. Drei Aspekte sind zu berücksichtigen:

- die emotionale,
- die intellektuelle und
- die organisatorische Vorbereitung.

Achten Sie darauf, dass Sie Ihr Selbstwertgefühl nicht (zu sehr) von diesen Testergebnissen abhängig machen. Von wissenschaftlicher Seite aus wird entschieden widersprochen, dass aus dem Testerfolg der vorhersehbare Berufserfolg abgeleitet werden kann. Das Testresultat ist kein »Gottesurteil« und sagt nichts über Ihre Intelligenz, Ihre wirkliche Leistungs- und Konzentrationsfähigkeit, Ihren Wert als Mensch und über Ihre angebliche (Nicht-)Eignung für eine bestimmte Position aus. Diese Anmerkung gilt übrigens für das gesamte AC-Verfahren!

Ein Tipp: Ganz wichtig ist das Sammeln von Informationen über Tests und Auswahlverfahren bei für Sie infrage kommenden Arbeitgebern. Warum bewerben Sie sich z. B. nicht bei einem Unternehmen, bei dem Sie nicht unbedingt arbeiten möchten – nur unter dem Aspekt, Test- (und Bewerbungs-)Erfahrung zu sammeln? Auch das Zusammentreffen mit anderen Bewerbern hat echte Vorteile, wie folgender Bewerber berichten kann:

Wir AC-Kandidaten waren alle froh, einmal Leidensgenossen in größerer Zahl anzutreffen, und haben unsere Pausen zum ausführlichen Erfahrungsaustausch genutzt – ein positiver Nebeneffekt von ACs.

Besondere Hinweise zur Bewältigung von Intelligenz- und Konzentrations-/Leistungstests

Übung macht den Meister – im Resultat auch den entscheidenden Unterschied. Wer das erste Mal vor Aufgaben der gerade beschriebenen Art sitzt, hat in der Regel Schwierigkeiten. Nicht verzweifeln! Denn erstens geht es Ihnen wie den meisten AC-Kandidaten, die bei solchen Herausforderungen ebenfalls ins Grübeln kommen. Und zweitens: Trainieren Sie (siehe Seite 358) und schauen Sie sich unsere Bearbeitungs- und Lösungstipps an.

Fazit

Intelligenz- und Konzentrations-/Leistungstests lassen sich durchaus trainieren, d.h., ihre gute Bewältigung ist unter anderem auch Vorbereitungsfleiß und Übungssache. Wenn es also beim ersten Mal nicht gleich geklappt hat, sollten Sie nicht an sich zweifeln. Machen Sie auf keinen Fall Ihr Selbstbewusstsein vom Testergebnis abhängig.

Die wichtigsten Tipps

Nutzen Sie die Zeit zu Beginn der Tests, wenn die Aufgaben erklärt werden: Verdeutlichen Sie sich das Aufgaben- und Lösungsschema, versuchen Sie, sich an ähnliche, bereits gelöste Aufgaben aus Testtrainingsbüchern zu erinnern. Fragen Sie den Testleiter bei Unklarheiten, solange dazu Gelegenheit besteht.

Arbeiten Sie so schnell wie möglich, mit einem sinnvollen Maß an Sorgfalt.

Beißen Sie sich nicht an schwierigen Aufgaben fest, Sie verlieren wertvolle Bearbeitungszeit für andere, vielleicht leichtere Aufgaben. In der Regel sind Testaufgaben mit steigendem Schwierigkeitsgrad angeordnet.

Sind verschiedene Antwortmöglichkeiten vorgegeben, wenden Sie bei Zweifeln bezüglich der richtigen Lösung die folgende Strategien an: Versuchen Sie, falsche Lösungen zu eliminieren, um so die richtige »einzukreisen« (Ausschluss-Strategie). Es ist leichter, z.B. unter zwei verbleibenden Möglichkeiten auszuwählen als unter mehreren. Raten Sie lieber eine Lösung, anstatt gar nichts anzukreuzen.

Spezieller Hinweise für das Management Audit

Das hier vorgestellte Kapitel hilft Ihnen im Management Audit, wo gelegentlich Intelligenz- und Konzentrations-/Leistungstests zum Einsatz kommen können.

Lösungen
Aufgabe 1.1: h; 1.2: b; 1.3: f; 1.4: i
Aufgabe 2: e; Aufgabe 3: c; Aufgabe 4: d
Aufgabe 5a: Elf Neuntel (System: : 9 + 9 : 9 ...); 5b: 95 (x 2 + 1 ...);
      5c: 10 (+ 2 − 10 + 4 − 8 + 6 − 6 + 8 − 4 ...)
Aufgabe 6: Fiffi
Aufgabe 7: e (Elfriede ist nicht als Mensch definiert, sie könnte z. B. ein Testschwein sein)
Aufgabe 8: b, d, e

Buchstaben durchstreichen:
1. Zeile: 7 d's; 2. Zeile: 13; 3. Zeile: 6; 4. Zeile: 5; 5. Zeile: 11; 6. Zeile: 8; 7. Zeile: 10; 8. Zeile: 13

Kopfrechenaufgaben
A 1. Durchgang 0/2. Durchgang: 22 bzw. 0; B: 5/5; C: 6/6; D: 3/9; E: 7/13; F: 1/1; G: 12/12; H: 2/24; I: 2/16; J: 6/30

Computergesteuerte Aufgaben

Sie müssen kein EDV-Experte sein, um AC-Übungen am Computer bewältigen zu können. Meist ist die Bedienung recht einfach. Zudem gibt es vor Beginn der Übung eine kurze Einführung, damit Sie sich mit dem Gerät bzw. Programm und der manuellen Handhabung vertraut machen können.

Anforderungen

AC-Übungen am PC dienen in aller Regel nicht dazu, Ihre Computerkenntnisse zu überprüfen, sondern haben für die AC- oder MA-Veranstalter den Vorteil, Papier zu sparen und die Auswertung schneller und differenzierter vornehmen zu können.

Oft sind die früher auf Papier präsentierten Übungen einfach auf den Computer übertragen worden. Ein Beispiel dafür ist die Postkorbübung (siehe Seite 139ff.), die immer mehr AC-Anwender am Computer durchführen lassen. Die EDV-Version unterscheidet sich vom Test auf dem Papier darin, dass vom Kandidaten eine höhere Konzentrationsfähigkeit und Stressresistenz gefordert wird, da er am PC mit mehr Unterbrechungen und Störungen zu rechnen hat. Dafür stehen ihm meistens mehr Hintergrundinformationen und Grafiken zur Verfügung.

Recht häufig müssen AC- oder MA-Kandidaten mittlerweile auch Intelligenz- und Konzentrationstests (siehe Seite 164ff.) am PC lösen.

174

Das sollten Sie beachten!

Unter der Internetadresse *www.berufsstrategie.de* finden Sie unter dem Begriff Testtraining einen Speedtest mit Aufgaben aus den Bereichen Allgemeinwissen und Logik. Hier können Sie an einigen Aufgaben Ihre Schnelligkeit und Konzentrationsfähigkeit testen und trainieren. Ferner macht es Sinn, sich mit entsprechender Testtrainingsliteratur vorab zu beschäftigen, um sich mit den unterschiedlichen Aufgabentypen vertraut zu machen.

Auch Unternehmensplanspiele (siehe Seite 112ff.) sind in der EDV-Version möglich. Am Computer werden bestimmte Situationen simuliert, Ihre Aufgabe ist es, auf diese Ereignisse zu reagieren und Einfluss zu nehmen. Das Computerprogramm wiederum reagiert auf Ihre Eingaben und zeigt die Konsequenzen auf, die Sie in weitere Entscheidungen einfließen lassen müssen.

Recht neu ist der Versuch, soziale Kompetenzen von AC- und MA-Kandidaten am PC zu erfassen und zu bewerten. Das computerbasierte Diagnosesystem ISIS[4] (Interaktives System zur Identifikation Sozialer Kompetenzen) soll eine Einschätzung der sozialen Fähigkeiten ermöglichen. Dabei werden die spezifischen Gegebenheiten der beruflichen Situation berücksichtigt. Der AC-Kandidat wird für 75 bis 120 Minuten in ein realitätsnahes Szenario versetzt, das einen Arbeitstag in einem Unternehmen für die Entwicklung von Software für Computerspiele simuliert. Mithilfe zahlreicher Video- und Audiosequenzen werden dem Bewerber unterschiedliche Aufgaben gestellt. So sind beispielsweise kritische Mitarbeitergespräche (siehe Seite 104ff.) zu planen und zu beurteilen, Konflikte wahrzunehmen und zu lösen, fremde und eigene Kompetenzen einzuschätzen und einzusetzen sowie Kommunikationsmuster zu identifizieren. ISIS soll dabei die sozialen Kompetenzen erfassen, die sowohl für Führungs- als auch für Mitarbeiterpositionen entscheidend sind, wie z. B. Konflikt- und Kritikfähigkeit, Teamverhalten, Aktivitätspotenzial, Beziehungsmanagement.[5]

Fazit

Lassen Sie sich nicht verunsichern, wenn Sie Aufgaben am PC absolvieren sollen. Es geht nicht um eine Überprüfung Ihrer EDV-Kenntnisse, sondern dient der Vereinfachung für die Auswerter und gibt dem AC- bzw. MA-Verfahren einen modernen Anstrich. In der Regel handelt es sich dabei nicht um völlig neue Übungen. Vielmehr sind es die gebräuchlichen AC-Bausteine, die nun nicht mehr als »Paper-Pencil-Test« offeriert, sondern am Computer gelöst werden sollen.

Situationen außerhalb des Konferenzraums

Oft werden Sie während eines Assessment Centers oder Management Audits zum Essen eingeladen. Auch bei einer solchen Einladung – ob in einem edlen Restaurant oder in der Firmenkantine – stehen Sie auf dem Prüfstand, wie es folgende Bewerberin erlebte:

... nachdem wir unsere Zimmer bezogen hatten, ging es gleich zum Abendessen. Dort trafen sich neben den Teilnehmerinnen und Teilnehmern – es war von der Anzahl her pari pari – auch die Leute, die uns in den kommenden zwei Tagen begutachten sollten. Das wussten wir allerdings nicht, sondern stellten es erst erstaunt am nächsten Tag fest, als es an die richtige Vorstellung ging. Da ich aber immer der Meinung bin, dass man sich so geben sollte, wie man ist, war ich beim Abendessen genauso aufgetreten wie auch während des AC, sodass es für mich – zum Glück – kein Nachteil war (siehe auch den vollständigen Erlebnisbericht, Seite 212ff.).

Wenn gegen Ende des AC angeblich alles vorüber ist und man noch schnell auf ein Glas Bier oder Wein zusammenkommt und gefragt wird: »Nun mal ganz unter uns, wie fanden Sie es denn wirklich?«, dann drängt sich der Gedanke auf, dass ein AC niemals zu enden scheint und das ganze Leben ein Test ist.

Anforderungen

Auch oder gerade in Situationen wie bei einem gemeinsamen Essen stehen Sie unter Beobachtung. Geprüft wird vor allem Ihre soziale Kompetenz und Ihr allgemeines Kontakt- und Kommunikationsvermögen. Deshalb werden die »Prüfer« sehr genau darauf achten, wie Sie sich in einer scheinbar ungezwungenen Umgebung oder einer lockeren Runde verhalten. Wie ist Ihr gesellschaftliches Auftreten und was verraten Sie in gemütlicher Atmosphäre nach einigen Gläschen Wein? Wie klingt Ihr privater Erzählstoff? Nur »Ha-Ho-He ... Hertha BSC« oder berichten Sie von Erlebnissen bei Wattwanderungen? Stichwort: Persönlichkeit, Charakter – was für eine »Herzensbildung« lassen Sie erkennen? Wirken Sie sympathisch? Haben Sie Humor? Kommt man leicht mit Ihnen ins Gespräch? Könnte man Sie sich als Kollegen vorstellen?

Auch Benimm und Etikette sind gefragt: Wie gehen Sie mit Speisekarte, Messer, Gabel und Kellnern um? Entpuppen Sie sich als schwieriger Vegetarier oder rauchen Sie Ihr Pfeifchen, nachdem Sie als Vorspeise ein großes Bauernomelett gegessen haben? Was machen Sie mit dem Rotweinfleck, den Sie versehentlich beim Einschenken eines Glases verursacht haben? Ziehen Sie sich zum Abendessen um? Präsentieren Sie sich im Freizeitlook (Leder, Kaschmir oder Jeans)? Oder verbreitet Ihre Kleidung die Transpirationen anstrengender AC-Arbeitsstunden?

Vieles kann bei solcher Gelegenheit wunderbar beobachtet werden:

1. Erfassung und Steuerung sozialer Prozesse

- *Kontaktfähigkeit*
  Auf andere zugehen können, leicht ins Gespräch kommen
  Offenheit bezüglich eigener Ziele, Absichten, Methoden
  Vertrauensvoller und hilfsbereiter Umgang mit anderen
- *Sensibilität*
  Einfühlungsvermögen, Probleme und Gefühle anderer erkennen und berücksichtigen
  Realistische Einschätzung der Wirkung der eigenen Person auf andere
- *Kooperationsfähigkeit*
  Aufgreifen und Weiterführen von Gesprächsthemen
  Sich nicht auf Kosten anderer durchsetzen
  Erfolg mit anderen teilen
  Verzicht auf Konkurrenzdenken, Machtinteressen und Rivalität
- *Informationsbereitschaft*
  Andere mit Informationen versorgen
  Wichtige Informationen nicht zurückhalten
  Zuhören können und Zeit für Gespräche haben

3. Erkennbares Aktivitätspotenzial

- *Aufmerksamkeit*
  Konstantbleiben in der Wachheit und Aufnahmebereitschaft
  Kurzfristige Wendungen akzeptieren und verarbeiten
- *Führungsmotivation*
  Aufnahme und Organisation von Meinungstrends und Leaderrollen
  Initiative zeigen
- *Autonomie*
  Eigenständige Formulierung neuer Aufgaben und Ziele
  Bereitschaft, Neues zu erkunden und sich damit gesprächsweise auseinanderzusetzen
- *Selbstvertrauen*
  Erfolgsorientiertes und -sicheres Denken und Fühlen

4. Ausdrucksmöglichkeiten

- *Mündliches Darstellungsvermögen*
  Klare, verständliche Sprache
  Flüssige Formulierung, akustisch gut zu verstehen
- *rhetorische Fähigkeiten*
  Argumentative Überzeugungskraft

Das sollten Sie beachten!

Ob in Pausen oder auf der gemeinsamen Fahrt in das Hotel oder Weiterbildungszentrum – was immer Sie zwischen erstem und letztem Kontakt während der AC-Veranstaltung tun oder sagen: Es kann mit einfließen in die Gesamtbeurteilung Ihrer AC-Leistung.

Also, auch wenn es schwerfällt – achten Sie immer darauf, wie Sie sich verhalten und was Sie sagen. Nur so ist gewährleistet, dass Ihnen keine zu kritische oder gar abfällige Bemerkung über das AC entschlüpft und Sie im Rennen bleiben.

Besondere Hinweise zur Bewältigung von Situationen außerhalb des Konferenzraumes

Im Folgenden geben wir Ihnen die wichtigsten Hinweise, damit Sie auch bei scheinbar ungezwungenen Situationen eine gute Figur machen. Hier stehen in besonderer Weise Ihre Kontakt- und Kommunikationsfähigkeit, Ihre Umgangsformen und Ihr Auftreten auf dem Prüfstand.

Sympathie mobilisieren und Erfolg beim Gegenüber haben – das gilt sowohl im AC bzw. MA selbst als auch außerhalb der eigentlichen Veranstaltung

Exkurs: Das 1 x 1 des guten Benehmens

Wenn Sie sich unsicher sind, was das gute, d. h. angemessene Benehmen in Gesellschaft angeht, dann empfehlen wir Ihnen die Lektüre eines modernen Benimmführers.

Auch hier kommt es auf die Vorbereitung an: Wenn Sie nicht wissen, welche Gabel für welches Gericht die richtige ist, dann informieren Sie sich vorher. Haben Sie Themen parat, über die es sich angenehm und gepflegt am Tisch plaudern lässt? Dann werden Sie kein Problem mit der Konversation haben.

Fazit: Wenn etwas zählt und man es in einem Stichwort vermitteln will, dann ist es Höflichkeit.

Exkurs: Das 1 x 1 des Small Talk

In einem Assessment Center ebenso wie bei einem Management Audit steht fest: Sie müssen Konversation machen, reden, plaudern, sich präsentieren. Und das nicht nur während der Übungen oder des Interviews, auch vorher, zwischendurch und zum Abschluss des AC bzw. MA. Damit insbesondere Gespräche bei der Kaffeepause oder beim Mittagessen ein Erfolg werden, helfen Grundkenntnisse im Small Talk, im sogenannten »kleinen Gespräch«.

Dazu ein Beispiel: Sie treffen zu Ihrem AC/MA ein und finden Ihre Mitstreiter in der Halle des Unternehmens bei einem Begrüßungskaffee vor. Offenbar sind auch Assessoren/Interviewpartner bereits dabei. Wie gesellen Sie sich zu einer Gruppe Teilnehmer und Beobachter und machen dabei eine gute Figur?

Der Erfolg versprechende Gesprächseinstieg:

- Gehen Sie selbstbewusst, offen und mit freundlichem (lächelndem) Gesicht auf die Gruppe zu.
- Stellen Sie sich kurz vor.
- Fragen Sie Ihr Gegenüber etwas Unverfängliches.
- Achten Sie darauf, wie der andere auf Ihre Worte reagiert, und gehen Sie auf die Erwiderung ein.
- Halten Sie Blickkontakt.
- Zeigen Sie sich interessiert.
- Passen Sie Ihre Geschichten Ihrem Gesprächspartner an.
- Erzählen Sie selbst etwas Interessantes, niemand will nur ausgefragt werden.
- Reden Sie nicht zu laut.
- Tabuthemen sind Geld, Gesundheit, Politik und negative Äußerungen über das Aussehen Ihres Gesprächspartners oder anderer Leute.

Suchen Sie unverfängliche Gesprächsthemen. Lesen Sie vorher intensiv Zeitungen/Magazine, um genügend Gesprächsstoff zu haben. Durch Ihre AC/MA-Vorbereitung haben Sie sich intensiv mit sich selbst auseinandergesetzt und haben dadurch Antworten parat zu Fragen nach Hobbys, Lieblingslektüre und -film etc. Damit sind Sie bestens gerüstet und so wird es Ihnen an angemessenen Konversationsthemen nicht mangeln. Aber denken Sie dran: Es geht nicht darum, um jeden Preis im Mittelpunkt zu stehen und die anderen mit einer Informationsflut zu überschwemmen. Genauso wichtig ist es, den anderen aufmerksam zuzuhören.

Fazit: Sympathiemobilisierung ist das A und O im Small Talk (zum Thema Sympathie siehe auch Seite 25ff.). Durch gekonnte Gesprächsführung können Sie hier punkten. Auch später im Job werden Sie immer wieder in Situationen kommen, in denen Sie sich mit Geschäftspartnern nicht über Berufliches unterhalten müssen, sondern über Unverfängliches hoffentlich angenehm zu »plaudern« wisse.

Exkurs: Das 1 x 1 der Körpersprache

Gestik und Mimik sind von hoher Bedeutung. Jeder weiß, dass eine in Falten gelegte Stirn, ein verkniffener Mund oder ein gequältes Lächeln Alarmzeichen sind. Ob diese Zeichen so einfach interpretiert werden können, wie es sich manche Personalauswähler vorstellen, darf jedoch bezweifelt werden.

Bei der Körpersprache geht es im Wesentlichen um:

- Blickverhalten
- Mimik
- Gesten

- Körperhaltung
- Sprechweise
- Geruch

In der folgenden Aufstellung wurden die wichtigsten Merkmale zusammengefasst. Bitte nehmen Sie die Liste nicht allzu ernst. Sie sollte Ihnen als Orientierung dienen, damit Sie wissen, wie Ihr Verhalten möglicherweise interpretiert werden könnte – bei der Gruppendiskussion, bei Präsentationen und im AC- oder MA-Interview. Denn auch AC-Beobachter nutzen gern Listen, aus denen sie schnell ablesen können, was eine bestimmte Haltung, Geste, Mimik usw. angeblich für eine Bedeutung hat.

Körpersignal	Bedeutung
Blickverhalten	
Augen betont weit offen	Aufmerksamkeit, Aufnahmebereitschaft, Sympathie, Weltoffenheit signalisierend, Flirtverhalten
verengte Augenöffnung	Konzentration, Entschlossenheit, Eigensinn, Kleinlichkeit, überkritische Haltung
zugekniffene Augen	Abwehr, Unlust
gerader Blick	Offenheit, Gewissensreinheit, Vertrauen
schräger Blick	abschätzende Zurückhaltung
häufiger Blickkontakt	Sympathie
häufiges Wegsehen	mangelnde Sympathie oder Verlegenheit
auffällig häufiger Lidschlag	Unsicherheit, Befangenheit, u. U. nervöse Störung
Mimik	
offenes Lächeln	offene Heiterkeit, uneingeschränkte Mitfreude
gequältes Lächeln	ironisch, schadenfroh, blasiert, ängstlich
überwiegend geöffneter Mund	Mangel an Selbstkontrolle
zusammengepresster Mund	Zurückhaltung, Reserviertheit, Verkniffenheit, Kontaktarmut
Mundwinkel nach unten	Bitterreaktion, Pessimist, depressiv
Mundwinkel nach oben	Aktivität bis Abwehr
Heben der Augenbrauen	Ungläubigkeit oder Arroganz

Körpersignal	Bedeutung
Gesten	
übertrieben kräftiger Händedruck (»Knochenbrecher«)	Rücksichtslosigkeit, Angeberei
kräftiger Händedruck ohne Übertreibung	Aufrichtigkeit, Sicherheit
schlaffer Händedruck (»tote Hasenpfote«)	Unsicherheit, kontaktarm, leicht beeinflussbar
Hand wegziehend	Verschlossenheit
verschränkte Arme – bei Männern – bei Frauen	 – Ablehnung, Verschlossenheit – Selbstschutz, Angst
Hand vor den Mund halten – während des Sprechens – nach dem Sprechen	 – Unsicherheit – will das Gesagte zurücknehmen
Sprecher hält Armlehnen mit beiden Händen fest	Aggressivität, aber etwas unsicher, neigt zur Weitschweifigkeit
Kopf auf Hände stützen	Nachdenklichkeit, Erschöpfung, Langeweile
Spitzdach mit den Händen formen	Arroganz, Abwehr gegen Einwände
Hände reiben	selbstgefällig, selbstzufrieden
spielende Hände	Zeichen von Erregung, Nervosität, Befangenheit, Angst, Verwirrung
mit dem Finger auf den Gesprächspartner zeigen	Angriff, Wut
Hand zur Faust verkrampfen	Wut, verhaltener Zorn
Anfassen der Nase	Nachdenklichkeit, kritische Haltung, Verlegenheit
über den Hinterkopf streichen, Zupfen an den Ohren	Verlegenheit, Unbehagen, Ärger
Streichen des Kinns	Nachdenklichkeit, Zufriedenheit
Finger zum Mund nehmen	verlegen, unsicher
mit den Fingern trommeln	Nervosität, Ungeduld
häufiges Spielen mit dem Ring	Eheprobleme, frustriert vom häuslichen Leben
häufiges Abnehmen der Brille	Ablehnung, Angriff, Nervosität
Körperhaltung	
Achselzucken, die Handflächen nach außen	passive Hilflosigkeit

Körpersignal	Bedeutung

Körperhaltung

übereinandergeschlagene Beine	
– zum Gesprächspartner hin	– Aufbau eines Sympathiefelds
– vom Gesprächspartner weg	– Ablehnung, Unwillen
übereinandergeschlagene Beine, Knie in die Hand gestützt	kritisch, skeptisch
dicht aneinander gestellte Füße beim Sitzen	schuldhafte Ängstlichkeit, Einzelgänger, überkorrekte Grundeinstellung
breit auseinanderklaffende Beine beim Sitzen	sorglose Unbekümmertheit, Rücksichtslosigkeit
friedlich ruhende Sitzhaltung	Selbstsicherheit, aber auch robuste Unbekümmertheit, seelische Erschöpfung
alarmbereite Sitzweise (auf dem Sprung sein)	Mangel an Selbstvertrauen und Sicherheit, auch Misstrauen, innere Unruhe, Angst
Füße um die Stuhlbeine legen	Unsicherheit, Suche nach Halt
Füße nach hinten nehmen	Ablehnung
mit den Füßen wippen	Arroganz, Ungeduld, Sicherheit, Aggressivität
steife, militärische Körperhaltung, geziert aufrecht	Unterdrückung von Angst
breitbeinig dastehen, Daumen in die Achselhöhlen	Selbstsicherheit
den Oberkörper weit nach vorn lehnen	Interesse, Sympathie, Wunsch zu unterbrechen
den Oberkörper weit zurücklehnen	Desinteresse, Ablehnung

Sprechweise

lautstarke Stimme	Vitalität, Selbstbewusstsein, Kontaktfreude, aber auch Unbeherrschtheit, Geltungsdrang
leise, flüsternde Stimme	Schwäche, mangelndes Selbstbewusstsein, aber auch Sachlichkeit, Bescheidenheit
schnelles Sprechtempo	Impulsivität, Temperament, aber auch ungezügelt, nervös
langsames Sprechtempo	antriebsschwach, aber auch Sachlichkeit, Besonnenheit, Ausgeglichenheit
wechselndes Sprechtempo	innere Unausgeglichenheit
ausgeprägte Pausengestaltung	Disziplin, Selbstbewusstsein

Körpersignal	Bedeutung
Sprechweise	
starke Akzentuierung	Lebhaftigkeit, Gefühlsstärke
schwache Akzentuierung	Uninteressiertheit, mangelnde geistige Flexibilität
Geruch	
parfümiert	werbend
überstark parfümiert	unsicher, vernebelnd
Schweißgeruch	ängstlich, unordentlich

Wie gesagt: Nehmen Sie diese Liste nicht allzu wörtlich; so einfach kann man nicht körpersprachliche Gesten interpretieren.

Klar ist: Ein erhobener Zeigefinger, hochgezogene Augenbrauen, gerümpfte Nase und eine in Falten gelegte Stirn sprechen eine deutliche Sprache. Wer die Hände im Schoß faltet oder hinter dem Kopf verschränkt, signalisiert seiner Umwelt bewusst oder unbewusst etwas. Nur was genau, das ist die Frage.

Ihnen als AC- oder MA-Kandidat konkretere Verhaltensmodifikationen zu empfehlen, wäre unseriös. Es wäre fatal, sich eine stets unangreifbare Körpersprache antrainieren zu wollen, und auch sehr mühsam, jeden Tag am Arbeitsplatz dieses Spiel aufrechtzuerhalten. Die richtige Empfehlung lautet hier also: Statt sich zu verbiegen, besser große Aufmerksamkeit für sein eigenes Verhalten zeigen, bestimmte lästige Angewohnheiten reduzieren und die eigenen Stärken ins rechte Licht rücken.

Fazit

Ein Stichwort zum äußeren Erscheinungsbild: keine weißen Socken, keine Hochwasserhosen, Comicsocken, Motivkrawatten oder zu starkes Make-up. Sauber, möglichst qualitativ hochwertig und gut sitzend sollte Ihre Kleidung sein und der angestrebten Führungsposition angemessen. Und: Schauen Sie sich auch von hinten an, bevor Sie aus dem Haus gehen. Ferner: Bartträger haben es bei AC/MA und Vorstellungsgesprächen etwas schwerer. Die Denkweise ist, dass ein Bart bzw. dessen Träger etwas zu verbergen scheint. So werden in einer großen deutschen Bank konsequent nur Mitarbeiter ohne Bart eingestellt.

Die wichtigsten Tipps

- Unterschätzen Sie nicht die kleinen Gesten!
- Mit Höflichkeit kommen Sie im Zweifelsfall immer weiter.
- Guter Small Talk ist eine Kunst, in der man sich üben sollte. Damit sind Sie in der Lage, die wichtigsten Türen zu öffnen und direkt ins Herz zu dringen.
- Achten Sie auf Körpersprache, Ihre eigene und die Ihres Gegenübers. So erfahren Sie mehr, über sich und andere.
- Wie Du kommst gegangen, so wirst Du auch empfangen, sagt das alte deutsche Sprichwort. Richtig!

Abschlussgespräche

Üblicherweise werden die Teilnehmer am Ende eines Assessment Centers oder Management Audits um eine Einschätzung gebeten, wie sie alles erlebt haben und beurteilen, sich selbst und ihre Mitstreiter. Häufig ist dies verbunden mit der motivierenden Frage oder Bitte: Helfen Sie uns, Ihre Anmerkungen sind uns sehr wichtig für das weitere AC- bzw. MA-Verfahren. Dieses Gespräch soll das Auswahlverfahren abrunden und von Arbeitgeberseite aus eine positive Schlussatmosphäre schaffen. Mit folgenden Fragen ist zu rechnen:

- Wie haben Sie das AC- bzw. MA-Verfahren erlebt?
- Was war in dem AC/MA gut, was schlecht, was sollten wir ändern?
- Wo sehen Sie persönliche Stärken und Schwächen?
- Wie zufrieden sind Sie mit Ihrer Leistung?
- Wie beurteilen Sie Ihre Mitbewerber (ausschließlich AC)?
- Was nehmen Sie aus dem AC/MA mit?

Nach dieser Befragung gibt es in der Regel eine Einschätzung von Seiten der AC/MA-Veranstalter, wie man mit den Leistungen des Bewerbers oder auch gleich mehrerer Teilnehmer zufrieden ist. Und nicht immer geht man dabei sehr höflich mit den Kandidaten um, wie folgender Bewerber berichtet:

... Schließlich waren es noch acht Bewerber. Wir saßen wie die Spatzen auf der Stange und warteten auf unser Abschlussgespräch mit einem der ganz großen Vorstände. Man wusste, es würde danach gleich zur Sache gehen, also zum Anstellungsangebot.

Nun holte mich einer dieser Großen ab, führte mich in ein kleines Zimmer und machte mich fürchterlich an, wie ich mir einbilden könne, dass er, einer der »best people«, mich in seiner Firma aufnehmen werde.

Aus meiner erwartungsfrohen Miene wich alle Farbe, ich riss mich zusammen, aber jeder freundlich positive Satz von mir wurde mit Unterstellungen über meine Unfähigkeiten niedergemacht. Nach 45 Minuten waren wir beide unisono der Meinung, dass die A-Consulting nicht das richtige für mich sei. Der große Manager führte mich grußlos zum Empfang – »up or out«, das Motto der Firma – und tschüs. Blamabel. Eines ist mir jedenfalls klar: Sollte ich einmal an den Hebeln sitzen und über das Hinzuziehen von Beratungsfirmen mit zu entscheiden habe, kommen die mir nichts ins Haus.

Oft steht am Anfang des Abschlussgespräches Ihre eigene Bewertung im Vordergrund, wie Sie sich als AC-/MA-Absolvent selbst beurteilen. Es kann auch mit einer meist nicht sehr schmeichelhaften Beurteilung durch die Assessoren bzw. Interviewpartner beginnen. Ob Sie dazu Stellung nehmen möchten …?

Beruhigen Sie sich – alles eine letzte Nervenprobe. Nicht so gemeint wie vorgetragen. Alles nur ein Test! Sie werden lächeln, wenn man sich bei Ihnen entschuldigt, Ihnen dies zugemutet zu haben, aber so können die Spielregeln sein. Nicht immer, aber auch nicht selten. Seien Sie darauf vorbereitet und dadurch immunisiert. Am wichtigsten: Bewahren Sie Gesicht und Haltung, nicht zurückschlagen oder verzweifelt einräumen, Sie hätten heute einen schlechten Tag gehabt.

In der Regel wird jedoch darauf geachtet, am Ende der Veranstaltung die Kandidaten in freundlich-moderater Weise zu loben. Kritik und Verbesserungsempfehlungen werden primär an die Bewerber adressiert, die bereits zum Unternehmen gehören und sich um einen Aufstieg bemüht haben. Externe dagegen werden mit lobenden Worten und mit allen guten Wünschen für die berufliche Zukunft nach Hause geschickt.

So erging es auch diesem Kandidaten:

Zum Schluss folgte das letzte Gespräch mit zwei AC-Beobachtern. 45 Minuten lang hatte ich in einer freundlichen Gesprächsatmosphäre Fragen zu beantworten:

Zu Beginn sollte ich etwas über meinen privaten, aber auch beruflichen Hintergrund erzählen. Der zweite Themenblock ging um die Frage, warum ich mit meinem speziellen Studium (Religionswissenschaft) ausgerechnet eine Bankkarriere anstrebe und mit welchen Erwartungen ich mich hier in diese Bewerbungssituation begeben hätte. Der dritte Punkt behandelte dann meine Stärken und Schwächen, die Einschätzung meines Abschneidens am heutigen Tag, aber auch Arbeitsschwerpunkte, die ich mir im Bankbereich vorstellen könnte, ebenso wie Einsatzorte und die Gehaltsfrage.

Es war mittlerweile 18 Uhr, das AC schien beendet zu sein. Alle zwölf Teilnehmer und die acht Beobachter trafen sich in dem sehr ansprechend gestalteten

Foyer, es gab belegte Brote und Wein, und hier war wiederum Gelegenheit für einen etwa 30-minütigen Small Talk. Anschließend wurden wir – mit allen guten Wünschen – offiziell verabschiedet, und unsere AC-Beobachter versprachen, sich noch am selben Abend zusammenzusetzen, um Auswahlentscheidungen zu treffen. Man bat uns, am nächsten Tag telefonisch nach dem Ergebnis zu fragen.

Anforderungen

Die Anforderungen – neben sehr guten Nerven – sind für das Abschlussgespräch vergleichbar mit denen, die bereits im Kapitel Interview (siehe Seite 123ff.) und im Abschnitt »Worauf es beim AC ankommt« (siehe Seite 23ff.) besprochen wurden: Persönlichkeit, Leistungsmotivation, Kompetenz. Möglicherweise fragt man Sie auch etwas konkreter nach Ihren Gehaltsvorstellungen, Arbeitsbedingungen (Ort, Zeit, Aufgabenschwerpunkt). Aber machen Sie sich keine falschen Hoffnungen – noch ist nichts entschieden.

Falls Ihr Gegenüber mehr spricht als zuhört und Sie kaum zum Zuge kommen, brauchen Sie sich nicht zu wundern. Manchmal nutzen eben Firmen das Abschlussgespräch zur Imagepflege.

Hier nun die wichtigsten Anforderungsmerkmale:

1. Erfassung und Steuerung sozialer Prozesse

- *Kontaktfähigkeit:*
  Zugehen, Aufmerksamkeit, öffnen, zuhören
- *Einfühlungsvermögen:*
  Erkennen/Berücksichtigen von Bedürfnissen und Botschaften Ihres Gegenübers
- *Kooperationsfähigkeit:*
  Aufgreifen und gegebenenfalls Weiterführung vorhandener Meinungen/Ideen

2. Systematisches Denken und Handeln

- *Arbeitsorganisation:*
  Belastbarkeit, Stressresistenz, Frustrationstoleranz
- *Entscheidungsfähigkeit:*
  Entwicklung und Beurteilung von Alternativkonzepten
  Reflexion von Entscheidungskonsequenzen
- *Planung/Kontrolle:*
  Formulierung von Zielvorstellungen

3. Erkennbares Aktivitätspotenzial

- *Selbstwertgefühl:*
  Ausstrahlung von positivem Denken und Erfolgsorientierung
  Angemessene Selbstsicherheit

- *Kreativität:*
  Einfallsreichtum
- *Durchsetzungsvermögen:*
  Erzielung von Aufmerksamkeit/Konzentration
  Zielstrebigkeit

4. Ausdrucksmöglichkeiten

- *mündliche Formulierungsfähigkeiten:*
  Flüssige/unmissverständliche Ausdrucksfähigkeit
  Akustische Verstehbarkeit
- *Überzeugungskraft:*
  Plausibilität von Vorschlägen/Methoden/Ziele
  Argumentation erzeugt keinen Widerstand
- *Flexibilität:*
  Verwendung von plastischen Vergleichen/Bildern
  Variabilität der Ausdrucksmöglichkeiten
  Gegebenenfalls didaktischer Einsatz von optischen Hilfsmitteln

Das sollten Sie beachten!

Es geht nicht wirklich um Ihre persönliche Einschätzung oder Beurteilung der Dinge, des Ablaufes oder gar anderer Mitspieler. Lassen Sie sich nicht verführen. Bewahren Sie Contenance, halten Sie Ihre Rolle, Ihre Hauptbotschaften und Argumente weiter aufrecht. Hier ist letztmals eine sehr gute Gelegenheit, Ihre Vorarbeit ganz direkt an die Entscheider zu bringen ...

Wie Sie in Abschlussgesprächen am besten performen

Präsentieren Sie sich souverän in Ihrer Rolle als kompetente und durch (fast) nichts aus der Ruhe zu bringende Führungskraft – so lautet die Devise für das Abschlussgespräch. Selbst die noch so joviale Aufforderung nach Kritik sollten Sie mit Vorsicht genießen und Abstand davon nehmen. Dies ist nicht der Moment der Entspannung oder gar der Abrechnung.

Ausgewogenheit ist das Gebot der Stunde: Zeigen Sie weiter freundliche Aufmerksamkeit für Ihr Gegenüber. Sie müssen sich angemessen selbstkritisch einschätzen und die eine oder andere AC-Übung loben sowie eine kritische Bemerkung formulieren, damit man sieht, dass Sie auch das können.

Insbesondere bei Fragen zu Ihren AC-Mitbewerbern kommt es auf Ihr diplomatisches Geschick an. Sie bewundern die guten Leistungen, die Eloquenz des einen oder anderen, und sollte sich jemand wirklich bis auf die Knochen blamiert haben, so ist hier Gelegenheit, wohlwollendes persönliches Mitgefühl zu demonstrieren. Machen Sie sich nicht lustig, äußern Sie sich nicht ironisch, zynisch oder verächtlich über Ihre Mitstreiter, selbst wenn Sie dazu aufgefordert werden.

Weitere Hinweise zu Bewältigungsstrategien entnehmen Sie unseren Empfehlungen zum AC-Interview (siehe Seite 131f.).

Besondere Hinweise zur Bewältigung von Abschlussgesprächen

Geben Sie sich offen, zuhörbereit, kritikfähig und lassen Sie sich alles ausführlich erklären, ohne in eine Verteidigungs- oder gar Rechfertigungstendenz zu verfallen. Sie verhalten sich optimistisch und konstruktiv, machen ein freundlich-fröhliches Gesicht und bestätigen, aus dieser Veranstaltung viele interessante Anregungen mitzunehmen, über die Sie noch nachdenken werden. Eine für Sie sehr wertvolle Erfahrung, für die Sie sich auch noch bei Ihrem Gegenüber (den »Peinigern«) bedanken, wo man doch gerade so zusammensitzt und sich austauscht ... Ja, noch in dieser Situation können Sie für sich Punkte sammeln – oder eben nicht.

Fazit

Ob krönender Abschluss oder nicht – behalten Sie im AC-Abschlussgespräch auf jeden Fall Ihre Ruhe und Gelassenheit und lassen Sie sich zu nichts hinreißen. Ihre persönlichen Stellungnahmen zum AC sind ausgewogen und in einem optimistischen Grundtenor gehalten. Für viele Ihrer Mitbewerber hegen Sie Bewunderung ... Und für die Erfahrung, an so einem AC-Verfahren teilnehmen zu dürfen, zeigen Sie sich dankbar.

Die wichtigsten Tipps

- Bleiben Sie unter allen Umstände ruhig und gelassen. Sie können nicht wissen, ob die Provokation nicht zum Spielplan dazugehört.
- Halten Sie Ihre persönlichen Bewertungen eher knapp und im allgemein-wohlwollenden Bereich. Sie bewundern die offensichtlichen Leistungen anderer.
- Vermitteln Sie eine optimistische, freundlich-fröhliche Grundhaltung/Stimmung.
- Demonstrieren Sie Zuhörbereitschaft, Aufmerksamkeit und eine gute Portion Kritikfähigkeit. Falls man sich Ihnen gegenüber im Ton vergreift, weisen Sie freundlich darauf hin, schweigen dann aber.
- Seien Sie selbstkritisch, aber sagen Sie auch, was Ihnen Ihrer Meinung nach gut gelungen ist; Stichwort: Ausgewogenheit!
- Bedanken Sie sich für die vielen Anregungen, über die Sie noch nachdenken werden, und würdigen Sie den Aufwand Ihrer Gesprächspartner.

So bestehen Sie erfolgreich ein Management Audit

Wie bei jeder Prüfung ist auch hier die Vorbereitung das Wichtigste. Beim Management Audit beginnt diese, lange bevor ein solches tatsächlich ansteht, denn dann werden von Ihren Chefs, Kollegen und Mitarbeitern Referenzen über Sie eingeholt. In der Praxis bedeutet das: Jeder Arbeitstag ist eine Gelegenheit, an Ihrer Karriere zu arbeiten. Planen Sie langfristig und gehen Sie strategisch vor, zeigen Sie Ihren Vorgesetzten, wer Sie sind und was sie an Ihnen haben.

Damit Sie sich im Klaren sind über sich selbst, Ihre Wesensart, Ihre Kompetenzen, Ihr Engagement und Ihre Ziele und dies auch alles erfolgreich kommunizieren können, hier die wesentlichen Punkte.

Die Vorbereitung

Um sich Ihre beruflichen Ziele und Möglichkeiten zu verdeutlichen, sollten Sie die folgenden Fragen substanziell und überzeugend beantworten können:

- Was habe ich bisher beruflich erreicht?
- Was motiviert mich?
- Was will ich erreichen?
- Welches ist der nächste Karriereschritt?

Wenn Sie diese Punkte für sich geklärt haben, verfügen Sie über eine gute Orientierung, was Ihre beruflichen Perspektiven sind. Diese Sicherheit wird sich auch in Ihrem Auftreten bei einem MA widerspiegeln.

Nachfolgend gehen wir auf die Fragen etwas näher ein.

Was haben Sie bisher beruflich erreicht, woran arbeiten Sie aktuell und was haben Sie zukünftig vor?

Um voranzukommen, müssen Sie zunächst einmal wissen, wo Sie sich gerade befinden. Bestimmen Sie Ihren Standort, indem Sie eine Bestandsaufnahme Ihrer beruflichen Situation unter den Zeitaspekten *Vergangenheit, Gegenwart* und *Zukunft* vornehmen:

- Wo kommen Sie her, wo befinden Sie sich, wohin soll es gehen?
- Was waren, sind und werden Ihre größten Erfolge sein?
- Wo sehen Sie Ihre Stärken?
- Wo liegen Ihre Schwächen?
- Welche Möglichkeiten können Sie nutzen (Beziehungen, Finanzen, Qualifikationen etc.)?

Was motiviert Sie?

Vielleicht halten Sie einen Moment inne, bevor Sie Ihre Ziele definieren. Machen Sie sich zunächst einmal klar, was Ihre Motive, was Ihre Motivation sind.

- Welche Art von Arbeit begeistert Sie?
- Wodurch können Sie sich selbst anspornen?

Denn nur mit der Arbeit, die Ihnen Spaß macht, werden Sie auf Dauer auch erfolgreich und zufrieden sein. Und das kann bedeuten, Karriere zu machen.

Was wollen Sie erreichen?

Überlegen Sie, welche Möglichkeiten Sie in der Zukunft an Ihrem Arbeitsplatz für sich sehen.

- Was wollen Sie erreichen?
- Welche Fähigkeiten (Kompetenzen) brauchen Sie dazu?
- Wie können Sie fehlende Kompetenzen erwerben?

Welches sind die nächsten Karriereschritte?

Sie haben jetzt Ihren Standort bestimmt und das Ziel anvisiert. Nun können Sie darangehen, Ihren Weg dorthin zu planen. Das Wichtigste dabei ist, dass die Richtung stimmt und dass Sie einzelne, kleinere Etappen definieren können, um Ihren Weg zum Ziel immer wieder zu überprüfen.

- Kennen Sie die wichtigsten Schritte, die Sie zum Ziel führen?
- Welches sind wahrnehmbare Ergebnisse, die Sie auf Ihrem Weg erreichen?
- Haben Sie sich eine Frist gesetzt, in der Sie Ihr Ziel erreichen wollen?
- Gibt es Hindernisse, die Ihrem Ziel im Weg stehen?

Auch wenn es zunächst so aussehen mag, als wenn Sie Luftschlösser bauen – planen Sie weiter. Nur durch Ausprobieren, Übung und Erfahrung werden Sie erkennen, was realistisch und machbar ist. Wichtig ist, Möglichkeiten zu identifizieren und auszuschöpfen. Und dabei hilft es bisweilen sogar, wenn manches nicht so eintritt, wie Sie es geplant hatten.

Das Interview

Rechnen Sie damit, dass ein zwei- bis dreistündiges, manchmal sogar ein noch viel längeres Interview mit zwei oder mehr Gesprächspartnern auf Sie zukommen wird. Möglicherweise ergibt sich daraus noch ein Folgeinterview.

Schwerpunkte werden Fragen zu Ihrer bisherigen Arbeit im und für das Unternehmen sein, verbunden mit der Bitte, immer wieder einzelne Aspekte (Marktlage, Stärken und Schwächen, Mitbewerber, eigene Organisation/Ablauf) zu analysieren und eine persönliche Einschätzung dazu abzugeben. Sie sollten also entsprechende Fallbeispiele aus Ihrer Praxis parat haben.

Machen Sie sich aber auch klar, was man – neben den sachlichen und berufsbezogenen Fragen – von Ihnen und Ihrer Person erfahren möchte:

- Ihre Motive
- Ihre Einstellungen und Werte
- Ihr Erfahrungswissen
- Ihre Fähigkeiten
- Ihre persönlichen Stärken und Schwächen
- Ihre Leistungen/Verdienste für das Unternehmen

Sie finden im Übungsteil ab Seite 324ff. eine ganze Reihe sehr realistischer Fragen, die Ihnen die Vorbereitung ermöglichen.

Die Tests

Sie bilden meist eine Ergänzung zu den im Interview gesammelten Informationen. Hier sollen in Rollenspielen oder Fallstudien realitätsnahe Arbeitssituationen simuliert werden, um so Ihr Verhalten und Ihre Fähigkeiten im Arbeitsalltag besser einschätzen zu können (siehe auch Seite 73).

Viele dieser Simulationen kennen Sie bereits aus den Assessment Center: Postkorbübungen, Präsentationen, Rollenspiele wie Verhandlungs- oder Mitarbeitergespräche. Oftmals sind sie allerdings weniger standardisiert als im AC und beziehen sich genauer auf die Anforderungen ihres jetzigen oder gegebenenfalls zukünftigen Arbeitsplatzes.

Wird im Interview Ihr *Wissen* abgefragt, so wollen die Prüfer in den simulierten beruflichen Situationen sehen, ob auch *Können* und *Wollen* vorhanden sind. Gerade in den etwas realeren Simulationen wie Rollenspiel, Präsentation und Fallstudie schauen die Prüfer sehr genau auf Ihre *Kompetenz*. Und das bedeutet für Ihre Beurteiler: Zeigen Sie in einer vorgegebenen, neuen Situation ein angemessenes Problemlösungsverhalten? Ihre Prüfer werden während der praktischen Übungen sehr genau darauf achten, wie Sie sich darstellen, wer Sie »sind«. Dabei spielt eine besondere Rolle, ob das, was Sie im Interview von sich gesagt haben, hier seine praktische Anwendung findet, ob Sie also ein »stimmiges« Bild abgeben, was Ihre Motive, Ihre Werte, Ihre Erfahrungen und Fähigkeiten sowie Ihre persönlichen Stärken und Schwächen angeht.

Exkurs: Anforderungen an ein Management Audit

Für die Studie »Ergebnisse der Expertenbefragung: Anforderungen des Management Audits« der Fachhochschule Gießen aus dem Jahr 2007 standen Führungskräfte und Personalentwickler, Mitarbeiter und Leiter von Personalabteilungen in 26 telefonischen Interviews Rede und Antwort zu ihren Erfahrungen mit dem Management Audit.

Neben den Fragen zur Zufriedenheit, den Hauptbestandteilen eines Audits oder wer wozu ein Audit in Auftrag gibt, waren die Hauptanliegen dieser Studie, die Gründe für die Ablehnung oder Skepsis bei rund der Hälfte der Befragten (48 Prozent) zu finden und Lösungen anzubieten. 27 Prozent der Befragten lehnten die Möglichkeit rundheraus ab, mit einem Management Audit die Führungsqualität verbessern zu können. Dazu kommt eine nicht geringe Anzahl von Skeptikern.

Im Folgenden werden die wichtigsten Ergebnisse der Studie kurz skizziert. Der vollständige Bericht ist unter www.management-innovation.eu/beispiele/audit-ergebnisse.pdf zu finden.

Auffallend ist die weitaus größere Zufriedenheit der Experten bei internen (80 Prozent) als bei externen Audits. Das bedeutet im Umkehrschluss, dass es bei den extern durchgeführten Audits erhebliche Kritikpunkte geben muss.

Bemängelt wird zum einen die Durchführung. Häufig werden die zu einem Audit gebetenen Teilnehmer im Vorfeld nicht ausreichend über den Anlass aufgeklärt. Rein psychologisch ist es schließlich ein Unterschied, ob es bei dem Audit um eine Chance auf Beförderung (Potenzialanalyse) oder um das Risiko geht, wegen einer Fusion zweier Firmen seinen Arbeitsplatz zu verlieren. Auch der Umgang mit den Ergebnissen wird kritisiert. Häufig wurden sie entweder nicht oder nur unzureichend an die Kandidaten weitergegeben.

Zum anderen zielt die Kritik auf die Berater. Der Vorwurf hier: nicht neutral genug zu sein und einen zu eng gesteckten Erfahrungshorizont zu haben. Ihnen wird außerdem vorgeworfen, häufig mit zu allgemein gehaltenen, standardisierten Fragebögen zu arbeiten, die nicht auf die speziellen Anforderungen eines Unternehmens oder des Stellenprofils der jeweiligen Führungskraft eingehen.

Zweifel gibt es auch an der Methodik. Besonders das zu 45 Prozent am häufigsten genutzte (behavioral) Interview ist den Befragten zu wenig praxisbezogen und nicht objektiv. Hier zeigt sich ein Dilemma: Interviews liegen immer verschiedene Modelle zur Kompetenz, Konfliktbewältigung oder Führung etc. zugrunde. Ohne sie sind die MAs verschiedener Führungskräfte nicht miteinander vergleich- und messbar. Doch effizientes Führungsverhalten in der Praxis entspricht nur selten einem vergleichbaren theoretischen Modell. Auch die Art der zugrunde gelegten Modelle, vor allem der Kompetenzmodelle, wird kritisiert. Es käme zu sehr auf die Soft Skills statt auf fachliche Kompetenz an. Dabei werde der Erfolg oder Misserfolg eines Managers vor allem an seinen Umsatzzahlen gemessen. Skeptiker bezweifeln auch, in einem zweistündigen Interview, umfassend und komplex einen Kandidaten auf die jeweilige Anforderung des MAs hin überprüfen zu können.

Aus diesen Kritikpunkten ergibt sich für die Autoren der Studie eine ganz präzise Liste an Forderungen.

Ein Management Audit muss dem Kandidaten die Möglichkeit geben, seinen Standort realistisch beurteilen zu können mithilfe einer objektiven Einschätzung aus verschiedenen Blickwinkeln. Sowohl Anlass als auch Ergebnis müssen klar definiert sein und vermittelt werden. Vor allem aus dem Ergebnis sollten sich Maßnahmen ableiten lassen, die die Führungskraft dabei unterstützen, sich weiter zu verbessern.

Damit ein mit dem MA beauftragter Berater als kompetent und erfahren von der betreffenden Führungskraft akzeptiert wird, braucht er neben psychologischer auch praktische Erfahrung. So wird gewünscht, dass ein Berater beispielsweise bereits als operativer Manager in dem beruflichen Umfeld des Kandidaten gearbeitet hat. Das Management Audit genau auf die Bedürfnisse des Unternehmens zuzuschneiden (Customizing), erhöht ebenfalls die Bereitschaft, ein solches MA als wirksam anzusehen. Vor allem aber muss der Umgang mit (angeblich) gescheiterten Kandidaten stark verbessert werden.

Aus ihren Ergebnissen leitet die Studie kritische Erfolgsfaktoren ab:

1. eine umfassende Umsetzung der aus dem Ergebnis abgeleiteten Maßnahmen,
2. eine verbesserte Kommunikation, die auf eine umfassende Vermittlung aller notwendigen Informationen großen Wert legt,
3. die Neutralität und Praxiserfahrung der durchführenden Berater,
4. das Zuschneiden des Audits auf das Unternehmen bzw. den Bereich, dessen Führungskraft auditiert werden soll und
5. die Anwendung einer nachvollziehbaren und transparenten Methodik. Hier sollte vor allem das Mehraugenprinzip, also die Durchführung des Audits durch zwei oder mehr Berater, bedacht werden.

Das hat für die Studie drei Konsequenzen:

1. Für ein erfolgreiches, praxisorientiertes Management Audit müssen unternehmerische Qualifikationen wieder mehr Beachtung finden.
2. Manager sollten gezielt auf ihre künftige Position vorbereitet werden.
3. Ihre Kompetenzen müssen an den geschäftlichen Erfolg gekoppelt werden. Das bedeutet: Jedes Unternehmen hat seine eigenen sogenannten »Key Performance Indikatoren«, um seinen Erfolg zu gewährleisten. Dabei handelt es sich um Kennzahlen, mit deren Hilfe Erfolge oder Fortschritte innerhalb einer Strategie o. Ä. gemessen werden können. Für ein erfolgreiches MA sollten sich also die dem Interview zugrunde liegenden Kompetenzmodelle nach diesen Indikatoren richten.

Die Autoren der Studie bieten dafür einen praxisnahen Vorschlag. Anhand der Schlüsselkennzahlen nicht des gesamten Unternehmens, sondern vielmehr des betreffenden Bereiches (Produktion, Marketing, Vertrieb etc.) werden die jeweiligen Key Performance Indikatoren festgestellt. Sie sind ausschlaggebend für die Festsetzung der Soll-Kompetenzen einer Führungskraft. Diese lägen dann dem Test der vorhandenen Ist-Kompetenzen zugrunde. Aus diesem Ergebnis werden effektive Maßnahmen abgeleitet (und vor allem umgesetzt). Am Ende steht eine Erfolgskontrolle.

Besonders bedenkenswert (vor allem für manchen Unternehmensberater) ist ein überraschendes und überaus einleuchtendes Statement der Autoren zu der Absicht so mancher Unternehmensberatung, ein abstraktes Idealbild einer Führungskraft zu schaffen, dem es (natürlich mit ihrer Hilfe) nachzueifern gilt. Völlig zu Recht bezweifeln sie, dass je ein Unternehmer, so bekannt und groß er auch sein mag, diesem standardisierten Bild entsprechen kann. Denn dazu ist er selbst viel zu stark von seinem jeweiligen Wirkungskreis beeinflusst (beispielsweise seiner Funktion, den Wettbewerbsbedingungen oder der technologischen Entwicklung). Dieser Wirkungskreis wiederum ist von zu vielen Unbekannten geprägt, von möglichen Risiken, Tendenzen, Kursschwankungen, politischen Entwicklungen etc. Das zieht wiederum die Einsicht nach sich, dass ein Unternehmer nicht in allen Bereichen der Wirtschaft erfolgreich sein muss und kann. So plädieren die Autoren der Studie dafür, insbesondere dem unternehmerischen Aspekt in einem solchen MA mehr Raum zu geben.

In einem Satz versuchen sie, auf den Punkt zu bringen, was ein gutes Management Audit ausmacht: »Man sollte also darauf achten, dass die Psychologie nicht das überlagert, was ein Management Audit leisten soll: unternehmerische Talente (und nicht Industriebeamte) zu entdecken und zu fördern.«

Die Studie endet mit der Forderung allen starren, standardisierten Modellen, die den meisten MAs zugrunde liegen, eine Absage zu erteilen: »Management ist weder Handwerk noch Wissenschaft, sondern eher Kunst. Gutes Management ist wie gute Musik. Die Qualität erkennt man erst beim Zuhören.«

Fazit

Zwar sagen Macher und Veranstalter von Management Audits, es gäbe angeblich keine sinnvolle Möglichkeit, sich auf ihre Auswahlprüfungen vorzubereiten. In der Praxis zeigt sich jedoch, dass zumindest ein mentales Coaching sehr sinnvoll ist. Je besser präpariert Sie in ein MA gehen, umso sicherer wird Ihr Auftreten sein. Hier die grundlegenden Tipps, wie Sie sich inhaltlich und psychisch vorbereiten können.

Die wichtigsten Tipps

- Werden Sie sich darüber im Klaren, welche Ziele Sie beruflich und privat erreichen wollen und welche Entwicklungsschritte dafür notwendig sind.
- Verdeutlichen Sie sich, wo Ihre eigenen Stärken (beruflich, aber auch privat) liegen. Denn wenn Sie Ihre Stärken kennen, können Sie diese anderen überzeugender vermitteln.
- Zeichnen Sie für sich selbst Ihren beruflichen Werdegang im Unternehmen nach. Machen Sie sich deutlich über welche berufliche Erfahrungen Sie verfügen. So wird es Ihnen gelingen, Ihre Kompetenzen, die Sie als Fachmann/-frau oder Manager auszeichnen, zusammenzufassen und zu beschreiben.
- Verdeutlichen Sie sich den Wertbeitrag, den Sie persönlich zum Erfolg des Unternehmens geleistet haben, gerade leisten und zukünftig leisten werden. Sie sollten dies ohne zu zögern nachvollziehbar beschreiben und belegen können.
- Überlegen Sie, welche Erwartungen und Ansprüche Sie an Ihr Unternehmen oder Ihren Arbeitgeber/Vorgesetzen, aber auch an Ihren Arbeitsbereich und Ihre Aufgaben haben.
- Stellen Sie sich darauf ein, an Rollenspielen teilzunehmen oder Fallbeispiele zu analysieren. Rechnen Sie auch mit provokanten oder konfrontativen Situationen.
- Vermitteln Sie einen souveränen Eindruck, bleiben Sie ruhig und gelassen, und versuchen Sie so viel wie sinnvoll und vertretbar Authentizität zuzulassen. Das ist vielleicht das Wichtigste überhaupt. Sie tun sich keinen Gefallen, wenn Sie zu sehr versuchen, jemanden darzustellen, der Sie nicht sind.

Schlusswort – Kritisches zu Assessment Center und Management Audit

Personalauswahlverfahren lösen beinahe schon reflexartig (und häufig zu Recht) Diskussionen, Unsicherheit und Misstrauen aus. Besonders im Kreuzfeuer der Kritik stehen dabei Assessment Center und das Management Audit. Mit deren Hilfe hoffen Unternehmen die am besten geeigneten Führungskräfte entweder aus ihren eigenen Reihen oder unter Bewerbern von außen zu finden.

ACs wie MAs bauen auf der Fantasie von Personalauslesern auf, in die Zukunft ihrer Kandidaten schauen zu können. Oftmals fehlt gerade in den ACs der realistische Bezug zum Arbeitsalltag und den erforderlichen Qualifikationen. Getestet wird vielmehr, ob der Bewerber schauspielerische Qualitäten in einer Stresssituation angstfrei vorzutragen versteht – am beliebtesten im Rollenspiel. So kann man z. B. angehenden Führungskräften bei einem Versicherungskonzern zumuten, in einem wechselseitigen Verhörgespräch Intimes (zum Thema Seitensprung) herauszufinden. Keiner weiß vom anderen, was dessen genauer Auftrag ist. Den darf man zu guter Letzt auch noch erraten. Aber alles nicht so schlimm, es ist ja nur ein Spiel, in dem es für die Kandidatinnen und Kandidaten darauf ankommt, die ihnen von einer Führungselite zugedachte Rolle perfekt zu reproduzieren.

Immer häufiger ereilt es jedoch nicht nur den hoffnungsfrohen Führungsnachwuchs, der mit Auswahlverfahren wie beispielsweise Assessment Centern schon reichlich Erfahrung hat. Auch und gerade Manager, die bereits über eine stattliche Berufserfahrung verfügen, müssen ihre Führungsqualitäten in diesem »künstlichen« Rahmen neuerdings beim MA beweisen. Kein Wunder, dass viele von ihnen eine Einladung zum Audit als Angriff auf ihre Autorität sehen. Doch der Protest nützt nicht viel. Das Management Audit hat allen Unkenrufen zum Trotz eine glänzende Zukunft vor sich, prognostizieren zumindest 81 Prozent der in einer Studie befragten Experten aus dem Personalwesen.

Die wichtigsten Gründe dafür sind u. a. der Kostenfaktor (die zu teuren Folgen einer Fehlentscheidung für ein Unternehmen, eine schriftliche Rechtfertigung für immense Investitionen im Personalbereich), die künftig wachsende Wechselbereitschaft der Führungskräfte, die weniger werdenden Positionen durch den ständigen Umbau in den Führungsetagen und die steigenden Anforderungen an die Führungsqualität, um verbesserte Produktqualität zu gewährleisten. Daher wird das Management Audit auch in mittelständischen Betrieben immer beliebter.

Wie Ihnen sicher nicht entgangen ist, haben wir eine eher kritische Haltung zu den »Super-Röntgengerätschaften AC und MA«. An dieser Stelle möchten wir in komprimierter Form auf die wesentlichen Kritikpunkte eingehen.

Das AC ebenso wie das MA ist zu häufig ein auf tönernen Füßen stehendes Personalausleseverfahren, das gute Geschäfte macht mit dem Arbeitgeberwunsch, in die Köpfe und Herzen von Bewerbern und Mitarbeitern sowie in deren berufliche Zukunft schauen zu wollen. Kurzum: Die Verfahren können nicht halten, was sie versprechen, sind aber für die Getesteten mit enormem Stress verbunden.

Der direkte Vergleich beim Lösen mehrerer Probleme über einen längeren Zeitraum gibt dem Beobachter eines ACs die Möglichkeit, sich für diesen oder jenen Kandidaten eventuell leichter zu entscheiden. Über den späteren Erfolg dieser Person im Unternehmen und ihrer Bewährung in der Arbeitssituation sagt das jedoch nichts oder sehr, sehr wenig aus. Diejenigen, die nach Hause geschickt wurden, sind für das Unternehmen »verloren«, Ihr mögliches Talent bleibt unerkannt. Man kann also nicht direkt vergleichen. Trotzdem gibt es dem AC-Entscheider das subjektive Gefühl, AC-Kandidaten fundierter beurteilen zu können.

Beim AC steckt – wie bei jedem Testverfahren – der Teufel im Detail: in der Konstruktion, Durchführung und in der Aus- und Bewertung. Es ist schwerlich möglich, Kriterien für Berufserfolg eindeutig festzuschreiben, und noch schwieriger, diese in Form von Kandidaten-Spielen überprüfbar zu machen bzw. Verhaltensvorhersagen für die zukünftige Berufsentwicklung abzuleiten. Dass bei aller Forschung keine unumstößlichen Wahrheiten und Erkenntnisse hierzu vorliegen, ist eine Tatsache, die von den AC-Konstrukteuren verständlicherweise gerne verdrängt wird. Und dass die AC-Anwender daher mehr im guten Glauben handeln, als sich auf sicherem Diagnostikboden zu bewegen, liegt nicht zuletzt an dem tabuisierten Phänomen, dass Personalentscheidungen eine durch und durch emotionale Angelegenheit sind.

AC-Beobachter befinden sich in einer Art »Bock-zum-Gärtner«-Rolle. Als Menschen mit Gefühlen können auch sie ihre subjektiven Empfindungen nicht aus dem Beobachter- und Beurteilungsprozess ausschließen und sind somit ein ernster »Störfaktor« bei einer angeblich objektiven Personalauswahl. Zu dieser Erkenntnis kommt auch der AC-Kritiker und Psychologieprofessor O. Neuberger, wenn er feststellt, dass selbst die aufwändig geschulten AC-Beobachter »Menschen bleiben, die andere Menschen immer durch die Brille persönlicher und sozialer Werturteile wahrnehmen.«[6]

Ferner haben wir es im AC wie auch im MA mit fragwürdigen theoretischen Grundlagen zu tun: Was ist »Berufseignung«, was »Persönlichkeit«, was sind »Führungseigenschaften«? Die schwache wissenschaftliche Basis dient jedoch für Aus- und Vorhersagen von großer Tragweite. Denn ein Erfolg im AC oder MA wird häufig gleichgesetzt mit dem zukünftigen Berufserfolg.

Das wissenschaftliche Standardwerk der Testkritik kommt in seinem AC-Kapitel zu einem vernichtenden Resümee:

»Bei einer strengen Orientierung an eignungsdiagnostischen Kriterien ist das AC bislang seinen Nachweis, gegenüber herkömmlichen Verfahren ein erheblich verbessertes Prädiktorinstrument zu sein, schuldig geblieben. Weder handelt es sich

bei dem AC um eine repräsentative Stichprobe der späteren Arbeitstätigkeit, noch kann sichergestellt werden, dass mit den Übungen tatsächlich die arbeitsplatzbezogenen Fähigkeiten und Einstellungen erfasst werden, die man zu messen behauptet.«[7]

Bekanntermaßen tun wir uns schon bei der langfristigen Vorhersage des Wetters schwer; aber eine komplexe Berufsprognose soll mittels AC oder MA zuverlässig möglich sein? Glaubenssache.

In einer kritischen AC-Analyse aus soziologischer Perspektive kommt der Wissenschaftspsychologe A. Kompa zu dem Ergebnis, dass die Begründung für den Einsatz von AC-Verfahren (sichere Vorhersage der Berufseignung) eine lediglich legitimatorische Funktion hat. Verschleiert würde ein zentrales Motiv: Den AC-Anwendern geht es primär um die Sicherung des eigenen Macht- und Einflussbereiches durch Überprüfung der Anpassungs-, Loyalitäts- und Identifikationsbereitschaft der Prüflinge. Es geht um Gesinnungskooptation, um die Frage, welche AC-Kandidaten »im Kreis der Führungselite auf Akzeptanz stoßen. Diese These hat unter den AC-Vertretern für erhebliche Irritationen gesorgt, weil sie zu der Schlussfolgerung führt, dass das differenzierte eignungsdiagnostische Instrumentarium des ACs nichts anderes als Makulatur darstellt.«[8]

Sogar AC-Papst und Verfechter W. Jeserich relativiert die »Wunderwaffe«, wenn er erklärt: »Das Assessment Center gibt den Unternehmen *eine größere Sicherheit,* dass die geprüften Bewerber tatsächlich leistungsfähig sind und in die Unternehmenskultur passen.«[9]

Festzuhalten ist aber auch: Immer mehr Unternehmen wie beispielsweise die TUI, TK etc. erkennen die Problematik und setzen das Instrument bereits nicht mehr oder nur noch sehr sensibel ein. Sie bemühen sich deutlich um einen fairen Umgang mit den Kandidaten.

Fazit: Was Sie persönlich tun können

Es kommt – wie so häufig – auf die richtige Einstellung und die entsprechende Vorbereitung an. Ganz wichtig: sich intensiv mit dem Unternehmen, bei dem man sich beworben hat, und dessen Philosophie zu beschäftigen. Insbesondere die Stellenanzeigen und die betreffenden Qualifikationen für die Stelle sind gründlich zu analysieren. Eventuell bewerben Sie sich einmal auch bei einer Firma, bei der Sie nicht unbedingt anfangen möchten, sondern nur um einfach mal ein Personalausleseverfahren mitzumachen.

Auf den Punkt gebracht heißt das – Sie sollten

- sich vorbereiten (dabei sind Sie ja gerade …),
- Ihre Selbsteinschätzung und Selbstwirksamkeit nicht vom AC- oder MA-Ergebnis (zu sehr) abhängig machen und
- das Ganze als ein Experiment bewerten, dem Sie sich stellen, etwas entgegenzusetzen wissen und dessen Ergebnis Sie kritisch reflektieren werden.

Zugegeben: Leichter gesagt als umgesetzt. Gehen Sie mit einer positiven, wenn auch nicht ganz unkritischen Einstellung in ein AC oder MA. Sie sind vorbereitet und wissen, was auf Sie zukommen kann.

Auf jeden Fall ist es auch eine Chance, zu zeigen, was Sie leisten können oder bereits schon alles geleistet haben. Sehen Sie die AC- wie MA-Verfahren als Chance, sich selbst und Ihre (spielerischen Selbstdarstellungs-)Möglichkeiten kennen und deren Wirkung auf andere einschätzen zu lernen.

Ein gut durchgeführtes Assessment Center oder Management Audit kann aber durchaus auch eine Chance für Sie persönlich sein. Vielleicht erkennt man hier, jetzt und eben leider erst auf diese Weise Ihre Fähigkeiten. Durch gezielte Förderungen kann eine Firma so aus den eigenen Reihen Führungskräfte aufbauen, anstatt Sachverstand risikoreich und teuer einzukaufen.

Bevor Sie auf den folgenden Seiten in die Erlebnisberichte einiger AC- und MA-Kandidaten eintauchen und sich selbst an verschiedenen Übungen versuchen, ein letzter Rat von uns: Wer bei solch einem umstrittenen Verfahren eine Absage erhält, sollte sein Selbstwertgefühl nicht davon beeinträchtigen lassen und sich immer vor Augen halten: Wir sind nicht auf der Welt, um so zu sein, wie andere Sie haben wollen.

Berichte von Assessment Centern und Management Audits

Hier lesen Sie, was AC- und MA-Teilnehmer berichten – egal ob bei den größten deutschen Banken, internationalen Konzernen oder der Kirche, den Versicherungen, Krankenkassen, oder dem BKA – sie berichten Ihnen authentisch, wie sie ihr AC oder MA erlebt haben, was sie bisweilen durchleiden mussten und wie sie damit klargekommen sind. Manche übrigens erstaunlich gut! Eine ebenso spannende wie lehrreiche Lektüre. Danach kommt auch die »andere Seite« zu Wort.

Zwölf Kandidaten berichten: ein Kurzüberblick

Das Alphatier
Ein bemerkenswerter, sehr ausführlicher und spannend zu lesender Bericht über ein internes Führungskräftepotenzial-AC. Alexander H., 45 Jahre, Senior Consultant eines international operierenden DV-Beratungsunternehmens, berichtet.

Die erfahrene Bankerin im Personalentwicklungs-Assessment-Center
Hannah F., 40 Jahre, will in ihrer Bank mehr Verantwortung übernehmen. Dazu musste sie ein zweitägiges AC absolvieren.

Über das Einzel-Assessment-Center eines firmeninternen Aufsteigers
Statt in einer Gruppe anzutreten, um etwas »vorzuspielen«, wurde Frank Peter K. von seinem Unternehmen – bevor es hierarchisch für ihn eine weitere Stufe hinaufging – in ein sogenanntes Ein-Mann-AC geschickt. Vieles erinnert an das AC, aber hier wird auch der Übergang zum MA spürbar.

Der Umsteiger
Von einem, der auszog, das Fürchten zu lernen, hieß es bei den Gebrüdern Grimm. Erst im Internet, dann doch im richtigen Leben. Ein AC-Bericht von Hans Sch., 35 Jahre.

Ein ganz besonderes Erleben ...

Ein Assessment Center für die Kommunikationstrainerausbildung in einem Versicherungsunternehmen er- und überlebte Michael W., 34 Jahre.

Auf Vorschlag des Vorgesetzten

Von einer Potenzialanalyse oder doch eher einem AC in ihrem Versicherungsunternehmen berichtet uns Barbara M., 45 Jahre.

Ein Assessment Center für einen Personalentwickler

Bei einem Versicherungsunternehmen hatte Michael N., 40 Jahre, ein besonderes Erlebnis ...

Trauen Sie sich das wirklich zu?

Was eine 34jährige Führungsfachfrau beim AC in der Chemiebranche erlebt, liest sich erstaunlich.

Alles Gute fürs nächste Mal

»Unsere Trefferquote ist sehr hoch«, versicherte der Psychologe beim abendlichen Glas Bier. »Wer hier besteht, hat auch später Erfolg in dieser Bank.« Mike P., 35 Jahre, bewirbt sich bei einer großen deutschen Bank und erlebt die ganze Palette an AC-Aufgaben.

Später am Abend bei Häppchen und Wein

Den beruflichen Einstieg als Trainee bei einer Bank möchte der Hochschulabsolvent Peter K., 27 Jahre, schaffen und bewirbt sich bei einer der ganz großen drei ...

Nervenkitzel beim Bundeskriminalamt

Ein noch junger Jurist bewirbt sich und berichtet von dem insgesamt dreiteiligen Auswahlverfahren für Anwärter im höheren Dienst des BKA, an denen er teilnahm.

Mit oder ohne den Heiligen Geist?

Auch die Kirche glaubt an die Kraft des AC. Studium, Praxis und Examina reichen nicht aus, sodass ein AC veranstaltet wird.

Gescheit oder gescheitert?

Werner B., 56 Jahre, in der Dienstleistungsbranche tätig, erlebt ein MA und ist verstört, macht dann aber einen großen Karriereschritt.

Karriere machen nach dem Management Audit

Monika T., 38 Jahre, erlebt sich und ihre Gesprächspartner beim MA auf gleicher Augenhöhe und kann von einer positiven, wenn auch anstrengenden Erfahrung berichten.

Trotz Erfolg bleiben Zweifel

Barbara S., 39 Jahre, absolviert erfolgreich ein MA und berichtet von Höhen und Tiefen.

Das Alphatier

Ein bemerkenswerter, sehr ausführlicher und spannend zu lesender Bericht über ein internes Führungskräftepotenzial-AC von Alexander H., 45 Jahre, Senior Consultant eines international operierenden DV-Beratungsunternehmens.

Als ich vor drei Wochen die Einladung zu einem Personalentwicklungsseminar innerhalb meines Unternehmens bekam, überlegte ich nicht lange und sagte zu. Die Aussicht, meine Führungsqualitäten auszutesten, fand ich interessant. Weitere Gedanken machte ich mir nicht. Das Seminar war als Gruppenseminar geplant. Die Teilnehmer waren allesamt Mitarbeiter meiner Firma. Manche kannte ich sehr gut, andere nur vom Sehen oder von der Unterschrift auf Geschäftsbriefen, von einigen hatte ich noch nie gehört. Bei der Größe des Unternehmens kein Wunder.

Bei diesem Seminar ging es nicht um die Besetzung einer speziellen Stelle und so betrachtete ich das Ganze eher als persönliche Standortbestimmung. Nur flüchtig blätterte ich wenige Tage vorher in der Buchhandlung die einschlägige Fachliteratur durch. Ich hatte mir schon gedacht, dass sich hinter dem freundlichen Namen ein Assessment Center verbarg. Was ich über die Bestandteile eines solchen Assessments las, schockierte mich nicht sonderlich. Meine Kollegen und ich waren es gewohnt, uns selbst oder wichtige geschäftliche Inhalte zu präsentieren, knifflige Situationen zu lösen und andere von der Einzigartigkeit unserer Konzepte zu überzeugen.

Überraschend fand ich allerdings die Wahl des Veranstaltungsortes. Es stellte sich heraus, dass es sich dabei um die Räumlichkeiten einer Personalberatungsfirma handelte, die zusammen mit unseren Personalern das Seminar entwickelt hatte. Wenigstens blieben wir in unserer Stadt.

Die Räume waren freundlich und hell, wir bekamen ein kleines (gesundes) Buffet präsentiert. Ich konnte mir ein Schmunzeln nicht verkneifen, denn alle Teilnehmer waren im Anzug erschienen, obwohl in unserer Firma eher eine legere, wenn auch sehr gepflegte Kleiderordnung herrscht. Die Begrüßung und die ersten zehn Minuten verliefen locker und entspannt – auch von Seiten der AC-Bewerter.

Drei von ihnen kannte ich. Sie waren die Leiter von Fachabteilungen unseres Unternehmens. Die anderen drei schienen Experten des beauftragten Personalberatungsunternehmens zu sein – zwei Männer und eine Frau. Die beiden Männer hatten eine joviale Umgangsart, die Frau schien etwas zurückhaltender zu sein. Wir hatten auf alle Fälle auch Zeit, uns kurz zu begrüßen und über dies und das zu plaudern. Niemand war sonderlich nervös, so schien es jedenfalls.

Einer der drei »fremden« AC-Bewerter war offensichtlich zum Moderator auserkoren. Charmant und souverän stellte er uns das Programm der nächsten zwei Tage vor. Es sollte mit einer Vorstellungsrunde der Teilnehmer und der Bewerter beginnen. Die nächste Aufgabe bestand im Verfassen eines Aufsatzes zu einem vorgegebenen Thema. Im Anschluss daran sollten wir in einer Gruppendiskussion ein Konzept erstellen und gegen andere Gruppen durchsetzen. Für den zweiten Tag war die klassische Postkorbübung geplant. Davon hatte sogar ich schon gehört, obwohl ich nie in meinem Leben mit Personalauswahlverfahren dieser Art konfrontiert worden bin. Im Anschluss daran sollten wir ein paar Persönlichkeits- und Intelligenztests lösen und dann eine typische Situation im Berufsalltag über ein Rollenspiel erfolgreich bewältigen. ›Das ist ja alles überhaupt kein Problem‹, dachte ich noch.

Die erste Runde begann mit der Vorstellung aller Teilnehmer. Das belustigte uns, denn wir kannten uns ja und wussten um unsere Positionen und Aufgaben. Ich war als Erster dran. Was in diesem Moment passiert ist, weiß ich nicht, aber plötzlich bekam ich das Gefühl, dass es hier um mehr ging als um ein Feedback meiner potenziellen Führungsqualitäten. Ich sah mich in eine Konkurrenzsituation hineingeworfen, mit der ich nicht gerechnet hatte. Meine Routine half mir zwar über den ersten zögerlichen Moment hinweg, aber ich wurde das unangenehme Gefühl der Beobachtung nicht los und fragte mich während des Redens, seit wann wir wohl schon beobachtet worden waren. Dieses Gefühl war mir nicht neu, auch Konkurrenzsituationen kannte ich zur Genüge. Aber in diesem Moment existierten die Gefühle in einer doch nur künstlich geschaffenen Situation. Es fiel mir schwer, so zu tun, als sei das hier Alltagsgeschäft. Im Alltag geht es immer um bestimmte Ziele – sei es ein bestimmter Vertragsabschluss, ein festgelegter Tagesumsatz oder eine Beförderung – und jeder weiß, dass auch andere dieses Ziel haben. Aber in diesem Fall ging es doch um nichts Bestimmtes. Ich wusste nicht, worum genau ich konkurrierte, also wusste ich auch nicht, mit welcher Strategie ich der Situation begegnen sollte.

Vielleicht lag es auch an der Inszenierung des Raumes, die diese Prüfungssituation verstärkte. An der Wand stand eine gerade Reihe von Tischen, an denen die sechs AC-Bewerter saßen. Wir Teilnehmer, 20 an der Zahl, saßen in einem großen Halbkreis darum herum.

Ich weiß nicht mehr genau, mit welchen Worten ich mich vorgestellt habe. Auch die Wirkung auf die anderen kann ich nicht einschätzen. Interessanterweise stellte ich nach meiner Kurzvorstellung bei meinen Kollegen eine ähnliche anfängliche Beklommenheit fest. Als ich mich wieder setzen wollte, konfrontierte mich die Bewerterin mit sanfter Stimme überraschend mit der Frage, was ich mir von dieser Veranstaltung erwartete. Im Nachhinein glaube ich, dass meine Antwort, meine Stärken und Schwächen besser einschätzen zu können, um mich adäquat auf meine Mitarbeiter einzustellen, nicht gerade einfallsreich, aber doch noch akzeptabel war.

Meine Zufriedenheit, ja Selbstsicherheit bekam allerdings einen merklichen Dämpfer, als der Kollege nach mir selbstbewusst nach einem Koffer griff, der hinter einer großen Stellwand verborgen war. Darin enthalten: bunte Farbstifte, Folien, farbige Pappen etc. Souverän und witzig zeichnete er seinen bisherigen Lebenslauf in Form eines Comics mit wenigen Strichen auf. Damit hatte er die Lacher auf seiner Seite und immense Sympathiepunkte auf dem Guthabenkonto unserer Beobachter, die ich ihm neidlos zugestehen musste. Ich hatte weder auf die Stellwand noch auf den Koffer geachtet. Eine Nachlässigkeit, die ich meiner – zugegeben – überheblichen Einstellung nach dem Motto »Ein paar Tests, was soll daran so schlimm sein!« zu verdanken hatte.

Der Moderator kündigte eine halbe Stunde Pause an. Zeit zum Nachdenken. Wirkliche Befürchtungen im Bezug auf die Lösbarkeit der Aufgaben hatte ich eigentlich nicht. Aber meine Unbefangenheit war merklich gedämpft. Denn nicht nur ich würde nach dem Seminar meine Stärken und Schwächen kennen, sondern auch die Bewerter und meine Kollegen. Das hatte ich nicht bedacht und es wurde mir jetzt sehr unangenehm bewusst.

Außerdem bedeutet es eine erheblich größere Anstrengung, in allen Bereichen sein Bestes zu geben, als sich auf einen Bereich zu konzentrieren, der für die optimale Ausübung einer beruflichen Position ausschlaggebend ist. Und was, wenn ich an einem Punkt versagen würde, der eigentlich meine Stärke ist? Wie viel wog ein AC im Vergleich zu dem »Alltagsgeschäft«, in dem man sich schon seit Jahren bewiesen hatte? Offensichtlich machte sich jeder so seine Gedanken. Die Kommunikation untereinander wurde jedenfalls schlagartig dürftig.

Als wir in den Seminarraum zurückkehrten, lagen auf unseren Plätzen bereits gut gefüllte Mappen mit Informationsmaterial. »Begründen Sie auf einer DIN-A4-Seite, wie sich Ihr Unternehmen zu dem Thema XY verhalten sollte und warum. Sie haben eine Stunde Zeit.«

Wir hatten uns gerade 20 Minuten in das Thema vertieft (wobei ich mir nicht sicher war, ob wir alle dasselbe Thema bearbeiteten), da unterbrach uns einer der Bewerter und legte uns eine andere Aufgabe vor – die Führung eines Mitarbeiterkrisengesprächs. Vorbereitung 10 Minuten, Durchführung 30 Minuten, Protokoll (schriftlich) weitere 20 Minuten. Start: sofort. Das fand ich interessant, weil dieser Teil doch erst für den nächsten Tag geplant war.

Die fiktiven Mitarbeiter wurden von den drei Bewertern gespielt. Sie leisteten ganze Arbeit. Ich hatte mich mit der Frau auseinanderzusetzen. Thema: »Frau X

wird bezichtigt, ihre Zimmerkollegin Frau Y zu mobben. Sie haben nur die Be-
schwerde von Frau Y, wurden allerdings selbst Zeuge einer Szene, die das belegen,
aber ebenso gut auch als Scherz gemeint gewesen sein könnte. Bringen Sie Frau X
dazu, ihr Verhalten zu ändern, oder finden Sie die Hintergründe ihres Verhaltens
heraus und lösen Sie die Situation für alle Seiten befriedigend auf.«

Frau X« zeigte sich sanft, aber unbeirrt kritikresistent, konterte jeden Versuch,
etwas zu ihrem Verhältnis gegenüber der Kollegin preiszugeben mit ihren beeindru-
ckenden beruflichen Erfolgen, die sie aufgrund ihrer Arbeitsweise schon errungen
hätte. Sollte sie daran etwas ändern müssen, könne sie für ein positives Ergebnis
nicht mehr garantieren. Sie sei eigentlich diejenige, die sich als Opfer fühlen müsse.

Schließlich griff ich zu der Lösung, die beiden Kolleginnen zu trennen und
Frau X ein Projekt zu geben, in der sie ihre Arbeitsweise voll ausleben konnte.
Nichts in den Gesichtern der Bewerter zeigte mir, wie sie diese, meine Lösung ein-
schätzten. Das schriftliche Protokoll fiel mir überraschend schwer, weil ich mir im
»richtigen Leben« zwar Stichpunkte mache, aber nie in formschönem Hoch-
deutsch, sondern eher im E-Mail-Kurz-Telegrammstil an meine Kollegen berich-
tete. Außerdem kam ich mir vor, als müsste ich mich bereits rechtfertigen für den
Fall, dass sie meine Entscheidung missbilligten.

Wenn wir dachten, wir könnten uns nun wieder dem Aufsatz widmen, hatten
wir uns getäuscht. Wir wurden in drei Gruppen aufgeteilt. Überraschenderweise
konnten wir uns selbst zusammenfinden. Das erinnerte mich an früher in der
Schule, wenn es darum ging, wer mit wem in einer Fußballmannschaft spielen
wollte. Thema für alle drei Gruppen: »Der Umsatz der Firma schwächelt. Die
Überlegung, einen Investor zu suchen, ist unumgänglich. Es bewerben sich eine
ausländische Investorengruppe, der die unterschiedlichsten Konzerne gehören,
und ein nationales Konkurrenzunternehmen. Gleichzeitig gibt es die Hoffnung,
mit einem veränderten Konzept die Firma selbst wieder auf Kurs zu bringen.«
Selbstverständlich verband sich damit die Erwartung, dass jede dieser drei Mög-
lichkeiten von einer Gruppe vertreten wird. Die jeweilige Gruppe sollte sich nun
auf eine Lösung festlegen und vor den anderen begründen. Vorbereitungszeit eine
Stunde, Präsentationszeit 30 Minuten. Danach würde abgebrochen, egal ob ein
Ergebnis vorlag oder nicht.

Im Klartext hieß das: sich möglichst schnell selbst zu entscheiden, dann die
eigenen Gruppenteilnehmer für seine Entscheidung zu gewinnen und anschließend
gemeinsam Argumente zu finden, die anderen Gruppen zu überzeugen. Natür-
lich bekamen wir Material: die notwendigen Zahlen und Fakten zur Investo-
rengruppe, dasselbe für das nationale Konkurrenzunternehmen und alle wich-
tigen Zahlen für unser Unternehmen (inklusive der Auflistung der momentanen
Schwachstellen).

Es war zwar kein Teamleiter ausgewählt worden, aber auf einmal fand ich
mich in dieser Position wieder. Irgendwann nervten mich die ausufernden Diskus-

sionsbeiträge und Selbstdarstellungen meiner Mitstreiter. Ich fasste immer wieder alle Argumente zusammen, kappte sinnlose Denkansätze und drängte in Anbetracht der kurzen Zeit auf eine Quintessenz. Dazu nutzte ich einige Kreativtechniken, von denen ich vor einiger Zeit gelesen hatte. Niemand hatte dem widersprochen. Einige schienen sogar ganz froh, nicht den Kopf hinhalten zu müssen. Andere verfielen in blinden Aktionismus, um ihre Motivation zu beweisen, fielen sich ins Wort und kamen mit Ideen, die beim besten Willen nicht umsetzbar waren. Schließlich fanden wir das passende Konzept zu »unserer« Lösung, das Unternehmen auf eigene Faust zu retten. Wer es zu präsentieren hatte, war klar. Ich!

Diesmal nutzte ich alles, was ich an Medien finden konnte, voll aus. Unser Konzept sah vor, eine schwächelnde Sparte des Unternehmens zu schließen und das Marketingkonzept des Unternehmens zugunsten der beiden anderen Sparten von Grund auf zu ändern und neue Kundenkreise zu erschließen. Die Mitarbeiter, die durch den Wegfall der Sparte ihre Arbeit verlieren würden, sollten über eine Weiterbildungsmaßnahme für die anderen Sparten geschult bzw. es sollte mit dem Betriebsrat über eine Kürzung von Lohn und Arbeitszeit gesprochen werden, bis die anderen zwei Sparten wieder Fuß gefasst hätten. Außerdem sollten Mitarbeiter dazu gebracht werden, sich an der Firma über Aktien finanziell zu beteiligen, um im Erfolgsfall von ihrem Einsatz zu profitieren.

Wie mein Auftritt und unser Konzept von den Bewertern beurteilt wurden, konnten wir auch in diesem Fall nicht herausfinden. Leider setzten wir uns nicht gegen die Gruppe durch, die die ausländische Investorengruppe vorzog. Unser Konzept hatte zu viele Unsicherheitsfaktoren. Ob das gut oder schlecht für unsere Bewertung war, kann ich nicht sagen. Der Angriff einer Kollegin, die mir in einer kurzen Verschnaufpause mit deutlicher Anspannung den Vorwurf machte, ich hätte die Gruppe zu einer ungeliebten Entscheidung gedrängt, wird wohl negative Punkte für sie selbst zur Folge gehabt haben. Zu viele Leute hatten ihren Ausbruch mitbekommen.

Nun endlich konnten wir zu unserem einseitigen Aufsatz zurückkehren, an dem wir bis zu unserer wohlverdienten Mittagspause arbeiteten.

Ich hatte mittlerweile an Gelassenheit gewonnen, stellte aber fest, dass sich das Verhalten der Kollegen untereinander zu ändern begann. Zwar bemühten sich alle um einen lockeren Plauderton, doch keiner ließ den anderen mehr aus den Augen. Unauffällig schien jeder die Bewerter im Visier zu haben, die sich beim Mittagessen unter die Kandidaten mischten und mit dem einen oder anderen eine kurze Unterhaltung anfingen. Ich kam mit dem Leiter einer unserer Fachabteilungen ins Gespräch, was einen Teilnehmer, von dem ich bis jetzt nur seine Unterschrift gekannt hatte, sichtlich in Wallung brachte. ›Aha!‹, dachte ich, ›in dieser Abteilung hättest Du also gern was zu sagen!‹ Dass mich diese Abteilung am wenigstens von allen interessierte, brauchte weder der Bewerter noch der Kollege zu wissen. Also plauderte ich sehr angeregt und ohne Druck (weil ich ja nicht in-

teressiert war). Das wiederum zog die Aufmerksamkeit eines der drei Bewerter der Personalberatungsfirma auf sich. Ich bemühte mich, so zu tun, als hätte ich es nicht bemerkt.

Nach der Pause ging es mit dem Aufsatz weiter. Das fiel mir relativ leicht, denn ein komplexes Thema auf den Punkt zu bringen und die Ergebnisse entsprechend auszuformulieren, hat mir immer schon Spaß gemacht. Auch die schriftliche Ausführung gelang mir jetzt flüssiger, ich hatte das Schreiben ja bereits während des Protokollierens des Mitarbeitergesprächs geübt.

Das Thema der Präsentation ließ mich kurz nach Luft schnappen, denn es hatte nichts mit meinem beruflichen Schwerpunkt zu tun, ich hatte nie etwas darüber gelesen und wusste wenig dazu. Ich lese zwar täglich die Zeitung, aber aus Zeitmangel konzentriere ich mich auf die Dinge, die für mich beruflich wichtig sind, und aufs Tagesgeschehen.

Aufgabe war, seine Meinung zu diesem Thema zu vertreten und dabei auch auf die Argumente der Gegenmeinung einzugehen. Ich musste also improvisieren und mangelndes Wissen mit einer fulminanten Vorstellung übertünchen. Das Ergebnis konnte nur mittelprächtig sein, aber besser als nichts. Ich gestaltete das Ganze als mein eigenes Gedankenkonstrukt. Gleich zu Anfang gab ich zu, dass dieses Thema nicht zu meinen Fachgebieten gehörte. Ich würde mir jedoch dies und jenes dazu denken aufgrund eines Vergleiches mit einem Thema, das mir eher lag. »Wenn ich also davon ausgehe, dass es sich mit diesem Thema verhält wie mit ..., komme ich zu dem Schluss ...« Wie gesagt, es fehlten wesentliche Fakten, aber ich habe mich nicht aus der Ruhe bringen lassen.

Der Tag ging zu Ende, ohne dass wir erfuhren, wie die Bewerter unsere Leistungen einschätzten. Da mir die Sache zwischenzeitlich Respekt einflößte, verbrachte ich die Nacht mit der Lektüre aller Tages- und beruflich relevanten Zeitungen, obwohl ich todmüde war und mich die Eindrücke des Tages sehr beschäftigten. Ich informierte mich im Internet über das Thema Assessment Center und löste ein paar Übungstests zum Thema Persönlichkeit und Intelligenz, bei denen ich ganz passable Ergebnisse erzielte.

Der zweite Tag begann mit einem leichten Frühstück und einem ebenso leichten Small Talk. In der Fachliteratur hatte ich gelesen, dass auch die vermeintlich unbeobachteten Augenblicke den Bewertern wertvolle Aufschlüsse lieferten. Ein Kollege aus einer anderen Abteilung hatte das wohl auch gelesen und erging sich in zahlreichen Komplimenten an die Bewerterin. Die anderen freuten sich schon. Denn ihr unbewegtes Gesicht ließ darauf schließen, dass er sich selbst damit keinen Gefallen tat.

Jeder hatte sich offensichtlich über Nacht Gedanken gemacht, denn auffallend war die Grüppchenbildung beim Frühstück. Jeder tat sich mit dem zusammen, von dem er meinte, er könnte ihm am wenigsten gefährlich werden, falls er seinem Herzen einmal Luft machen wollte.

Der Vormittag begann mit der berüchtigten Postkorbübung. In einer bestimmten (natürlich zu kurzen) Zeit galt es einen Zeitplan zu erstellen, mit dem sich die verschiedensten Aufgaben von unterschiedlichster Wichtigkeit bewältigen ließen. Vorgabe: »*Sie müssen in fünf Stunden unvorhergesehen zu einem wichtigen Termin aufbrechen und sind mindestens eine Woche nicht erreichbar. In Ihrem Postkorb liegen die verschiedensten Aufgaben und Anfragen, die es in dieser Zeit nach Priorität zu bearbeiten gilt.*«

Getestet wurde dabei das persönliche Zeitmanagement, die Fähigkeit zu delegieren, alle wichtigen Aufgaben in der vorgegebenen Zeit zu lösen und für die weniger wichtigen zumindest eine Lösung in absehbarer Zeit in Aussicht gestellt zu haben. Ich blieb im Zeitrahmen, aber ob die Bewerter die Priorität der Aufgaben genauso sahen wie ich, konnte ich nicht wissen.

Übergangslos bekamen wir Persönlichkeits- und Intelligenztests präsentiert. Dabei musste ich feststellen, dass es ein Unterschied ist, ob man gemütlich nächtens im Internet sein Wissen testet oder ob man unter Beobachtung und Zeitdruck seine Intelligenz zu beweisen hat. Irritierend fand ich Aufgaben, die ein Szenario aus dem beruflichen Alltag und drei mögliche Verhaltensvorschläge vorgaben, von denen es sich für einen zu entscheiden galt. Denn alle drei Vorschläge klangen irgendwie plausibel, doch es stellte sich die Frage, welcher taktisch gesehen der beste wäre, um seine Führungskompetenz zu unterstreichen. Ich wusste nicht genau, welche Schlüsse die Bewerter aus welcher Antwort ziehen würden.

Wie das die anderen Teilnehmer sahen, war nicht herauszukriegen. Jeder hatte seine Gedanken hinter einem Pokerface verschanzt – ich vermutlich auch. Die klassischen Persönlichkeitstests dagegen schaffte ich mühelos.

Alles in allem kam ich gut mit den Tests zurecht. Über 100 Fragen galt es in ungefähr einer Stunde zu beantworten. Der zeitliche Rahmen war zwar wie bei der Postkorbübung äußerst knapp bemessen, aber mit großer Konzentration kein wirkliches Problem. Und Zeitdruck ist für jeden von uns ständiger Begleiter. Trotzdem war ich sehr froh, dass nach Abgabe der Tests das Mittagessen vorgesehen war. Eine Erholung hatte ich jetzt nötig.

Diesmal hielten wir uns nicht in der hauseigenen Kantine auf (die mich in Atmosphäre und Essensqualität ausgesprochen positiv beeindruckt hatte). Treffpunkt war ein nahe gelegener kleiner Italiener gehobener Qualität. Als wir das Lokal betraten, war nur ein Tisch mit vier Personen besetzt, zwei Männer und zwei Frauen. »*So ein Zufall!*«, *rief der Leiter einer unserer Fachabteilungen,* »*Dr. XY von der Firma ABC!*« *Und zu unserer Erklärung fügte er noch hinzu:* »*Dr. XY ist stellvertretender Geschäftsleiter der Firma A in B. Wir haben uns vor einem Jahr auf dem Symposium in C kennengelernt!*« *Wir gingen auf sie zu und die vier erhoben sich. Dr. XY stellte unserem Fachabteilungsleiter die jüngere Frau als Assistentin der Geschäftsleitung, den zweiten Mann als Hauptgeschäftsführer und die zweite, etwas ältere Frau als wichtige Geschäftspartnerin vor. In* dem Moment kam der Restaurantbesitzer auf unseren Fachabteilungsleiter zu. Dieser entschuldigte sich kurz und entschwand mit ihm an die Theke.

Die gegenseitige Vorstellung blieb uns also selbst überlassen. Sofort schrillten bei mir sämtliche Alarmglocken. »Aha, Zeit für den Test der Sozialkompetenz ...« Ich kann von mir behaupten, ein gut erzogener Mensch zu sein, dennoch war ich verunsichert. Wer sollte jetzt wen wem zuerst vorstellen? Das führte mich zu der Frage, ob ich wirklich alle Regeln des guten Benehmens beherrschte. Wer lässt wem den Vortritt bei der Platzwahl? Hatte ich beim Betreten des Lokals alles richtig gemacht oder jemandem den Vortritt geraubt? Gilt immer noch das Geschlecht oder eher der Rang? Darf man einer Dame den Mantel abnehmen oder gilt das eher als antiquiert? Wie ist das mit der Weinauswahl, wenn man selbst kein Weintrinker ist?

Neben mir stand eine sehr nette und kompetente Kollegin aus einer anderen Abteilung, vor mir die wichtige Geschäftskundin, neben ihr die Assistentin. Ich stellte mich also erst der Geschäftspartnerin, dann der Assistentin mit Namen und Funktion vor und wollte nun meine Kollegin in derselben Reihenfolge den Damen vorstellen. In diesem Moment trat der Geschäftsführer hinzu. Was tun? Ich stellte sie also erst dem Geschäftsführer, dann der Geschäftspartnerin und danach der Assistentin vor, ohne zu wissen, ob es richtig oder falsch war.

Und was gab es zu essen? Wahlweise Spaghetti oder Muscheln zur Vorspeise, Fisch oder Steak zur Hauptspeise und Tiramisu oder Obst als Nachspeise. Fallen über Fallen. Ich wählte Spaghetti, die ich nur mit der Gabel aß (die Benutzung eines Löffels gilt in Italien als Todsünde!), das Steak (in bescheidener Größe) als Hauptspeise und das Obst als Nachspeise. Es kam ein ganzer Pfirsich mit Obstmesser und einer Hohlhippe aus Karamell. Das bedeutete den eleganten Umgang mit dem Obstmesser, den Kampf mit dem Fruchtsaft und die Gefahr, die Zähne mit dem Karamell zu verkleben. Vor der Auswahl erhielten wir noch die Information, dass wir selbstverständlich eingeladen seien. Für mich war es keine Frage, mich im preislichen Mittelfeld zu bewegen. Einige Kollegen sahen das wohl anders und nutzten die Gelegenheit, es sich einmal so richtig gut gehen zu lassen. Ob sie das überhaupt genießen konnten und das auch gut für ihre Bewertung war, wage ich zu bezweifeln.

Das Ganze musste garniert werden mit einer unterhaltsamen Konversation, in der man seine Schokoladenseiten, seine sozialen »Soft Skills« zur Geltung bringen durfte. An meinem Tisch saßen zwei Kollegen und die attraktive Assistentin der fremden Firma, die ein wenig aus dem Nähkästchen plauderte und uns dann nach unserer Arbeit befragte. Wirklich glücklich schien sie mit ihren Arbeitsumständen nicht zu sein. Ein Kollege pflichtete ihr aus vollem Herzen bei und gestand ihr, dass auch er das ein oder andere zu bemängeln hätte (er sparte auch nicht mit Details), der andere erzählte freimütig, dass wir uns gerade mitten in einem Führungskräfteseminar befänden und er froh sei, endlich eine Pause zu *haben. Er fände den Test nicht wirklich effektiv und zweifelte generell den Sinn eines solchen Verfahrens an. Unsere Bewerter saßen zwar außer Hörweite, nur war ich mir nicht sicher, ob die vier tatsächlich von der Firma A waren oder ob es sich um ein gefaktes Treffen handelte. Ich hielt mich also sowohl in Worten als auch im Alkoholgenuss deutlich zurück.*

Nach dem Essen verabschiedeten wir uns freundlich, der Kollege versuchte noch, die Visitenkarte der Assistentin zu erschleichen, »des guten Kontaktes wegen«. Ich bedankte mich für die nette Gesellschaft und wünschte ihr viel Glück für ihre weitere berufliche Zukunft.

Danach war ein kurzer Spaziergang angesagt, währenddessen sich die Teilnehmer und Bewerter wieder ein wenig mischten und sich neue Gesprächsgrüppchen bildeten. Ich lernte einen Kollegen kennen, den ich bis jetzt immer nur am Telefon gehabt hatte. Er wirkte frisch und ausgeruht und nahm die ganze Veranstaltung eher sportlich. Sehr sympathisch!

Wir steuerten gerade den Seminarraum an, da baten uns die Bewerter zum Einzelgespräch. Nach einem kurzen Small Talk mit einem Fachabteilungsleiter und dem Moderator ging es schnell zur Sache. Der Inhalt des Gesprächs entsprach dem eines Vorstellungsgesprächs. Stärken und Schwächen, berufliche Erfolge und Misserfolge, fachliche Fragen, Einschätzungen etc.

Schließlich fragte mich der Moderator, was für mich eine ideale Führungspersönlichkeit ausmachen würde. Das ist aus meiner Sicht die Vereinbarkeit der Unternehmensziele mit dem Potenzial meiner Mitarbeiter. Eine geschickte Personalauswahl gehört ebenso dazu, wie die Mitarbeiter mit Aufgaben zu betreuen, die ihnen am besten liegen. Organisationstalent und Kommunikationsfähigkeit nach oben wie nach unten sind Grundvoraussetzung. Nach rund einer halben Stunde endete das Gespräch. Die Atmosphäre war gelöst und ähnelte eher einem Erfahrungsaustausch als einer Bewerbung.

Nachdem alle Teilnehmer ihr Gespräch absolviert hatten, zogen sich die Bewerter für eine Stunde zurück. Das gab einigen Kollegen die Gelegenheit, ihre Meinung über das Ganze zu verkünden. Ich hielt mich zurück und überlegte mir im Stillen, in wem ich mich in meiner Einschätzung aus dem Berufsalltag getäuscht hatte und wer für mich eine gute Führungspersönlichkeit darstellt. Der Kollege, der am Anfang Punkte gesammelt hatte durch seine gezeichnete Kurzvorstellung, war mir positiv aufgefallen. Im »normalen Arbeitsleben« erschien er mir immer eher unauffällig. Eine Kollegin aus meiner Abteilung hatte mich mit ihrem Ideenreichtum verblüfft. Allerdings hatte sie ihn nie zur richtigen Zeit zur Geltung gebracht und sich von anderen schnell überrumpeln lassen. Aber sie war ja noch jung. Eine Altersgenossin dagegen hatte sich ständig bemerkbar gemacht, und nicht immer zu ihrem Vorteil. Die Grundregeln der Kommunikation schienen für sie nicht zu gelten und ein geschätzter Kollege von mir sah sich gezwungen, sie einmal kurz zu maßregeln, als sie ihm während seiner Präsentation mit

Zwischenkommentaren in die Parade fuhr. Ein Kollege, der mir vorher sympathisch war, entpuppte sich als peinlich und unzuverlässig. Er hatte bei den Frauen die Grenze der Höflichkeit überschritten, zu viel getrunken und sollte mir bald noch in den Rücken fallen.

Als die Bewerter in den Seminarraum zurückkehrten, erhielten wir nicht gleich unsere Ergebnisse, sondern wurden aufgefordert, uns selbst und die Leistung der anderen einzuschätzen, und das vor allen Teilnehmern. Bis zu diesem Punkt hatte ich das Seminar als sehr professionell empfunden. Allerdings waren mir gleich zu Beginn Zweifel gekommen, wie sich diese zwei Tage auf unser künftiges kollegiales Verhältnis auswirken würden. Ich hätte ein Einzel-Assessment vorgezogen.

Die Selbsteinschätzung vor den anderen Teilnehmern bereitete mir keine großen Probleme, weil ich mir dessen bewusst bin, dass niemand perfekt ist. Mich aber in aller Öffentlichkeit zu den Fähigkeiten meiner Kollegen zu äußern, kam für mich nicht infrage. Und nur aus Höflichkeit Positives zu sagen, wäre wohl nicht Sinn der Übung gewesen.

Meine Kollegen sahen das offensichtlich anders. Die Meinungen über mich waren geteilt. Die Kollegin, die mich nach der Gruppendiskussion so unangenehm angegangen hatte, äußerte sich überraschend positiv – ich sei geradlinig, würde mich nicht dem Gruppendruck beugen, nur um geliebt zu werden, hätte eine angenehme Art des zwischenmenschlichen Umgangs und verfüge über eine unkonventionelle, fachlich fundierte Art zu denken. Umso erstaunter war ich über den bereits erwähnten Kollegen, den »Frauenflüsterer«. Vollkommen unmotiviert sprach er mir jegliche Führungskompetenz ab. Er war Teilnehmer »meiner« Gruppe gewesen und distanzierte sich von dem gesamten, gemeinsam erarbeiteten Konzept. Er hätte sich während der Diskussion der Gruppe deswegen nicht geäußert, aber jetzt müsse er sagen, dass er sich lieber für ein völlig anderes Konzept mit einer wesentlich größeren Erfolgsaussicht entschieden hätte. Kommentar überflüssig. Ich erfuhr aber auch Zuspruch und freundlich-distanzierte Meinungen.

Als ich an der Reihe war, meine Kollegen zu bewerten, lehnte ich dies ab mit der Begründung, mich nicht über Stärken und Schwächen von Menschen äußern zu wollen, mit denen ich noch auf Augenhöhe zusammenarbeiten würde. Wenn überhaupt, würde ich meine Meinung in einem Vieraugengespräch nur mit dem Betreffenden zum Besten geben, wenn sich derjenige davon neue Erkenntnisse verspräche. Was ich nicht sagte, war, dass ich nicht Gefahr laufen wollte, jemanden zu bewerten, der vielleicht einmal in eine höhere Position als ich rücken würde.

Schließlich bekamen wir unser Einzel-Feedback. Meines war alles in allem positiv. Die Bewerter hatten Dinge zu bemängeln, die ich mir schon gedacht hatte (das Übersehen der Medien während der Selbstpräsentation, das mangelnde Fachwissen zum Thema der Präsentation). Aber sie kritisierten auch Dinge, die mich erstaunten. So attestierten sie mir zwar gute Umgangsformen, Improvisationsge-

schick (wohl nach meiner missratenen Präsentation) und eine gute Eigenpräsen-
tation, bemängelten aber eine gewisse Dominanz in meiner Körpersprache und
meinem Kommunikationsverhalten. Sie machten das an meinem Verhalten in der
Gruppendiskussion fest. Ich hätte andere unterbrochen und schneller als zeitlich
nötig auf einen Konsens gedrängt (und natürlich auf meinen). Diese Dominanz
könnte Ideen anderer zugunsten meiner eigenen ersticken und zurückhaltendere
Mitarbeiter einschüchtern. Andererseits attestierten sie mir, dass mein Verhalten
begründet war, denn alle Gruppenmitglieder hatten mich freiwillig und von An-
fang an als »Alphatier« behandelt.

Ich hätte gerne sofort energisch widersprochen, meine Mitarbeiter unterdrü-
cken zu wollen, aber mir fiel rechtzeitig die Erklärung des Moderators zu Beginn
unseres Gesprächs ein, ein Feedback werde grundsätzlich nicht unterbrochen.
Gleichzeitig wurde mir klar, dass genau dieses Verhalten mit Dominanz gemeint
sein könnte – und ich musste ihnen Recht geben. Ich habe mir vorgenommen,
daran zu arbeiten.

Ob die vier im Lokal echt oder gefakt waren, habe ich dann doch nicht ge-
fragt. Sollten sie ein Teil des Tests gewesen sein, war er sehr gut inszeniert.

Insgesamt hätte ich ein Einzel-Assessment vorgezogen, weil ich es nicht gelun-
gen finde, mich »blind« mit Kollegen desselben Unternehmens zu messen. Trotz-
dem waren die zwei Tage gut organisiert, unser Unternehmen hat sich sichtlich
bemüht, keine »Psychokrieg«-Atmosphäre entstehen zu lassen. Allerdings hatte
ich nie das Gefühl von Realitätsnähe, obwohl die Themen der Übungen an unsere
Branche angelehnt waren. Ich bin mir auch nicht sicher, ob man aufgrund eines
so konstruierten Umfeldes tatsächlich Führungsqualitäten für eine individuelle
Stelle herausfinden kann. Außerdem frage ich mich ernsthaft, was es für Folgen
für mich gehabt hätte, hätte ich die Einladung abgelehnt. Wirklich freiwillig ist
eine solche Veranstaltung wohl nie.

Die erfahrene Bankerin im Personalentwicklungs-Assessment-Center

Hannah F., 40 Jahre, will in ihrer Bank mehr Verantwortung übernehmen. Dazu
musste sie ein zweitägiges AC absolvieren und berichtet:

Seit mehreren Jahren arbeitete ich bereits in der privaten Kreditvergabe einer gro-
ßen deutschen Bank in Hamburg. Ich war erfolgreich, hatte aber auch das Ge-
fühl, dass für mich beruflich noch mehr drin sein müsste. Zugegeben, ich bin
durchaus ehrgeizig. Zu meinem Vorgesetzten bestand ein gutes Verhältnis, er för-
derte mich, wo er konnte. Wir hatten eine Art Mentoren-Mentee-Verhältnis. Von
ihm erfuhr ich, dass ich innerhalb der Bank aufsteigen könne. Er kümmerte sich
darum, mich mit den richtigen Entscheidern ins Gespräch zu bringen, und so

wurde ich eines Tages angesprochen, ob ich nicht an einem breit angelegten Assessment Center teilnehmen wolle, in dem es um Führungsaufgaben gehe.

Natürlich wollte ich und so erhielt ich die Einladung zu einem zweitägigen AC in einem Sporthotel in Sachsen. Mit mir sollten aus der ganzen Bundesrepublik Bankmitarbeiter dabei sein, um sich für eine Führungsaufgabe zu empfehlen. Ich hatte mich mithilfe von Literatur gut auf das AC vorbereitet und bin entspannt dorthin gefahren.

Nach der Anreise und nachdem wir unsere Zimmer bezogen hatten, ging es gleich zum Abendessen. Dort trafen sich neben den Teilnehmerinnen und Teilnehmern – es war pari pari – auch die Leute, die uns in den kommenden zwei Tagen begutachten sollten. Das wussten wir nicht, sondern stellten es erstaunt am nächsten Tag fest, als es an die richtige Vorstellung ging. Da ich mich gut vorbereitet hatte, wusste ich, dass unser Verhalten auch außerhalb der AC-Veranstaltung begutachtet wurde, und so bin ich beim Abendessen freundlich-neutral aufgetreten.

Wir waren rund 20 AC-Teilnehmer aus ganz Deutschland. Um uns offiziell miteinander bekannt zu machen, wurden wir in zwei Gruppen aufgeteilt und in jeder Gruppe mussten sich Paare bilden. Diese sollten sich nun gegenseitig interviewen und dann jeweils den anderen vorstellen. Bei mir und meiner Partnerin klappte das ganz gut, denn wir hatten uns schon am Vorabend kennengelernt und wichtige »Daten« ausgetauscht. Die anderen hatten es da schwerer.

Aber auch für uns beide sollte es noch unangenehm werden. Im Anschluss an die Vorstellungsrunde ging es ans Eingemachte. Wir wurden in kleine Gruppen unterteilt und bekamen die Aufgabe, darüber zu diskutieren, wie man am besten mit den aufgrund der allgemeinen Wirtschaftslage anstehenden Personalentlassungen umgehen solle. Ich bin in der Lage, dezidiert zu diskutieren, wollte mich aber nicht so peinlich produzieren wie einer aus der Gruppe, der offenbar meinte, dass in einer Gruppendiskussion nur die Durchsetzungsfähigkeit des Einzelnen zählt. Ich hingegen brachte den menschlichen Faktor mit in die Diskussion ein, scheute mich aber nicht davor, Personalentlassungen als notwendige Maßnahme zu akzeptieren. Alles in allem habe ich mich – so meine Einschätzung – ganz tapfer in dieser Situation geschlagen.

Beim anschließenden Mittagessen fiel ein wenig von der Anspannung des Vormittages ab und ich hatte ein gutes Gefühl. Dieses positive Grundstimmung war wichtig für die weiteren eineinhalb Tage und ein großer Motivationsfaktor.

Nach der Pause kamen wir zu einer Übung, zu der ich absolut keine Lust hatte: Postkorb. Von ihr hatte ich schon gelesen. Durch meine Abneigung und innere Blockade hielt ich mich prompt zu lange mit Einzelheiten auf.

Die letzte Übung an diesem ersten Tag war ein Rollenspiel (eins von zweien), das wir untereinander spielen sollten. Wir hatten es mit einem schwierigen Kunden zu tun, der unzufrieden war mit unserer Zinspolitik. Und da dieser Kunde von einem meiner Mitbewerber gespielt wurde, kam ein gewisses Konkurrenzver-

hältnis zwischen uns zum Tragen. Es war so, dass von den 20 Teilnehmern fünf einen neuen Vertrag angeboten bekommen sollten. Also versuchte mein Gegenüber, einen besonders schwierigen Kunden zu spielen. Ich ließ mich davon nicht aus der Ruhe bringen, sondern erklärte ihm mehrfach geduldig unsere Preispolitik. Die Absolvierung dieser Übung brachte mir große Sympathien ein, wie mir später berichtet wurde.

Am nächsten Tag bekamen wir – jeweils in Gruppen von vier Leuten eingeteilt – die Aufgabe, eine Firma für Miederwaren (!) wieder auf Vordermann zu bringen. Wir sollten entscheiden, in welche Richtung das Unternehmen gehen soll – entweder in die Massenproduktion oder in die High-Price-Nische. Wir diskutierten hin und her, und ich war es dann, die das Ergebnis präsentierte, nicht ganz unaufgeregt vor so vielen Leuten, aber irgendwie hat das auch Spaß gemacht.

Dann wurde es noch einmal richtig schwierig. In einem strukturierten Interview fühlten mir gleich drei Assessoren auf den Zahn. Dabei stellten sie auch Fragen, deren Beantwortung ich elegant zurückwies. Ich wurde über meine Familienplanung (ich war damals bereits Mutter einer Tochter) befragt, und zwar ganz konkret, ob ich erneut schwanger sei. Das habe ich mit einem lächelnden »Sie wissen, dass Sie das eigentlich nicht fragen dürfen« abgebügelt, was mir offenbar Punkte einbrachte, weil man sich nicht alles bieten lassen sollte. Sich abgrenzen zu können ist wichtig, besonders wenn es um Führungsaufgaben geht.

Im Abschlussgespräch, in dem uns mitgeteilt wurde, wer einen neuen Vertrag und damit eine neue Position bekommen soll, hoben die Assessoren besonders mein Geschick hervor, mit Menschen umzugehen und dabei zwar führungsstark, aber auch kompromissbereit zu sein. Heute leite ich die Abteilung, in der ich vorher eine der Mitarbeiterinnen war, und es geht mir richtig gut damit. Ich habe das AC auch als Möglichkeit angesehen, mir meine Stärken und Schwächen noch einmal vor Augen zu führen. Nach einigen Jahren im Job ist einem das oft nicht mehr so klar.

Über das Einzel-Assessment-Center eines firmeninternen Aufsteigers

Statt mit und in einer Gruppe auf- und anzutreten, um etwas »vorzuspielen«, wurde Frank Peter K. von seinem Unternehmen – bevor es hierarchisch für ihn eine weitere Stufe hinaufging – in ein sogenanntes Ein-Mann-AC geschickt. Vieles erinnert an das AC, aber hier wird auch der Übergang zum MA spürbar.

Seit drei Jahren arbeite ich im mittleren Management eines deutschen Telekommunikationsunternehmens. Ich halte mich für ehrgeizig und möchte in meiner Firma in der Hierarchie aufsteigen. Deswegen habe ich mich auch sehr gefreut, als unsere Personalabteilung eine Beförderung vorschlug. Vor dem Aufstieg sollte ich mein Können aber noch mal unter Beweis stellen: in einem Einzel-Assessment-Center.

Ich hatte zwar einige Jahre zuvor schon an »normalen« ACs teilgenommen, ein Einzel-AC war mir allerdings doch neu. Da kann man sich nicht gelegentlich mal hinter den anderen verstecken (obwohl auch das in einem klassischen AC natürlich schwierig ist). Vor dem Termin habe ich mich bei einigen Kollegen, von denen ich wusste, dass sie bereits auch an einem Einzel-AC teilgenommen hatten, über den Ablauf erkundigt. Das war sehr hilfreich. So hatte ich eine ungefähre Vorstellung davon, was auf mich zukommen würde.

Einige Tage vor meinem AC bekam ich per Mail Anweisungen zugesandt, wie ich die erste Übung – die Selbstpräsentation – vorbereiten sollte. Mir wurde freigestellt, mich auch technischer Mittel zu bedienen, und so arbeitete ich eine Power-Point-Präsentation aus.

Der Tag, an dem das AC stattfand, begann locker. In dem Raum, in dem ich den Tag verbringen sollte, waren Kaffee und Wasser schon vorbereitet. Ich war als Erster da und begann, den Beamer aufzustellen. Zwei Assessoren sollten dabei sein, eine Mitarbeiterin aus der Personalabteilung und ein Kollege aus einer anderen Abteilung als der meinen. Als sie eintraten, machten wir erst mal freundlichen Small Talk.

Dann ging es los: Ich sollte bei meiner Präsentation meinen persönlichen und beruflichen Werdegang schildern, wie ich meine Karriere geplant hatte und wie ich gedachte, in Zukunft zu agieren. Das war insofern auch für mich interessant, als ich mir wirklich mal vorher überlegen musste, wie ich meine Zukunft sehe. Im Alltag kommt man ja oft nicht dazu, sich über seine eigenen beruflichen Ziele so richtig klar zu werden (und sie sich dann auch selbst zu setzen). Mein Vortrag lief gut, ich war nicht sonderlich nervös. Einige Male wurde ich durch Nachfragen unterbrochen, die ich aber immer beantworten konnte. Ich fühlte mich gut.

Die zweite Übung am Vormittag war ein Rollenspiel. Ich sollte einen Abteilungsleiter verkörpern, der von seinen Mitarbeitern eine Datenbank für Kundendaten erstellen lassen sollte. Die Mitarbeiterin, der ich das Projekt verantwortlich übergeben hatte, war aus mir unbekannten Gründen nicht rechtzeitig fertig geworden, und ich musste jetzt als ihr Vorgesetzter mit ihr sprechen. Die Kollegin aus der Personalabteilung, die mich prüfte, spielte die Mitarbeiterin. Ich musste ihr also deutlich Druck machen, ohne sie jedoch völlig zu demotivieren. Mir war klar, dass ich hier neben Durchsetzungsfähigkeit und Führungsstärke auch Einfühlungsvermögen demonstrieren sollte. Ich glaube, das ist mir ganz gut gelungen. Ich habe mit »Ich«-Botschaften gearbeitet, aber auch meine Enttäuschung über das mangelhafte Arbeitsergebnis geäußert, und dann gemeinsam mit der »Mitarbeiterin« doch noch eine Strategie für das Gelingen des Projektes entwickelt.

Zum Abschluss des Vormittags, bevor es zum Mittagessen ging, durfte ich einen mehrseitigen Fragebogen ausfüllen, in dem jede Menge Persönlichkeitsfragen gestellt wurden.

War ich vor dem Mittagessen meiner Einschätzung nach recht stark in meiner Präsenz, ließ ich im zweiten Teil meines Einzel-AC ein wenig nach. Der Einbruch kam, als es an den Postkorb ging, eine klassische, ja legendäre AC-Übung. Ich bekam eine lange Liste an Tätigkeiten und Vorgängen auf den Tisch, die ich je nach Priorität ordnen sollte. Eine Dreiviertelstunde Zeit gab es für diese Aufgabe. Ich hatte mir notiert, was ich selbst erledigen, aber auch was ich delegieren wollte. Irgendwie kam ich mit der Zeit nicht klar, und so blieben am Schluss einige Punkte unbearbeitet. Ich war ziemlich unzufrieden mit mir in dieser Postkorbübung, zumal es ja gerade für Führungskräfte nicht unwichtig ist, bei notorischer Zeitnot den Überblick zu behalten und vieles zu delegieren. Lange konnte ich mich aber meinem Frust nicht hingeben, da die nächste und letzte Übung, und meiner Meinung nach auch kniffligste Aufgabe, bereits auf mich wartete.

Hier war meine Aufgabe, einem fachfremden Kollegen einen komplexen psychologischen Vorgang zu erklären, den er dann wiederum einem weiteren Kollegen nahebringen sollte. Diese Übung, zumal sie am Ende eines langen Prüfungstages stand, war ganz schön anstrengend und forderte mich stärker, als ich gedacht hätte. Das Thema Psychologie ist mir nicht sehr geläufig, und so fiel mir das Hantieren mit den Fachbegriffen schon schwer, auch wenn ich den Vorgang selbst ja nur einem Fachfremden zu erklären hatte. Hier habe ich mich nicht so gut verkauft, das wurde mir auch später in der Feedback-Runde mitgeteilt.

Mein Fazit: Ein Einzel-AC ist ein Stück schwerer als ein klassisches AC. Man muss die ganze Zeit über mehr als 100 Prozent dabei sein und darf nicht sichtbar nachlassen. Ständig steht man im Mittelpunkt des Interesses, alles – so glaubte ich jedenfalls – wird registriert. Aber auf der anderen Seite haben die Assessoren meine Stärken und leider auch einige Schwächen gut erkannt und konnten mir für meine künftige persönliche Entwicklung schon wertvolle Rückmeldungen geben. Letzten Endes bin ich befördert worden und bin jetzt verantwortlich für acht Mitarbeiter.

Der Umsteiger

Von einem der auszog, das Fürchten zu lernen, hieß es bei den Gebrüdern Grimm. Erst im Internet, dann doch im richtigen Leben. Ein AC-Bericht von Hans Sch., 35 Jahre.

›Jetzt reicht's‹, dachte ich, als ich erfuhr, dass mein Chef wieder einmal ohne mein Wissen eine Entscheidung getroffen hatte, die ganz direkt meinen Arbeitsbereich betraf. Ich arbeitete damals in einer Firma, die sich mit der Erstellung von Webseiten befasste, und ich mochte meinen Job im Grunde. Bis auf die Differenzen mit meinem Chef. Ich musste hier raus. Dringend. Das spürte ich schon seit langem sehr deutlich.

Beim Surfen im Internet fand ich dann überraschenderweise schnell eine Stelle, die mich interessierte. Ein großer deutscher Automobilhersteller suchte nach einem Projektleiter fürs Internet, und das Profil passte gut auf meine bisher gemachten Erfahrungen. Von Haus aus bin ich studierter Fotoingenieur, hatte mich aber schnell nach meinem Studium im Bereich Webseiten-Programmierung und Internetberatung beruflich umorientiert. Kurzerhand entschloss ich mich, mich zu bewerben.

Das Bewerbungsverfahren lief nun aber nicht klassisch schriftlich ab, sondern ganz modern hatte ich ein Internet-Assessment-Center zu absolvieren. Internet-Assessment-Center? Was soll das denn sein?

Nun, das sah so aus: Innerhalb von zwei Stunden musste ich rund 80 Fragen beantworten. Allgemeine Fragen, aber auch Fragen zum neuen Aufgabengebiet, die sich unter anderem mit Marketing befassten. Nicht unbedingt mein Paradefach. Aber ich habe mich (mithilfe meiner Freundin, wie ich zugeben muss) vor dem heimischen Rechner durch die Fragen gekämpft und konnte einige Tage später einer weiteren Mail entnehmen: »Glückwunsch, Herr Sch., wir möchten Sie gern persönlich näher kennenlernen! Und zwar bei einem Assessment Center!«

Der Termin sollte einige Wochen später stattfinden, und da es mitten im Winter war, plante ich reichlich Zeit für die Anreise ein. Zu viel, wie sich herausstellte, da ich statt um 8 Uhr bereits um 7.15 Uhr ankam. Nun gut. Ein bisschen Warten im Auto hat noch niemandem geschadet.

Als ich später pünktlich das Gebäude betrat, waren einige meiner »Konkurrenten« *schon eingetroffen. Es gab Kaffee und Tee, doch niemand griff zu. Ich glaube, keiner von uns wollte mitten in einer Übung plötzlich aufs Klo rennen müssen. Wir waren in unterschiedlicher Weise nervös, ich selbst spürte eine relativ angenehme Anspannung, meine Nerven flatterten nicht. Auch wenn ich schon gern einen anderen Arbeitsplatz gefunden hätte, war ich nicht völlig heiß auf diese Position.*

Nach einigen Minuten im Vorraum, mittlerweile waren alle zwölf Teilnehmer eingetroffen, wurden wir von zwei Frauen abgeholt, die uns in den Sitzungsraum brachten, in dem wir die kommenden Stunden verbringen sollten. Dort erwarteten uns schon drei Männer, zwei externe Berater, die das AC ausgearbeitet hatten, und ein Mitarbeiter der Firma, um die es ging.

Wir wurden nett begrüßt, und zunächst hielt der Firmenmitarbeiter einen Vortrag über das Unternehmen und über die Stellen, die zu vergeben waren. In Wirklichkeit war es also nicht nur eine, sondern es galt drei Stellen zu besetzen, was wir vorher nicht wussten. Umso besser.

Dann ging es zur Vorstellungsrunde. Wir bekamen alle einen Stift und ein großes Stück Papier in die Hand gedrückt und sollten in zehn Minuten die Eckdaten unseres Lebens, die uns am wichtigsten erschienen, notieren. Später mussten wir das Aufgeschriebene noch präsentieren. Durch meine Arbeit als Berater war ich es gewohnt, mich Kunden gegenüber »zur Schau« zu stellen, und so hatte ich kaum Probleme damit. Ich hatte meine Präsentation (als Einziger!) mit kleinen Zeichnungen versehen, damit das Blatt nicht allzu nüchtern aussah.

Nach der Vorstellung ging es ans Eingemachte: Gruppendiskussion! Jeweils sechs Leute stellten ein Team dar, das ein Projekt für einen neuen Kunden auf die Beine stellen sollte, und dessen Mitglieder recht unterschiedliche Vorstellungen von der Realisierung dieses Projektes hatten. Am Schluss sollten wir natürlich ein Ergebnis vorweisen können. Anhand dieser Diskussion traten nun die Charaktere meiner Konkurrenten (und natürlich auch von mir) sehr viel stärker zu Tage als bei der Einführungsrunde zu Beginn. Ich erinnere mich besonders an meinen Nebenmann, der im realen Leben Projektleiter in einem anderen Unternehmen war, und der sich gerierte, als wäre er der Boss. Ich sage zwar auch gern, wo es langgeht, aber immerhin hatte ich geblickt, dass nicht nur Durchsetzungsvermögen und Führungsverhalten, sondern gerade auch die Fähigkeit, den anderen zuzuhören und Kompromisse einzugehen, gefragt war. Ich war ganz zufrieden mit meiner Rolle, zumal ich meinen Nebenmann mehrmals ganz leicht ironisch ausbremsen konnte.

Die nächste Übung drehte sich um ein Kundengespräch unter vier Augen. Wie erwartet, war der Kunde sehr unzufrieden mit meiner Arbeit an einem Internetprojekt für seine Firma. Es kostete mich einige Mühe, ihn zu beruhigen und auf einen Nenner mit ihm zu kommen. Normalerweise bin ich nicht sonderlich diplomatisch, im Job aber habe ich es mir angewöhnt, solche Dinge nicht zu persönlich zu nehmen. Und so kam ich ganz gut mit dem Kunden klar und konnte ihn davon überzeugen, mir noch einmal eine Chance zu geben.

Den Abschluss des Assessment Centers bildete ein Einzelgespräch, bei dem ich von dem Firmenmitarbeiter und einem der beiden Berater in die Mangel genommen wurde. Der zweite Berater saß im Hintergrund des Raumes und machte sich Notizen. Ich wurde – ähnlich wie in einem Vorstellungsgespräch – nach meinem Lebenslauf befragt, auch Fachkenntnisse und Motivation spielten eine Rolle. Ich versuchte, die Fragen sachlich und klar zu beantworten, machte manchmal aber – das war wohl mein Fehler – keinen großen Hehl daraus, dass ich diese für ziemlich dämlich hielt. Ich war doch kein Auszubildender mehr.

Letztendlich war es so, dass man drei anderen Teilnehmern ein Angebot machte. Ich war ihnen offenbar zu forsch und eigensinnig. Das sagten sie mir wenigstens beim letzten Gespräch. Auch wenn ich anfangs ein wenig gekränkt war, bin ich im Nachhinein sehr froh über diese Entscheidung. Denn ich habe gemerkt, dass ich kein Typ für Großunternehmen bin. Ich möchte kein Rädchen in einer Maschinerie sein. Und mittlerweile habe ich eine Stelle gefunden, in der ich richtig glücklich bin. Ein kleines Büro mit fünf Leuten. Es geht mir blendend.

Ein ganz besonderes Erleben ...

Ein Assessment Center zu überstehen, um eine Kommunikationstrainerausbildung in einem namhaften Versicherungskonzern zu bekommen, ist schon eine sehr spezielle Herausforderung, insbesondere, wenn man wie Michael W., 34 Jahre, quasi vom Fach ist.

Ich habe schon mehrere Assessment Center in meinem Leben absolviert. Eines davon ist mir aber ganz besonders im Gedächtnis geblieben. Vor längerer Zeit bewarb ich mich um die Teilnahme an einer Kommunikationstrainerausbildung in einem großen Versicherungsunternehmen. Die Einladung zum Assessment Center freute mich sehr, denn dieses Unternehmen stand ganz oben auf meiner Rangliste und die Ausbildung gilt als hochqualifiziert.

Wir waren zehn Teilnehmer. Die Atmosphäre der Veranstaltung war durchaus angenehm, die Veranstaltung selbst jedoch straff organisiert und, was die Aufgaben anbelangt, ausgesprochen anspruchsvoll. Jedem von uns wurde sofort klar, dass die Ausbildung ihren guten Ruf nicht umsonst genoss und dass eine erfolgreiche Absolvierung sehr erfreuliche Berufsaussichten versprach. Die genauen Themen sind mir nicht mehr geläufig, wohl aber der Ablauf der Übungen.

Das Assessment startete mit einer Selbstpräsentation in lockerer Atmosphäre. Das bedeutet, dass wir keine festgelegte Sitzordnung hatten. Auch Sitzen war nicht unbedingt Pflicht. Das war mir sehr recht, denn in solchen Situationen stehe ich lieber. Die Aufgabe an sich war nichts Besonderes. Besonders wurde sie aber durch die zeitliche Vorgabe: fünf Minuten ganz genau. Erlaubt war uns, zehn Sekunden über oder unter der Zeit zu bleiben – mehr nicht. Wie lange wir uns darauf vorbereiten konnten, weiß ich jetzt nicht mehr. Die Vorgabe habe ich aber erfüllt.

Bereits zu diesem Zeitpunkt merkte ich, dass der Erfolg allen Teilnehmern ein echtes Anliegen war. Niemand sah darin eine Übung für eine zukünftige bessere Gelegenheit, wie es ja durchaus üblich ist. Wir waren Konkurrenten. Ich bekam das zu spüren, als mir ein Teilnehmer kurz vor seiner Präsentation in einem ziemlich harschen Ton unvermittelt mitteilte, es würde ihn irritieren, dass ich stehe. Ich fragte ihn, wo das Problem sei und dass es kein Reglement gebe, wonach ich mich setzen müsste. Für mich sei es dagegen ein Problem, mich zu setzen. Wenn es gar nicht mehr gehen sollte, möge er mir doch bitte Bescheid sagen, dann könnte man ja nach einer einvernehmlichen Lösung suchen. Ich bin mir nicht so ganz sicher, woher ich diese Coolness genommen habe. Eine solche Reaktion kann ja böse nach hinten losgehen. Was, wenn mir mangelnde Teamfähigkeit oder Kooperationsbereitschaft unterstellt werden würde? Oder ein ungesundes Alphatier-Verhalten? Natürlich habe ich in diesem Moment darüber nicht nachgedacht. Ich fand das Verhalten dieses Teilnehmers nur anmaßend und noch dazu traurig durchsichtig.

Im Anschluss wechselten sich Einzel- und Gruppenübungen ab. Wir bekamen eine Konstruktionsübung und hatten Intelligenz- und Persönlichkeitstests zu lösen. Logiktests waren nicht dabei. Die Prüfer forderten uns auf, zu definieren, was für uns Kommunikation bedeutete und wie wir das in unserer Arbeit umsetzen wollten. Eine äußerst anspruchsvolle Aufgabe war die komplette Planung und Organisation eines Seminars, die während der beiden Tage abgeschlossen und präsentiert werden musste.

Auch der Zeitrahmen dieser beiden Tage ist beachtenswert. Von 9 bis 23 Uhr und am nächsten Tag von 8 bis 17 Uhr durften wir unsere Fähigkeiten unter Beweis stellen. Ganz besonders im Gedächtnis geblieben ist mir der Termin für das Einzelinterview. Die Prüfer hatten es auf den späten Abend des ersten Tages angesetzt. Eine ganze Stunde lang mussten wir uns persönlich und fachlich auf Herz und Nieren prüfen lassen, und das nach über zehn Stunden höchster Konzentration. Natürlich gab es zwischendrin auch Pausen. Aber wir waren uns alle nicht sicher, ob wir da auch unter Beobachtung standen oder nicht. Das trug nicht besonders zur Entspannung bei. Generell bekamen wir herzlich wenig Information zum Ablauf des Assessment Centers.

Anders als bei den Assessment Centern, die ich sonst absolviert habe, wechselten die Prüfer ununterbrochen. Mal beobachtete uns einer, mal vier, mal sechs Prüfer (Psychologen und Leiter von Fachabteilungen). Ich konnte kein klares Konzept erkennen, wonach sich ihre Anzahl und der Wechselturnus richtete. Wir hatten auch keinen einzigen Prüfer durchgehend vor uns. Vielleicht sollte so allzu große Einflussnahme durch Sympathie oder Antipathie vermieden werden. Übrigens haben wir zu keinem Zeitpunkt ein Feedback zu unseren Leistungen erhalten.

Es war das härteste, aber auch das beeindruckendste und fachlich interessanteste Assessment Center, das ich je absolviert habe. Am Ende des zweiten Tages kam ich mir vor, als seien Geist, Herz und Nieren gründlichst durchgewalkt. Auf jeden Fall erhielt ich eine sehr gute erste Vorstellung davon, wie wohl die Ausbildung verlaufen würde.

Ich bin einer der Glücklichen, die sich überzeugen durften, ob dieser Eindruck stimmte. Ein paar Tage später bekam ich einen Brief mit dem erfreulichen Satz: »Wir haben uns kennengelernt. Jetzt wollen wir mehr.«

Auf Vorschlag des Vorgesetzten

Von einer Potenzialanalyse oder doch eher einem Assessment Center in ihrem Versicherungsunternehmen berichtet uns Barbara M., 45 Jahre.

Meine einzige Assessment-Center-Erfahrung ist Gott sei Dank eine positive. Ein richtiges Assessment Center, bei dem es um eine ausgeschriebene Stelle geht, war es auch gar nicht. Es handelte sich eher um eine eintägige Mitarbeiterpotenzialanalyse, ich würde es auch nicht Management Audit nennen, weil wir doch öfters in einer Gruppe arbeiteten.

Ich arbeitete bereits einige Jahre in dem Unternehmen, in dem ich auch heute noch tätig bin, als mir mein Chef vorschlug, an einem solchen Assessment Center teilzunehmen. Er hätte zukünftig einige Pläne und wollte wissen, wie es denn so um meine Führungsqualitäten bestellt sei. Ich sagte zu. Angeblich wäre es aber auch kein Problem gewesen, das Angebot abzulehnen. Außer mir nahmen noch zwei Kollegen aus zwei anderen Abteilungen teil. Natürlich kannten wir Teilnehmer uns untereinander. Um es vorwegzunehmen: Da es nicht um eine bestimmte Stelle ging, war die Atmosphäre sehr angenehm, von Konkurrenz nichts zu spüren.

Konzipiert und moderiert wurde das Verfahren von einer Psychologin, die für ein kleines Personalunternehmen arbeitete. Als Beobachterinnen nahmen außerdem noch die Leiterin unserer Personalabteilung sowie eine Personalreferentin teil. Diese brachte noch eine Auszubildende mit, die gerade in ihrer Abteilung ihre Einarbeitung absolvierte. Für sie war das natürlich die perfekte Gelegenheit, an einem solchen Verfahren auf der »anderen Seite«, der der Personalentscheider, teilzunehmen.

Das Assessment Center begann um 9 Uhr morgens und dauerte bis 21 Uhr. Es war durchgehend immer irgendetwas zu tun. Natürlich gab es Pausen zwischendrin, aber für ein gemeinsames Essen bestand dann doch keine Gelegenheit. Wer gerade Zeit hatte, gönnte sich eine kleine Essenspause. Ich hatte mir das schon gedacht und mich auf Selbstversorgung eingestellt.

Die Tests begannen gleich mit einem Einzelinterview von circa einer halben Stunde Länge. Vorher bekamen wir eine Menge an Fragebögen mit den klassischen Tests in die Hand gedrückt. Dabei ging es aber mehr um die Persönlichkeit und weniger um Intelligenz oder Logik. Unsere Selbsteinschätzung bezüglich unseres Charakters, unserer Fähigkeiten und unserer Verhaltensweisen war gefragt.

Positiv überraschte mich ein zusätzlicher Onlinetest, der von Gallup entwickelt worden war. Ein Gallup-Mitarbeiter wertete diesen dann separat aus und wir erhielten von ihm in einem Einzelgespräch eine Art Mini-Coaching zu unseren Stärken und Schwächen. Dieser Onlinetest floss auch in die Bewertung mit ein.

Während wir der Reihe nach zu unseren Interviews gingen, bearbeiteten die anderen beiden Kollegen in dieser Zeit die Fragebögen.

Als Nächstes wurden wir mit der berühmten Postkorbübung konfrontiert. Welche Aufgaben im Einzelnen zu lösen waren, weiß ich nicht mehr. Sie waren auf alle Fälle anspruchsvoll und zahlreich.

Auch das Thema »Präsentation« war den Bewertern wichtig. Die Themenstellung lautete, neue Vertriebswege für ein bestimmtes Produkt bzw. Umstrukturierungsmaßnahmen einer bestimmten Abteilung unter besonderen Bedingungen zu finden. Wir hatten eine halbe Stunde Vorbereitungszeit. Dann präsentierte der erste Kollege seine Lösung. Danach wurde er aufgefordert, sitzen zu bleiben und bei den Präsentationen von uns anderen beiden anwesend zu sein. Gleich im Anschluss präsentierte der zweite Kollege und blieb ebenfalls sitzen. Nach meiner Präsentation wurden wir aufgefordert, schriftlich und mündlich unsere Einschätzung den anderen beiden Kollegen gegenüber kundzutun. An dieser Stelle wurde es sogar das ein oder andere Mal äußerst heiter und unterhaltsam.

Natürlich fehlte auch das Rollenspiel nicht. In dem vorgegebenen Szenario »teilten« sich zwei Kollegen eine Assistentin. Nach einer problemlosen Anfangszeit kippt jedoch die Situation. Die Assistentin legte sich immer mehr für einen der beiden ins Zeug und vernachlässigte dafür den anderen. Dieser Zustand ist für den Vernachlässigten untragbar. In einem Konfliktgespräch sollten die beiden Kollegen eine Lösung des Problems finden. Auch nach dieser Übung gab es ein promptes, sehr fundiertes und sachliches Feedback.

Last but not least hatten wir dann auch noch eine Gruppenarbeit zu demonstrieren, bei der Teamfähigkeit gefragt wurde. Unsere Stärken waren sehr unterschiedlich, sodass wir uns hier gut ergänzten. Sicher war es bei dieser Aufgabe sehr von Vorteil, dass es keine direkte Konkurrenz gab. Das wäre sonst bestimmt anders abgelaufen.

Ganz besonders förderlich für die Identifikation mit dem Unternehmen fand ich den Abschluss des Assessment Centers. Wir wurden mit leckeren Schnittchen und einem Glas Sekt belohnt.

Insgesamt fand ich die Übungen anstrengend, aber lösbar. Sie waren realistisch ausgewählt. Die Auswertung der Fragebögen, die uns einige Zeit später mitgeteilt wurde, brachte für mich keine großen Überraschungen. Es sind leider keine Talente ausgegraben worden, die ich nicht schon kenne und nutze, und ich wurde auch nicht völlig anders eingeschätzt, als ich mich selbst beurteilt hatte. Zu meiner Beruhigung gab es aber auch keine unbewussten Schwächen. Bei meinen Kollegen war das vielleicht anders, das weiß ich nicht. Ich jedenfalls hatte das Gefühl, dass die Bewerterinnen in meinem Fall ziemlich gut gemerkt haben, wie ich »ticke«.

Ich muss zugeben, dass ich mich nicht besonders vorbereitet habe. Auch eine besondere Taktik, was mein Verhalten anbelangt, habe ich mir vorher nicht überlegt. Auch glaube ich nicht, dass es über zwölf Stunden gelingt, ein Verhalten auf-

rechtzuerhalten, das nicht authentisch ist. Natürlich hatte ich den Vorteil, (fast) alle Beteiligten zu kennen. Außerdem liegt es ja in meinem eigenen Interesse, mich so beurteilen zu lassen, wie ich tatsächlich im Berufsalltag bin.

Nach diesem langen Tag war ich geschafft, aber die Mühe hat sich gelohnt. Mittlerweile habe ich Handlungsvollmacht erhalten, die sich auch spürbar auf meinen Kontostand ausgewirkt hat.

Sicher gibt es auch Negativbeispiele, aber wenn ein Assessment Center so konzipiert und organisiert ist wie dieses, bin ich mir sicher, dass es sowohl den Personalern als auch den Teilnehmern etwas bringt.

Ein Assessment Center für einen Personalentwickler

Bei einem Versicherungsunternehmen hatte Michael N., 40 Jahre, ein doch recht außergewöhnliches Erlebnis.

Vor einiger Zeit bewarb ich mich bei einem Versicherungsunternehmen um eine Position in der Personalentwicklung. Ich bekam eine Einladung zu einem eintägigen Assessment Center. Sehr akribisch bereitete ich mich darauf vor und fuhr mit dem Gefühl, dass mich wenig erschüttern könnte, zu dem Termin.

Beim Unternehmen angekommen, suchte ich den Raum, der auf der Einladung als Treffpunkt angegeben war. Ich war aufs Angenehmste überrascht. Er war sehr groß und hell, allerdings vollkommen leer – überhaupt keine Tische, Stühle, nichts. Die hintere Wand bestand eigentlich nur aus einer riesigen Glastür, die komplett aufgeschoben werden konnte. Dahinter befand sich eine großzügige Terrasse, um die herum die verschiedensten Grünpflanzen gruppiert waren.

Ich traf ein bisschen früher ein und dennoch, es befanden sich bereits zwei Mitbewerber im Raum, ein älterer Mann und eine sehr junge, sichtlich nervöse Frau. Kurz vor dem festgesetzten Termin waren wir komplett – zehn hoffnungsfrohe potenzielle Referenten, die der Dinge harrten, die da nun kommen sollten – und die nicht kamen. Denn es passierte nichts. Weder bekamen wir jemanden von der Firma zu Gesicht, noch spielte sich etwas zwischen uns ab. Irgendwie hatte jeder beschlossen, für sich zu sein, vor sich hin zu schweigen.

Als nach etwa zehn Minuten über der Zeit (gefühlte Zeit mindestens eine halbe Stunde) noch immer niemand von der Einladerseite zu sehen war, wurden die ersten merklich nervös. »Ob das wohl schon zum Test gehört?«, wagte sich eine sehr junge Frau vor, ich schätze mal eine Hochschulabsolventin, offensichtlich ganz frisch von der Uni. Die anderen waren wesentlich älter, wollten sich offensichtlich aber keine Blöße geben und hüllten sich weiter in Schweigen oder lächelten knapp.

Langsam spürte ich Ärger, massivsten Ärger in mir hochsteigen. Diese Art von Tests stößt bei mir auf absolutes Unverständnis. Ich spiele gern mit offenen Kar-

223

ten. Denn auch auf diese Weise ist es durchaus möglich, etwas über eine Person zu erfahren. »Hasch-mich-ich-bin-der-Mörder!«-Spielchen machen mich nicht neugierig, sondern sagen mir lediglich, dass ich mit einem Unternehmen, das solchen Methoden anwendet, nichts zu tun haben möchte. Trotzdem interessierte mich natürlich brennend, wie sich diese Geschichte weiter entwickeln würde.

Unauffällig betrachtete ich meine Konkurrenten, gab mich selbst aber höflich-unnahbar. Die sehr junge Frau hatte mittlerweile rote Nervositätsflecken im Gesicht und knetete ihre Finger. Ein Mitbewerber, etwas älter als sie, versuchte, sie in ein Gespräch zu verwickeln, was ihm jedoch gründlich misslang. Ein anderer holte alle paar Minuten das Einladungsschreiben aus seiner Aktentasche und starrte ungläubig auf den angegebenen Termin, wohl in der Meinung, sich vielleicht vertan zu haben. Eine Frau mittleren Alters, die eine Zeit lang durch die Glastür gestarrt hatte, sah auf die Uhr – 20 Minuten über der Zeit –, dann stand sie abrupt auf und verließ den Raum. An der Tür drehte sie sich kurz um und schnaubte: »Ich weiß ja nicht, wie Sie das sehen, aber mir liegen diese Psychonummern nicht. Die kriegen eine saftige Spesenrechnung von mir!« Ich hatte allerdings nicht den Eindruck, dass sie unter anderen Umständen sehr viel umgänglicher gewesen wäre.

Dieser Abgang löste Bewegung innerhalb der restlichen Verbliebenen aus. Manche nahmen die Sache mit Humor, andere waren richtig sauer und wieder andere verzogen sich eingeschüchtert in die Ecken oder auf die Terrasse.

Um es kurz zu machen: Wir warteten tatsächlich zwei Stunden! Nach dieser Zeit waren drei weitere Leidensgefährten gegangen, die restlichen sechs (inklusive mir) hatten beschlossen, zu bleiben. Für mich war das Ganze jetzt eher eine psychologische Studie. Ich hatte allerdings den Eindruck, dass drei der Verbliebenen sich nur deswegen zum Bleiben entschlossen hatten, weil es für sie lebensnotwendig war, diesen Job zu bekommen, egal, unter welchen Bedingungen sie dann arbeiten würden .

Mittlerweile verstand ich mich richtig gut mit einem Mitbewerber gleichen Alters, der einen ausgesprochen angenehmen schwarzen Humor besaß und sich die unglaublichsten Begründungen für unsere Situation ausdachte. Das Szenario, dass der Raum, in dem wir uns befanden, schon längst von der Erde abgekoppelt sei und sich freischwebend im All befand, um heimlich die körperlichen Werte nichts ahnender menschlicher Wesen in ungewohnter Umgebung zu testen, ohne auf ethische Bedenken Rücksicht nehmen zu müssen, war nur eine davon.

Und als schon niemand mehr damit rechnete (ein Mitbewerber hatte sich bereits im Schneidersitz häuslich auf dem Fußboden eingerichtet), öffnete sich die Tür und ein Tross von sechs Männern in dunklen Anzügen betrat den Raum. Ein kleinerer, verhauchter Mann mit einer Gloriole der Milde und Güte ums Haupt und einem Packen Papier unter dem Arm nickte kurz jeden Bewerber an und überfiel uns, ohne sich vorzustellen, mit der Frage: »Und – haben Sie die Zeit ge-

nutzt, um konstruktiv miteinander zu arbeiten?« Die anderen beäugten uns mit einem fast klinischen Interesse, so wie etwa Laborassistenten infizierte Laborratten betrachten.

Ich war fassungslos und konnte die jähe Zornesflamme, die in mir hochzüngelte, kaum im Zaum halten. In meiner 20-jährigen Berufslaufbahn, die meine Stressresistenz bestimmt sehr erhöht hat, war mir so etwas noch nie passiert. Eine solche Geschichte ist mir noch nicht einmal von arbeitssuchenden Kollegen erzählt worden. Also fragte ich ihn erst einmal, wer er eigentlich sei und was ihn befähigen würde, eine solche Frage zu stellen. Mit milder Stimme stellte er sich selbst als leitender Personalpsychologe vor. Die Identität der anderen wird mir wohl für immer verborgen bleiben. »Und was bitte schön hätten wir bearbeiten sollen?« Die Herren reagierten indigniert.

»Diese Wartezeit ist Teil eines Versuches, ein Test, den wir mit Ihnen durchgeführt haben. Wir haben Sie übrigens in dieser Zeit beobachtet!«, sagte der Psychologe. »Bekommen wir denn auch ein Ergebnis der Beobachtung mitgeteilt?«, wollte sogleich einer der mitwartenden Kandidaten eilfertig wissen. »Ein Feedback meinen Sie? Ein Feedback ist nicht angedacht. Wir werden Sie jetzt aber mit den nächsten Übungen vertraut machen.«

Das war genug. »Nicht mit mir!«, antwortete ich ihm und packte meine Sachen. Mein neuer Bekannter tat das Gleiche und beide gingen wir wie selbstverständlich davon aus, dass sich auch die anderen uns anschließen würden. Zu unserer Überraschung blieben zwei von ihnen – zwei von den dreien, von denen ich vorher den Eindruck gewonnen hatte, sie wären dringend auf diesen Job angewiesen.

Ich hatte mir zwar vorgenommen, die Veranstaltung bis zum Ende durchzustehen, um meine Neugier zu befriedigen, was sich dieses Unternehmen noch einfallen lassen würde, um an das Innerste ihres künftigen Mitarbeiters heranzukommen. Das pseudomäßige »Gutmensch«-Gehabe des sogenannten »Psychologen« raubte mir aber vollständig meinen Sinn fürs Skurrile.

Per Zufall lernte ich später auf einem Kongress eine Kollegin kennen, die mir von diesem Unternehmen genau dasselbe erzählte. Leider konnte auch sie mir nicht sagen, was sich noch in der Assessment-Wundertüte befunden hatte. Sie strich damals die Segel noch wesentlich früher als ich.

Zwei Wochen später absolvierte ich übrigens ein nicht weniger nervenzehrendes, aber professionell durchgeführtes Assessment Center bei einem Unternehmen, das meine Anstrengung mit einem gut bezahlten Job mit netten Kollegen in angenehmer Arbeitsatmosphäre belohnte.

Ein Gutes hat die Geschichte: Mit meinem damaligen Leidensgefährten bin ich auch heute noch sehr gut befreundet. Und die Geschichte dieses »Assessment Centers« sorgt bei beruflichen Zusammenkünften aller Art immer wieder für Heiterkeit und bringt mir Sympathiepunkte ein.

Trauen Sie sich das wirklich zu?

Was eine 34-jährige Führungsfachfrau beim Assessment Center in der Chemie-branche erlebt, liest sich erstaunlich.

Alles begann mit einer Initiativbewerbung, die ich an die Auslandsvertretung von W-Chemie schickte. Kurz darauf erhielt ich einen Anruf, es sei eine Position im Verkauf/Marketing/Business-Development zu besetzen. Ein erstes Telefonge-spräch mit dem Geschäftsführer des Landes verlief positiv. Es wurde ein Inter-viewtermin in der Auslandsvertretung mit dem Hinweis vereinbart, man habe einen Headhunter engagiert, der hinzukommen würde. Der Headhunter meldete sich tags darauf telefonisch bei mir, und es fand ein erstes längeres Bewerbungs-gespräch statt. Sowohl dieses Gespräch als auch das anschließende Interview waren sehr angenehm; das Feedback fiel positiv aus. Man sagte mir, die zu be-setzende Position sei in eine Matrix-Organisation eingegliedert, die disziplinär an zwei Landesorganisationen aufgehängt sei, ergebnisorientiert jedoch abhängig vom Geschäftsbereich des Mutterhauses wäre. Es wurde ein Besuch in Deutsch-land vorgeschlagen, um ein Interview mit dem Geschäftsführer des zweiten Lan-des und gleichzeitig Geschäftsbereichsleiter durchzuführen.

Nach einer Woche kam die erste Ernüchterung: Ich erhielt einen Anruf des Headhunters, der mir mitteilte, dass sein Kunde Bedenken bezüglich meiner Mo-tivation als weibliche Bewerberin in meinem Alter (ich bin 35!!!) habe. Ich rief den Geschäftsführer an, der Bedenken dieser Art verneinte und mir mitteilte, man plane ein AC im Hauptsitz, um alle Bewerber von verschiedenen Seiten kennen-zulernen. Ich wurde gefragt, ob ich »Lust hätte«, daran teilzunehmen, was mich etwas erstaunte, denn es war ursprünglich ein persönliches Gespräch geplant, sagte jedoch zu. Darauf hin erhielt ich alle erforderlichen Instruktionen für den AC-Tag und die Information, es würden fünf bis sechs Personen an dem AC teilnehmen. Mir wurde ein Ansprechpartner genannt, um eine gemeinsame Anreise zum Hauptsitz zu ermöglichen und meine Mitbewerber vorher kurz kennenzulernen. Es sei als »sportliche Veranstaltung« zu sehen und erfordere keine Vorbereitung.

So lernte ich meine Mitstreiter also am Vorabend des AC-Tages kennen. Wir waren zu viert angereist und wunderten uns alle über das Selektionsverfahren der Firma. Zwar kannten wir ACs, jedoch entweder als Einstellungsverfahren für Berufsanfänger oder firmeninterne Veranstaltung. Der Vorabend stand zu unse-rer freien Verfügung. Am nächsten Morgen lernten wir einen weiteren Mitstreiter kennen. Dieser war bereits bei W beschäftigt!

Dann ging's los. Die Teilnehmer der Beobachterseite stellten sich vor: zwei Mitarbeiter der Personalabteilung, der für die Durchführung des ACs verantwort-liche Personalberater, die beiden Geschäftsbereichsleiter und die beiden Geschäfts-führer der Landesgesellschaften. Uns wurde mitgeteilt, man habe zwei Positionen zu besetzen und das Ergebnis würde am Nachmittag bekanntgegeben. Wir wurden angehalten, Fragen zu stellen, um die Atmosphäre etwas aufzulockern; es war jedoch praktisch keine Zeit vorhanden, die Antworten genauer auszuführen, die Beiträge wurden sogar oft abgebrochen, was meine Neugierde nicht besonders steigerte.

Die erste Aufgabenstellung lautete, sich in maximal acht Minuten einem neuen Teammitglied vorzustellen und dabei alle zur Verfügung stehenden Mittel zur Visualisierung einzusetzen. Anschließend waren wir aufgefordert, einer nach dem anderen gegen einen Herrn der Personalabteilung im Verkaufsgespräch anzutreten und mit ihm eine Preiserhöhung, veränderte Lieferbedingungen etc. zu diskutieren. Um die Zusammenhänge zu verstehen, war Detailwissen des Chemikalienverkaufs gefordert.

Eine Postkorbaufgabe, für die wir 40 Minuten Zeit hatten, schloss den Vormittag ab. Beim Mittagessen sprach mich einer der Geschäftsbereichsleiter an, wofür ich denn derzeit zuständig sei. Ich hatte praktisch noch einen vollen Teller vor mir, als wir vom Tisch aufstanden, aber ich musste die Gelegenheit nutzen, diesen Herren von meiner Person zu überzeugen und mehrmals zur gleichen Frage Stellung zu nehmen, nämlich ob ich mir den Umgang mit den etwas rüden männlichen Technikern jener Länder (Spanien/Italien) auch wirklich zutraue. Auf die Frage, wie ich das AC empfände, entgegnete ich, dass mich das etwas autoritäre Verhalten des Personalberaters störe.

Der Geschäftsbereichsleiter räumte ein, man werde mit dem Herrn sprechen, er habe ebenfalls Bedenken, ob nicht sogar die AC-Veranstaltung selbst so etwas wie einen totalitären Charakter habe.

Weiter ging es mit der Vorbereitung auf eine Gruppendiskussion. Meine Motivation sank nochmals etwas tiefer. Zu einem Thema sollte nur ein Standpunkt bezogen werden. Da ich das Thema in jenem Augenblick in ein wirkliches Unternehmen projizierte, kam ich zu einer Synthese aus mehreren Standpunkten (entgegen der Vorgaben). In meiner anschließenden Kurzpräsentation nahm ich dazu Stellung, wie auch meine Mitstreiter in ihren Präsentationen. Wir sollten uns danach innerhalb von 30 Minuten auf einen einzigen Standpunkt einigen.

Unsere Beobachter zogen sich zurück. Der firmeninterne Bewerber bat einen der externen Bewerber um seine Adresse im Ausland und teilte mir mit, »ich solle auf jeden Fall mit der Personalabteilung in Kontakt bleiben, es würden immer wieder Stellen frei werden«.

Anschließend übergab man uns einen Zettel mit zwei Namenslisten: Es waren also drei Personen, die um eine Position stritten, an erster Stelle stand der bereits bei W beschäftigte Bewerber. Die erste Position der zweiten Gruppe besetzte der Bewerber, der zuvor um seine Adresse gebeten worden war.

Die nun folgenden persönlichen Interviews sollten 30 Minuten dauern. Als ich schließlich an der Reihe war, war eine Stunde vergangen. In den letzten Minuten des Gesprächs, als ich meinerseits aufgefordert wurde, Fragen zu stellen, gelang es mir, dem Geschäftsbereichsleiter noch ein paar Informationen zu entlocken. Auf die Frage nach der lokalen Organisation des zweiten Landes (die ich noch nicht so gut kannte) entgegnete mir der andere Geschäftsführer, man würde jegliche Art an landesspezifischer Unterstützung ermöglichen, wie auch »den Termin beim Friseur organisieren, Mädel«. Dieser Herr teilte mir ebenso unmissverständlich mit, dass er sich für die Kundenbetreuung in diesem Land keine Frau vorstellen könne. Statt mir Fragen zu stellen, begann man mit einem Feedback, dem ich nur teilweise zustimmen konnte. Ich hätte »bis zur Gruppendiskussion sehr gut im Rennen gelegen.«

Danach kamen wir wieder alle zusammen, und man bat um weitere Geduld bei der endgültigen Entscheidungsfindung. Weitere zehn Minuten verstrichen, bis man die beiden Auserwählten aufforderte mitzukommen: der bei W Beschäftigte und der Herr, der an erster Position der zweiten Gruppe auf der Liste stand. Damit waren die Würfel gefallen.

In einer abschließenden Rede wurde bedauert, nicht allen eine Position anbieten zu können. Man hoffe, dass niemand das AC mit negativen Gefühlen verlasse. Für ein Feedback stünden sowohl der Personalberater als auch einer der Vertreter der Landesgesellschaft in den nächsten Tagen zur Verfügung.

Auf der Rückreise sagte mir einer der Unterlegenen, er hätte nicht teilgenommen, wenn er vorher gewusst hätte, dass er gegen einen W-Mitarbeiter antreten würde. Er empfand das AC als unfair. Ich wäre ebenfalls nicht angetreten, hätte ich vorher gewusst, dass man einen Mann und Muttersprachler suchte. Diese Demütigung wäre mir erspart geblieben.

Alles Gute fürs nächste Mal

Mike P., 35 Jahre, bewirbt sich bei einer großen deutschen Bank und erlebt die ganze Palette an AC-Aufgaben.

» Unsere Trefferquote ist sehr hoch«, versicherte der Psychologe beim abendlichen Glas Bier. » Wer hier besteht, hat auch später Erfolg in dieser Bank.« Er muss es ja wissen, denn schließlich wird das » Gruppenauswahlverfahren für akademische Nachwuchs-Führungskräfte«, wie es etwas holprig in meinem Einladungsschreiben hieß, schon zum 100. Mal durchgeführt. Mittlerweile allerdings auf anderthalb Tage um die Hälfte verkürzt. Denn nicht nur Reisespesen und zweitägige Hotelunterbringung der zwölf Bewerber, sondern vor allem die Anwesenheit von sechs Beobachtern des Unternehmens sowie eines dreiköpfigen Psychologenteams reißen tiefe Löcher in das Budget einer Personalabteilung, schätzungsweise so um die 20 000 Euro, aber diese Bank kann es sich ja leisten.

Durch Assessment Center, Auswahlseminare oder Sommerakademien lässt sich dann auch trefflich demonstrieren, wie teuer einem der Führungsnachwuchs ist; und ganz nebenbei kann der von Zweifeln geplagte Personalchef seine Entscheidung an die psychologische Zunft delegieren. Die erstellt während einer Reihe gruppendynamischer und anderer Spielchen ein Psychogramm der Bewerber. Nach zumeist zwei Tagen – die Billigversion kann auch schon mal an einem Nachmittag durchgezogen werden – liegt die Persönlichkeit des Kandidaten dann sauber nach Belastbarkeit, Teamorientierung und Flexibilität gegliedert und bepunktet zum Abruf bereit auf dem Vorstandsschreibtisch.

Am Morgen des ersten Seminartages finde ich mich pünktlich um 8.30 Uhr mit den anderen Teilnehmern zur Lagebesprechung ein. Mit freundlichen Worten werden wir begrüßt. Man solle alles nicht zu ernst nehmen und sich vor allem natürlich geben. Betont natürlich geben sich zumindest unsere Beobachter, die sich der Reihe nach vorstellen. In Gedanken lege auch ich mir ein paar Worte zurecht, denn vielleicht lässt sich durch eine witzig-spritzige Rede ein erster Pluspunkt verbuchen. Weit gefehlt – als die Reihe an die Kandidaten kommt, unterbricht der Leiter und schlägt vor, dass nun jeder seine Nachbarn vorstellt. In den enttäuschten Gesichtern lese ich, dass nicht nur mir der Wind aus den Segeln genommen wurde.

Schon bald haben wir diese Aufwärmübung abgeschlossen und kommen zum eigentlichen Hauptteil. Jeder erhält einen Laufzettel für die unterschiedlichen Aufgaben. Zunächst verschlägt es mich und fünf andere Kandidaten in den Nachbarraum, wo wir weitere Instruktionen bekommen. Ein Fallbeispiel ist zu beurteilen: Es sollen zunächst einzeln und dann in der Gruppe Vorschläge erarbeitet werden, gemäß derer einer innovationsfeindlichen Belegschaft ein neues Computersystem schmackhaft gemacht werden kann. Ein abgedroschenes Thema und dementsprechend einfallslos und gleichförmig sind die vorgetragenen Lösungen. Das wissen wohl auch die Beobachter, denn ihnen kommt es eher auf die Präsentation als auf den Inhalt an. So fällt es dann auch nicht schwer, sich hier »schön kooperativ« zu zeigen und schnell auf einen gemeinsamen Nenner zu kommen.

Interessanter wird es schon beim nächsten Spiel. Meine neu zusammengestellte Vierergruppe bekommt eine Aufgabe aus dem Personalbereich. Jedem von uns wird der fiktive Lebenslauf des 39-jährigen Hochbauingenieurs Friedemann Fuchs vorgelegt. Dieser soll in einem Industrieunternehmen zum Einsatz kommen. Die Bereiche Grundlagenforschung, Personal, Fertigung und Verwaltung stehen zur Auswahl. Für die schriftliche Begründung seiner Entscheidung zieht sich jeder von uns in sein Zimmer zurück.

Eigentlich erfüllt das Ingenieur-Füchslein keines der Anforderungsprofile dieser Abteilungen, aber da er sowohl als wenig origineller Forscher als auch als wenig konziliant im Umgang mit Kollegen beschrieben wird, beschließe ich, dass eigentlich nur Fertigung oder Verwaltung infrage kommen. In der Gruppe eini-

gen wir uns dann auf Letzteres und geben dem zukünftigen Vorgesetzten von Fuchs den Rat, diesem bei betriebswirtschaftlichen Kalkulationen etwas auf die Finger zu sehen. Mit Recht, denn nun stürzen eine Fülle neuer Aktennotizen und Informationen über uns herein: Ede Fuchs ist zwar barsch im Umgang mit Kollegen, aber erfolgreich; allerdings hat er riskant kalkuliert und trägt sich mit Kündigungsabsichten. Zudem gibt es Probleme im Produktionsablauf, die gelöst werden müssen, und schließlich kann ein Auftrag nicht termingerecht erfüllt werden, sodass nachverhandelt werden muss. Was nun – vor allem aber: Was tun mit Friedemann Fuchs?

›Wer viel Rauch macht, hat etwas zu verbergen‹, denke ich mir und schlage vor, weitere Informationen aus der Personalakte Fuchs anzufordern. Und tatsächlich, der Nebel lichtet sich mit einer Notiz, die Fuchs als guten Verhandlungspartner beschreibt. Ein Aufatmen geht durch die Gruppe. Alles Weitere ist ein Kinderspiel: Der Fuchs wird mit einem Koffer voll Instruktionen zur Verhandlung geschickt, wo er sich endlich bewähren kann und sich hoffentlich auch seine Kündigungsabsichten verflüchtigen.

»So etwas macht doch richtig Spaß«, kommt es im Ton tiefster Überzeugung vom Beobachtertisch. Überrascht ob dieser ersten unerwarteten Reaktion blicke ich auf und stimme verwirrt zu. ›Wenn man das Kaninchen im Zylinder findet!‹, denke ich und freue mich auf das Mittagessen.

»Nach dem Essen sollst du ruh'n oder tausend Schritte tun«, aber auf keinen Fall empfiehlt es sich, wissenschaftliche Abhandlungen durchzuarbeiten, wenn der Magen besser durchblutet ist als das Gehirn. Normalerweise bereitet mir das Dekodieren von hochwissenschaftlichen Texten ja keine Schwierigkeiten – aber nachdem ich mich durch die 20-seitige Abhandlung über »Strukturveränderungen in der Medienlandschaft als Folge innovativer Kommunikationstechniken« gekämpft habe, ist meine Vorbereitungszeit fast abgelaufen. Und nun soll ich dem interessierten Psychologenpublikum einen 10-minütigen Vortrag über Satellitenfernsehen und Pay-TV halten. Dabei nenne ich nicht mal einen Fernseher mein Eigen.

Selffulfilling Prophecy heißt es wohl im Fachjargon, was mir jetzt widerfährt. Die Notizen der Zuhörer gelten denn auch kaum meinen dürftigen Aussagen zum Thema. »Verkrampft, spricht stockend, Ausführungen sind unstrukturiert«, lautet das vernichtende Urteil, wie ich später erfahre. Aber ich will ja nicht in die Politik. Vielleicht reicht mein rhetorisches Talent noch zum Verhandeln?

Dieses kann ich jedenfalls in der letzten Übung des Tages überprüfen lassen. 40 Minuten habe ich Zeit, mich in meinem Zimmer auf meine Rolle als Einkäufer von Wärmepumpen vorzubereiten. Die mitgegebenen Instruktionen definieren genau, bei welchem Abschluss ich mich als guter Mitarbeiter des Unternehmens rühmen kann.

Da kommt mir der Gedanke, diese Übung etwas realistischer zu gestalten: Über Haustelefon (wir sind ja im Hotel) rufe ich meinen Verhandlungspartner an und mache den Vorschlag einer Preisabsprache. Dieser willigt prompt ein, und schon bald stoßen wir beim Vergleich unserer Anweisungen auf einige Fallstricke. Schließlich einigen wir uns auf Konditionen, die jeden von uns in günstigem Licht erscheinen lassen.

Die anschließende »Verhandlung« ist nur noch reine Formsache. Das eigentliche Problem ist eher schauspielerischer Natur. Während ich den gradlinigen, kurzen Einakter bevorzuge, scheint mein Gegenüber eher mit dem Pathos des Dramas vertraut zu sein. Ich bin etwas verwirrt und ahne eine Katastrophe heraufziehen. Schließlich erzwinge ich die Katharsis, und siehe da: Mein Verhandlungspartner schwenkt ein, und mit Handschlag wird der vorgesehene Preis besiegelt. Das Publikum spendet zwar nicht den verdienten Beifall, aber dennoch ziehe ich mich halbwegs zufrieden auf mein Zimmer zurück.

Ist Intelligenz messbar? Der Streit darüber dauert an, seitdem es IQ-Tests gibt. Zumindest ist sie erlernbar. Ich jedenfalls habe meine Hausaufgaben gemacht und mir die einschlägige Literatur zu diesem Thema vorher angesehen. Und während ich vor einer Woche noch zum Intelligenzmittelstand gehörte, kreuze ich am Morgen des zweiten Seminartages unter den Augen des Prüfers mit geübter Sicherheit Zahlen- und Symbolreihen an, ergänze Wortpaare und eliminiere den sogenannten odd-man-out. Wenn die Zeit auszugehen droht, löse ich den Rest der Aufgaben nach der Lotto-Methode. Immerhin besteht so eine Chance von 1:3, meinen Intelligenzquotienten zu erhöhen. Beim Kopfrechnen versage ich dann aber kläglich. Im Lauf der Jahre zum denkenden Anhängsel meines Taschenrechners degeneriert, kann ich von 20 Aufgaben nur ganze fünf lösen.

Als Abschluss des 90-Minuten-Intelligenz-TÜVs ist doch noch einmal Fantasie gefragt. Jeder Prüfling muss eine Anzahl schattenhafter Bilder deuten. Als im Laufe der Übung die Konturen immer schemenhafter werden, kommen mir Zweifel. Signalisiert die Pistole, die ich zu erkennen glaube, etwa Aggressivität? Zur Sicherheit votiere ich für den ausgestreckten Finger an einer geballten Faust (Kompromissbereitschaft?). Beim nächsten Bild kann ich mich nicht zwischen einem fettleibigen Dackel und einem Schwein entscheiden. Als Lösung gebe ich dann aber den Fuchs an. Dessen sprichwörtliche Schlauheit kann gerade im Geschäftsleben nie schaden. Beim letzten Bild, hinter dem sich ein Flammenmeer, ein Gebüsch, eine Berglandschaft im Schnee oder ein Wohnzimmerteppich verbergen könnte, passe ich lieber. Womöglich werde ich noch als Traumtänzer abgestempelt.

Nach den Tests diskutiere ich mit meinen Mitstreitern, ob Väter a) nie, b) immer, c) gewöhnlich oder d) selten erfahrener sind als ihre Söhne oder ob sich »Sportler« zu »Erfolg« verhält wie »Manager« zu a) Geld, b) Macht, c) Gewinn oder d) Ansehen.

Die letzte Hürde, zwei abschließende Gespräche mit Vertretern der Bank, wird allgemein als Routine angesehen. Tatsächlich entpuppen sich Kassandrarufe vom angeblich bevorstehenden Stressinterview, bei dem der Bewerber durch anfäng-liche Freundlichkeiten zunächst aus der Reserve gelockt, dann aber gnadenlos in die Enge getrieben wird, vorerst als haltlos.

Ein Gespräch läuft gar im Stil neuer Vermögensanlageberatung mit dem net-ten Herrn aus der Werbung ab. Mit scherzhaften Bemerkungen werden Wunsch-gehalt, Wunscheinsatzort und Wunscharbeitsbeginn zu Protokoll genommen. Der Gedanke, dass das Gespräch überhaupt nicht mit einem Wunschkandidaten geführt wird, kommt dabei gar nicht erst auf. Und so treten die meisten Bewer-ber die Heimreise auch gut gelaunt und voller Zukunftspläne an.

Wunschdenken, wie sich für drei Viertel der Leute bald herausstellt. Telefo-nisch kann einige Tage später das Ergebnis abgerufen werden. »Leider nein«, heißt es auch für mich am anderen Ende. Der bedauernde Unterton klingt so über-zeugend, dass sich beinahe Mitleid mit demjenigen, der diese Nachricht an die hoffnungsvollen Anrufer übermitteln muss, einschleicht. Die Begründung wird auf gleichem Wege mitgeteilt: Der Gesamteindruck sei ja durchaus positiv. In Sachen Kontaktfreudigkeit, Kooperationsfähigkeit sowie Initiative und Selbst-ständigkeit hätte ich durchweg hohe Werte erzielt. Auch sei ich ausdauernd und belastbar. Aber – und jetzt bestätigen sich die Vorahnungen bezüglich meines Red-nertalents: Den Ausschlag schließlich hätte der Eindruck im Abschlussinterview gegeben, dass ich für das Bankgewerbe nicht ausreichend stark motiviert sei. Zum Schluss wünscht mir mein Gesprächspartner noch »alles Gute fürs nächste Mal …«

Noch ein Assessment Center? Wahrscheinlich ist es unvermeidbar, denn mitt-lerweile vertrauen neben den meisten Banken auch viele Industrieunternehmen und selbst Vater Staat auf dieses Selektionsverfahren mit wissenschaftlichem An-strich. Pseudowissenschaftlich deshalb, weil man, um von einer »hohen Tref-ferquote« sprechen zu können, ja eigentlich auch eine Kontrollgruppe von »Ver-sagern« einstellen und deren Karriereweg beobachten müsste. Die bekommen jedoch beim nächsten oder übernächsten Mal in einem anderen Unternehmen den begehrten Arbeitsvertrag. »Denn«, so tröstet mich ein Routinier im Bewerbertou-rismus später, »mit ein bisschen Übung ist da eine ganze Menge zu machen.« Bei seiner Persönlichkeit hatte sich innerhalb kurzer Zeit eine wunderbare Wandlung vollzogen. Nach nur drei Tagen haben ihn die Experten der Konkurrenz als neuen Hoffnungsträger für ihr Unternehmen ausgemacht.

Für mich ein schwacher Trost. Und so frage ich vor dem nächsten Interview erst telefonisch, ob in diesem Unternehmen auch Gruppenauswahlverfahren zur Anwendung kommen würden. »Jeden Arbeitstag«, kommt es lakonisch zurück …

Später am Abend bei Häppchen und Wein

Den beruflichen Einstieg als Trainee bei einer Bank möchte der Hochschulabsolvent Peter K., 27 Jahre, schaffen und bewirbt sich.

In Königstein im Taunus hat ein großes Bankhaus sein Aus- und Weiterbildungszentrum. Mit zwölf Kandidaten gingen wir in ein eintägiges AC. Wir waren alle Hochschulabsolventen und bewarben uns um ein Banktrainee. Acht Frauen und vier Männern als AC-Teilnehmer saßen acht AC-Beobachter (vier Frauen, vier Männer) gegenüber.

Begrüßung und einführende Worte vermittelten eine freundliche Atmosphäre. Unsere AC-Beobachter stellten sich sehr ausführlich mit ihrem persönlichen und beruflichen Werdegang vor, anschließend wir AC-Kandidaten.

Das gemeinsame Mittagessen – mit der vorherigen deutlichen Aufforderung, Beobachter und Kandidaten sollten sich »mischen« – verlief mit freundlichem Small Talk. Mir war klar, dass dieser gesamte Vormittag mehr war als nur ein Auftakt zu den am Nachmittag folgenden AC-Übungen.

Meine Tisch- und Gesprächspartner von der Beobachterseite hatte ich mir bewusst gut ausgesucht und auch meine Mittagstisch-Gesprächsbeiträge waren keinesfalls zufällig. Schon hier kam es ganz wesentlich darauf an, einen guten Basiseindruck bei den AC-Beobachtern zu machen. Nach dem Mittagessen gab es Kaffee und gegen 13 Uhr gingen dann die eigentlichen AC-Übungen los.

Für die erste AC-Aufgabe wurde unsere Gruppe geteilt. Jeder sollte aus 15 Eigenschaften und Kurzbeschreibungen eines neuen Bankfilialleiters eine prioritätengesteuerte Rangordnung bilden.

Hier ging es um Fähigkeiten, Merkmale und Eigenschaften, die für die Filialleitungsfunktion, aber auch für den Umgang mit Mitarbeitern und Kunden sowie für das Gesamtunternehmen von Bedeutung sind. Einige Beispiele:

Ein Filialleiter sollte ...

- *Aufgaben seiner Mitarbeiter überwachen und die Ergebnisse kontrollieren.*
- *darauf achten, dass Dienstwege eingehalten werden.*
- *ein offenes Ohr für private Probleme seiner Mitarbeiter haben.*
- *Privatgespräche am Arbeitsplatz tolerieren.*
- *seine Mitarbeiter namentlich ansprechen.*
- *bei Diskussionen immer einen festen Standpunkt vertreten.*
- *soweit wie möglich seine Mitarbeiter selbst entscheiden lassen.*
- *bei der Beurteilung seiner Mitarbeiter immer sachlich bleiben.*

Für die Erarbeitung einer eigenen individuellen Rangfolge der wichtigen Eigenschaften, die den neuen Filialleiter auszeichnen sollten, gab man uns etwa 15 Minuten Zeit. Anschließend mussten wir unser persönliches Ergebnis mit dem der anderen fünf Teilnehmer vergleichen. Danach war innerhalb der Gruppe ein Konsens darüber herbeizuführen, welche Rangfolge der Eigenschaften wir als Gruppe geschlossen nach außen vertreten könnten.

Dabei wurde uns zur Auflage gemacht, nicht etwa nach einem Mehrheitsvotum zu verfahren. Da wir in der Kleingruppe zu sechst waren, hätte also bei vier Stimmen für eine bestimmte Eigenschaft die Mehrheit sich zahlenmäßig durchsetzen können. Es sollte eine einstimmige, gemeinsame Entscheidung getroffen werden, alles musste bis ins letzte Detail ausdiskutiert, jeder Einzelne überzeugt werden. Eine teuflisch schwere, kaum zu lösende Aufgabe.

Als wir unsere individuellen Rangordnungsergebnisse miteinander verglichen, fand ich es erstaunlich, wie unterschiedlich die Merkmale und Eigenschaften des fiktiven Filialleiters bei uns Kandidaten jeweils positioniert waren. Was für mich ganz wichtig war, stand für andere am Ende der Skala und umgekehrt.

Wir sollten nun darüber diskutieren und gemeinsam eine von allen Gruppenmitgliedern getragene Reihenfolge erarbeiten. Ich schlug vor, sich zunächst einmal auf eine Grobeinteilung der Merkmale (erstes/zweites/drittes Drittel) zu einigen. Dies erwies sich noch als relativ einfach. Aber bei der Festlegung der ersten drei Positionen hatten wir doch eine recht lebhafte Diskussion. Uns stand ein Zeitrahmen von etwa 30 Minuten zur Verfügung, innerhalb dessen wir aber nur zur Festlegung der ersten sechs Positionen kamen.

Die AC-Beobachter gratulierten uns zu dem Ergebnis und trösteten uns mit dem Hinweis, dass in der knappen Zeit kaum mehr zu schaffen sei. Mir war klar: Hier kam es vor allem auf das Gruppenverhalten an, auf Konsensfähigkeit, Diskussionsstil und Entscheidungsfindung – mit anderen Worten: wer von uns wie und auf welche Weise zum Zuge kam oder auch nicht.

Nun folgte die zweite Übung, eine Art rhetorische Überprüfung. Wir wurden wieder gemeinsam alle zwölf in einen größeren Raum geführt, in dem sich am Kopfende ein kleines Rednerpult mit Mikrofon befand. Aus einem Stapel von zwölf Karten zog jeder eine Nummer, die festlegte, wann er mit einem Kurzvortrag an der Reihe war.

Von drei Themen musste jeder AC-Kandidat eines wählen, über das er einen fünfminütigen Vortrag halten wollte. Typische Themen – hier gab es nur ein Stichwort – waren z. B.: Umwelt, Ausbildung, Erziehung, Team usw. Für die Vorbereitung unseres kleinen Vortrages hatten wir knapp zehn Minuten Zeit. Nach vier Minuten Vortragszeit gab es ein Lichtzeichen, das die letzte Minute und die Aufforderung, zum Schluss zu kommen, anzeigte.

Mir fiel auf, dass am anderen Ende des Raumes eine Videokamera installiert war. Es gelang mir nicht, herauszufinden, ob wir während unseres Kurzvortra-

ges gefilmt wurden. Keiner der AC-Teilnehmer stellte übrigens diesbezüglich eine Frage.

Jetzt folgte der letzte Teil dieses ACs. Die Übung bestand aus drei Abschnitten: Als Erstes war eine Postkorbaufgabe zu bewältigen, im Anschluss daran folgte eine Gruppendiskussion, bei der man zeigen musste, dass man in der Lage war, logisches Denken innerhalb der Gruppe einzusetzen, und zum Schluss kam ein Einzelinterview mit einem Teil der AC-Beobachter.

Meine Postkorbaufgabe bestand darin, dass ein neuer Bankfilialleiter an seinem ersten Arbeitstag sehr früh, um 7 Uhr, an seinen Arbeitsplatz kommt. Er ist ganz allein in der Bank und hat lediglich eine halbe Stunde Zeit, um diverse Vorgänge, die auf seinem Schreibtisch liegen, durchzuschauen und Entscheidungen zu treffen. Wie üblich bei diesen Postkorbaufgaben kann er niemanden um Rat fragen. 20 Einzelvorgänge, Hinweise, Informationen, Dokumente, Unterlagen usw. galt es zu bearbeiten. Dafür hatten wir zunächst einmal 20 Minuten Zeit, um uns einen Überblick zu verschaffen. Aber auch die Bearbeitungszeit war so knapp, dass man schon beim Überfliegen der Unterlagen Entscheidungen vorbereiten musste.

Auf einem extra Zettel war für jeden der 20 Vorgänge zu notieren, was wir zu tun gedachten und warum. Bei dieser Postkorbaufgabe fiel auf, dass man bei den zuletzt zu lesenden Vorgängen – wo die Zeit sowieso schon immer knapper wurde – auf Informationen stieß, die verschiedene andere Dinge vom Anfang relativierten, in ein neues Licht setzten und eigentlich selbst erste Priorität verdienten.

Die nächste Übung bestand darin, in einer Kleingruppe mit vier Teilnehmern, Informationen zusammenzutragen, die jeder Einzelne in seinen Unterlagen vorfand, um daraus mosaikartig ein Bild zusammenzusetzen. Erst mit den Informationen der einzelnen Gruppenmitglieder war die Gruppe in der Lage, die gestellte Gesamtaufgabe zu bewältigen. Hier kam es darauf an, die Gruppenmitglieder zu einer koordinierten Informationsweitergabe zu bewegen, ein System zu entwickeln, um die Informationsdetails sinnvoll zu sammeln und schnell Wichtiges von Unwichtigem zu unterscheiden.

Dann kam in diesem großen Aufgabenblock für mich die letzte Prüfung: das Einzelinterview mit zwei der AC-Beobachtern. In 45 Minuten hatte ich in einer sehr freundlichen Gesprächsatmosphäre vor allem Fragen zum privaten und beruflichen Hintergrund zu beantworten.

Am Abend, nach gemeinsamem Small Talk bei Häppchen und Wein, wurden wir verabschiedet.

Nervenkitzel beim Bundeskriminalamt

Ein noch junger Jurist bewirbt sich und berichtet von dem insgesamt dreiteiligen Auswahlverfahren für Anwärter im höheren Dienst des BKA, an denen er teilnahm.

Ich hatte das erste juristische Staatsexamen und nahm an dem insgesamt dreiteiligen Auswahlverfahren für Anwärter im höheren Dienst des BKA teil. Die 50 bis 60 Bewerber wurden auf drei Termine verteilt und in Gruppen zu zehn Personen aufgeteilt. Alle hatten wiederum drei Testteile zu überstehen.

Der erste sollte um 7.15 Uhr losgehen, aber meine Gruppe durfte zunächst einmal bis 9.30 Uhr warten! Aha, dachte ich, Test Nummer eins: »Wie gehst Du mit Nervenkitzel um?« Ist doch eine sinnvolle Frage, wenn man zum BKA will, oder? Schließlich war es aber dann doch so weit, Teil eins begann.

Zuerst sollten wir in einem Sportlichkeitstest unsere körperliche Fitness zeigen. Wer diesen Test nicht bestand, für den galt: »Pech gehabt, ab nach Hause.« Das war übrigens schon bei 50 Prozent der Truppe der Fall! Wir mussten im Achterlauf um fünf Stangen in einer bestimmten Reihenfolge rennen. Kriterien waren Schnelligkeit und fehlerlose Ausführung. Dann waren ein 100-Meter-Lauf und ein 6-Minuten-Dauerlauf angesagt. Schließlich machten wir schwitzend die sogenannten Sitzklimmzüge. Dabei hebt man (sich) nicht vom Boden ab, sondern zieht sich zu einer Stange hoch; Handflächen nach oben. Eine genaue Auswertung wird einem nicht mitgeteilt, aber man merkt ja bald, ob man gehen darf.

Es war Sommer, wir waren fertig und pitschnass geschwitzt, aber ohne Gnade folgte auf der Stelle ein schriftlicher Test, der dann allerdings irgendwann mal von einer Mittagspause unterbrochen wurde

1. *Sprachlicher Kreativitätstest. Wir sollten so viele Assoziationen wie möglich zu bestimmten Wörtern (z. B. Charakter) oder möglichst viele außergewöhnliche Verwendungsmöglichkeiten zu bestimmten Gegenständen (z. B. Schere) nennen. Zu utopischen Situationen sollten wir uns möglichst einfallsreich viele Folgen ausdenken (z. B. was wäre, wenn Menschen ab morgen nicht mehr reden könnten oder wir statt zu essen täglich eine Tablette nehmen würden) oder zu ganz einfachen Gebrauchsgegenständen irgendwelche Spitznamen erfinden. Vielleicht war das sogar ein versteckter Persönlichkeitstest, denn wer auf »Charakter« nur »Schwein, Drecksau, Mistkerl« oder Ähnliches assoziiert, gibt schon etwas von sich preis. War insgesamt nicht gut zu schaffen. Enormer Zeitdruck.*

2. Konzentrationstest. *Eine DIN-A3-Seite voll mit kleinen Subtraktionsauf-gaben, die man auf ihre Richtigkeit zu überprüfen hatte. Richtige sollten ab-gehakt, falsche durchgestrichen werden, für jede Zeile gab es 30 Sekunden (!) Zeit:*

Beispiel:

9	7	5	7	3	0	5	2	4	3	1	6	7
−	−	−	−	−	−	−	−	−	−	−	−	−
7	5	4	3	2	4	1	6	3	4	1	2	3
2	5	1	4	1	6	4	3	1	1	0	4	5

3. Konzentrationstest/Erinnerungsaufgaben. *Acht Aufgaben, jeweils ein bis drei Minuten Zeit zum Auswendiglernen, wie z. B. 20 türkische Vokabeln und deren Übersetzung; zusammengesetzte Symbole; Telefonnummern und deren An-schlussteilnehmer; Stadtplanzeichnung ohne jede Beschriftung, nur als Linien; ein Text mit Zahlen und Informationen; Kinderzeichnungen; Firmenzeichen.*

4. Managerführungstest. *Vorgegeben waren Szenarien, die einem als Entschei-dungsträger mal passieren könnten. Man sollte die Situationen anhand von fünf vorgegebenen Antwortmöglichkeiten auf einer Skala von 1 bis 10 einstu-fen. Empfand man die Situation für sich selbst als völlig untypisch, so kreuzte man die 1 an, war man in der Lage diese Situation gut nachzuempfinden, wählte man die 10. Die Zeit konnte bei dieser Aufgabe überschritten werden, man sollte unbedingt alle Situationen bearbeiten.*

5. Textlogischer Test. *20 kurze Textauszüge verschiedenen Inhalts, die schwer oder leicht verständlich waren, sollten anhand von fünf dazugehörigen Aussa-gen, die entweder falsch, richtig oder nicht nachvollziehbar waren, bewertet werden.*

6. Datenlogischer Test. *Auf einem Blatt Papier waren Statistiken und Tabellen zu lesen, ein Fragebogen enthielt 45 Fragen. Die Fragen waren nur über die Auswertung der Tabellen bzw. Statistiken zu beantworten, für alles gab es 30 Minuten Zeit. Die zugehörigen Rechenvorgänge konnten auf einem Schmierzettel erledigt werden, Taschenrechner gab es nicht, aber Raten war nicht drin, weil die Multiple-Choice-Antworten zu geringe Unterschiede aus-wiesen, um wirklich sinnvolle Schätzungen tippen zu können!!*

Dann wurde man »entlassen«, hatte aber keinen Schimmer, wie der Test ausge-fallen war. Der reinste Nervenkitzel! Ich kann nur sagen, da haben die sich vom BKA richtig hautnahe Tests einfallen lassen, oder nicht? Wir wurden informiert, wann Teil zwei der Prüfungen in Form einer Gruppendiskussion stattfinden würde, und damit basta.

Die Armen, die den ersten Teil nicht bestanden hatten, hätten sich eigentlich den ganzen Quatsch mit der für manchen weiten Anreise ersparen können. Denn wer's im ersten Teil »nicht gebracht hatte«, der konnte in der noch folgenden Gruppendiskussion die allerbeste Figur machen, es war eben vermasselt! Das sagten sie uns netterweise natürlich erst zum Schluss!

Der Anfang der Gruppendiskussion war wie gehabt: Warten, diesmal 30 Minuten. Wir bekamen dann drei Themen zur Auswahl und mussten in der Gruppe in drei Minuten festlegen, welches Thema diskutiert werden sollte. Wir entschieden uns, aber, wie sich im Nachhinein herausstellte, wir entschieden uns falsch. Warum? Ganz einfach, wir wählten ein Thema, das eigentlich ein Planspiel darstellte und eben keine richtige Entscheidung von der Gruppe verlangte, was aber für die Beurteilung einer Reihe von (Gruppen-)Eigenschaften der Bewerber für die Beobachter von erheblicher Bedeutung war. Pech.

Die zu wählenden Themen: Geiselentführung mit einer Boeing 747 in Pakistan zur Befreiung von Gefangenen. Die Politiker weigerten sich, auf die Forderungen der Entführer einzugehen, weil sie sagten, Staaten dürften sich nicht erpressen lassen. Dann die Frage, ob man die Nato noch brauche, nachdem sich der Warschauer Pakt aufgelöst hatte. Unser Nietenthema behandelte den Fall, dass fünf Personen circa 300 Kilometer vom Mutterschiff entfernt mit ihrer Kapsel auf dem Mond abgestürzt waren. 15 Dinge funktionierten noch, aber welche sollte man für den Rückweg zum Mutterschiff sinnvollerweise mitnehmen, wenn sich nicht alles transportieren lässt? Kommt das jemandem bekannt vor?

Im Nachgespräch ließ der Psychologe jeweils unter vier Augen die Katze aus dem Sack. Wir, und damit ich, hatten uns in der Diskussion disqualifiziert. Wir hatten uns falsch entschieden. Jetzt wurden die Ergebnisse aus Teil eins und zwei zusammengefasst und die »Überlebenden« zum dritten Teil eingeladen.

Der dritte Teil sah wie folgt aus: Jeder einzelne Bewerber wurde eine Stunde lang von einer Kommission von fünf bis sieben Personen geprüft. Das war das Schlimmste, was ich bisher an Prüfungen erlebt habe, dagegen war mein mündliches Examen ein Klacks. Zunächst wurde das Allgemeinwissen abgefragt. Es ging um Geschichte, Politik und aktuelles Geschehen. Bei der Angabe von Fremdsprachen wurde die Unterhaltung teilweise in der Fremdsprache geführt. Abschließend sollte man aus dem Stegreif einen Kurzvortrag halten, z. B. über die Weimarer Republik.

Als Resümee kann ich nur sagen: Es wundert mich, dass überhaupt jemand durch den Test kommt, und wenn, warum dann dieser Laden so viele Nieten hat und marode ist. Dies ist übrigens der O-Ton des Psychologen, der uns betreute.

Ich habe für den schriftlichen Teil mit Hesse/Schrader-Büchern und der CD-ROM drei bis vier Wochen lang circa ein bis zwei Stunden täglich geübt. Den schriftlichen Teil, so wurde mir mitgeteilt, habe ich tatsächlich exzellent bestanden und meine Ergebnisse lagen über allen anderen. Na ja, das mit dem freien Reden lag mir halt nicht, aber nun weiß ich, wie das BKA von innen aussieht

So weit diese Berichte. Unsere Anmerkung: Alles scheint möglich. Da gibt es ACs, die finden mit nur einem Bewerber gegenüber sechs und mehr Beobachtern an einem knappen Vormittag statt, und andere laufen über zwei volle Tage mit zehn Bewerbern gegenüber fünf Beobachtern, die sich dann auch noch »halbieren«. Eine Mischung aus Rollenspielen, Gruppendiskussionen, Einzelinterviews, Präsentationen, Intelligenz-, Konzentrations- und Persönlichkeitstests, Personalfragebögen bis hin zu ganzen Aufsatzthemen. Erlaubt und verlangt wird, was dem Arbeitgeber ein- und gefällt. Hier zum Abschluss, bevor wir Ihnen Berichte zum MA vortragen, dieser besondere AC-Bericht ...

Mit oder ohne den Heiligen Geist?

Auch die Kirche glaubt an die Kraft des Assessment Centers. Studium, Praxis und Examina reichen nicht aus, sodass ein AC veranstaltet wird.

Ich bin Vikar in einer deutschen Landeskirche und beende bald meine praktische Ausbildung. Die Stelle als Pastor ist zum Greifen nah – wäre da nicht noch ein Assessment Center, auch verharmlost »Auswahlverfahren« genannt, das auf mich und die anderen Vikarinnen und Vikare wartete. Alle hatten wir das zweite theologische Examen hinter uns gebracht, nun folgte als letzter Akt das AC. Aus finanziellen Gründen, denn die Kirche hat nicht mehr genug Geld für uns alle. Nur ein Drittel der Vikare wird eine Stelle als Pastor bekommen.

Das AC sollte an zwei Tagen stattfinden. Als Assessoren waren Pröpste, Bischöfe, Mitarbeiter der Kirchenverwaltung und auch zwei externe Berater anwesend. Klassischerweise sollten wir uns zu Beginn vorstellen. Wir hatten diverse Materialien zur Verfügung, unter anderem ein Flipchart. Ich sollte als Letzter meinen Vortrag halten, und hatte deshalb Zeit, mir die Vorstellung meiner Kolleginnen und Kollegen anzuschauen. Ich sah die Beobachter anfangs eifrig mitschreiben, je mehr von uns allerdings dran waren, desto weniger wurde notiert. Die Assessoren wurden also auch langsam müde, und das machte ich mir zunutze.

Als ich dran war, begann ich mit den Worten: »Wir haben ja schon eine ganze Reihe von Präsentationen gehört, und ich sehe, dass Sie ein wenig erschöpft sind. Deswegen werde ich mich kurzfassen.« Ich hatte die Stimmung im Plenum aufgegriffen, hatte die Beobachter angesprochen und sie dabei auch reihum ruhig angeblickt. Ich merkte, wie sie wieder aufmerksamer wurden, wie sie gespannt auf die Fortsetzung meines Vortrages waren. Nun stellte ich mich vor, schilderte mei-

nen schulischen und universitären Werdegang und kam dann zu meinen Stärken und Schwächen. Bei den Worten »Ich würde gerne spontaner sein« hatte ich die Lacher auf meiner Seite, offenbar hatten meine Zuhörer diese Einschätzung nicht erwartet. Damit habe ich Pluspunkte und einen sympathischen ersten Eindruck gemacht. Das wurde mir im anschließenden weitgehend positiven Feedback so rückgemeldet.

Die nächste Aufgabe war recht knifflig. Zu zweit sollten wir ein Rollenspiel durchführen. In unserem Fall war es eine Angelegenheit aus einer Gemeinde, in der der Küster bei einem wichtigen Gottesdienst barfuß und mit aus der Hose heraushängendem Hemd in der Kirche aufgetreten war. Wir sollten nun als Kirchenvorstandsmitglieder (ich war der Vorsitzende) mit dem Mann sprechen und ihn darauf aufmerksam machen, dass dieses Verhalten untolerierbar sei und dass es zu großen Irritationen in der Gemeinde geführt habe. Der Küster, gespielt von einem AC-beurteilenden Pastor, verhielt sich am Anfang sehr renitent und wollte nicht einsehen, dass er einen Fehler gemacht hatte. Wir versuchten daraufhin, von ihm zu erfahren, aus welchem Grund er sich denn so verhalten habe, worauf er zu einem langen Lamento anhob. Er behauptete, er würde zu wenig Geld verdienen und er hätte zu große Verpflichtungen gegenüber seiner Ex-Frau. Auch wenn wir das nicht als wirklichen Grund anerkennen konnten (schließlich hält wenig Geld nicht davon ab, sich wenigstens Schuhe anzuziehen und sein Hemd in die Hose zu stecken), machten wir ihm klar, dass er sich künftig der Situation angemessen zu verhalten habe. Außerdem boten wir ihm an, bei der Suche nach einem weiteren kleinen Job zu helfen, da er in der Gemeinde ohnehin nur eine Halbtagsstelle hatte. Was mir bei dieser Übung Schwierigkeiten bereitete, war, dass meine Partnerin mir häufig ins Wort fiel und ich zum Teil nicht zum Reden kam. Das hatten auch die Assessoren bemerkt, wie sie später sagten.

Als dritte Übung gab es – erstaunlicherweise, weil ich das so früh nicht erwartet hatte – ein strukturiertes Interview, bei dem ich vor fünf Leuten saß und von ihnen regelrecht ausgequetscht wurde: über mein bisheriges Leben, meine Zukunftspläne, mein Privatleben und anderes. Diese Aufgabe habe ich, meiner Meinung nach, sehr gut gelöst, da ich auch meine eigenen Einstellungen zum Thema Kirche und Zukunft ruhig, überlegt und sachlich darlegen konnte. Ich habe erkennen lassen, dass ich eigenständig denken kann und auch eine eigene Meinung vertrete. Interessant waren für mich Fragen wie »Können Sie auch mal wütend werden?« oder »Wie gehen Sie mit traurigen Ereignissen um?«, da ich wohl nach außen hin immer einen sehr ausgeglichenen Eindruck mache. Der könnte darüber hinwegtäuschen, dass auch ich ein Mensch bin mit ganz unterschiedlichen Gefühlen.

So ging ich recht gut gestimmt in die letzte Übung, eine Gruppendiskussion, in der ich dann einen gehörigen Dämpfer bekam. Wir sollten über unterschiedliche Baupläne für den Umbau eines Pastorats beraten, und da prallten natürlich die Meinungen aufeinander. Weil ich eher ein ruhiger Typ bin und mich nicht gern in den Vordergrund dränge, war mir besonders das Verhalten eines anderen Teil-nehmers zuwider. Er meinte, die Führung übernehmen zu müssen und den Vor-turner zu spielen. Ich versuchte zwar zwischendurch mal, die Moderation zu über-nehmen, habe mich aber ansonsten eher rausgehalten. Das wurde mir später als zu passiv angekreidet, und ich kann das auch verstehen. Andererseits hatte ich keine Lust, mich in diese Diskussion zu sehr einzuschalten, die mir doch recht sinnlos vorkam.

Letzten Endes war ich einer von denen, die eine Stelle angeboten bekamen. Mein Gesamtauftritt hatte die Beobachter wohl überzeugt von meinen Qualitä-ten als künftiger Pastor. Allerdings habe ich bemerkt, dass ich doch noch einige Defizite im persönlichen Bereich habe, an denen ich arbeiten sollte. Insgesamt war es eine gute, für mich ungemein hilfreiche Erfahrung, auch insofern, als ich lernen musste, mit meiner Nervosität umzugehen. Auf der Kanzel bin ich weniger ner-vös, als ich es hier im AC war.

Gescheit oder gescheitert?

Werner B., 56 Jahre, in der Dienstleistungsbranche tätig, erlebt ein Management Audit und ist verstört.

Ich arbeitete bis vor einem Jahr in einem Dienstleistungsunternehmen in der obe-ren Führungsebene. Eines Tages bekam ich eine Einladung zu einem Management Audit – ein eher lapidares Schreiben. Einzig aufschlussreich waren die Angaben von Veranstaltungsort und Uhrzeit. Sinn und Zweck des Ganzen wurde nicht genannt. Die Auskunft des Veranstalters, ein externes Personalberatungsunternehmen, war glattzüngig und nichtssagend. Da war viel von »eigener Chancenverwertung«, »Professionalität aufgrund langjähriger Erfahrung« und »einem riesigen zufrie-denen Kundenkreis« die Rede. Viel geredet, nichts gesagt. Letztendlich wurde ich mit den Begriffen »Einzelinterview«, »Schnittstellen-Interviews« und »360°-Feedback« ziemlich im Regen stehen gelassen. Natürlich habe ich mich darüber im Internet informiert und kannte einige der Begriff bereits von Kollegen, die üb-rigens in den meisten Fällen nicht sonderlich begeistert waren. Eine etwas persön-lichere Note gerade beim »Einladungsschreiben« hätte ich mir schon gewünscht. Ich weiß natürlich, dass ein solches Verfahren sowohl der zukunftsweisenden Potenzialanalyse eines High Potentials dient als auch bei Neubesetzungen bzw. Umstrukturierungen innerhalb der Firma oder bei Fusionen eingesetzt wird. Ab und zu gab es Überlegungen dazu auch innerhalb meiner Firma. Für mich ein ganz normaler betriebswirtschaftlicher Prozess, zu dem aber auch gehört, Entschei-dungsträger nicht im Unklaren zu lassen oder sie, wie bei mir, aus heiterem Him-mel völlig zu überraschen, zumal mit einem so lapidaren Einladungswisch.

Am Abend davor wurde ich sehr unruhig. War der nächste Tag für mich eine wirkliche Chance, weil er mir meine Stärken und sicher auch Schwächen bzw. ungeahnte Talente aufzeigen und damit sogar eine Beförderung bringen würde? Oder stand meine Position wegen einer kommenden Umstrukturierung zur Disposition und ich wusste noch gar nichts davon? Ich bin ein selbstbewusster Typ mit anerkannten Fähigkeiten und einer sicheren Selbsteinschätzung. Eigentlich musste ich mir keine Sorgen machen, denn das Feedback meiner Vorgesetzten, Kollegen und Kunden war durchweg positiv. Unser Umgang war stets recht kollegial, fast freundschaftlich, mein Rat wurde überall geschätzt. Aber ich verlasse mich auch auf meinen Bauch. Und der sagte mir leider nichts Gutes.

Der externe Berater erwies sich als Gentleman mit silbergrauen Schläfen, smart, hochprofessionell und undurchdringlich. Pokerface! Er stellte Fragen zu fiktiven Situationen des beruflichen Alltags, füllte Dutzende Bögen aus – und ließ mich immer noch über den Sinn der Veranstaltung im Dunkeln. Der Personalleiter und der Hauptgeschäftsführer hingen an seinen Lippen, als sei er Moses, der eben die Zehn Gebote verkündete. Am Ende bekam ich das Versprechen eines schnellen und umfassenden Feedbacks. »Schnell« bedeutete sechs Wochen. »Umfassend« hieß: ein einseitiger Brief, der neben ein paar beruflich belanglosen Nettigkeiten in dürren Worten verkündete, meine Auffassung von Führung sei für die Prosperität des Unternehmens im Moment wenig erfolgversprechend – die Gründe werden wohl für immer hinter der glatten Beraterstirn verborgen bleiben. Wahrscheinlich hatte es ihm nicht gepasst, dass ich mich eher als Vermittler denn als Galeerentrommler sehe. Natürlich gäbe es immer die Möglichkeit, Defizite über Coaching auszugleichen. Ob dieser Coach aus dem externen Beratungsunternehmen stammen sollte, wollte ich gar nicht erst wissen. Es ist aber anzunehmen. Und um bei Moses zu bleiben: Die Gesetzestafeln des Beraters wurden vom Vorstand vorbehaltlos akzeptiert, also auch die Bewertung meiner Person.

Ich weiß, dass es dem Unternehmen nicht darum ging, mich auf diese Weise zum Gehen zu bewegen. Aber die Tatsache, dass Vorgesetzte ihre Meinung über mich um 180 Grad drehten, weil sie dem Gutachten eines Externen nach zwei Stunden mehr Glauben schenkten als ihrer eigenen jahrelangen Beobachtung, bewegte mich nach einer längeren inneren Auseinandersetzung – schließlich war ich knapp zehn Jahre dabei – das Unternehmen zu verlassen.

Zu meinem Glück bekam ich etwa sechs Monate nach diesem merkwürdigen Audit ein Angebot während eines Kongresses von einem ehemaligen Geschäftspartner, Geschäftsführer in seiner Firma zu werden – nur aufgrund seiner positiven Erfahrungen mit mir und seines Vertrauens in seine Menschenkenntnis – und ohne wohlstrukturierte Interviewbögen, die »garantiert auf dem neuesten Erkenntnisstand der wissenschaftlichen Evaluationsmethodik« sind.

Karriere machen nach dem Management Audit

Monika T., 38 Jahre, erlebt sich und ihre Gesprächspartner beim Management Audit auf gleicher Augenhöhe und kann von einer positiven, wenn auch anstrengenden Erfahrung berichten.

Vor etwa einem Jahr bewarb ich mich intern um eine leitende Position. Ich arbeite in einem großen Dienstleistungsunternehmen. Vor mir lag ein vierstufiger interner Bewerbungsprozess. Nach zwei Gesprächen mit der Personalabteilung und einem dreistündigem Gespräch mit dem Bereichsleiter gab es eine Einladung zu einem Management Audit. Ich weiß, dass die reine Erwähnung eines solchen Namens bei vielen Kandidaten Unbehagen auslöst. Bei mir war das nicht der Fall. Ich liebe es, Tests und Rätsel zu lösen, und mag die Herausforderung, knifflige Situationen zu bewältigen oder eine passende Strategie zu entwickeln. Das habe ich schon während meines Studiums praktiziert. Ich habe also diesbezüglich reichlich Routine. Deswegen schreckte mich das Procedere überhaupt nicht. Vielleicht lag es auch daran, dass mir das Management Audit durchführende Personalberatungsunternehmen bereitwillig alle gewünschten Informationen dazu gab. Die Kommunikation zwischen uns war von Anfang sehr entgegenkommend und offen.

Das Audit fand in den Räumen der Personalberatungsgesellschaft statt. Es war auf einen Tag angelegt. Mir fiel sofort der kollegiale, fast herzliche Umgang meiner »Prüfer« untereinander auf – ein Psychologe, der Personalleiter, eine Dame aus der Personalabteilung und der Bereichsleiter. In dieser guten Atmosphäre fanden auch die Gespräche mit mir statt und ich hatte nicht das Gefühl, dass die Freundlichkeit aufgesetzt war.

Als Erstes befragte mich der Psychologe ungefähr zwei Stunden lang unter vier Augen. Es ging weniger um Berufliches als viel mehr um mich als Privatperson, mein Leben neben der Arbeit, meine Einstellungen. Von Interesse war für ihn beispielsweise, wie ich mich in schwierigen Situationen verhalten würde, mit Rückschlägen, Enttäuschungen fertig werde, mich selbst aufbaue und auftanke usw. Er erwies sich als sehr hartnäckig und als kompetenter Kenner einer ausgefeilten und effektiven Fragetechnik – aber nie unter der Gürtellinie. Sein Wissen und die ganze Fragetechnik haben ihm jedoch wenig geholfen, denn ich bin mindestens ebenso gut darin, nur das preiszugeben, was ich für richtig halte.

An dieses Einzelgespräch schloss sich eine Vorstellungsrunde an – diesmal mit allen vier Bewertern. Befragt wurde ich von ihnen allen. Sie stellten ihre Fragen aus der jeweiligen beruflichen Perspektive heraus. Natürlich war dem Bereichsleiter ein anderer Aspekt wichtig als dem Personalchef. Das Hauptanliegen ihrer Fragen schien mir, herauszufinden, ob ich die neue Verantwortung auch wirklich werde tragen können, wie es um meine Durchsetzungsfähigkeit stünde, ob ich souverän genug für die personellen Herausforderungen sei etc. Es waren stets sachliche Fragen. Keinen Moment wurde ich beispielsweise bewusst in eine unangenehme Situation gebracht, um meine Stressfestigkeit zu testen.

Im dritten Teil des Audits ging es um die Bearbeitung einer Case Study. Zusammen mit der Einladung zwei Wochen vorher hatte ich bereits alle notwendigen Informationen für die Erarbeitung einer Lösung erhalten. Jetzt gab es noch ein paar neue Informationen und etwa eine Stunde Zeit, alles zu durchdenken. Dann sollte ich mein Ergebnis den Bewertern vorstellen und wurde dazu von ihnen intensiv, aber durchaus freundlich befragt. Ich muss sagen, dass der Fall sehr schwer und ich mit meiner Vorstellung nicht zufrieden war. Die Bewerter sahen das erfreulicherweise anders. Ihnen ging es wohl nicht um die perfekte Lösung, sondern um die Herangehensweise an den Fall im Rahmen der vorgegebenen Möglichkeiten. Wichtig war ihnen, wie ich auf ihre Fragen geantwortet habe, ob ich möglichst viele Aspekte bedacht hatte, wo es Probleme geben könnte und welche Strategie ich mir zurechtlegen würde. Und das habe ich offensichtlich gut gemacht.

Es folgte zum Abschluss die Präsentation eines von mir frei zu wählenden Themas. Im Verlauf des Audits hatte ich übrigens auch einen Fragebogen mit meiner Einschätzung der wichtigsten Eigenschaften eines Managers zu beantworten. Andere Psycho- oder Intelligenztests gab es nicht. Auch von einem 360 Grad-Feedback, das gerne praktiziert wird, um Informationen aus dem Umfeld des Bewerbers im beruflichen Alltag zu erhalten, ist mir nichts bekannt.

An diesem Tag bekam ich keine Bewertung – wohl aber bereits am nächsten Tag einen Anruf, dass ich, wenn ich wollte, gerne die neue Position haben könnte. Ich hätte im Audit am besten abgeschnitten ...

Trotz Erfolg bleiben Zweifel

Barbara S., 39 Jahre, absolvierte erfolgreich ein Management Audit und berichtet von Höhen und Tiefen.

Ich arbeitete seit etwa eineinhalb Jahren in einem großen Industrieunternehmen und hatte bereits einen Job mit Mitarbeiterverantwortung. Da erfuhr ich von meinem Chef, dass er mich vorgeschlagen hatte für ein Personalentwicklungsseminar für höhere Führungskräfte. Die Kandidaten waren bereits ausgewählt und eingeladen; ich war also ein »Nachrücker«. Bei diesem Management Audit ging es vordergründig nicht um eine bestimmte Stelle und noch weniger darum, irgendeinen Kollegen auszubooten. Angeblich handelte es sich »nur« um eine Art Potenzialanalyse, auf der Suche nach fähigen Führungskräften, die noch größere Verantwortung übernehmen könnten.

Der erste Moment der Freude war schnell dahin. Mich überfiel ein fast panikartiges Gefühl. Auch wenn es kein Gerangel um eine spezielle Position geben würde, ein solches Auswahlverfahren ist immer ein Kampf um die berufliche Zukunft. Sein Ergebnis hat erheblichen Einfluss auf die nächsten Entscheidungen der Personalabteilung. Und dann mein Chef: Er hatte mich ausgewählt, weil er wahrscheinlich große Erwartungen in mich setzte. Was, wenn ich ihn enttäuschte? Was bedeutete dieser »Fehlgriff« dann für ihn persönlich? Erfolg oder Misserfolg bei Empfehlungen fallen immer auch auf den zurück, der sie ausgesprochen hat. Oder wollte er mich vielleicht nur loswerden? Nichts schien mir plötzlich eindeutig.

In dieser Anspannung bereitete ich mich mittels Internet und der einschlägigen Literatur (leider gibt es nicht sehr viel) auf das Management Audit vor. Ich hatte eine Woche Zeit. Angelegt war es auf zwei Tage. Veranstaltungsort war ein Seminarzentrum, was ich bereits kennengelernt hatte und das sich durch eine sehr freundliche und beruhigende Atmosphäre auszeichnet. Fünf Kollegen (drei Männer, zwei Frauen, die ich alle nicht näher kannte) und ich sahen sich fünf Assessoren gegenüber.

Die Aufgabenbearbeitung verlief während des ganzen ersten Tages immer gleich. Zwei von uns wurden aufgerufen zu einem etwa einstündigen Einzelgespräch; ihnen gegenüber immer zwei Befrager. Währenddessen arbeiteten die übrigen vier Kandidaten an einer Unternehmensplanspiel-Aufgabe. Dann wieder zurück in den Gruppenraum, wo jeder weiter an der ausführlichen Arbeit über eine Marketingmaßnahme vor sich hinbrütete, die man dann erneut zu unterbrechen hatte, wenn man wieder zum nächsten Gespräch gebeten wurde. Fünf Interview-Gesprächsrunden musste jeder mit jeweils zwei Gesprächspartnern absolvieren, und zwischenzeitlich immer wieder zurück an den »Schreibtisch« vor der Papieraufgabe sitzen. Dieses Rein- und Rausspringen aus so einer komplexen papierenen Aufgabe empfand ich als sehr anstrengend; die etwa einstündigen Gespräche waren aber auch nicht die reine Erholung. Am Ende des Tages, nachdem jeder seine fünf Einzelgespräche mit immer wieder anderen Gesprächspartnern hinter sich gebracht hatte, musste man noch das Ergebnis der Marketingaufgabe vortragen. Jeder einzeln vor sämtlichen Bewertern, die mehr oder weniger engagiert zuhörten und am Ende Fragen stellten.

Nach diesem Tag bekam jeder die Aufgabe, sich mit seinem eigenen Lebenslauf auseinanderzusetzen, um sich damit am nächsten Morgen auf (in meinem Fall) eine Ingenieursstelle zu bewerben. Für mich war das eine besondere Herausforderung, denn mein beruflicher Werdegang ist ausgesprochen bunt und nicht im Mindesten an eine Branche gebunden – an die des Ingenieurwesens schon gar nicht.

Anschließend durften wir in einer Gruppendiskussion klären, wer welche von den Stellen, auf die wir uns vorher in dem fiktiven Unternehmen beworben hatten, bekommen sollte. Ich wollte eine Kollegin bei ihren Bemühungen um die

Stelle einer Abteilungsleiterin unterstützen. Aber eh ich's mich versah, hatte ich die Stelle selbst inne, denn meine Kollegen waren merklich verunsichert, niemand traute sich aus seiner Deckung. Da ergriff ich die Initiative, aber immer unter der Einbeziehung der anderen. Das funktionierte. Ich machte Vorschläge, fragte die anderen nach ihrer Meinung dazu, bat einzelne um Stellungnahmen. Später wurde mein Verhalten von den Beurteilern sehr gelobt.

Am zweiten Tag gab es einen ständigen Wechsel zwischen Einzel- und Gruppenübungen. Während der ganzen Zeit waren wir Kollegen untereinander ausgesprochen kooperativ. Ich spürte keinerlei Konkurrenzdruck oder Neid. Als wir eine Bilanz zu bearbeiten hatten, unterstützten wir einen Kollegen, der noch nie zuvor mit so etwas zu tun hatte.

Ich selbst stand unter deutlicher Anspannung, die mich aber nicht allzu sehr in meiner Leistung beeinträchtigte. Bei den meisten anderen Kollegen hingegen war die Angst fast zu spüren. Mit der Postkorbübung war ich bereits fertig, als die anderen noch beim Lesen der Aufgaben waren. Sie wirkten sichtlich überfordert und schienen nicht genau zu wissen, worum es hier eigentlich ging. Die Bewerter waren von meinem Tempo sehr überrascht. Bei der Vorstellung meiner Ergebnisse fragten sie mich, wie ich das gemacht hätte. Ich hatte lediglich die Aufgaben überflogen, »gescannt«, was das Hauptproblem war (Terminüberschneidungen), hatte Zusammenhänge zwischen den Aufgaben gesucht und gefunden, und mir dazu die passende Lösung überlegt (delegieren, verschieben etc.). Die Aufgabe habe ich sehr gut bestanden.

In einem Rollenspiel übernahm ich dann in der Position als Abteilungsleiterin die Aufgabe, einen Konflikt zwischen vier meiner Mitarbeiter (die Bewerter) zu klären. Was heißt Konflikt: Sie griffen sich persönlich heftigst an, und einer von ihnen wurde sogar fast handgreiflich. Ich wies ihn in freundlichem, aber bestimmtem, ein klein wenig energischem Ton darauf hin, dass ich in meinem Büro keine persönlichen Angriffe oder sogar Handgreiflichkeiten dulden würde und dass ich auf eine sachliche Diskussion bestünde. Erstaunlicherweise wurde mir das später angekreidet. Ich dürfte niemals und unter keinen Umständen einen Mitarbeiter vor seinen Kollegen maßregeln und ihn damit destabilisieren. Diese Kritik ist für mich bis heute unverständlich und passt nicht zu meinem Verständnis von Führung.

Am Ende des zweiten und auch sehr anstrengenden Tages stand eine Präsentation. Ich bin von Haus aus keine gute »Präsentiererin«. Die Anstrengung hatte auch meine Konzentrationsfähigkeit geschmälert, und so bekam ich in einem kurzen, aber entscheidenden Moment wichtige Details für diese Übung nicht mit. Ich konnte nichts weiter tun, als den Bewertern, die mich nach meiner dürftigen Vorstellung mit ihren Fragen löcherten, mit »Ich weiß es nicht!« zu antworten.

Insgesamt wurde ich am Ende jedoch mit »sehr gut« bewertet und der Lohn der Mühe bestand in einer raschen Beförderung. Trotzdem: Freiwillig würde ich nie wieder an so einer Veranstaltung teilnehmen. Die Aufgaben an sich fand ich durchaus lösbar, aber der damit verbundene Druck ist ungeheuer und ein ganz anderer als der, dem man sich im Alltag ausgesetzt sieht. Außerdem: Dass ein oder wie in meinem Fall zwei Tage über die berufliche Zukunft entscheiden sollen, wo jeder Mensch weiß, wie unterschiedlich die persönliche Tagesform sein kann, dass plötzlich mit einem Tag jeder (reale) bisherige Erfolg null und nichtig werden kann, kann und will ich nicht nachvollziehen. Ich stelle nur für mich fest: Das, was ich an diesen beiden Tagen von mir gezeigt habe, bin ich nicht in meiner täglichen Berufspraxis. Es war eine absolute Ausnahmesituation. Dabei bin ich sicher (das wird mir heute auch bestätigt), dass ich das Zeug zu einer guten Führungskraft habe.

Und noch ein Punkt, der mich die viel beschworene »Transparenz« und den angeblichen Vorteil für den Kandidaten, dabei auch mal seine Stärken und Schwächen kennenzulernen, zumindest in meinem Fall bezweifeln lässt: Bis heute habe ich kein schriftliches Feedback zu Gesicht bekommen und dieses Audit ist jetzt fast ein Jahr her. Ich bekam es zwar mündlich, aber auch nicht sonderlich ausführlich. Alle meine Bemühungen um einen Einblick in meine diesbezüglichen Unterlagen sind bis heute gescheitert.

Ich bin mir darüber im Klaren, dass es irgendeine Methode geben muss, zwischen Hunderten von Bewerbern den Richtigen oder aus einem unüberschaubaren Mitarbeiterpool die passende Führungskraft zu finden. Aber ich glaube nicht, dass diese Methode – zumindest in der geschilderten Durchführung – schon aufgrund der Ressentiments der Kandidaten und der Verunsicherung von vielen eine objektive Entscheidung zulässt. Außerdem bin ich mir sehr sicher, dass sich manche Vorstellung, wie sich eine Führungskraft in so einer Prüfungssituation zu verhalten hat, in der Realität nicht umsetzen lässt.

Die andere Seite kommt zu Wort

Auf den vergangenen Seiten haben Sie Schilderungen der AC- und MA-Teilnehmer lesen können. Jetzt ist die Gegenseite dran. Im Folgenden erwarten Sie Interviews mit den Unternehmen IBM, der TUI, einer großen Krankenkasse, der Westfälischen Landeskirche und mit Jürgen Weiß, Mitinhaber der Firma PE-Solutions, die Assessment Center konzipiert, und mit einer Führungskraft, die aus verständlichen Gründen namentlich ungenannt bleiben möchte, aber über sehr interessante Auswahlerfahrungen mit ACs, MAs und Vorstellungsgesprächen zu berichten weiß.

IBM: »Das Konzept wird kontinuierlich angepasst«

Fragen an die Personalabteilung der Firma IBM zum Thema Assessment Center

Seit wann führen Sie in Ihrer Firma ACs durch?
IBM nutzt bereits seit vielen Jahren das Assessment Center als Auswahlinstrument.

Für welche Stellenprofile?
IBM setzt Assessment Center für die Auswahl von Hochschulabsolventen und zukünftigen Berufsakademie-Studenten ein. Bewerber mit mehrjähriger Berufserfahrung werden im Rahmen von Interviews ausgewählt.

Für wie viele Stellen pro Jahr? Wie groß ist die Zahl der AC-Teilnehmer pro Jahr?
IBM stellt entsprechend der jeweiligen Geschäftssituation ein. Davon hängt letztlich ab, wie viele Assessment Center durchgeführt werden.

Nutzen Sie externe Beratungsunternehmen bei der Durchführung eines AC?
Die Assessment Center werden stets von IBM durchgeführt.

Wie lange dauern Ihre ACs? Ein Tag, zwei Tage, länger?
IBM nutzt als Auswahlinstrument eintägige Assessment Center.

Wer ist als Beobachter/Assessor dabei?
Unsere Assessment Center werden von geschulten und erfahrenen Beobachtern aus den Fachbereichen und aus dem Personalbereich begleitet.

Welche Aufgaben stellen Sie den Teilnehmern? Präsentation, Gruppendiskussion, Postkorb?
Die Teilnehmer können in Gruppen- und Einzelübungen sowie Interviews ihre soziale, methodische und fachliche Kompetenz beweisen.

Was versprechen Sie sich davon, wenn Sie ein AC durchführen?
Mithilfe dieses Auswahlinstruments können neben fachlichen Qualifikationen vor allem auch Team- und Kommunikationsfähigkeit sowie Zielorientierung beobachtet werden. Dadurch gelingt es IBM, die richtigen Mitarbeiterinnen und Mitarbeiter zu identifizieren.

Glauben Sie, dass Sie durch ein AC wirklich den besten Mitarbeiter für eine Stelle finden können?
Davon sind wir aufgrund unserer bisherigen Erfahrung überzeugt.

Gibt es neben einem AC noch andere »Prüfungen« für einen Bewerber? Wie viele Bewerbungsgespräche werden geführt?
In der Regel führen wir ein Assessment Center durch. Teil des Assessment Centers ist ein Einzelgespräch mit dem Bewerber, in dem auch fachliche Themen abgedeckt werden.

Haben sich die ACs in den vergangenen Jahren verändert? Wenn ja, inwiefern?
Das Konzept wird kontinuierlich den Anforderungsprofilen angepasst, z.B. bei der Ausgestaltung der Übungen oder der Art der Fragestellungen.

Gibt es bei Ihnen auch Einzel-ACs, vielleicht im Rahmen der internen Personalentwicklung?
Nein.

TUI: »Assessment Center bieten ein umfassendes Bild des Bewerbers«

Claudia Scheins, 35 Jahre, arbeitet in der Abteilung »Management Development« des Touristikunternehmens TUI AG (Sitz Hannover). Sie beantwortet im folgenden Interview Fragen über die Assessment-Center-Praxis bei der TUI.

Seit wann führt die TUI Assessment Center durch?
Die Firma TUI führt seit etwa zehn Jahren ACs durch.

Für welche Stellenprofile?
Die TUI AG und einige ihrer Gesellschaften führen ACs für verschiedene Stellenprofile durch. Zum einen für Management-Trainees, dann für Auszubildende sowie z.B. Reiseleiter, die für uns tätig sein wollen, und zudem veranstalten wir für die interne Personalentwicklung Einzel- und Gruppen-ACs.

Für wie viele Stellen pro Jahr?
Betrachten wir nur die TUI AG, halten wir für die Trainees pro Jahr ca. 20 Stellen vor, für die Azubis acht Stellen. Die Zahlen variieren jedoch jährlich recht stark. Bezogen auf den Gesamtkonzern sind es noch einmal deutlich mehr.

Wie groß ist die Zahl der AC-Teilnehmer pro Jahr?
Für die Trainee-Arbeitsplätze durchlaufen 60 Bewerber das AC, bei den Azubis sind es 50. Das bedeutet aber, dass diese 60 bzw. 50 aus einer Vielzahl von Bewerbern vor der Einladung zum AC andere Bewerbungsstufen durchlaufen, z.B. ein Telefoninterview.

Nutzen Sie externe Beratungsunternehmen bei der Durchführung eines ACs?
Zum Teil. Wir arbeiten beispielsweise bei den Potenzialdiagnose-AC mit externen Beratern zusammen. Unter anderem mit Psychologen, die mit uns gemeinsam die AC-Konzepte erstellen und uns dann auch während der ACs fachlich begleiten.

Wie lange dauern Ihre AC? Ein Tag, zwei Tage, länger?
Unsere AC dauern je nach Stellenprofil zwischen einem und drei Tagen. Die mehrtägigen ACs finden in der Regel in Hotels statt, um eine konzentrierte Atmosphäre ohne Ablenkungen zu schaffen. Für die Azubis und die Trainees dauern die ACs meist einen Tag von ca. 8 bis 16 Uhr, sie finden in unseren Häusern statt.

Wer ist als Beobachter/Assessor dabei?
Je nach AC-Form und Zielsetzung sind dies besagte Psychologen sowie erfahrene Mitarbeiter aus der Personalabteilung, darüber hinaus Führungskräfte aus unserem Unternehmen. Zuvor durchlaufen diese eine zweitägige Zertifizierung, in der sie die unterschiedlichen AC-Tools, die Bewertungsmethodik etc. kennenlernen und entsprechend zertifiziert werden.

Welche Aufgaben stellen Sie den Teilnehmern? Präsentation, Gruppendiskussion, Postkorb?
Zu unseren Diagnose-Tools gehören Rollenspiele, Gruppenarbeiten (beispielsweise die Ausarbeitung einer Reise), Präsentationen, Fallstudien. In der Regel nutzen wir keine Postkorbübungen und psychologische Tests. Wir haben nicht den Eindruck, mit diesen Übungen auf unsere Zielsetzung bezogen signifikante Daten über einen Bewerber zu erhalten. Wir lehnen bei den Auswahl-ACs die Inhalte der Übungen an reale Arbeitssituationen an, um Bewerber in ihrem gegebenenfalls zukünftigen Aufgabenfeld agieren zu sehen.

Was versprechen Sie sich davon, wenn Sie ein AC durchführen?
Uns ist klar, dass ein AC keine absolute Objektivität bietet. Wir glauben aber, dass wir nicht zuletzt durch die Mehrfachbeobachtung und die unterschiedlichen Situationen, mit denen wir die Bewerber konfrontieren, ein umfassendes Bild von der fachlichen Eignung und den persönlichen Eigenschaften des Bewerbers erhalten.

Glauben Sie, dass Sie durch ein AC wirklich den besten Mitarbeiter für eine Stelle finden können?
Ohne Zweifel ja. Sicherlich erlaubt der Aufwand nicht immer die Durchführung eines AC. Die jahrelange Nutzung des Tools, die Lebensläufe/Karrierewege der Teilnehmer und die andauernde Nachfrage nach dem Tool aus unseren Gesellschaften heraus bestätigt uns in der Annahme. Auch bei den Personalentwick-

lungs-ACs sagt ein großer Teil der Teilnehmer (ca. 85 Prozent), dass sich die Erwartungen erfüllt haben und der gesamte Prozess zu einer Weiterentwicklung geführt hat.

*Gibt es neben einem AC noch andere »Prüfungen« für einen Bewerber? Wie viele
Bewerbungsgespräche werden geführt?*
Je nach Zielsetzung und Zielgruppe nutzen wir zahlreiche andere Tools. So führen wir viele strukturierte Interviews. Wenn es beispielsweise um die Besetzung
von Top-Management-Positionen geht, greifen wir teilweise auf Personalberater
zurück und führen dann mit den potenziellen Bewerbern mehrstufige Bewerbungsverfahren durch, in denen unter anderem intensive strukturierte Interviews
enthalten sind. Bei den Management-Trainees ist wiederum als eine Bewerbungs-
stufe eine schriftliche Ausarbeitung zu wechselnden Themen üblich.

Haben sich die ACs in den vergangenen Jahren verändert? Wenn ja, inwiefern?
Wir überprüfen unsere AC-Anforderungen laufend kritisch, sodass wir immer auf
dem neuesten Stand sind. Das geschieht etwa einmal im Jahr. Diese Änderungen
ergeben sich beispielsweise durch ein neues Kompetenzmodell, zunehmende In-
ternationalisierung, aktuelle Themen etc. Da sich – wie beispielsweise bei den
Auszubildenden – die Berufsbilder ändern, passen wir entsprechend auch die Auswahlverfahren an.

Gibt es bei Ihnen auch Einzel-AC?
Einzel-AC gibt es bei uns vor allem in der internen Personalentwicklung.

Bericht aus der Personalabteilung über die Assessment-Center-Konzep-
tion einer Krankenkasse

Ein verantwortlicher Personalmitarbeiter, der ungenannt bleiben möchte, berichtet über die Planung und Durchführung von ACs in seinem Unternehmen.

*Ich bin bei einer Krankenkasse als Personalentwickler tätig. Zu meinen Aufgaben
gehören u. a. die Durchführung von Personalauswahlverfahren und Potenzialana-
lysen. Früher haben wir das gemeinsam mit einem Personalunternehmen organisiert, besonders für die Wahl der Logik-, Persönlichkeits- und Intelligenztests.
Heute machen wir das in Eigenregie.*
*Einige Wochen vor dem Assessment Center verschicken wir die Einladungen
an die infrage kommenden externen Bewerber um eine konkrete Stelle bzw. an
Mitarbeiter, die an einer Potenzialanalyse interessiert sind. Es gibt keine begrenzte
Teilnehmerzahl. Fahrtkosten werden selbstverständlich übernommen.*

Unsere Assessment Center beginnen immer am Mittag und dauern bis zum Mittag des nächsten Tages. Es ist eigentlich ein eintägiges Assessment Center. Der dazwischenliegende Abend bietet sich aber an, um beispielsweise Kontakte untereinander zu vertiefen. Geht es z. B. um die Besetzung einer Trainee-Stelle, laden wir Trainees ein, die bereits ein Jahr ihrer Ausbildung in unserem Unternehmen absolviert haben. Sie erzählen den Bewerbern von ihren Erfahrungen im ersten Jahr und worauf es ihrer Meinung nach ankommt. Diese Praxis hat sich sehr bewährt und wird von den Teilnehmern des Assessment Centers durchweg positiv bewertet.

Vier Wochen vor dem festgesetzten Termin verschicken wir Material für ein Projekt an die Bewerber, das sie in der Zeit bis zum Termin bearbeiten sollen. Teil des Bewerbungsverfahrens ist, die Ergebnisse ihrer Arbeit in einer halben Stunde zu präsentieren.

Ein Grundsatz unserer Assessments ist, jede Übung zweimal durchzuführen. Denn wir sind uns durchaus bewusst, dass die äußeren Umstände eines solchen Auswahl- bzw. Testverfahrens besondere sind und aufgrund dessen Übungen auch einmal »verrutschen« können. Für uns Beobachter und Bewerter dient die zweimalige Durchführung dazu, einen entstandenen Eindruck zu revidieren oder zu festigen.

Es gibt eine klare Struktur im Aufbau unserer Übungen. Die Teilnehmer wissen über alle Vorgänge genauestens Bescheid. Sie wissen beispielsweise zu jeder Zeit, in welchen Raum sie sich zu begeben haben. Wird er nicht angesagt, hat das einen bestimmten Grund (das selbstständige Zurechtfinden in unklaren Situationen), aber auch das wird ihnen vorher angekündigt. Wir sagen ihnen, was bewertet wird und was nicht. Von der Vorgehensweise in manchen Assessments, die Kandidaten in sogenannten freien Zeiten wie Mittagessen etc. heimlich zu beobachten, halte ich nichts.

Die gestellten Aufgaben werden zu verschiedenen Zeiten von den Teilnehmern gelöst, um Wartezeiten für die einzelnen Teilnehmer zu vermeiden. Bereiten sich einige von ihnen auf ein Rollenspiel zu zweit vor, arbeiten die anderen an den Aufgaben in einem Arbeitsheft und beschäftigen sich dann mit dem Rollenspiel, wenn ihre Mitbewerber schon wieder mit anderen Übungen zugange sind. Es herrscht also eine Art Rotationsprinzip. Auch das hat sich bestens bewährt und steigert das Gefühl einer Arbeitsrealität.

Das Assessment Center an sich beginnt mit einer Einführung, in der wir Beobachter uns den Kandidaten vorstellen. Unsere Anzahl schwankt – es kommt auf die Teilnehmerzahl an. Man kann von einem Verhältnis 1:1,5, also z.B. 6 Bewerter auf 15 Teilnehmer ausgehen. Das gibt uns die Möglichkeit, möglichst viel mitzubekommen, uns auf Einzelheiten zu konzentrieren und so aufgrund vieler verschiedener Eindrücke möglichst objektiv urteilen zu können. Das Team der Beobachter setzt sich in einem solchen Fall aus zwei Moderatoren, Leitern ver-

schiedener Fachabteilungen und Personalentscheidern zusammen. Dabei sind nicht unbedingt die Fachabteilungen eingeladen, innerhalb derer die betreffende Stelle besetzt werden soll. Auf diese Weise kann die Besetzung der Stelle neutraler beurteilt werden.

Nach der Begrüßung folgt eine Einführung in das kommende Verfahren. Die Moderatoren erklären die Aufgaben sehr genau. Jeder Bewerber erhält außerdem ein Heft, das Arbeitsaufgaben und Anweisungen enthält, die er über den gesamten Zeitraum zu lösen hat. Die Aufgaben sind in sich logisch aufgebaut und beziehen sich aufeinander. Die Kandidaten werden in ein fiktives Unternehmen eingeführt, die Namen der fiktiven Kollegen und Vorgesetzten stimmen mit den Namen der Bewerter, die verschiedene Rollen übernehmen, überein. Alle zu lösenden Aufgaben haben mit diesem Unternehmen zu tun. Auf diese Weise entsteht – so zumindest das Feedback der meisten Teilnehmer – eine gewisse Arbeitsrealität. Denn die Teilnehmer sind sich zwar bewusst, dass sie Rollen übernehmen, aber sie haben nach eigenem Bekunden das Gefühl, sich relativ schnell in diese einzufinden.

Das Bewerbungsverfahren startet mit einer Präsentationsübung, der Selbstpräsentation der Teilnehmer. Sie wird nicht bewertet. Auch das wissen die Bewerber. Daran schließt sich eine Dialogsituation an. Allerdings geht es hier noch nicht um eine schwierige Situation wie ein Krisengespräch oder Ähnliches. Weiter geht es mit einer Gruppendiskussion, im Anschluss daran mit einer Gruppenübung. Hier geht es um das Gestalterische oder um eine Konstruktionsübung. Die Brückenübung, in der zwei Gruppen unabhängig voneinander Pfeiler und Brückenbogen so bauen sollen, dass sie stabil und funktionstüchtig ist, ist wohl eine der bekannteren dieser Aufgaben.

Ein weiterer Bestandteil unseres Assessment Centers ist eine Einzelübung, z. B. ein Mitarbeiter- oder Kundengespräch.

In den Zeiten zwischen den Übungen werden die Aufgaben im Heft gelöst – Bearbeitungszeit ca. drei Stunden. Danach ist der Übungsteil für diesen Tag beendet.

Wie bereits erwähnt, steht es den Teilnehmern am Abend frei, Kontakte untereinander zu knüpfen oder sich bei Kollegen, die bereits im Unternehmen arbeiten, zu informieren. Selbstverständlich sind wir als Assessoren bei diesen Gelegenheiten nicht dabei, beobachten natürlich auch nicht heimlich.

Zwischen 7 und 8 Uhr morgens am nächsten Tag beginnt die zweite Runde des Verfahrens. Die Übungen des ersten Tages werden wiederholt – natürlich mit veränderten Themenstellungen. Die Übungen dauern bis ca. 15 Uhr. Sie enden mit einer schriftlichen Selbsteinschätzung der Kandidaten.

Danach werden die Teilnehmer verabschiedet. Sehr wichtig ist uns das Feedback der Teilnehmer. Es hilft uns, das Auswahlverfahren immer weiter zu verbessern und an die beiderseitigen Bedürfnisse anzupassen.

Ein Feedback gibt es nicht am selben Tag, sondern erst etwas später, je nach Bewerberanzahl kann das einige Tage bis Wochen dauern. Feedback geben wir auch telefonisch. Dieses Jahr gab es für externe Bewerber allerdings zum ersten Mal kein schriftliches Feedback. Grund ist das neue Antidiskriminierungsgesetz. Die Gefahr, wegen einer Formulierung oder einer Begründung verklagt zu werden, ist nach dem momentanen Stand der Dinge zu groß, ebenso der Aufwand, jedes Feedback juristisch abklären zu lassen. Bei unseren Bewerberzahlen ist das nicht zu bewerkstelligen. Diese Situation ist für mich absolut unbefriedigend, denn ich bin der Meinung, dass jeder Bewerber das Recht haben muss, zu erfahren, wo seine Stärken liegen und an welchen Defiziten er arbeiten kann. Wir suchen im Moment nach einer befriedigenden Lösung des Problems.

Die Zu- oder Absage an die Bewerber muss aber binnen einer Woche versendet sein. Darauf lege ich größten Wert, um die Bewerber nicht unnötig lange im Unklaren zu lassen.

Westfälische Landeskirche: Auswahlverfahren für angehende Pastoren

Kirchenverwaltungsrat Herbert Dehmel ist beim Landeskirchenamt der Evangelischen Kirche von Westfalen im Dezernat tätig, das für die Ausbildung des pastoralen Nachwuchses und für die theologischen Prüfungen zuständig ist. Im Vorfeld der Ausbildung der Vikarinnen und Vikare führt die Westfälische Landeskirche zweimal jährlich ein Assessment Center durch. Herbert Dehmel erklärt, warum.

Seit wann setzt die Westfälische Landeskirche ACs ein?
Die Westfälische Landeskirche setzt seit 1999 Assessment Center ein.

Wer nimmt an einem AC teil?
Das AC ist für die Auswahl der Vikarinnen und Vikare gedacht. Die Westfälische Landeskirche kann aus finanziellen Gründen nicht mehr alle Theologie-Studierenden in den Vorbereitungsdienst, also das Vikariat, aufnehmen. Aus diesem Grund veranstalten wir mit denjenigen Studierenden, die die Erste Theologische Prüfung erfolgreich absolviert haben, ein AC. Die Examensnote, die Berücksichtigung besonderer Qualifikationen (Beispiel: Auslandsstudium) und soziale Lebensbedingungen sowie das Ergebnis des AC ergeben zusammengenommen eine Gesamtpunktzahl, die über die Aufnahme in das Vikariat entscheidet.

Wie lange dauert ein AC, und welche Übungen werden gemacht?
Das AC dauert einen Tag. Es gliedert sich in drei Teile, einen Kurzvortrag, ein Gruppengespräch und ein Einzelgespräch. In dem Kurzvortrag erhalten die Teilnehmerinnen und Teilnehmer ein Thema, auf das sie sich eine halbe Stunde vor-

bereiten können. Zehn Minuten haben sie dann Zeit zum Referieren. Für das Gruppengespräch, bei dem alle Teilnehmerinnen und Teilnehmer (in der Regel sind es sechs bis acht) dabei sind, wird ebenfalls ein Thema vorgegeben. Oft kommt es aus der praktischen Arbeit einer Pastorin bzw. eines Pastors. Das Gespräch dauert 30 Minuten. Das Einzelgespräch wird in drei Phasen geführt. In der ersten Phase erhält der Teilnehmer die Gelegenheit, über sich selbst zu sprechen, seine Ausbildung und seine Motivation, in den Pfarrdienst einzutreten. Außerdem über sein besonderes Engagement in kirchlichen und gesellschaftlichen Bereichen. Im zweiten Teil kommt es zu einem vertiefenden Dialog mit Fragen von Seiten der Assessoren. Im dritten Teil hat der Teilnehmer die Möglichkeit, sich über den Ablauf des Tages zu äußern. Mithilfe der letzten Übung soll überprüft werden, inwieweit das spontane Sprach-, Argumentations- und Dialogverhalten des Teilnehmers ausgeprägt ist, und ob er zudem zur Selbstreflexion bereit ist.

Wie setzt sich die Auswahlkommission zusammen?
Die Kommission besteht aus einem vierköpfigen Team. Die Gruppe setzt sich in der Regel aus zwei Männern und zwei Frauen zusammen, die Pastorinnen oder Pastoren sind. Sie kommen aus verschiedenen kirchlichen Arbeitsfeldern (z. B. Gemeindearbeit, Krankenhausseelsorge, Telefonseelsorge, Beratungsstellen) und haben zum Teil eine Ausbildung in klinischer Seelsorge oder eine Supervisionsausbildung absolviert.

Wer hat bei der Ausarbeitung der Konzeption mitgewirkt?
Die Konzeption der Auswahlseminare wurde vom Landeskirchenamt in Zusammenarbeit mit externen Personalfachleuten aus der Wirtschaft entwickelt. Auch die Betroffen waren wesentlich daran beteiligt. Die Themen für die Auswahlseminare werden vom Landeskirchenamt zusammengestellt und orientieren sich an aktuellen gesellschaftlichen und kirchlichen Vorgängen.

Was versprechen Sie sich von einem AC?
Es geht uns darum, einen Gesamteindruck von den Bewerberinnen und Bewerbern zu erhalten. Dabei sind sowohl der Befähigungsnachweis durch die bestandene Erste Theologische Prüfung als auch die im Auswahlseminar festgestellten Fähigkeiten und Fertigkeiten von Bedeutung. Wir hoffen, dass wir durch das AC die geeignetsten künftigen Vikarinnen und Vikare aus dem Pool herausfiltern können. Dabei orientieren wir uns an den Schlüsselqualifikationen für den pastoralen Dienst: überzeugende Vertretung eigener Positionen; Sprach-, Argumentations- und Dialogverhalten; Team-, Kooperations- und Integrationsverhalten; Belastbarkeit und Situationsbewältigung; Konflikt- und Problemlösungsverhalten sowie Bereitschaft zur Selbstreflexion.

Gibt es einen Unterschied zwischen einem AC in der Kirche und einem AC in der freien Wirtschaft?

Der Unterschied zeigt sich zum einen angesichts der eben genannten Kriterien und Schlüsselqualifikationen. Zum anderen wird bei der Durchführung im Unterschied zur Wirtschaft die Arbeit der Auswahlkommission in der Westfälischen Landeskirche von einem unabhängigen Prozessbeobachter supervisorisch begleitet. Er greift jedoch nicht direkt in die Beratungen ein. Außerdem steht den Teilnehmerinnen und Teilnehmern während des gesamten AC-Tages eine Betreuungsperson als Gesprächspartner zur Verfügung.

Außenstehende haben oft den Eindruck, dass es der Kirche nicht darum gehen kann, Konkurrenz zu schüren. Das ist natürlich bei einem AC anders. Da sind die Teilnehmer Konkurrenten um eine bestimmte Anzahl von Stellen. Wie geht die Westfälische Landeskirche mit diesem Widerspruch um?

Wir bemühen uns um eine gute und menschliche Atmosphäre während der Auswahlseminare. Den Teilnehmerinnen und Teilnehmern, die eine Absage erhalten, bieten wir Beratungsgespräche bei der Suche nach anderen beruflichen Perspektiven an. Außerdem besteht die Möglichkeit, die Teilnahme an Maßnahmen zur beruflichen Weiterbildung oder Umorientierung finanziell zu unterstützen.

Vielleicht können Sie auch einiges über den Widerstand sagen, den es anfangs bei Ihnen den ACs gegenüber gab?

Die Alternative zu dem AC wäre eine Auswahl allein aufgrund der Examensnote gewesen. Das AC sollte die Möglichkeit eröffnen, sich auch noch einmal persönlich in das Verfahren einzubringen. Das ist auch von den Betroffenen selbst eher als Vorteil verstanden worden. Im Übrigen waren gerade auch die Betroffenen bei der Entwicklung der Gesamtkonzeption maßgeblich beteiligt.

PE-Solution: »Mein Tipp: Befassen Sie sich mit den Inhalten der künftigen Position«

Jürgen Weiß, 35 Jahre, ist Mitinhaber der Firma »PE-Solution« in Burgdorf bei Hannover. Das Beratungsunternehmen konzipiert und veranstaltet Assessment Center für deutsche Firmen, die öffentliche Verwaltung und Organisationen.

Seit wann befasst sich Ihr Unternehmen mit dem Thema Assessment Center?

Unsere Firma wurde im Jahr 2000 gegründet. Insgesamt verfügen wir Mitarbeiter aber seit mehr als zehn Jahren über Erfahrung mit dem AC. Alle unserer Berater sind Diplom-Psychologen.

Haben Sie Beispiele, für welche Firmen Sie schon gearbeitet haben?
Wir geben grundsätzlich keine Namen von Auftraggebern nach außen.

Wie verläuft die Zusammenarbeit mit einer Firma?
In der Regel kommt die Firma auf uns zu, wenn eine Stelle zu besetzen ist, ein Trainee-Programm aufgelegt wird oder es in einem Unternehmen »inhouse« Personalentwicklungspläne gibt. Wir machen als Erstes ein gemeinsames Sondierungsgespräch, um herauszufinden, welche Art von Auswahlverfahren das Unternehmen wünscht. Manchmal müssen wir dann deren Vorstellungen korrigieren. Wenn wir das geklärt haben, arbeiten wir ein AC aus und führen es dann auch durch.

Wie eng arbeiten Sie mit einer Firma zusammen oder lässt sie Ihnen freie Hand in der Gestaltung eines AC?
Das kommt darauf an, welche Komponenten die Firma wünscht. Oft müssen wir wie gesagt Unternehmen auch davon überzeugen, welches die richtige Form eines AC für ihre Zwecke ist. Unserer Erfahrung nach machen kleinere Firmen weniger Vorgaben als große Unternehmen. Die haben oft sehr strukturierte Personalabteilungen und veranstalten regelmäßig ACs, weil sie auch mehr Stellen zu besetzen haben. Je nachdem arbeiten wir dann in enger Abstimmung zusammen – oder auch in etwas lockerer Form.

Welches ist für Sie die ideale Gruppengröße für ein AC?
Eine Person *(lacht)*. So ist der Bewerber am besten zu beobachten.

Wählen Sie auch schon vorher die Teilnehmer eines AC mit aus?
Nein, in der Regel nicht.

Worauf achten Sie bei einem Bewerber?
Wichtig ist, dass der Bewerber sich gerade nicht so verhält, wie er glaubt, dass es für das AC richtig ist. Er sollte sich vielmehr auf die zu besetzende Position konzentrieren und seine Leistung darauf abstimmen.

Was raten Sie einem Bewerber? Worauf sollte er achten, um Erfolg zu haben?
Uns fällt immer wieder auf, wie wenig viele AC-Teilnehmer über die Firma wissen, bei der sie zum AC eingeladen sind. Mein Tipp: Befassen Sie sich vor dem AC mit dem Unternehmen, weniger aber mit den Zahlen, sondern besonders mit den Inhalten, die bei der Stelle auf Sie zukommen. Lesen Sie deswegen die Stellenanzeige und die darin genannten Anforderungen noch einmal genau durch. Informieren Sie sich außerdem im Internet und mithilfe von Presseunterlagen über die Firma, bei der Sie eingeladen sind. Und sprechen Sie, sofern Sie welche kennen, mit Mitarbeitern des Unternehmens darüber, wie es »tickt«.

Wie werden die weiteren Assessoren (firmeninterne Führungskräfte u. Ä.) ausgebildet?
Die weiteren Assessoren werden in Schulungen praxisnah weitergebildet. Dort erfahren sie, auf welche Faktoren, Verhaltensweisen etc. sie achten müssen bei der Beobachtung der AC-Teilnehmer.

Worin sehen Sie die größten Pluspunkte eines AC?
Jede neue Stellenbesetzung ist eine Investitionsentscheidung für eine Firma. Deswegen versuchen Unternehmen mithilfe eines AC das Risiko zu minimieren, dass ein neuer Mitarbeiter ein finanzielles Fiasko wird. Jedes Versagen eines Mitarbeiters ist ein teures Unterfangen, besonders wenn es eine Führungskraft ist. Ein sinnvoll gestaltetes AC kann eine gute Prognose im Vergleich zu anderen Auswahlverfahren bieten. Besser jedenfalls als nur durch Zeugnisse und unstrukturierte Vorstellungsgespräche.

Und worin sehen Sie die größten Schwachpunkte?
Nach wie vor ist eine genaue Erfassung von Stärken und Schwächen problematisch. Das erscheint auf den ersten Blick widersprüchlich: Die Prognose ist gut, aber eine differenzierte Aussage ist nur eingeschränkt möglich. Hier muss in Zukunft die Forschung noch Impulse geben.

Gibt es Trends im AC? Neue Moden?
Ja, der Trend geht meiner Meinung nach in Richtung arbeitsplatznaher ACs. Das heißt, dass vermehrt in ACs Situationen simuliert werden, die so oder ähnlich auch später am Arbeitsplatz auftreten können.

Macht Ihre Firma auch Einzel-AC?
Ja.

Kritische Einschätzung zum Thema Assessment Center durch einen Top-Manager eines international agierenden Großkonzerns

Die Führungskraft liegt über der 200 000-Euro-Grenze Jahresbruttoeinkommen. Sie stellt hier ihre ganz persönliche Einschätzung und Erfahrung vor.

Seit einigen Jahren habe ich eine hochrangige Führungsposition in einer Sparte unseres Konzerns inne. Zu meinen Aufgaben gehört es auch, in meinem Bereich Spitzenpositionen mit Top-Managern zu besetzen.
Ich selbst musste in meiner ganzen beruflichen Laufbahn nie ein Assessment Center absolvieren. Aber wie in vielen deutschen Unternehmen sind auch einige

Kollegen in unserer Personalabteilung davon überzeugt, dass ein Assessment Center eine der gelungensten Methoden der Personalauswahl ist und die größten Chancen bietet, sensible Positionen mit der richtigen Führungskraft zu besetzen.

Zu dieser Einschätzung habe ich eine Geschichte zu berichten. Vor einiger Zeit war eine wichtige Führungsposition im Vertriebsbereich vakant. Wir luden sechs infrage kommende Bewerber zu Einzel-Assessment-Centern ein. Die Konzeption und Auswahl der Übungen war wirklich beeindruckend, die Durchführung professionell organisiert. Auf den ersten Blick schien es tatsächlich möglich zu sein, auf diese Art und Weise alle wichtigen Voraussetzungen, die der neue Stelleninhaber für diese Position mitzubringen hatte, bei den Kandidaten auf Herz und Nieren zu testen.

Während des laufenden Verfahrens erinnerte ich mich, dass ich einen der Bewerber bereits von einem früheren geschäftlichen Kontakt kannte. Die Situation damals war schwierig und zog sich über Wochen hin, aber sie war lösbar. Er selbst hatte damals zwar keine tragende Rolle gespielt, aber nicht den Eindruck gemacht, als sei er der Situation gewachsen. Ich behielt die Einschätzung für mich, denn ich halte eine objektive Beurteilung der Kandidaten unter gleichen Voraussetzungen in der Personalauswahl für eine Selbstverständlichkeit. Zufällig erfuhr ich zu dieser Zeit von anderer (externer) Seite, dass ich mit meiner Einschätzung nachweislich richtig lag.

Nach der Auswertung der Ergebnisse war ausgerechnet dieser Bewerber eindeutig derjenige, der am besten auf das ausgeschriebene Stellenprofil passte. Er hatte die AC-Beobachter mit seiner Souveränität, seinem Wissen und seiner Teamfähigkeit nachhaltig beeindruckt und in allen erdenklichen Bewertungskriterien sozusagen die volle Punktzahl erhalten. Die Fakten sprachen für ihn, meine Kollegen waren begeistert, aber ich weigerte mich standhaft, meine Zustimmung zu geben.

Natürlich musste ich meine Haltung rechtfertigen. Mein Zweifel an der Effizienz eines solchen Verfahrens reichte nicht aus. Ich musste also meine persönliche Einschätzung des Kandidaten kundtun. Sein Auftritt während des ganzen Tages war perfekt. Für mich blieb er trotzdem oder gerade deswegen ein ausgemachter Blender. Eine solche Fassade unter diesen besonderen Umständen aufrechtzuerhalten, mag eine beachtliche Leistung sein, aber anders als die Anhänger dieses Verfahrens halte ich es für möglich. Es gibt genug Fachliteratur, die bei einer akribischen Vorbereitung nützlich ist, und einen angenehmen Umgang mit seinen Mitmenschen wollte ich ihm ja gar nicht absprechen. Zudem verfügte er über ein Selbstbewusstsein, das meine Kollegen beeindruckte, aber in mir das Gefühl erweckte, dass es nicht unbedingt auf Kritikfähigkeit aufbaute. Auf gar keinen Fall wollte ich mich für die Besetzung dieser wichtigen Position auf Standardtests und Zahlenspiele verlassen und eine Fehlentscheidung riskieren. Letztendlich entschied ich die Angelegenheit für mich. Außerdem setzte ich durch, für die Besetzung dieser Stelle auf ein weiteres Assessment Center zu verzichten. Wir haben schließlich einen Kandidaten gefunden, der voll und ganz unsere Erwartungen erfüllt.

Dazu habe ich mich für den klassischen Weg des Vorstellungsgesprächs entschieden und pflege diese Art der Personalauswahl immer noch. An den einstündigen Hearings nimmt neben den Kollegen, die in diese Entscheidung involviert sind, auch meine langjährige Assistentin teil, die über ein untrügliches Bauchgefühl verfügt. Wir haben uns bis jetzt noch nie gravierend getäuscht. Schließlich weiß ich durch meine Erfahrung am besten, was wirklich wichtig ist in der betreffenden Position. Eine untrügliche » Witterung« ersetzt kein Test der Welt.

Die Erfahrung mit dem gescheiterten Assessment Center hat mich in meiner Überzeugung gestärkt, dass es in einer Stunde und im Zusammenspiel mit der Einschätzung vertrauter Kollegen möglich ist, aufgrund langer beruflicher Erfahrung, mit Menschenkenntnis, den richtigen Fragen und etwas Fingerspitzengefühl auch ohne Tests und gestellten Situationen die Qualitäten eines Bewerbers zu erkennen. Außerdem ist es mir immer lieber gewesen, eine Entscheidung aufgrund meiner persönlichen Art, jemanden kennenzulernen, und aus persönlicher Überzeugung und eigener Anschauung zu fällen. Notfalls verteidige ich sie auch auf dieser Basis. Ebenso gehört für mich dazu, im Falle einer Fehlentscheidung die volle persönliche Verantwortung zu übernehmen und nicht den Fehler etwa auf die unzureichende Konzeption eines Assessment Centers zu schieben.

Tests und Übungsaufgaben

Assessment-Center-Wissenstest

Hier zunächst ein kleiner AC-Wissenstest, den Sie am besten machen sollten, bevor Sie das Buch gelesen haben.

Test 1: Was wissen Sie über das Assessment Center?

Kreuzen Sie immer die am besten zutreffende Antwortmöglichkeit (a–d) an.

1. Was ist ein Assessment Center (AC)?
   a) Eine Art Prüfung, bei der besonders die Leistungsfähigkeit eines Bewerbers getestet wird.
   b) Ein Auswahlverfahren, das verschiedene Arbeitsaufgaben enthält und das Verhalten mehrerer Bewerber testet und vergleicht.
   c) Ein Auswahlverfahren, bei dem besonders die Persönlichkeit und Charakterstärke der Bewerber getestet wird.
   d) Ein Auswahlverfahren, bei dem die Beurteiler herausfinden wollen, ob man die Karriereleiter schnell hinaufsteigen kann.

2. Was ist das Besondere an einem Assessment Center?
   a) Jeder Kandidat kann sich während des AC präsentieren, wie er möchte.
   b) Jeder Kandidat wird während des gesamten AC von AC-Prüfern oder Assessoren genau beobachtet.
   c) Jeder Kandidat muss immer alle Übungen mit allen anderen Kandidaten gemeinsam machen.
   d) Jeder Kandidat kann am Ende des AC mit einem Zertifikat nach Hause gehen.

3. Worauf kommt es für die Kandidaten eines Assessment Centers ganz besonders an?
   a) Sie sollten vor allem ihre fachspezifischen Qualifikationen deutlich zeigen.
   b) Sie sollten sich möglichst ruhig und zurückhaltend verhalten.
   c) Sie sollten Persönlichkeit, Leistungsmotivation und Kompetenz ausstrahlen.
   d) Sie sollten möglichst oft darauf hinweisen, dass sie den Job auf jeden Fall haben möchten.

4. Was will man mit einem Assessment Center erreichen?
   a) Schlechte Bewerber sollen schnell aussortiert werden.
   b) Die Intelligenz der Bewerber soll getestet und verglichen werden.
   c) Bewerber sollen in verschiedenen Situationen Aufgaben bearbeiten, damit ihre Leistungen und ihr Verhalten verglichen und beurteilt werden können.
   d) Die Flexibilität der Bewerber soll getestet werden.

5. Was versteht man beim Assessment Center unter einer Postkorbübung?
   a) Bei der Postkorbübung muss man Posttarife auswendig nennen und richtig anwenden können.
   b) Es handelt sich um einen Paper-Pencil-Test, bei dem unter Zeitdruck verschiedene Vorlagen mit unterschiedlichen Prioritäten bearbeitet werden müssen.
   c) Während einer Postkorbübung müssen die Bewerber möglichst viele Briefe durchlesen und beantworten.
   d) Die Postkorbübung ist ein Speed-Test, bei dem man diverse verschiedenfarbige Körbe mit schriftlichen Unterlagen füllen muss.

6. Worauf kommt es aus der Sicht der Kandidaten in der Gruppendiskussion eines Assessment Centers besonders an?
   a) Dass am Ende der Diskussion die Gruppe ein gemeinsames Ergebnis präsentieren kann.
   b) Wer zum Ergebnis der Gruppendiskussion am meisten beigetragen hat.
   c) Wie es zum Ergebnis der Diskussion kam.
   d) Kein Lösungsvorschlag ist wirklich richtig.

7. Wie muss man sich ein Rollenspiel bei einem Assessment Center vorstellen?
   a) Bei einem AC werden meistens überhaupt keine Rollenspiele gemacht.
   b) Rollenspiele finden immer zwischen allen Kandidaten statt.
   c) Rollenspiele finden meistens zwischen einem Kandidaten und einem AC-Beobachter statt, und haben Konflikte, die es zu verhandeln gilt, zum Inhalt.
   d) In Rollenspielen wird untersucht, welche Rolle man gerne im zukünftigen Berufsleben spielen möchte.

8. Welche Rolle spielt die Körpersprache im Assessment Center?
   a) Die Körpersprache der Kandidaten hat im AC kaum eine Bedeutung.
   b) Die Körpersprache wird ziemlich genau registriert.
   c) Wichtig ist vor allem, dass man Humor zeigt und viel und oft lacht.
   d) Besonders die eigene Mimik sollte man im AC unter Kontrolle haben.

9. Im Assessment Center wird u. a. auch die emotionale Stabilität der Kandidaten getestet. Was versteht man darunter?
   a) Dass man über einen großen Freundes- und Bekanntenkreis verfügt.
   b) Dass man relativ ausgeglichen ist und sich selten schlecht fühlt.
   c) Dass man möglichst in einem sozialen Beruf arbeiten möchte.
   d) Dass man gerne auf Partys geht.

10. Worauf sollten Assessment-Center-Kandidaten während der Pausen, z. B. beim Mittag- oder Abendessen, besonders achten?
a) Dass sie gute Essensmanieren zeigen.
b) Im AC wird während des Essens nicht geprüft.
c) Während des Essens kommt es immer noch auf die soziale Kompetenz und das Kommunikationsvermögen des Bewerbers an.
d) Während der Pausen und Mahlzeiten sollte man sich möglichst zurückziehen und entspannen.

Wie steht es um Ihr Wissen über das Assessment Center? Ihr Ergebnis und die Interpretation für einen ersten Versuch, ohne vorher das Buch gelesen zu haben, finden Sie auf Seite 332.

Test 2: Sind Sie fit für das Assessment Center?

Am besten, Sie bearbeiten diesen Test, nachdem Sie das Buch gelesen haben:
Ist diese Aussage *richtig oder falsch*? Kreuzen Sie R oder F an

	R	F
1. Es gibt Assessment Center, die dauern wenige Stunden, andere mehrere Tage.	☐	☐
2. Das Assessment Center ist eine Art Prüfung, bei der besonders die sprachliche Leistungsfähigkeit eines Bewerbers getestet wird.	☐	☐
3. Das Besondere an einem Assessment Center ist: Jeder Kandidat kann am Schluss mit einem Feedback und einem Zertifikat nach Hause gehen.	☐	☐
4. Durch ein AC soll vor allem die Leistungsbereitschaft der Bewerber getestet und verglichen werden.	☐	☐
5. Eine wichtige Besonderheit eines Assessment Centers ist: Jeder Kandidat wird während des gesamten Verfahrens von mehreren AC-Prüfern (Assessoren) genau beobachtet.	☐	☐
6. Als Kandidat eines AC kommt es ganz besonders darauf an, dass Sie vor allem Ihre fachspezifischen Qualifikationen deutlich zeigen.	☐	☐
7. Das AC ist ein Auswahlverfahren, das verschiedene Arbeitsaufgaben enthält und das Verhalten mehrerer Bewerber in gleichen Situationen testet und vergleichbar macht.	☐	☐
8. Das Besondere an einem Assessment Center ist: Jeder Kandidat muss immer alle Übungen mit allen anderen Kandidaten gemeinsam machen.	☐	☐
9. Durch ein AC soll besonders die Flexibilität der Bewerber getestet werden.	☐	☐
10. In einem AC kommt es für Sie als Kandidaten ganz besonders darauf an, dass Sie Ihre Persönlichkeit, Leistungsmotivation und Kompetenz gut vermitteln.	☐	☐
11. Im AC sollen Bewerber in verschiedenen Situationen Aufgaben bearbeiten, damit man ihre Leistungen und ihr Verhalten besser vergleichen und beurteilen kann.	☐	☐
12. Bei einer AC-Gruppendiskussion muss am Ende die Gruppe immer ein gemeinsames Ergebnis präsentieren können.	☐	☐
13. Bei einer AC-Postkorbübung muss man Posttarife auswendig benennen und richtig anwenden können.	☐	☐

	R	F

14. Aus der Sicht der Kandidaten kommt es bei der Gruppendiskussion besonders darauf an, möglichst häufig und viel zu sagen. ☐ ☐

15. Auch während des Essens und in den Pausen kommt es auf die soziale Kompetenz und das Kommunikationsvermögen des Bewerbers an. ☐ ☐

16. Bei einer AC-Postkorbübung handelt es sich um einen Paper-Pencil-Test, bei dem unter Zeitdruck verschiedene Vorlagen mit unterschiedlichen Prioritäten bearbeitet werden müssen. ☐ ☐

17. Während einer AC-Postkorbübung müssen die Bewerber möglichst viele Briefe durchlesen und später beantworten. ☐ ☐

18. Bei einer AC-Gruppendiskussion ist es sehr wichtig, wer von den Kandidaten zum Ergebnis am meisten beigetragen hat. ☐ ☐

19. AC-Rollenspiele finden meistens zwischen einem Kandidaten und einem AC-Beobachter statt, und haben Konflikte, die es zu verhandeln gilt, zum Inhalt. ☐ ☐

20. Während der Pausen und Mahlzeiten sollte man sich möglichst zurückziehen und entspannen. ☐ ☐

Wie steht es nun um Ihr Wissen über das Assessment Center? Auf Seite 333 finden Sie Ihr Ergebnis. Wollen Sie weitermachen?

Test 3: Wissen Sie, worauf es im Assessment Center wirklich ankommt?

1. Worauf kommt es für Sie als Kandidaten eines Assessment Centers besonders an?
   a) Sich als eine starke Persönlichkeit zu zeigen.
   b) Sympathisch zu wirken und gut »rüberzukommen«.
   c) Sich von den anderen Kandidaten abzuheben.
   d) Möglichst nicht unangenehm aufzufallen.

2. Gleich zu Beginn des Assessment Centers entspinnt sich eine lebhafte Diskussion um das Wetter. Das ist kein Wunder, denn nach drei Wochen Sonnenschein regnet es nun plötzlich wie aus Kübeln. Wie reagieren Sie auf diese Diskussion?
   a) Ich erzähle sofort, was mir erst vor kurzem bei einem ähnlichen Unwetter zugestoßen ist.
   b) Ich lehne mich zurück und beteilige mich an dieser oberflächlichen Diskussion nicht weiter.
   c) Ich verweise darauf, dass wir alle von schönem Wetter sowieso nichts hätten. Schließlich sitzen wir bei diesem AC den ganzen Tag drinnen.
   d) Ich beteilige mich mit einigen Kommentaren des Bedauerns zur Schlechtwetterlage an der Diskussion.

3. Am Anfang eines Assessment Centers stellt sich jeder Kandidat vor. Wie machen Sie das?
   a) Spontan und ohne viel zu zögern.
   b) Ich habe eine kleine, aber feine etwa zehnminütige Rede vorbereitet.
   c) Genauso wie alle anderen.
   d) Ich versuche mich durch ein wenig Witz und Charme etwas von den Vorrednern zu unterscheiden.

4. Ein Assessment-Center-Kandidat erzählt bei der Vorstellungsrunde, dass er im selben kleinen Städtchen wie Sie aufgewachsen ist. Dann sind Sie an der Reihe. Was werden Sie tun?
   a) Ich verschweige, dass ich jemals von diesem Ort gehört habe.
   b) Ich weise auf den lustigen Zufall hin und versuche, dem anderen Kandidaten durch eine Frage noch ein Detail zu entlocken.
   c) Ich gebe zu, dass ich auch von dort komme, aber eigentlich froh bin, dieses Kaff nur noch ganz selten zu sehen.
   d) Ich erzähle sofort den letzten Dorfklatsch, den mir meine Großmutter erst neulich am Telefon berichtet hat.

5. Eigentlich haben Sie eine große Leidenschaft: Briefmarkensammeln. Sie werden im Assessment Center aufgefordert, über Ihre Hobbys zu berichten. Alle anderen Kandidaten sind Sportfanatiker. Wie verhalten Sie sich?
   a) Ich mache unmissverständlich klar, dass ich Sport schon immer langweilig fand.
   b) Ich hole kräftig aus und erläutere den Spaß, den mir das Sammeln von Briefmarken bereitet.
   c) Ich gebe zu, dass Sport nicht ganz mein Ding ist, obwohl manches daran faszinierend ist – fast so faszinierend wie Briefmarkensammeln.
   d) Bei solchen persönlichen Dingen werde ich regelmäßig recht einsilbig.

6. Wie sollten Sie sich als Assessment-Center-Kandidat in der Gruppendiskussion möglichst verhalten:
   a) Möglichst ruhig und gelassen.
   b) Man kann zeigen, wie man wirklich denkt und fühlt.
   c) Man sollte sich ausführlich darstellen und erzählen, was man zu erzählen hat.
   d) Kein Lösungsvorschlag ist richtig.

7. Welche der folgenden Aussagen sollte man als Assessment-Center-Kandidat mit »stimmt« ankreuzen, um nicht unglaubwürdig zu wirken?
   a) Insgesamt bin ich ein eher ängstlicher Mensch.
   b) Gelegentlich erzähle ich auch mal eine kleine Lüge.
   c) Ich bin oft nicht gut gelaunt.
   d) Durch eine Vielzahl kleiner Störungen lasse ich mich schnell aus der Ruhe bringen.

8. Welche Kleidung tragen Sie im Assessment Center?
   a) Normale Kleidung, die ich auch in der Uni/am Arbeitsplatz trage.
   b) Freizeitkleidung, da ich mich beim AC wohlfühlen muss.
   c) Gute, aber für mich auch angenehme Kleidung, wie bei einem Vorstellungsgespräch.
   d) Kleidung, die sich farblich und im Stil auf jeden Fall von meinen Mitbewerbern unterscheidet.

9. In der Mittagspause haben Sie die Wahl, an verschiedenen Tischen Platz zu nehmen. Wohin setzen Sie sich?
   a) Wenn möglich, setze ich mich allein an einen Tisch, um zu entspannen und mich sammeln zu können.
   b) Ich setze mich an einen Tisch, an dem auch alle anderen Kandidaten sitzen.
   c) Ich suche mir den Tisch mit dem nettesten Kandidaten aus und setze mich dazu.
   d) Ich setze mich an einen Tisch, an dem sowohl Kandidaten als auch AC-Prüfer sitzen.

10. Wie gehen Sie bei der Postkorbübung vor? Worauf kommt es vor allem an?
    a) Erst einmal die Aufgabenstellung gründlich zu durchdenken.
    b) Alle Aufgaben schnell und eigenständig nacheinander zu erledigen.
    c) Sich erst einmal einen Überblick zu verschaffen, um Wichtiges von Unwichtigem unterscheiden zu können.
    d) Möglichst ausführliche Begründungen für jeden einzelnen Arbeitsschritt zu definieren.

11. Was meinen Sie: In Gruppendiskussionen ist es besonders wichtig ...
    a) seinem Gegenüber aktiv zuzuhören.
    b) möglichst viele Argumente für die eigene Meinung parat zu haben.
    c) möglichst häufig einen Redebeitrag loszuwerden.
    d) Persönlichkeit und damit soziale Kompetenz und Führungsstärke zu beweisen.

12. Innerhalb der Gruppendiskussion wird Ihr gerade vorgetragenes Argument von einem anderen Kandidaten heftig infrage gestellt. Wie reagieren Sie?
    a) Ich warte ab und mache erst mal nichts.
    b) Ich stimme dem Einwand bedingt zu und relativiere ihn dann zusammen mit weiteren Argumenten.
    c) Ich versuche den anderen Kandidaten vor der Gruppe möglichst geschickt herabzusetzen.
    d) Ich versuche meinen Standpunkt so lange in der Diskussion zu vertreten, bis der »Gegner« verstummt.

13. Gegen Ende des Assessment Centers haben Sie ein halbstündiges Einzelgespräch mit einem AC-Prüfer, der Sie ziemlich hart angeht und Ihnen Inkompetenz vorwirft. Wie reagieren Sie?
    a) Ich versuche mich bedeckt zu halten, keine Emotionen zu zeigen.
    b) Ich frage nach, was man mir im Detail vorwirft und was ich falsch gemacht habe.
    c) Ich fange an, meiner Verärgerung Ausdruck zu verleihen.
    d) Ich zeige Gelassenheit und Haltung, das könnte eine Stressprüfung sein.

Lesen Sie die richtigen Antworten und Ihre Bewertung auf Seite 333.

Test 4: Verfügen Sie über das richtige SMP?

Ohne jetzt näher darauf einzugehen was unter SMP zu verstehen ist.
    Wichtig für Ihren Auftritt im AC. Was es bedeutet, verraten wir gleich.
    Mal ehrlich: Wie schätzen Sie sich selbst ein? Und das ganz schnell und spontan, ohne viel nachzudenken. Sie haben 4 Ankreuzmöglichkeiten. Von links nach rechts bedeutet das:

Ich bin ziemlich tolerant

☐   ☐   ☐   ☐
Stimmt völlig   größtenteils   ein klein bisschen   überhaupt nicht

Zutreffendes bitte ankreuzen

	Zustimmung		Ablehnung	
Ich bin ein eher vielseitig interessierter, fast schon neugieriger Mensch	3	2	1	0
Mein Motto: Vertrauen ist gut, Kontrolle ist besser	0	1	2	3
Ich bin eher ein fröhlich optimistischer Mensch	3	2	1	0
Ich kann sehr nachtragend sein	0	1	2	3
Ich kann schweigen: Bei mir ist ein Geheimnis immer gut aufbewahrt	3	2	1	0
Leider fehlt mir oft die notwendige Geduld	0	1	2	3
Ich bin ziemlich hartnäckig und ehrgeizig	0	1	2	3
Davon bin ich überzeugt: Reden ist Silber, Schweigen Gold	0	1	2	3
Leider bin ich eher etwas zu schüchtern und verschlossen	0	1	2	3
Ich denke, ich bin ein eher großzügiger Mensch	3	2	1	0
Kritik kann ich leider nicht gut ab	0	1	2	3
Oft fällt es mir schwer, wirklichen Kontakt zu anderen zu bekommen	0	1	2	3
Ich denke, ich bin ein guter Zuhörer	3	2	1	0
Menschen vertrauen mir relativ schnell etwas an	3	2	1	0
Manchmal wünschte ich mir etwas mehr Humor	0	1	2	3
Streit gehe ich nur selten aus dem Weg	0	1	2	3
Neue Leute kennenzulernen, fällt mir leicht	3	2	1	0
Ich stehe gerne im Mittelpunkt	0	1	2	3
Ich finde Small Talk ziemlich dumm und überflüssig	0	1	2	3
Vielleicht bin ich ein bisschen harmoniesüchtig	3	2	1	0
Manchmal wirke ich auf andere vielleicht etwas rechthaberisch	0	1	2	3
Ich bin oftmals eher etwas zu genau	0	1	2	3
Ich bin eher ein sehr ernster Mensch	0	1	2	3
Ich bin ziemlich offen und spontan	3	2	1	0
Ich bin relativ schnell zu kränken	0	1	2	3
Eigentlich bin ich relativ zufrieden mit mir selbst	3	2	1	0
Mein Selbstvertrauen ist angemessen stabil	3	2	1	0
Die meisten Menschen, die ich so treffe, mag ich auch	3	2	1	0
Oft mache ich mir viel zu viele Gedanken	0	1	2	3
Ich kann auch gut mal einen Spaß vertragen	3	2	1	0

Mit diesem Test soll geprüft werden, ob Sie in der Lage sind, für sich selbst, für Ihre Person, leicht Sympathien mobilisieren zu können. Manche können das sehr schnell, andere tun sich damit ziemlich schwer.

Addieren Sie die angekreuzte Punktzahl und teilen Sie den Betrag durch zwei (ggf. aufrunden). Wie sich das bei Ihnen verhält, erfahren Sie auf Seite 333.

Das Trainingsprogramm: So kommen Sie besser durch

Übung macht den Meister – das können alle bestätigen, die schon mindestens zweimal ein Assessment Center mitgemacht haben, oder auch diejenigen, die vorher bestimmte Übungen regelrecht trainiert haben. Auf den folgenden Seiten wollen wir Ihnen so realistisch wie möglich Gelegenheit geben, typische AC-Aufgaben zu üben. Der zu erzielende Übungseffekt hängt auch davon ab, ob es Ihnen gelingt, für bestimmte Aufgaben (z. B. Gruppendiskussion), »Mitspieler« zu gewinnen. Bei vielen AC-Aufgaben ist ein effektives Üben ohne »Mitspieler« nicht möglich.

Wichtige Hilfsmittel sind u. a. ein Tonbandgerät oder noch besser eine Videokamera.

Hier eine Kurzübersicht zu den einzelnen AC-Aufgabentypen, für die Sie Übungsmaterial finden:

- Teststrecke (allein durchführbar)
- Präsentation (allein durchführbar)
- Gruppendiskussion (zwei bis sechs »Mitspieler« unbedingt erforderlich)
- Rollenspiel (ein bis zwei »Mitspieler« unbedingt erforderlich)
- Postkorb (allein durchführbar)
- Persönlichkeitstests (allein durchführbar)

Lösungen bzw. Auswertungshinweise zu den einzelnen AC-Übungen finden Sie ab Seite 334.

Teststrecke Gedächtnis, Einfallsgeschwindigkeit, Kreativität

Hier bieten wir Ihnen eine kurze Teststrecke mit verschiedenen Aufgabentypen, bei denen es um Ihre Gedächtnisleistung, Einfallsgeschwindigkeit und Kreativität geht. Probieren Sie diese aus und urteilen Sie selbst.

Gedächtnisleistung

Prägen Sie sich diese Gesichter (Fotos) und Daten innerhalb von vier Minuten gut ein.

Es geht bei jeder der vier Personen um Geburtsdatum und -ort, wo aufgewachsen, Schulabschluss, erster erlernter Beruf, aktuelle Tätigkeit, Hobbys, Familienstand, (Ehe-) Partner(in), Beruf, Zahl der Kinder und deren Alter, aktuelle Wohnumstände:

1. **Franz Xaver Hubener, Diplom-Kaufmann, 55 Jahre alt**
2. geboren am 31. August 1951 in Wien, dort aufgewachsen bei den Großeltern
3. die Eltern kamen bei einem Verkehrsunfall ums Leben
4. Schulabschluss: Mittelschule, Ausbildung zum Bürogehilfen, danach zweiter Bildungsweg, BWL-Studium
5. aktuelle Tätigkeit: Hauptbuchhalter
6. Hobbys: Rosenzucht und Gartenarbeiten
7. verheiratet mit einer Grundschullehrerin
8. ein Sohn, 18 Jahre alt, macht Abitur, will Jura studieren
9. die Familie lebt in Wien, im Zentrum, in einer Eigentumswohnung, aber sie haben einen Garten

1. **Werner Murbach, 45 Jahre alt**
2. geboren am 13. August 1961 in Sulzbach, dort auch aufgewachsen
3. seine Eltern hatten eine Bäckerei, seine Mutter starb früh an Lungenkrebs
4. Schulabschluss: Hauptschule, Ausbildung zum Bäcker
5. aktuelle Tätigkeit: Vertreter
6. Hobbys: Drachenfliegen und Schwimmen
7. verheiratet mit einer 13 Jahre jüngeren Verkäuferin
8. zwei Kinder, Sohn Mike, 15 Jahre alt, Tochter Michaela, 13 Jahre alt
9. die Familie lebt in Kulmbach, in einem kleinen, schlichten Einfamilienhäuschen, das sie geerbt haben

1. **Erika Bernweiß, 33 Jahre alt**
2. geboren am 3. Dezember 1975 in Bern, dort auch aufgewachsen
3. ihre Eltern hatten fünf Kinder, vier Jungen und Erika
4. Schulabschluss: Mittlere Reife, Ausbildung zur Bankkauffrau bei der Sparkasse
5. aktuelle Tätigkeit: Abteilungsleiterin Einkauf
6. Hobbys: Ski fahren und Mountainbike fahren
7. verheiratet mit einem Tierarzt
8. drei Kinder, alles Töchter, 10, 5 und 1 Jahr alt
9. die Familie lebt bei Bern, in einem gemieteten, großzügigen Zweifamilienhaus zusammen mit den Schwiegereltern, die auf die Kinder aufpassen

1. **Anna Dornbach, 23 Jahre alt**
2. geboren am 1. Januar 1985 in München, aufgewachsen in Rosenheim
3. sie hat eine Zwillingsschwester, die aber seit Geburt schwer behindert ist
4. Schulabschluss: Abitur, Ausbildung zur Industriekauffrau bei einem Holzgroßhandel
5. aktuelle Tätigkeit: Disponentin
6. Hobbys: Musik aktiv und passiv, sie spielt zwei Instrumente: Klavier und Geige
7. sie ist noch unverheiratet
8. plant aber eine große Familie mit mindestes drei Kindern
9. wohnt zusammen mit ihrem Freund in Rosenheim, der bei der städtischen Müllabfuhr arbeitet, in einer kleinen gemieteten Zweizimmerwohnung

Einfallsgeschwindigkeit/Kreativität

Zwei

Denken Sie an die Zahl zwei. Assoziieren Sie und schreiben Sie möglichst viele und unterschiedliche Worte, Begriffe, Symbole und Bilder auf, die mit der Zahl zwei verknüpft sind, die etwas mit ihr zu tun haben, die die Zahl auf die eine oder andere Weise involvieren.

Beispiel: Zweisamkeit, Zweifel, Adam und Eva, Schwan etc.

Sie haben zwei Minuten Zeit.

Wörter finden

Vervollständigen Sie möglichst vielfältig die Wortanfänge.

Beispiel: Der vorgegebene Wortanfang lautet »Teil ...«.

Teil*ung*
Teil*haber*
teil*weise*

Analog zu unserem Beispiel sollen Sie nun die folgenden Wortanfänge sinnvoll ergänzen. Dabei ist es egal, um welche Wörter es sich handelt (Substantive, Verben etc.).

Sie haben pro Block und damit Wort/Silbe nur 30 Sekunden Zeit!

1.
Auto _____   Auto _____   Auto _____

Auto _____   Auto _____   Auto _____

Auto _____   Auto _____   Auto _____

2.
Fern _____   Fern _____   Fern _____

Fern _____   Fern _____   Fern _____

Fern _____   Fern _____   Fern _____

Wie zufrieden sind Sie mit Ihrer Leistung?
    Wenn man für jeden richtigen Vorschlag/Einfall 1 Punkt rechnet sollten Sie auf einer Seite etwa 20 Punkte erzielen. Mehr wäre schon sehr gut, deutlich weniger ziemlich schlecht!

Eigenschaften benennen
Hier geht es um kreative Einfälle.

Beispiel: Zählen Sie bitte möglichst verschiedene Eigenschaften auf, die ein guter Autoverkäufer haben sollte, z. B. Ehrlichkeit, Zuverlässigkeit, Ehrgeiz usw.

Sie haben 30 Sekunden Zeit.

Zählen Sie möglichst viele Eigenschaften auf, die ein *guter Polizist* haben sollte.

_____

_____

_____

_____

_____

Neue Aufgabe:
Notieren Sie nun bitte möglichst viele Eigenschaften, die ein *guter Politiker nicht* haben sollte. Sie haben 30 Sekunden Zeit.

_____

_____

_____

_____

Firmenlogos erstellen
Jetzt geht es um die Erstellung werbewirksamer Firmenlogos. Dabei sollten Sie beachten, dass Sie möglichst viele verschiedene Logos erstellen, bei denen aber immer ganz deutlich die zu verkaufende Ware und der Firmeninhaber zu erkennen sind.

Beispiel: Erstellen Sie möglichst viele Werbelogos für das Taschengeschäft des Herrn Fritz.

1.    2.    3.

Bitte erstellen Sie möglichst viele verschiedene Werbelogos für »Harry's Fischrestaurant«.

Sie haben zwei Minuten Zeit.

Figuren erstellen

Sie bekommen eine Zeichnung aus Kreisen präsentiert, aus der Sie reale Gegenstände/
Symbole zeichnen müssen. Entscheidend für die Bewertung sind dabei nur Vielfalt und
Menge der Lösungen – nicht die perfekte Grafik.

Beispiel: Ausgangsfigur

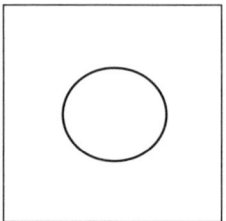

Mögliche Lösungsfiguren

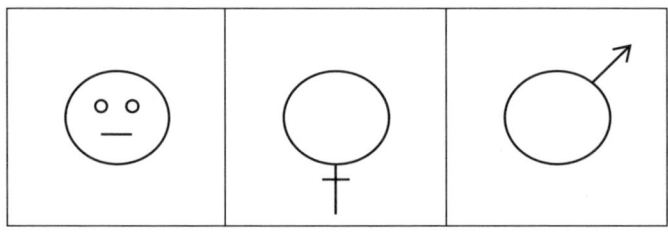

Bitte ergänzen Sie die nun folgenden Bilder zu realen Gegenständen/Symbolen.

Sie haben insgesamt eine Minute Zeit!

Für die letzten vier Aufgaben sollten Sie etwa wieder 20 Punkte erreichen, um im Mittelfeld zu liegen (S. 271 bis 273).

Gedächtnisleistung

Was wissen Sie noch über: Werner Murbach, Anna Dornbach, Erika Bernweiß, Franz Xaver Hubener bezogen auf die Themen: Geburtsdatum und -ort, wo aufgewachsen, Schulabschluss, erster erlernter Beruf, aktuelle Tätigkeit, Hobbys, Familienstand, (Ehe-)Partner(in), Beruf, Zahl der Kinder und deren Alter, aktuelle Wohnumstände.

Wer ist wer?

Telefonnummern erstellen

Zurück in die Zahlenwelt. Ihre Aufgabe wird es nun sein, sich Telefonnummern in unterschiedlicher Länge auszudenken, die man sich besonders leicht merken kann. Dabei geht es nicht nur um die Vielzahl der Nummern, diese müssen auch nach bestimmten Regeln aufgebaut sein, die möglichst unterschiedlich sein sollen.

Beispiel für vierstellige Telefonnummern:

a) 1234   (Vorzahl +1)
b) 2468   (Vorzahl +2)
c) 1221   (+1 +0 −1)
d) 0369   (Vorzahl +3)

Bitte denken Sie sich nun möglichst verschiedene *sechsstellige* Telefonnummern aus, die durch eine bestimmte Regel besonders leicht zu merken sind.

Sie haben zwei Minuten Zeit.

– _____   – _____   – _____
– _____   – _____   – _____
– _____   – _____   – _____
– _____   – _____   – _____
– _____   – _____   – _____
– _____   – _____   – _____
– _____   – _____   – _____
– _____   – _____   – _____
– _____   – _____   – _____
– _____   – _____   – _____

Sätze bilden

Bilden Sie mit den vorgegebenen Wörtern so viele neue Sätze wie möglich. Wichtig: Alle vorgegebenen Worte müssen unverändert im Satz vorkommen. Anzahl und Fall müssen so bleiben. Die Reihenfolge spielt dabei keine Rolle.

Beispiel: Die vorgegebenen Wörter sind *Sonnenschein – Eis – heiß*.
Mögliche Sätze, die daraus gebildet werden können, sind beispielsweise:

▪ Selbst bei Sonnenschein wird dem Eis nicht heiß.
▪ Ist der Sonnenschein heiß genug, schmilzt auch das dickste Eis.
▪ Ohne Eis wird es bei Sonnenschein sehr heiß.

Jetzt sind Sie dran mit diesen Wortvorgaben: *Maus – Hund – Katze – Haus*.
Bilden Sie so viele Sätze wie möglich.

Sie haben zwei Minuten Zeit.

Abkürzungen interpretieren

Was könnte sich hinter den folgenden Abkürzungen verbergen? Bitte interpretieren Sie die folgenden Abkürzungen. Denken Sie sich so viele wie nur möglich aus.

Beispiel:
VG = Viele Grüße, Verehrte Genossen, Vorsicht Gefahr etc. oder
FMW = Feuerwehr-Mannschafts-Wagen, Flugzeug-Maschinen-Wart etc.

Erfinden Sie so viele wie möglich. Sie haben zwei Minuten Zeit.

BM =
HG =
DB =
AS =
STH =
GWR =
HSG =
VWB =
ADL =
GUS =
KHW =
ADDM =
EHDA =
AMWB =
GBHG =
DBFV =
AHDL =

Mit 25 Punkten für die letzten 3 Aufgaben (S. 275f.) liegen Sie im Mittelfeld.

Zu Ihrer Gedächtnisleistung

Beantworten Sie diese Fragen innerhalb von fünf Minuten:

1. Wer ist der älteste Kandidat?
2. Wie heißt der jüngste Kandidat?
3. Wer wohnt in einem eigenen Haus?
4. Wessen Hobby ist die Rosenzucht?
5. Wessen Hobby ist Schwimmen?
6. Wer ist in Wien geboren?
7. Wer hat mehr als zwei Kinder?
8. Welche Hobbys hat der/die Disponent/in?
9. Welche Hobbys hat der/die Abteilungsleiter/in?
10. Wer ist nicht bei seinen Eltern aufgewachsen?
11. Wessen Mutter starb früh?
12. Wo arbeitet der Partner von Anna Dornbach?
13. Was arbeitet der Partner von Erika Bernweiß?
14. Wer ist Buchhalter/in?
15. Welche Musikinstrumente spielt Anna Dornbach?
16. Wer wuchs als Zwillingskind auf?

17. Wer wuchs mit vielen Geschwistern auf?
18. Wessen Tochter ist erst ein Jahr alt?
19. Wie viele Kinder wünscht sich Anna Dornbach?
20. Was hat der Sohn von Franz Xaver Hubener vor?
21. Welche Tätigkeit übt Werner Murbach aktuell aus?
22. Wer hat eine Ausbildung bei der Sparkasse gemacht?
23. Welchen Schulabschluss hat der Vertreter?
24. Was arbeitet die Frau von Werner Murbach?
25. Wer hat einen Mittelschulabschluss?

Übung Präsentation

Die Bandbreite der Themen bei einer Präsentationsaufgabe im AC erscheint unerschöpflich. Von berufs- und arbeitsplatzbezogenen Themen geht es über die Bereiche Politik, Umwelt, Wirtschaft, Zeitgeschehen bis hin zu privaten, persönlichen Fragestellungen.

Ob Umweltschutz kontra Arbeitsplätze, Dauerbrenner Todesstrafe, Maßnahmen gegen die Arbeitslosigkeit, Bioethik oder Gefahren des Rechtsradikalismus und Politikverdrossenheit – stellen Sie sich vor, Sie hätten für eines dieser Themen fünf bis zehn Minuten Vorbereitungszeit und anschließend drei bis fünf Minuten Vortragszeit.

Bisweilen bekommen Sie für Ihre Vorbereitungszeit auch einen längeren Bericht, verschiedene Informationsmaterialien. Sie können den AC-Baustein »Präsentation« gut üben, indem Sie z. B. verschiedene *Spiegel*-Titelgeschichten sammeln, willkürlich eine herausgreifen, sich 20 bis 30 Minuten Vorbereitungszeit nehmen und dann versuchen, das Thema in 5 bis 15 Minuten vorzutragen.

Ihren Vortrag sollten Sie mit möglichst wenig Spickzetteln (möglichst mit kurzen Hinweisen auf Karteikarten), frei stehend, am besten vor einem großen Spiegel halten. Wenn Sie sich selbst auf Tonband aufnehmen, haben Sie hinterher eine gute Beurteilungsmöglichkeit, wie es Ihnen gelungen ist, das Thema in den Griff zu bekommen.

Beachten Sie dabei unsere Hinweise zu den Bewältigungsstrategien für die AC-Präsentationsübungen ab Seite 84.

Übung Gruppendiskussion

Auch eine Gruppendiskussion – der wahrscheinlich wichtigste Baustein eines jeden AC – lässt sich, wenn Sie ein paar Mitspieler mobilisieren können (mindestens drei, besser fünf oder sechs, dazu noch, wenn möglich ein, zwei Beobachter), gut üben. Das Tonband (ggf. die Videokamera) leisten wieder objektive und wertvolle Hilfe, wenn es darum geht, später zu analysieren, wie das Gespräch unter den Mitspielern abgelaufen ist.

Denkbar sind eine Unzahl von Themen, die teilweise dem aktuellen Tagesgeschehen entnommen werden können oder aus dem Gruppendiskussions-Standardrepertoire entstammen.

1. Beispiel: Der neue Vorgesetzte

Aus einer Arbeitsgruppe wird ein Mitarbeiter von der Geschäftsführung als neuer Vorgesetzter auserwählt. Mit einigen seiner bisherigen Kollegen war er bis dato gut befreundet.

Diskutieren Sie in der Gruppe, mit welchen Problemen jetzt zu rechnen ist und was man tun könnte, um keine größeren Irritationen aufkommen zu lassen.

Für die Diskussion haben Sie 30 Minuten Zeit.

2. Beispiel: Umgangsstil erfolgreicher Führungskräfte untereinander

Ihre Aufgabe sieht vor, eine nach Wichtigkeit geordnete Rangfolge der unten aufgeführten Aussagen zu erstellen, die Verhaltensweisen von Führungskräften im Umgang untereinander beschreiben.

Die Aussage, die das bedeutsamste Merkmal beschreibt, bekommt eine 1, die zweitwichtigste eine 2 usw., die unwichtigste bekommt die Rangziffer 12.

Bearbeiten Sie die Aufgabe zunächst für sich alleine. Dafür stehen Ihnen zehn Minuten Zeit zur Verfügung. Anschließend diskutieren Sie Ihr Ergebnis und das Ihrer Gruppenteilnehmer und entwickeln eine gemeinsame Rangfolgenliste, die von allen Gruppenteilnehmern getragen wird. Für diesen Diskussions- und Entscheidungsprozess haben Sie noch einmal 30 Minuten Zeit.

Merkmal	Rang	
	einzeln	Gruppe

1. Zwischen einzelnen Führungskräften herrscht immer ein gesunder Konkurrenzkampf.

2. Bei einer Diskussion bleiben Führungskräfte stets beim Thema.

3. Führungskräfte vermeiden Konflikte untereinander.

4. Führungskräfte halten sich an gemeinsame Absprachen.

5. Führungskräfte sprechen freimütig über ihre persönlichen Gefühle.

6. Eine Führungskraft legt bei Problemlösungen Wert auf eine gemeinsame Vorgehensweise.

7. Wechselseitige Antipathien werden von Führungskräften offen verbalisiert.

8. Jeder lässt jeden immer ausreden.

9. Beim Gefühl, gelangweilt oder gestört zu werden, wird dies freimütig zum Ausdruck gebracht.

10. Informationen und Erfahrungen werden jederzeit offen ausgetauscht.

11. In einer Gruppe von Führungskräften gibt mal der eine, mal der andere den Ton an.

3. Beispiel: Was kennzeichnet eine gute Führungskraft?
Gleiche Anleitung wie oben!

Merkmal	Rang	
	einzeln	Gruppe

Eine gute Führungskraft ...

1. spart nicht mit Lob, wenn gute Arbeit geleistet wurde.

2. unterrichtet Mitarbeiter über die Gründe für bedeutsame Entscheidungen.

3. ermuntert Mitarbeiter, sich auch kritisch über seine Entscheidungen und Vorgehensweisen zu äußern.

4. zieht Mitarbeiter zurate, bevor Entscheidungen getroffen werden.

5. hat keine Günstlinge.

6. kritisiert nicht einen seiner Mitarbeiter in Gegenwart von anderen.

7. pflegt auch außerhalb der Arbeitszeiten Kontakte mit seinen Mitarbeitern.

8. lässt seinen Mitarbeitern Entscheidungsspielraum auf ihren speziellen Arbeitsgebieten.

Übung Gruppendiskussion mit verteilten Rollen

Sie alle sind Außendienstmitarbeiter in einem auf Staubsauger spezialisierten Elektrogroßhandel. Die Chefetage hat sich zur Anschaffung eines neuen Dienstwagens entschlossen, der einem der Außendienstmitarbeiter zugute kommen sollte: Es handelt sich um einen nagelneuen VW-Passat (Variant).

Jetzt gilt es, unter Ihnen zu entscheiden, wer den neuen Wagen bekommt. Die Chefetage bittet um Ihr Votum.

Als Außendienstmitarbeiter müssen Sie jeden Tag verschiedene Kunden besuchen und sind deshalb auf einen Firmenwagen besonders angewiesen. Dieser steht Ihnen auch für Privatfahrten zur Verfügung und Sie pflegen und hegen ihn wie Ihr eigenes Auto.

Jeder von Ihnen bekommt eine Rolle in dieser Diskussion zugeschrieben, die er zu vertreten hat. Sie sollten sich bemühen, Ihren Standpunkt und Ihr Interesse angemessen, aber ernsthaft zu vertreten. Sollten während der Diskussion Fakten oder Situationen auftauchen, die in den Rollenanleitungen nicht enthalten sind, entscheiden Sie selbst, wie Sie sich am besten zu verhalten haben.

Für diese Gruppendiskussion mit verteilten Rollen haben Sie 30 Minuten Zeit.

Übersicht zu den Rollen (für alle zu lesen):
In der Außendienstabteilung sind folgende Mitarbeiter tätig:

Herr A:
50 Jahre alt, verheiratet, zwei Kinder, seit 17 Jahren für die Firma tätig, sein jetziger Dienstwagen: ein zwei Jahre alter Ford Sierra, Kilometerstand: 60 000.

Herr B:
40 Jahre alt, verheiratet, drei Kinder, zehn Jahre in der Firma, Dienstwagen: ein vier Jahre alter Fiat Punto, Kilometerstand: 120 000.

Herr C:
Araber, 30 Jahre alt, verheiratet, ein Kind, erst zwei Jahre in der Firma, Dienstwagen: ein VW Golf Diesel, vier Jahre alt, Kilometerstand: 100 000.

Frau D:
30 Jahre, unverheiratet, ehemalige Auszubildende, 15 Jahre bei der Firma, fährt einen zwei Jahre alten VW Polo, Kilometerstand: 100 000.

Herr E:
51 Jahre alt, verheiratet, drei Kinder, seit zwei Jahren in der Firma tätig, hat einen VW-Passat-Kombi, drei Jahre alt, Kilometerstand: 120 000.

Herr F:
45 Jahre alt, unverheiratet, seit drei Jahren im Unternehmen, fährt einen Opel Corsa, zwei Jahre alt, Kilometerstand: 60 000.

Die Außendienstmitarbeiter *B*, *C* und *F* sind für das Stadtgebiet zuständig, die übrigen für die ländliche Umgebung.
Achtung: Lesen Sie nun die Rolle, die Sie in der Gruppendiskussion übernehmen.

Herr A:
Sie vertreten den Standpunkt, dass der neue Passat Variant Ihnen angeboten werden müsste, denn Sie sind der dienstälteste Mitarbeiter und haben schon vor zwei Jahren einen anderen Wagen bekommen, als Sie eigentlich wollten (einen Ford statt einen Opel). Im Unternehmen sind Sie bekannt für Ihre hervorragenden Reiserouteplanungen. Privat steht Ihnen auch ein Ford Sierra zur Verfügung und schon deshalb hätten Sie gerne als Dienstfahrzeug ein anderes Modell.

Herr B:
Jeden Tag fahren Sie viele Kilometer, weil Ihre Kunden weit entfernt voneinander liegen. Ihr Fahrzeug ist schon ziemlich alt und hat – seitdem Herr C gegen Ihre Autotür gefahren ist – einen Schaden, der bis heute nicht repariert wurde. Die Tür schließt schlecht und wenn Sie schnell fahren, müssen Sie Angst haben, dass sie plötzlich aufgeht. Gott sei Dank ist das noch nie passiert.

Herr C:
Mit der schwergängigen Lenkung Ihres Wagens haben Sie sich nie anfreunden können. Vor zwei Jahren, als Sie in das Unternehmen eintraten, bekamen Sie diesen gebrauchten Wagen, der Ihnen das Gefühl gab, als Ausländer wieder einmal benachteiligt worden zu

sein. Wichtig sind Ihnen der Zustand von Bremsen, Lenkung und Reifen. Der Wagentyp ist Ihnen eher egal, aber etwas besser als der Ihre sollte er sein, und bei über 20 Prozent ausländischen Mitarbeitern sollten gerade diese schließlich nicht benachteiligt werden. Beim Rückwärtsfahren haben Sie vor einem Jahr einen leichten Türschaden am Wagen von Herrn B verursacht. Herr B hatte vergessen, die Tür zuzumachen und seitdem ist der Schaden noch nicht repariert worden.

Frau D:
Sie vertreten lediglich Frau D, die erkrankt ist. Von ihr wissen Sie, dass sie in einem Bezirk tätig ist, den keiner von den Kollegen gerne bereisen wollte, weil er so weit von der Zentrale entfernt ist. Obwohl der Fleiß und die gute Arbeit von Frau D anerkannt sind, hat sie doch in der Firma, in der sie schon als Lehrling anfing, einen schweren Stand. Vor einem Jahr machte man Frau D das Versprechen, bald einen anderen Bezirk zugeteilt zu bekommen. Das Versprechen konnte nicht eingehalten werden und so macht sie sich jetzt berechtigte Hoffnungen, das neue Auto als Ausgleich zu bekommen. Da der Anteil der Mitarbeiterinnen über 20 Prozent liegt, wird von den weiblichen Belegschaftsmitgliedern genau darauf geachtet, ob sie auch bei dieser Gelegenheit wieder diskriminiert werden.

Herr E:
Sie sind ein alter Fuchs in dieser Branche, auch wenn Sie erst zwei Jahre bei der Firma dabei ist. Wegen Ihrer 20-jährigen Erfahrung hat man Sie abgeworben und zu dieser Firma gelockt, immer mit dem Kompliment, dass Sie einer der wichtigsten Mitarbeiter der Abteilung sind. Ihr Vorgesetzter hat bei Ihrer Einstellung durchblicken lassen, dass Sie bei nächster Gelegenheit einen neuen Dienstwagen, der Ihren Wünschen entspricht, bekommen sollen. Sie fahren schon einen VW Passat und möchten deshalb wieder das gleiche Modell, nur entsprechend neu, haben.

Herr F:
Sie vertreten die Meinung, dass der Neuwagen aufgrund Ihrer repräsentativen Tätigkeit – Sie fahren oft gemeinsam mit dem Chef und seinen Gästen – Ihnen zugeteilt werden müsste. Leider waren Sie schon des Öfteren – wenn auch unverschuldet – in kleinere Unfälle (Blechschäden) verwickelt. Gerade beim letzten hat Ihr Chef Sie bedrängt, schneller zu fahren, als es den Straßenverhältnissen angemessen gewesen wäre. Aus diesem Grund hat Ihr Chef, der sich an diesem kleinen Unfall zu recht nicht ganz unschuldig fühlte, durchblicken lassen, dass Sie den nächsten Neuwagen bekommen sollten.

Übung Rollenspiel

Für diese Übung – ein Rollenspiel von etwa 30 bis 45 Minuten Dauer – brauchen Sie mindestens zwei Mitspieler und ein Tonbandgerät, besser noch eine Videokamera. Den folgenden Text nur so zu lesen, bringt Ihnen nicht viel. Wenn Sie das Rollenspiel ernsthaft üben wollen, geben Sie Ihrem Mitspieler den zweiten, besonders gekennzeichneten Text, der ihn instruiert. Diesen Text dürfen Sie allerdings nicht kennen, sondern müssen ausschließlich die Anweisung für den ersten AC-Kandidaten lesen.

Zeichnen Sie das Rollenspiel auf Tonband bzw. auf Video auf. So können Sie anschließend mit dem dritten AC-Mitspieler, der als Beobachter fungiert und beide Texte sofort lesen darf, Verlauf und Ergebnis zu diskutieren.

Achtung, liebe Leserin, lieber Leser: Lesen Sie nur diesen jetzt folgenden Text!

Text 1: Anweisung für den 1. AC-Kandidaten

Sie sind seit kurzem neuer Vorgesetzter in einer Verwaltung und haben einen Mitarbeiter Ihrer Abteilung zu sich gebeten (er sitzt Ihnen gegenüber), um etwas Wichtiges mit ihm zu besprechen. Ihre Aufgabe ist es, die ganze Abteilung von der Notwendigkeit einer Mehrarbeitsaktion zu überzeugen. Sie befinden sich in Zeitdruck und einer misslichen Notsituation, denn kurz vor Ende des Monats sind zusätzliche Antragsformulare eingegangen, die unbedingt erledigt werden müssen.

Die Mehrarbeit besteht also im Durchsehen und Bearbeiten von komplizierten Antragsformularen, die von einer anderen Abteilung nach Ihrer Vorbearbeitung ausgeführt bzw. auch abgelehnt werden. Ihr Plan ist es, dass jeder Mitarbeiter Ihrer Abteilung zweimal in der Woche drei Stunden – insgesamt wöchentlich sechs Überstunden – erbringen soll. Am besten dazu geeignet sind die frühen Morgenstunden, gegebenenfalls ein Teil auch nach offiziellem Dienstschluss. Diese Mehrarbeit sollen alle Mitarbeiter Ihrer Abteilung gemeinsam erbringen. Laut Absprache mit dem Betriebsrat hat aber jeder Mitarbeiter auch das Recht, Überstunden abzulehnen, ohne nachteilige Folgen befürchten zu müssen.

Da Sie ein relativ neuer Vorgesetzter sind, wissen Sie nicht mit Sicherheit, ob Ihr Mitarbeiter über sein Ablehnungsrecht informiert ist. Es ist unwahrscheinlich, dass er – wenn er seine Rechte jetzt noch nicht kennt – in den nächsten Tagen oder Wochen etwas davon erfährt.

Eine andere Möglichkeit besteht darin, Ihrem Mitarbeiter unbezahlten Sonderurlaub zu geben und für das eingesparte Geld eine Leihkraft zu beschäftigen. Ihr eigener Vorgesetzter hält aber von dieser Lösungsmöglichkeit nichts, sondern vertritt die Meinung, dass ein guter Chef seine Mitarbeiter motivieren muss, kurzfristig zumindest etwas mehr zu leisten als üblich.

Der Ihnen gegenübersitzende Mitarbeiter ist normalerweise ein zuverlässiger und hilfsbereiter Kollege, der aber seit geraumer Zeit offensichtlich in einem Leistungstief steckt. Sie wissen nicht, woran es liegt, dass er häufig einen recht müden Eindruck macht. Eine Krankschreibung Ihres Mitarbeiters würde Ihnen insoweit helfen, als Sie auch dann eine Leihkraft einsetzen können.

Erst vor vier Wochen kam Ihr Mitarbeiter aus seinem Jahresurlaub zurück. In dem bevorstehenden Gespräch dürfen Sie ihn nicht mit zusätzlichem Geld oder sonstigen geldähnlichen Versprechungen »ködern«.

Ihre Aufgabe besteht darin, Ihren Mitarbeiter zu der Mehrarbeit zu bewegen, da der Betriebsrat seine Zustimmung für Überstunden nur gibt, wenn ausnahmslos alle Mitarbeiter mitmachen.

Achtung! Halt! Stop! Lesen Sie nicht weiter. Die folgende Anweisung ist nur für Ihren Rollenspielpartner bestimmt!

Text 2: Anweisung für den AC-Rollenspielpartner

Versetzen Sie sich in die Rolle eines Mitarbeiters, der mit seinem Vorgesetzten ein Konfliktgespräch zu führen hat. Nachfolgend wird Ihre Rolle ausführlich dargestellt. Ihr Gegenüber, der andere AC-Kandidat, muss in der Rolle des Vorgesetzten versuchen, schrittweise Ihr Vertrauen zu gewinnen und Informationen von Ihnen zu bekommen. Dabei sollten Sie ihm wohl entgegenkommen, aber nur insoweit, wie Sie auch wirklich gefragt und ermuntert werden, etwas Persönliches von sich preiszugeben.

Zu Ihrem Hintergrund in dieser Rolle: Sie sind Mitarbeiter einer Abteilung, kommen aber mit Ihren Arbeiten nicht mehr so gut klar wie früher. Oft sind Sie müde, überfordert und fühlen sich urlaubsreif, obwohl Ihr Urlaub erst vier Wochen zurückliegt. Das derzeit schlechte Wetter wäre eine akzeptable Entschuldigung für Ihren Zustand. Ihrem Vorgesetzten ist Ihr Leistungsabfall nicht verborgen geblieben, und er bittet Sie zu einer Unterredung.

Ursache Ihres Problems ist Ihre 17-jährige Tochter, die offensichtlich 5000 Euro ihres Lehrherrn entwendet und ausgegeben hat. Um ihr eine Anzeige zu ersparen und den Lehrherrn zufriedenzustellen, haben Sie sich verpflichtet, den Betrag sofort zurückzuzahlen. Das bringt Sie in finanzielle Schwierigkeiten und hat zur Folge, dass Sie verbotenerweise eine Nachtarbeit als Zeitungsausträger angenommen haben. Aus diesem Grund sind Sie ständig übermüdet und Ihre Leistungen wurden immer schlechter.

Ihr Vorgesetzter ist relativ neu und Sie haben sich ihm aus verständlichen Gründen noch nicht offenbart. In dem bevorstehenden Gespräch wird er versuchen, durch geschickte Fragen an die Ursache des Problems heranzukommen. Sie dürfen ihn dabei nicht direkt anlügen, brauchen aber auch nicht gleich alles zu offenbaren. Schafft es Ihr Vorgesetzter (Rollenpartner), Ihnen in einer Atmosphäre vertrauensvoller Zuwendung Mut zu machen, sich zu Ihren privaten Problemen zu bekennen? Kommen Sie ihm schrittweise entgegen.

Nicht Ihre Leistung wird später diskutiert und bewertet, sondern lediglich die Ihres Gegenübers in der Rolle des Vorgesetzten. In einem wirklichen AC übernimmt Ihre Rolle ein Beobachter.

Weiter zu Ihrer Rolle: Natürlich kennen Sie in Ihrer Situation einen Arzt, der Sie auch krankschreiben würde. Einen unbezahlten Sonderurlaub können Sie sich aus finanziellen Erwägungen heraus nicht leisten. Eventuelle Vorschläge, früher bzw. später am Vormittag zur Arbeit zu kommen, helfen Ihnen auch nicht, mit der Müdigkeit besser fertig zu werden.

Übung Entscheidungsmanagement (Postkorb)

Heute ist Montag, der 12. Oktober, und es ist 10 Uhr. Sie sind eben von einem Arztbesuch in Ihr Büro gekommen.

Sie sind der kaufmännische Geschäftsführer eines mittelständischen Unternehmens, das Möbelzubehörteile produziert und in den letzten zwei Jahren erfolgreich expandierte. Der Haupteigner ist eine Aktienholding. Zum Vorstandsvorsitzenden, Professor Hans-Walter Schnell, ein schwieriger Mensch, ist Ihr Verhältnis bisher ungetrübt.

Sie haben ein anstrengendes Wochenende mit Ihren Kindern verbracht, einen verregneten Kurzurlaub an der Ostsee. Ihre Frau ist zurzeit auf einem Zahnärztekongress in Amerika. Seit dem Arztbesuch haben Sie Kopfschmerzen. Vor Ihnen liegt eine weite Reise, noch heute (um 12.35 Uhr) fliegen Sie für knapp eine Woche nach Kabul, um eine frisch gegründete eigene Firmenniederlassung in Afghanistan offiziell in Betrieb zu nehmen. Die lokale Prominenz wartet dort auf Sie, der Eröffnungstermin ist unverschiebbar. Der Arzt, den Sie wegen Herzrhythmusstörungen aufsuchten, hat Sie vor zu viel Stress gewarnt. Ihr Taxi zum Flughafen ist auf 10.45 Uhr bestellt und braucht normalerweise 40 Minuten. Sie müssen mindestens eine Stunde vor Abflug am Flughafen sein. Der letzte vertretbare Zeitpunkt, um zum Flughafen loszufahren, ist 11.15 Uhr.

Ihr Büro ist mit folgenden Mitarbeitern besetzt: Ihre Sekretärin, Anna Karina Rasch, 47 Jahre alt, alleinstehend und schon seit 20 Jahren in dem Betrieb als Chefsekretärin. Ihr persönlicher Referent, ein junger Betriebswirtschaftler, Anfang 30, Heinz Fix. Zurzeit arbeitet bei Ihnen noch ein Praktikant, Herbert Flink, der leider zwei linke Hände hat, aber hoch motiviert ist.

Sie selbst (in diesem Spiel) sind Dr. Eberhard Eilig, haben Volkswirtschaft studiert und über Vertriebsprobleme der mittelständischen Möbelbranche promoviert. Ihr Alter: 38 Jahre, verheiratet mit der Zahnärztin Eva Eilig, geb. Flott, die als wissenschaftliche Mitarbeiterin am zahnmedizinischen Institut der Universität arbeitet. Ihre gemeinsamen Kinder (Zwillinge) sind Erstklässler. Aus erster Ehe haben Sie einen nicht unproblematischen 17-jährigen Sohn Hans. Ihre private Planung sieht gerade den Bau eines neuen Einfamilienhauses vor.

Vor dem Wochenendausflug mit Ihren Kindern waren Sie wegen einer Geschäftsreise zu den wichtigsten europäischen Kunden 14 Tage nicht im Büro. In der Zeit waren noch Ihre Frau und später Ihre Schwiegermutter im Haus und haben die Versorgung der Zwillinge übernommen. Ihre Schwiegermutter ist aber vor dem Wochenende (Gott sei Dank) abgereist.

Die wichtigsten Mitspieler auf einen Blick:

- Sie selbst, gesundheitlich etwas angeschlagen, kurz vor der Abreise, unter Zeitdruck;
- Ihre Sekretärin, Frau Rasch, verschnupft wegen einer von Ihnen zurückgewiesenen Bitte um eine Gehaltserhöhung;
- Ihr Referent, Herr Fix, ein ambitionierter, kluger Kopf und Betriebswirtschaftler;
- der Praktikant, Herbert Flink, bemüht, aber ungeschickt;
- der Vorstandsvorsitzende, Professor Schnell, ein schwieriger Mensch.

Es ist, wie Sie wissen, 10 Uhr, und das Taxi wartet ab 10.45 Uhr auf Sie. In etwa 50 bis 60 Minuten müssen Sie eine ganze Menge Dinge erledigen, bewältigen, denn aus Kabul haben Sie dazu praktisch keine Möglichkeit. Erst am 19.10. sind Sie wieder in Ihrem Büro. Wie gehen Sie vor? Notieren Sie stichwortartig Ihre Entscheidung, Ihre Vorgehensweise im Zusammenhang mit den jetzt auf Sie zukommenden Aufgaben, Ereignissen und Problemen. Vermerken Sie bei jedem Problem, wie viel Zeit Sie für den Vorgang/die Bearbeitung einplanen.

Ein Arbeitsblatt nach folgendem Muster hilft Ihnen, die Entscheidungen und Begründungen festzuhalten und später mit den Lösungsvorschlägen zu vergleichen. Beim realen AC würde sich früher oder später nach der schriftlichen Bearbeitung ein Gespräch zu Ihren Lösungsvorschlägen anschließen.

Insgesamt haben Sie für die Bearbeitung dieser AC-Postkorbaufgabe 20 Minuten Zeit.

Problem Nr.	Entscheidung	Begründung
1 Technischer Leiter		
2 Bankdirektor		
3		

Nun zu Ihrer Situation:

1. Als Sie Ihr Büro betreten, sitzt schon der technische Leiter Ihres Unternehmens, Herr Quick, vor Ihrem Schreibtisch und fängt sofort an, stolz von einem durchschlagenden Entwicklungserfolg zu schwärmen. Sie hören ihm zunächst einige Minuten zu. Herr Quick berichtet und geht tief ins Detail. Man benötige mehr personelle Unterstützung. Eine wichtige Patentanmeldung könnte bald fällig sein.
2. Das Telefon klingelt, Ihre Sekretärin kündigt den Bankdirektor Ihrer privaten Bank an, der Sie dringend persönlich zu sprechen wünscht. Sie nehmen das Gespräch an. Der Bankdirektor erklärt, dass es um die Zinsen Ihres geplanten und quasi fest verabredeten Hausbaukredites geht. Um 12 Uhr mittags werden neue, ungünstigere Zinskondi-

tionen fällig. Er bittet Sie, dies zu berücksichtigen und zu entscheiden. Ob Sie kurz in der Bank vorbeikommen könnten?

3. Im Übrigen weist der Bankdirektor Sie darauf hin, dass die Aktien Ihres Mutterkonzerns gerade einen großen Sprung gemacht hätten und es sich für Sie persönlich wahrscheinlich doch lohnen würde, jetzt eine Verkaufsorder zu geben und Kasse zu machen. Was Sie davon halten? Der Bankdirektor ist absolut vertrauenswürdig, Sie kennen sich bereits seit der Uni und sind quasi befreundet.

4. Die Sekretärin kommt herein und legt Ihnen ein Fax vor. Der Vorstandsvorsitzende Professor Schnell bittet Sie dringend noch einmal um telefonische Kontaktaufnahme vor Ihrer Abreise. Es sei wichtig. Sein Sekretariat habe Sie heute Vormittag telefonisch leider nicht erreichen können.

5. Ein Bewerber, der Ihnen vor geraumer Zeit Bewerbungsunterlagen geschickt hat, ist am Telefon und möchte Sie sprechen, meldet Ihre Sekretärin. Ob Sie einen kurzen Moment Zeit hätten?

6. Ihr eigenes Handy klingelt: Ihre Frau aus Amerika, der gerade die Frage einfällt, ob Ihr Pass noch gültig sei, wünscht Ihnen eine gute Reise und kündigt an, eine Kollegin mitzubringen, die einige Tage bei Ihnen wohnen wird. Ob Sie bitte Karten für die Oper besorgen könnten, am besten für den 18. oder 19.

7. Der Verkaufsleiter tritt in Ihr Büro: Ein Großauftrag kündigt sich an, aber es gibt Probleme mit dem Zahlungsziel. Der Kunde will mindestens doppelt so viel Spielraum. Über den bisher getätigten Umsatz und die Zahlungsseriosität dieses Kunden sind Sie nicht sicher informiert.

8. Ihre Sekretärin stellt Ihnen die Schulsekretärin telefonisch durch: Einer Ihrer Zwillinge hatte einen kleineren Schulunfall. Es stellt sich die Frage nach der letzten Tetanusimpfung und ob Sie vorbeikommen können, um Ihr Kind abzuholen.

9. Sie schalten Ihren Computer ein und entdecken eine persönliche E-Mail: Der Makler hat einen potenten Käufer für Ihr altes Haus, der mehr zahlt, als nach den bisherigen Schätzungen zu erwarten war. Er bittet Sie bis 10 Uhr um einen Anruf zwecks weiterer Absprache.

10. Die Post von Montag kommt. Die Sekretärin fragt, ob Sie diese auf den großen Stapel packen soll, der sich in den letzten 14 Tagen angesammelt hat.

11. Die Sekretärin übergibt Ihnen ein an Sie persönlich gerichtetes kuvertiertes Schreiben, das gerade abgegeben wurde. Sie überfliegen den Inhalt. Hierin wird Ihr Referent, Herr Fix, massiv, aber anonym beschuldigt, einen nicht näher bezeichneten Vertrauensbruch begangen zu haben. Sie überlegen, was zu tun ist.

12. Der Vorstandsvorsitzende ist am Telefon. Er hat eben den gleichen Brief mit selbigem Inhalt bekommen und fragt Sie nach Ihrer Einschätzung.

13. Ihre Sekretärin kündigt Ihnen einen weiteren persönlichen Brief noch vor Ihrer Abreise an. Dieses Mal hat sie ihn selbst geschrieben. Sie ahnen: Es geht vielleicht um ihre Kündigung im Zusammenhang mit der abschlägig beschiedenen Gehaltserhöhung.

14. Ihr Blick fällt zufällig auf einen Artikel Ihrer Lieblingsfachzeitschrift. Dabei geht es um die Lösung eines technischen Problems, das Sie gerade mit Ihrem Kollegen Quick besprochen haben. Ihr ärgster Konkurrent am Markt bemüht sich bereits intensiv um eine Patentierung in diesem Zusammenhang. Ob Ihr Kollege davon weiß? Da hören Sie die Sirene eines Rettungswagens auf Ihrem Betriebsgelände. Es muss etwas passiert sein, ahnen Sie.

15. Die Sekretärin berichtet Ihnen von dem Anruf Ihres Gärtners, der wissen will, was er mit einem eben zugelaufenen Hund machen soll, der sich nicht vertreiben lässt und übrigens auch ganz sympathisch wirke. Sie wollten doch schon immer einen Hund

haben, wisse er. Und ob wirklich der Rasen schon wieder gemäht werden müsse. Sie mögen bitte anrufen und Bescheid geben. Die Sekretärin sagt noch, dass sie soeben in den Radionachrichten von Unruhen in Kabul gehört habe. Sie blickt Sie fragend an.

16. Wieder klingelt Ihr Handy: Der von heute an für die nächste Woche fest vereinbarte Babysitter ist schwer verunglückt und fällt aus. Wie organisieren Sie jetzt die Betreuung Ihrer Kinder?

17. Mit der heutigen Post eröffnet Ihnen der Wirtschaftsprüfer, dass es gravierende Unregelmäßigkeiten in Ihrer EDV-Buchhaltung gibt, und bittet Sie dringend um ein Gespräch unter vier Augen.

18. Die Sekretärin bedeutet Ihnen, dass Ihr Taxi bereits seit fünf Minuten warte, und fragt, warum Sie so blass aussehen. Ob es Ihnen gut ginge und was Sie von einer starken Tasse Kaffee hielten? Ihnen dröhnt der Schädel und es geht auf 11 Uhr zu.

19. Da kommt ein Ihnen gut bekannter, ernstzunehmender Vertreter Ihres wichtigsten Zulieferers und deutet an, dass er mit Ihnen persönlich über etwas sehr Heikles sprechen muss. Jemand aus Ihrer unmittelbaren Umgebung habe seiner Firma wichtige Unterlagen zum Kauf angeboten.

20. Der Praktikant platzt rein und bittet um eine neue Arbeitsaufgabe. Von Frau Rasch würde er sich überhaupt nichts mehr sagen lassen. Diese versuche ihn nur permanent zu mobben, klagt er lauthals.

21. Frau Rasch ruft durch die halb geöffnete Tür, dass das alles nicht wahr sei, fängt an, herzerweichend zu weinen, schluchzt etwas von Kündigung, übergibt Ihnen ihren Brief und weist noch einmal auf den wartenden Taxifahrer hin. Mittlerweile ist es kurz nach 11 Uhr.

22. Ihre Schwiegermutter ist am Handy und fragt, was der Anruf der Sekretärin, Frau Rasch, auf ihrem Anrufbeantworter bedeute. Sie habe sich sofort gemeldet, das Bürotelefon sei aber ständig besetzt, deshalb rufe sie jetzt auf dem Handy an.

23. Der Betriebsrat platzt in das Tohuwabohu der Auseinandersetzungen und gibt zum Besten, dass er sich als Augen- und Ohrenzeuge fühle und schon seit Längerem wisse, dass es im Vorzimmer des Geschäftsführers mit dem Arbeitsklima nicht stimme. Er wolle jetzt mit allen Beteiligten einen Termin für ein erstes Klärungsgespräch vereinbaren. So könne es jedenfalls absolut nicht weitergehen.

24. Da kommt der Pförtner mit einem Telegramm in der Hand und berichtet, der Taxifahrer drohe abzufahren, weil er das Warten jetzt endgültig satthabe. Es ist 11.10 Uhr, und was denn nun sei, will der Pförtner wissen.

25. In dem Telegramm erhalten Sie eine Nachricht von Ihrem Sohn, der in einer sehr prekären finanziellen Lage ist, weil er von Drogendealern erpresst wird. Er fleht sie letztmalig um 500 Euro an und bittet Sie, ihn auch diesmal »nicht hängen zu lassen«.

Übung Postkorb (klassisch)

Heute ist Mittwoch, 29. Juni, 16 Uhr. Sie sind eben – in diesem Moment – von einer längeren Dienstreise, auf der Sie weder telefonisch oder noch sonst wie zu erreichen waren, nach Hause zurückgekehrt.

Ihr Name: Heinz Bell, Ihr Beruf: Ingenieur für Raffinerieanlagen.

Am Donnerstag, den 30. Juni, müssen Sie um 8 Uhr eine geschäftliche Kurzreise nach China antreten und kommen erst am Montag, 4. Juli, um 19 Uhr wieder zurück nach Hause. In China kann man Sie weder erreichen noch können Sie von dort aus telefonisch Kontakt mit Ihrer Heimat aufnehmen. Deshalb müssen Sie alle Dinge, die jetzt erledigt werden sollten, vor Ihrer Abreise organisieren.

Heute früh ist Ihre Frau wegen einer akuten Blinddarmentzündung in das Krankenhaus eingeliefert und vor sieben Stunden operiert worden. Vor ihrer Krankenhauseinweisung hat sie Ihnen alle wichtigen Briefe und Notizen in Ihren Postkorb getan.

Sie sind allein zu Hause und haben das Pech, dass Ihr Telefon kaputt ist. Die Nachbarn sind nicht erreichbar. Sie können also nicht telefonieren. Bis auf 400 Euro und einen Scheck in Ihrem Scheckheft haben Sie keine weiteren Zahlungsmittel im Haus.

In der nun folgenden Stunde, der Zeit von 16–17 Uhr müssen Sie Ihren Postkorb bearbeitet haben. Danach, in der Zeit von 17–19 Uhr stehen dringende Besorgungen in der Stadt an.

Im Postkorb finden Sie Notizen, Briefe, Vorlagen usw. Sehen Sie alle einzeln durch und schreiben Sie auf den Rand jeweils Ihre Entscheidung bzw. formulieren Sie, falls nötig, einen Brief. Sie können auch aufschreiben, was Sie durch wen zu veranlassen wünschen. Ob Sie z. B. eine Antwortnotiz anfertigen, Termine vereinbaren, anstehende Aufgaben gleich oder später lösen bzw. sich dafür entschließen, nichts zu tun. Sie allein entscheiden über die Vorgehensweise.

Versetzen Sie sich noch einmal in die Rolle und Situation von Heinz Bell – hier eine Zusammenfassung: 16 Uhr, Mittwoch, der 29. Juni. In einer Stunde sind die beigefügten Unterlagen zu bearbeiten. Sie sind allein zu Hause und keiner kann Ihnen helfen, nicht einmal das Telefon. Unterlagen mit auf die Chinareise zu nehmen und Dinge von unterwegs zu erledigen, ist nicht möglich.

Schreiben Sie deshalb alle Ihre Anordnungen auf.

Pünktlich in einer Stunde müssen Sie damit fertig sein, denn zwischen 17 und 19 Uhr sind unaufschiebbare Besorgungen zu machen. Morgen um 8 Uhr treten Sie Ihre Reise nach China an und kommen erst am Montag, dem 4. Juli um 19 Uhr wieder zurück.

Folgende Personen gehören zu Ihrem Haushalt:

Heinz Bell	Sie selbst
Ulrike Bell	Ihre Frau
Klaus und Uschi	Ihre Kinder (14 und 15 Jahre alt)
Martha	Ihre Haushälterin
Milli	Ihr Au-pair-Mädchen
Bello	Ihr treuer Hund

Dokument 1

Mittwoch, 29.6., 8 Uhr

Mein lieber Heinz,

wegen einer akuten Blinddarmentzündung muss ich ins Krankenhaus und mich noch heute operieren lassen. Besuch mich doch bitte am Abend.

Hoffentlich bin ich bis Montag aus dem Krankenhaus entlassen und wieder auf den Beinen. Bis dahin musst Du Dich bitte um die Kinder und das Haus kümmern.

Bis um 18 Uhr sind die Kinder in der Schule. Sie haben leider keinen Schlüssel, kommen aber um 18.30 Uhr nach Hause. Martha hat frei und kommt morgen früh um 8.30 Uhr wieder.

Für Mittwoch Abend in einer Woche habe ich Karten für die Opernpremiere. Bitte halte Dir diesen Termin frei, es ist ja auch unser Hochzeitstag.

Noch etwas: Ich habe unser Au-pair-Mädchen rausgeschmissen und ihr fristlos gekündigt. Sie muss Geld und Schmuck gestohlen haben. Natürlich bestreitet sie alles. Am Montag kommt sie um 14 Uhr und will ihr Zeugnis sowie noch 100 Euro Lohn haben. Kannst Du das bitte übernehmen?

Wichtige Unterlagen und Briefe findest Du in Deinem Posteingangskorb.

Grüße an Dich und die Kinder.

Deine

Nele

Dokument 2

Terminkalender

Datum Uhrzeit

	8	14
	9	15
Mo	10	16
4.7.	11	17
	12	18
	13	19
	8	14
	9	15
Di	10	16
5.7.	11	17
	12	18
	13	19
	8	14
	9	15
Mi	10	16
6.7.	11	17
	12	18
	13	19
	8	14
	9	15
Do	10	16
7.7.	11	17
	12	18
	13	19
	8	14
	9	15
Fr	10	16
8.7.	11	17
	12	18
	13	19

Dokument 3

Dr. med. dent. Erwin Bohr   24. Juni
Zahnarzt

Lieber Herr Bell,

wie ich neulich mit Ihnen besprochen habe, ist es jetzt an der Zeit, unsere Rechte im Kampf gegen die neue Umgehungsstraße wahrzunehmen.

Es kann doch wohl nicht angehen, dass ausgerechnet wir von unseren Grundstücken Land abgeben müssen und obendrein auch noch die Lärmbelästigung hinnehmen sollen.

Das Straßenbauamt hat mir auf telefonische Anfrage Mittwoch, den 6. Juli, um 10 Uhr als Termin benannt, um über die Lärmschutzmaßnahmen zu diskutieren.

Ich bitte Sie, lieber Herr Bell, diesen Termin unbedingt wahrzunehmen.

Mit freundlichen Grüßen,
ich rechne auf Ihr Kommen

Erwin Bohr

Dokument 4

Landessparbank Entenhausen

Dienstag, 28. Juni

Sehr geehrter Herr Bell,

in Ihrem Aktiendepot bei uns verfügen Sie über Werte der Winterfeld-AG in Höhe von 50.000 Euro. Uns ist zugetragen worden, dass die Winterfeld-AG voraussichtlich zum 1. Juli Konkurs anmelden muss. Was das für Ihre Aktien bedeutet, ist nicht schwer einzuschätzen. Mit massiven Verlusten – vielleicht sogar bis zu 95 Prozent – muss gerechnet werden.

Unser Vorschlag: Ermächtigen Sie uns, Ihre Aktien jetzt zu einem Kurs von 50 Prozent zu verkaufen. Unser Angebot gilt bis Mittwoch, den 29. Juni, 18 Uhr.

Mit freundlichen Grüßen

B. Müller
Bankdirektor

H. Schulze, ppA.

Dokument 5

28.6.

Lieber Papa,

am Mittwoch, den 6.7. ist in der Schule Elternsprechtag in der Zeit von 10–13 Uhr. Unser Klassenlehrer möchte einige heikle Vorfälle mit Euch besprechen.

Eigentlich halten Klaus und ich das für unnötig, aber sicherlich solltet Ihr doch hingehen.

Deine Tochter

Dokument 6

Gärtnermeister Grün   19.6.

Sehr geehrter Herr Bell,

am Dienstag, den 5.7., und Mittwoch, den 6.7., wollen wir wie jedes Jahr Ihren Garten bepflanzen. Über die Neugestaltung haben wir ja bereits mit Ihrer Frau ausführlich gesprochen.

Bitte hinterlassen Sie bei Ihrer Hausangestellten eine erste Anzahlung in Höhe von wenigstens 400 Euro. Dies ist notwendig, um die hohen Auslagekosten, die uns entstehen, abzumildern.

Mit freundlichen Grüßen

Gärtnermeister

Dokument 7

Kreisgericht Entenhausen 27.6.

Herrn
Heinz Bell
Mausstr. 1

33333 Entenhausen

Schöffe am Kreisgericht

Sehr geehrter Herr Bell,

wir freuen uns, Ihnen mitteilen zu können, dass Sie als ehrenamtlicher Schöffe ausgewählt wurden, und bitten Sie, sich am Dienstag, den 5. Juli, in der Zeit von 15–18 Uhr im großen Saal des Kreisgerichtes einzufinden, wo die Einweisung und Vereidigung stattfinden wird.

Nur in wirklich begründeten Ausnahmefällen können Sie sich der Tätigkeit als Schöffe entziehen.

Mit vorzüglicher Hochachtung

Justizangestellte

Dokument 8

Lieber Herr Bell,

eben ist Ihre Frau ins Krankenhaus gebracht worden. Hoffentlich geht alles gut!

Darf ich Sie bitten, mir für morgen den beigelegten Blankoscheck zu unterschreiben und mir etwa 200 Euro für dringend notwendige Einkäufe in bar zu hinterlegen. Ich weiß nicht, ob ich Sie morgen sehe, aber einige Sachen müssen dringend bezahlt werden.

Mit lieben Grüßen
Ihre treue Perle

Dokument 9

Grund- und Boden-GmbH
Postfach 007
33333 Entenhausen

Per Einschreiben/Rückschein   15.6.
Herrn
Heinz Bell
Mausstr. 1

33333 Entenhausen

Sehr geehrter Herr Bell,

seit über drei Jahren leben Sie und Ihre Familie in dem von uns betreuten Haus
in der Mausstraße 1.

Unsere Mandantin hat sich jetzt entschlossen, die Miete zu erhöhen. Wir weisen
auf § 4, Abs. 2,1 des Mietvertrages hin und bitten Sie um Verständnis, wenn wir
die Kaltmiete den gestiegenen Kosten entsprechend zum 1.9. um 20 Prozent an-
heben.

Wir bitten Sie, uns bis zum 4.7. Ihre Zustimmung schriftlich abzugeben. Andernfalls müssten wir Ihren Mietvertrag fristgemäß zum Quartalsende kündigen.

Mit freundlichen Grüßen

Viktor Wucherer
Geschäftsführer

Dokument 10

28.6.

Lieber Papa,

für Mama habe ich ein schönes Geschenk zu ihrem Geburtstag besorgt. Die Damen-Rolex war ein Sonderangebot für 500 Euro und sie wollte doch schon immer so eine Uhr. 100 Euro habe ich dazu beigesteuert, den Rest sollte der Verkauf meines Mofas bringen. Nun kann mein Freund die 300 Euro für das Mofa nicht bezahlen, weil seine Eltern gegen den Kauf sind. Ich schulde dem Juwelier aber noch 400 Euro. Kannst Du die mir bitte vorstrecken? Wenn mein Mofa verkauft ist, bekommst Du sie sofort wieder.

Klaus

Dokument 11

Platon-Wirtschaftsbriefe Frankfurt a. M. Nr. 24 / 28.6.

Informationen aus Wirtschaft und Politik

Mehrwertsteuer

Berlin. Die Bundesregierung, insbesondere der Finanzminister, denkt über eine weitere Erhöhung der Mehrwertsteuer nach. Verschiedene Modelle sind im Gespräch. Denkbar wäre eine Anlehnung an das italienische Modell, das bestimmte Wirtschaftsgüter mit einem erhöhten Mehrwertsteuersatz belastet. Voraussichtlich noch in diesem Herbst wird eine mindestens fünfprozentige Steigerung des jetzigen Steuersatzes für Luxusgüter im Kabinett diskutiert werden.

Zinspolitik

Frankfurt a. M. Trotz heftiger Bedenken der Bundeskanzlerin sieht der Bundesbankpräsident keine Veranlassung, an den derzeitigen Leitzinsen etwas zu verändern. Der Euro muss stabil bleiben, die Krise sei nicht hausgemacht, so seine Argumente bei einem Besuch im Bundeskanzleramt.

Waggonbau

München. Die Pläne der großen westdeutschen Schienenfahrzeughersteller, die deutsche Waggonbau AG (DWA) in den neuen Bundesländern zu übernehmen, sind geplatzt. Ursache ist der Einspruch des Bundeskartellamtes, das unzulässige Absprachen monierte. Nachdem auch der englisch-französische Konzern GEC Alsthom, Produzent des Hochgeschwindigkeitszuges TGV, wenig Interesse an der DWA zeigt, wird jetzt ein Angebot der Siemens AG erwartet.

Spekulation

Frankfurt a. M. Gut informierte Schweizer Börsenkreise spekulieren darüber, dass verschiedene deutsche Banken ihren Kunden nahelegen, sich von den Aktien der Winterfeld-AG zu trennen. Die tatsächlichen Schwierigkeiten der Winterfeld AG (s. Bericht Nr. 21) seien weitestgehend behoben, sodass kein Insolvenzverfahren droht, der Kurs der Aktien aber würde ein Aufkaufen großer Stückzahlen lohnend erscheinen lassen.

Wirtschaftskriminalität

Zürich. Die Firma Rolex warnt in ihrem neuesten Pressedienst vor Fälschungen im Bereich ihrer hochwertigen Herren-Markenuhren. Es seien über den ehemaligen Ostblock große Stückzahlen gefälschter Uhren aufgetaucht, die für Experten lediglich an dem grob-knisternden Ticken zu erkennen seien.

Dokument 12

Schwan-Gymasium Entenhausen, 28.6.
Der Schulleiter

Sehr geehrter Herr Bell,

leider muss ich Ihnen mitteilen, dass Ihre beiden Kinder Uschi und Klaus Bell gestern zum fünften Mal in diesem Monat unentschuldigt vom Unterricht ferngeblieben sind. Bereits vor zwei Wochen, als Ihre Kinder das dritte Mal unentschuldigt fehlten, schrieb ich Ihnen und bat um Ihre Stellungnahme.

Das mir vorgelegte Entschuldigungsschreiben mit Ihrer Unterschrift hat mein Misstrauen erweckt und ich möchte Sie bitten, mich aufzusuchen, um diese Angelegenheit zu klären.

Sollte ich von Ihnen nichts hören, muss ich erwägen, Ihre Kinder aus disziplinarischen Gründen von der Schule zu verweisen.

Hochachtungsvoll

Dr. Bellermann
Schulleiter

Dokument 13

28.6.
Lieber Herr Bell,

eben erhielt ich den Anruf unseres schwierigen Nachbarn, der doch so gut mit Ihrem Chef steht. Der Nachbar beklagt sich, dass unser Wasser aus der Regenrinne seinen Garten unterspült. Unsere Dachrinnen sind leider verstopft. Er drohte sogar, Sie anzuzeigen, möchte aber vorher mit Ihnen am Montag, den 4.7., um 15 Uhr sprechen.

An diesem Tag gegen 16 Uhr stellt sich auch das neue Au-pair-Mädchen vor.

Eben hat Ihr Büro angerufen und gesagt, dass Sie vor Mittwoch nicht zurück seien. Alle Bürotermine sind abgesagt worden.

Für Mittwoch, den 6.7., hat sich gegen 19 Uhr Ihr Chef mit einem wichtigen Anliegen zu Ihnen nach Hause eingeladen. Ich weiß nicht, worum es dabei geht, denke aber, es könnte ja wichtig sein.

Ihre Perle

Dokument 14

Egon Groschenbügel
Rechtsanwalt und Steuerberater   27.6.

Lieber Herr Bell,

die in Ihrer letzten Steuererklärung ausgewiesenen Verluste aus Aktienspekulationen können Sie leider so nicht steuerlich absetzen.

Wir schlagen Ihnen vor, eine Risikoversicherung z. B. gegen Kursfall wegen Konkurs abzuschließen. Pro 500 Euro beträgt die Prämie lediglich 15,95 Euro. Die maximale Versicherungshöhe liegt jedoch bei 40 000 Euro.

Weitere Einzelheiten müssten wir persönlich besprechen. Da ich am 29.6. nur bis 19 Uhr in meinem Büro bin, müssten wir uns bis dahin besprochen haben. Bitte bringen Sie für die Versicherung ggf. einen Scheck mit.

Mit freundlichen Grüßen

Dokument 15

Terminplanung

Wie Sie wissen, ist heute Mittwoch, der 29.6., kurz vor 17 Uhr. Um 19 Uhr schließen alle Geschäfte und Büros. Und auch Sie müssen wieder zu Hause sein. In den Ihnen verbleibenden zwei Stunden wollen Sie so viel wie möglich persönlich erledigen.

Leider ist Ihr Auto nicht fahrbereit und andere Transportmittel stehen nicht zur Verfügung. Selbst das Telefon fällt aus.

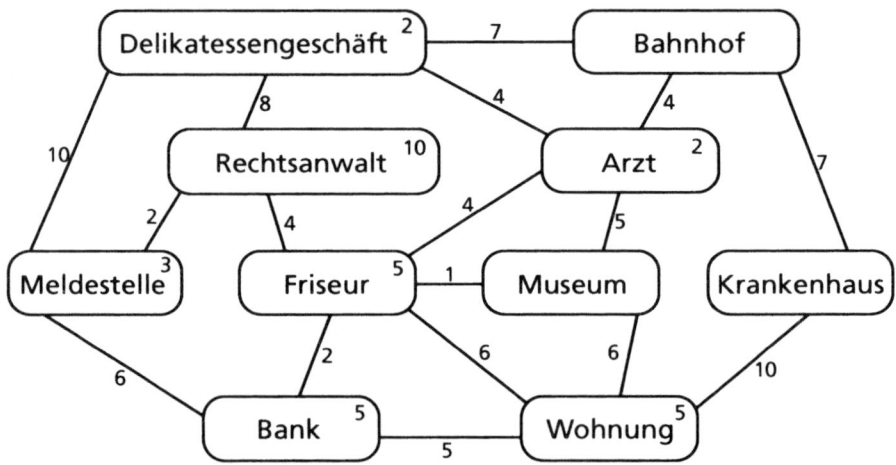

Der Lageplan zeigt die verschiedenen Anlaufstellen und die möglichen Wege. Die Zahlen auf den gestrichelten Linien bedeuten die Zeit, die Sie jeweils zu Fuß benötigen, um Ihr Ziel zu erreichen. Die Zahl in dem Kästchen beziffert die notwendige Aufenthaltsdauer (alles in Minuten).

Um z.B. vom Friseur zum Bahnhof zu gehen, brauchen Sie acht Minuten (zweimal vier). Dieser Weg führt Sie über den Arzt, Sie müssen aber nicht zum Arzt reingehen.

Beim Arzt ist Ihr Impfzeugnis abzuholen, das Sie für Ihre Chinareise unbedingt benötigen. Die Bank wird um 19 Uhr geschlossen, Sie müssen aber um 18.30 Uhr zu Hause sein, um Ihre Kinder, die keinen Schlüssel haben, reinzulassen. Dafür sind fünf Minuten Aufenthalt zu kalkulieren (siehe Plan). Ein Besuch beim Friseur (fünf Minuten) ist notwendig, da Ihr Rasierapparat kaputt ist. Das Delikatessengeschäft sollten Sie aufsuchen, um den Präsentkorb für die Frau Ihres Chefs abzuholen. Sie werden ihn ihr am Bahnhof übergeben, denn ihr Zug kommt um 17.57 und fährt um 18.03 Uhr, und Sie haben es Ihrem Chef versprochen, seine Frau heute an ihrem 60. Geburtstag besonders nett zu überraschen. Ihre eigene Frau kann ab 17 Uhr im Krankenhaus besucht werden. Bei der Meldestelle müssen Sie bis 17.30 Uhr Ihren Reisepass abgeholt haben. Im Museum wartet Ihre Freundin in der Zeit zwischen 17 und 19 Uhr auf Sie.

Versuchen Sie, alle Anlaufstellen zu erreichen, für jede Minute, die Sie im Krankenhaus verbringen, bekommen Sie zusätzlich drei Extrapunkte, für jede Minute im Museum zwei.

Für Ihre Zeitplanung
Bitte tragen Sie Ihren optimalen Weg in der Skizze ein, hier Ihre Verweilzeiten:

Start: Haus

Wegezeit: von Haus nach .... Minuten

Am/im .... von ..... bis ......   = ... Minuten

Wegezeit: von .... nach .... Minuten

Am/im .... von ..... bis ......   = ... Minuten

Wegezeit: von .... nach .... Minuten

Am/im .... von ..... bis ......   = ... Minuten

Wegezeit: von .... nach .... Minuten

Am/im .... von ..... bis ......   = ... Minuten

Wegezeit: von .... nach .... Minuten

Am/im .... von ..... bis ......   = ... Minuten

Wegezeit: von .... nach .... Minuten

Am/im .... von ..... bis ......   = ... Minuten

Wegezeit: von .... nach .... Minuten

Am/im .... von ..... bis ......   = ... Minuten

Wegezeit: von .... nach .... Minuten

Am/im .... von ..... bis ......   = ... Minuten

Wegezeit: von .... nach .... Minuten

Am/im .... von ..... bis ......   = ... Minuten

Wegezeit: von .... nach .... Minuten

Am/im .... von ..... bis ......   = ... Minuten

Gesamtzeit   ..... Minuten

Alle Anlaufstellen erreicht?   ja o   nein o

Es fehlen: (Begründung)

Ein Arbeitsblatt nach folgendem Muster hilft Ihnen, Entscheidungen und deren Begründungen festzuhalten und später mit den Lösungsvorschlägen zu vergleichen.

Dokument	Entscheidung	Begründung
1. Notiz Ehefrau		
2. Kalender		
3.		
4.		
usw.		

Zwölf Mini Case Studies

Um den Test komplett zu lösen, müssen Sie bei jeder Aufgabe überlegen: Welcher Verhaltensvorschlag ist der beste, und welcher ist der schlechteste? Markieren Sie die Ihrer Meinung nach beste Reaktion mit einem **Pluszeichen**, die schlechteste mit einem **Minus-Zeichen**.

1. Sie sind seit kaum zwei Wochen der neue Chef der Verkaufsabteilung. Jetzt fordert die Geschäftsführung Sie auf, innerhalb weniger Stunden Ihre erste Verkaufsumsatz-Prognose abzugeben. Sie stehen unter Zeitdruck und spüren, dass man etwas Besonderes von Ihnen erwartet.

   a) Sie trommeln Ihr Team zusammen, beziehen alle Mitarbeiter offen in die Aufgabe mit ein und fordern sie auf, konkrete Zahlenvorschläge zu machen. Dabei sparen Sie nicht mit Ermutigungen, denn Ihre Mannschaft soll sich ordentlich etwas zutrauen. Die Zahlen melden Sie der Geschäftsführung. ☐

   b) In einem vertraulichen Gespräch mit Ihrem Vorgesetzten erkundigen Sie sich, wie die Entwicklung in den letzten drei Jahren war, welche Zahlen Ihr Vorgänger ablieferte und wie im Nachhinein das Jahresergebnis ausgesehen hat. ☐

   c) Mit den Leistungsträgern in Ihrem Team führen Sie kurze Einzelgespräche über das, was möglich wäre, aber auch was realistisch zu leisten ist. Daraus erstellen Sie ein erstes, vorsichtig-optimistisches Zahlenwerk. ☐

   d) Sie bitten alle Mitarbeiter um Unterstützung und Vorschläge und hören aufmerksam zu, wer was anzubieten hat. Dann entscheiden Sie und melden Ihren ersten Vorschlag. ☐

   e) Sie setzen sich alleine hin und nehmen die Herausforderung an. Wenn Sie Ihre Verkaufszahlen-Prognose abgeben, weiß man eh, dass Sie ganz neu in dieser Position sind. ☐

2. Ein ernstes technisches Problem ist plötzlich aufgetreten. Das ist überhaupt nicht Ihr Spezialgebiet. Die Situation erfordert aber ein sofortiges, beherztes Handeln. Sie müssen schnell etwas unternehmen.

   a) Gemeinsam mit allen Mitarbeitern besprechen Sie die problematische Situation und fordern sie auf, Lösungsvorschläge zu machen. Dabei ermutigen Sie alle, auch ungewöhnliche Ideen vorzutragen. ☐

   b) Sie konsultieren als Erstes Ihren Vorgesetzten und erkundigen sich, wie bei Krisen dieser Art bisher verfahren wurde und ob er für Sie einen guten Lösungsvorschlag hat. ☐

   c) Sie wissen, wer die Experten in Ihrer Mannschaft sind. Mit jedem führen Sie ein kurzes Gespräch und sammeln Vorschläge, um daraus selbst eine Entscheidung zu basteln. ☐

   d) In einem vertraulichen Gespräch mit Abteilungsleiter-Kollegen fragen Sie nach, was man tun könnte und was üblicherweise passiert, wenn so etwas schiefgeht. ☐

   e) Sie ziehen sich kurz zurück und bedenken die Möglichkeiten, die Ihnen jetzt noch bleiben. Schließlich sehen Sie in diesem Vorfall eine Chance, allen zu beweisen, was in Ihnen steckt. ☐

3. Die Geschäftsführung beschließt überraschend eine völlig neue Geschäftspolitik. Sie fühlen sich verunsichert, wissen nicht, was das zu bedeuten hat – außer, dass Sie und Ihre Truppe deutlich davon betroffen sein werden. Was machen Sie als Erstes?

   a) Sie trommeln sofort alle Ihre Leute zusammen und geben die Entscheidung mit einem persönlich-emotional gefärbten Kommentar weiter. ☐

   b) Sie besprechen erst im engeren Abteilungsleiter-Kollegenkreis, was dies bedeuten könnte, und überlegen sich, wie Sie diese Nachricht an Ihr Team weitergeben. ☐

   c) Sie warten einige Tage, um die Überraschung zu verdauen. Man wird sehen, und bekanntlich wird nichts so heiß gegessen, wie es gekocht wird. ☐

   d) Sie geben die neuen geschäftspolitischen Entscheidungen bekannt und räumen ein, noch nicht genau zu wissen, welche Konsequenzen das für Ihre Abteilung haben wird. ☐

   e) Sie bemühen sich, die Entscheidungen der Geschäftsleitung Ihren Mitarbeitern gut zu verkaufen, und wirken beruhigend auf Ihre Leute ein. ☐

4. In Ihrer Abteilung haben Sie zwei sehr kompetente und leistungsstarke Mitarbeiter. Sie schätzen beide gleichermaßen und möchten keinen missen. Leider bekommen die beiden untereinander einen heftigen, langanhaltenden Streit, der in eine ziemliche Katastrophe auszuarten droht.

   a) Sie schlagen in großer Runde ein offenes Gespräch vor. Schließlich wissen doch wohl alle anderen Mitarbeiter längst, dass es zwischen den beiden Kollegen Probleme gibt. ☐

   b) Zuallererst erkundigen Sie sich diplomatisch bei Ihrem Vorgesetzten, was er über diese beiden Mitarbeiter weiß und ob es schon mal früher Probleme dieser Art gab. ☐

   c) Unter vier Augen sprechen Sie jeden Einzelnen auf den Konflikt an, bieten Ihre Unterstützung an und schlagen dann ein klärendes Gespräch zu dritt vor. ☐

   d) In einem privaten Gespräch mit einem befreundeten Psychologen lassen Sie sich Tipps geben, was man in einem solchen Fall am besten machen könnte. ☐

   e) Sie beobachten das Problem, warten aber noch ein wenig ab, denn ein zu frühes Eingreifen könnte vielleicht mehr kaputt machen als nützen. ☐

5. Entgegen aller Gewohnheit kam Ihre Sekretärin heute Morgen erst eine halbe Stunde nach Ihnen, obwohl es jede Menge Arbeit gibt, die heute noch fertig werden muss. Kurz vor der Mittagspause eröffnet sie Ihnen, dass sie den Nachmittag unbedingt frei braucht.

   a) Sie fragen Ihre Sekretärin nach dem Grund, wissen aber bereits im Voraus, dass Sie heute nicht auf diese Arbeitskraft verzichten können und wollen. Das werden Sie ihr auch sehr deutlich machen. ☐

   b) Sie geben sich höchst erstaunt und erklären ihr: Nach der Mittagspause werden Sie eine Entscheidung treffen. Vielleicht finden Sie ja bis dahin einen Dreh, die anstehenden Arbeiten anders zu verteilen. ☐

   c) Sie fragen vorsichtig und einfühlsam nach, ob der Wunsch, frei haben zu wollen, einen ernsten persönlichen Hintergrund hat. Davon würde Ihre Entscheidung abhängen, denn eigentlich passt es heute überhaupt nicht. ☐

d) Sie verdeutlichen Ihr, wie sehr Sie sie schätzen, erklären Ihr aber, dass es gerade heute wegen der noch nicht fertigen Arbeit leider unmöglich ist. ☐

e) Sie spüren, dass Sie Ihr diesen Wunsch heute nicht abschlagen können und geben schweren Herzens Ihr O.K., noch nicht wissend, wie Sie die Arbeiten fertig bekommen. ☐

6. Es stehen voraussichtliche Entlassungen an. Jeder Abteilungsleiter muss mindestens einen Mitarbeiter benennen, auf den er eventuell zukünftig verzichten könnte. Es geht um die Auswahl.

a) Sie spielen mit offenen Karten und verkünden vor Ihren versammelten Mitarbeitern das Auswahlproblem. Sie setzen darauf, dass es alle zu einem Leistungsschub motiviert – und das kann ja nur positiv sein. ☐

b) Sie befragen einzelne Ratgeber, wie sie in Ihrer Situation entscheiden würden, und versuchen sich so für Ihre eigene Entscheidung ein besseres Bild zu machen. ☐

c) Mit dem Auswahlvorschlag müssen Sie allein klarkommen. Die Entscheidung liegt in Ihrer Verantwortung. ☐

d) Sie warten erst einmal ab und sagen nichts. Wer weiß, ob sich die Situation nicht morgen schon ganz anders darstellt. ☐

e) Sie erklären Ihren Leuten, dass die Lage wirklich sehr ernst ist, und bitten um Verständnis für die angeordnete Maßnahme, von der Sie aber glauben, dass sie doch nicht so umgesetzt wird. ☐

7. Ein neues Arbeitsprojekt steht an, zwei Möglichkeiten haben Sie zur Auswahl. Projektaufgabe A, sehr wahrscheinlich eher kurzfristig angelegt, aber dafür recht schnell erfolgversprechend, oder Projektaufgabe B, langfristig, aber noch viel erfolgversprechender. Wie verhalten Sie sich?

a) Sie besprechen mit allen Mitarbeitern gemeinsam das Pro und Kontra der Projekte. Dann treffen Sie eine Entscheidung. ☐

b) Vertraulich wenden Sie sich an einige erfahrenere Abteilungsleiter-Kollegen und bitten um einen Tipp. ☐

c) Sie ziehen sich zurück, um ungestört nachzudenken, abzuwägen und dann allein zu entscheiden. ☐

d) Sie versuchen, beide Projekte in Angriff zu nehmen, weil die Entscheidung für oder gegen ein Projekt wirklich schwierig ist. ☐

e) Ihnen wird klar: Sie brauchen erst noch mehr Informationen über beide Projekte. Deshalb fangen Sie an, neue Argumente zu sammeln. ☐

8. Nun ist der Moment gekommen. Jetzt müssen Sie sich entscheiden. Ihre Kriterien dabei sind:

a) Der schnelle Erfolg, der für Sie als Neuer jetzt doppelt zählt ☐

b) Der langfristige Erfolg, der aus Ihrer Sicht doch wirksamer ist ☐

c) Sie hören auf die Mehrheit der Personen, die Sie befragt haben ☐

d) Sie spüren, was man von Ihnen erwartet, und entscheiden intuitiv ☐

e) Ihre Entscheidung ist eher zufällig, für beide Projekte gab es gute Argumente ☐

9. Sie haben sich entschieden, und im Laufe der Zeit wird deutlich: falsch entschieden. Wie erklären Sie diese Niederlage vor Ihren Mitarbeitern?
   a) Das ist überhaupt keine Niederlage, erklären Sie, denn hinterher sind immer alle klüger. ☐
   b) Sie sind schlecht beraten worden. ☐
   c) Es war Ihre Entscheidung, und Sie stehen zu der Verantwortung. ☐
   d) Vor allem der Zeitdruck, Ihre Unerfahrenheit und die Umstände sind der Grund. ☐
   e) Ihre Mitarbeiter haben leider versagt.

10. Ein erfahrener, langjähriger Mitarbeiter bittet Sie aus heiterem Himmel um ein Zwischenzeugnis. Er will wissen, wie Sie seine Leistung beurteilen.
    a) Sie fragen nach, ob es dafür einen besonderen Grund gibt. ☐
    b) Sie bitten um Verständnis, dass Sie ablehnen müssen. Noch hatten Sie viel zu wenig Zeit, um ihn beurteilen zu können. ☐
    c) Ohne zu zögern stellen Sie ihm in Aussicht, er werde in den nächsten Tagen sein Zwischenzeugnis erhalten. ☐
    d) Sie erkundigen sich bei Ihrem Chef, was man über diesen Mitarbeiter weiß. ☐
    e) Sie nutzen diese Gelegenheit zu einem ausführlichen Gespräch. ☐

11. Wenige Wochen später hören Sie gerüchteweise, der Mitarbeiter wolle sich wegbewerben. Sie wissen, Sie brauchen diesen Mitarbeiter aber dringend in einem sehr wichtigen Projekt.
    a) Sie suchen mit ihm das vertrauliche Vieraugengespräch. ☐
    b) Sie beobachten ihn jetzt genauer, warten aber erst mal ab. ☐
    c) Sie überlegen, wer den Mitarbeiter ersetzen könnte, und strecken schon mal die Fühler aus. ☐
    d) Sie bleiben von solchen Gerüchten unbeeindruckt. ☐
    e) Sie versuchen den Mitarbeiter zu halten – durch besonderes Lob und mit Versprechungen auf eine bessere Position und etwas mehr Geld. ☐

12. Einige Wochen später teilt Ihnen der Mitarbeiter mündlich mit, dass er kündigen wird, weil er ein interessantes Angebot vorliegen hat.
    a) Sie denken sich: Reisende soll man nicht aufhalten. ☐
    b) Sie versuchen in einem intensiven Gespräch mit ihm, die Gründe zu beleuchten. ☐
    c) Jetzt suchen Sie ganz intensiv einen Ersatz für diesen Mitarbeiter. ☐
    d) Sie versuchen den Mitarbeiter durch Versprechungen zu halten. ☐
    e) Sie sprechen mit Ihrem Vorgesetzten, erklären das Problem und bitten um Unterstützung. ☐

Die Auflösungen finden Sie auf Seite 341.

Persönlichkeitstest

Testanleitung

Nachfolgend finden Sie 66 Aussagen, die sich auf Ihre Interessen, Neigungen und Einstellungen beziehen. Bei vielen Aussagen kann man unterschiedlicher Meinung sein: Der eine denkt, Geld mache nicht glücklich, der andere ist anderer Meinung. Manche Menschen sind im persönlichen Umgang mit anderen zurückhaltender, andere nicht. Manch einer fühlt sich stark und selbstbewusst, ein anderer empfindet sich eher hilflos. Eine »richtige« Antwort auf diese Aussagen gibt es nicht. Jeder Mensch hat schließlich das Recht auf seine eigene Meinung, hat seine eigenen Erfahrungen gemacht.

Wir möchten nun Ihre Meinung zu einer Reihe von Aussagen erfahren. Zu jeder Aussage gibt es drei Antwortmöglichkeiten.

Beispiel: Ich treibe gerne Sport.

a) stimmt
b) teils – teils
c) stimmt nicht

Kreuzen Sie bitte diejenige Antwort an, die Ihrer Meinung am besten entspricht. Wichtig: Grübeln Sie nicht lange darüber nach, wie eine Aussage zu verstehen ist und was sie bedeuten könnte. Geben Sie Ihre Antwort ganz spontan; mehr als 15–20 Minuten Zeit sollten Sie für diesen Test nicht benötigen.

Nicht alle Aussagen enthalten alle Einzelheiten, die man eigentlich wissen müsste, um wirklich gründlich entscheiden zu können. Machen Sie sich also nicht zu viele Gedanken, z. B. wenn Sie außer Fußball andere Sportarten nicht mögen und auch nicht ausüben. Wenn Sie gerne Fußball spielen und das gelegentlich tun, kreuzen Sie ruhig a an (stimmt).

Manchmal können Sie sich vielleicht nicht ganz eindeutig entscheiden und so liegt Ihre persönliche Einstellung zu dieser Aussage (Ich treibe gerne Sport) irgendwo »dazwischen«. Dann kreuzen Sie b (teils – teils) an. Das sollten Sie aber bitte nur dann tun, wenn es Ihnen wirklich unmöglich erscheint, sich zwischen den anderen beiden Antwortmöglichkeiten zu entscheiden.

Bitte bearbeiten Sie jede Aussage. Manche mögen Ihnen etwas sehr persönlich erscheinen, aber es geht hier nicht um einzelne Antworten, sondern nur um die Summe.

Bitte beginnen Sie jetzt:

1. Gleiches Gehalt vorausgesetzt, wäre ich lieber ...
a) Chemiker im Labor
b) unsicher
c) Manager im Hotel

2. Ich halte viel von dem Satz »Erst die Arbeit, dann das Vergnügen«.
a) stimmt
b) teils, teils
c) stimmt nicht

3. Ich arbeite lieber ...
a) mit Zahlen und Statistiken
b) unsicher
c) mit Menschen zusammen

4. Karriere ist nicht alles im Leben.
a) stimmt
b) teils, teils
c) stimmt nicht

5. Ich vermeide es, mich mit Leuten rumzustreiten.
a) ja
b) manchmal
c) nein

6. Wenn Leute mit der Moral argumentieren, regt mich das auf.
a) stimmt
b) teils, teils
c) stimmt nicht

7. In unserer Marktordnung sollte im Prinzip alles so bleiben, wie es ist.
a) stimmt
b) teils, teils
c) stimmt nicht

8. Lieber ein ganz sicherer Arbeitsplatz mit festem, aber kleinerem Gehalt als das Gegenteil.
a) stimmt
b) teils, teils
c) stimmt nicht

9. Wenn andere die Köpfe zusammenstecken und tuscheln, denke ich, dass sie schlecht über mich reden könnten.
a) stimmt
b) teils, teils
c) stimmt nicht

10. Ich denke, dass ich Herausforderungen mutig begegne.
a) ja, meistens
b) manchmal
c) sehr selten

11. Mit einer schweren Erkältung im Bett liegend ...
a) versuche ich, die Zeit als eine Art von Urlaub zu genießen
b) teils, teils
c) mache ich mir Gedanken über die liegenbleibende Arbeit

12. Ich fühle mich öfters einsam.
a) stimmt
b) teils, teils
c) stimmt nicht

13. Des Nachts habe ich bisweilen schlechte Träume.
a) zutreffend
b) teils, teils
c) unzutreffend

14. Ich lese lieber ein gutes Buch, als mich mit anderen angeregt zu unterhalten.
a) stimmt
b) teils, teils
c) stimmt nicht

15. Wenn andere erfolgreich sind, beneide ich sie schon ein bisschen.
a) stimmt
b) teils, teils
c) stimmt nicht

16. Wenn jemand es verdient, kann ich sehr spöttisch sein.
a) im Allgemeinen
b) manchmal
c) nie

17. Wenn jemand besonders freundlich zu mir ist, frage ich mich schnell, warum – und was möglicherweise dahinter steckt.
a) zutreffend
b) teils, teils
c) unzutreffend

18. Auch kleinere Experimente können ein schwer kalkulierbares Risiko beinhalten.
a) meistens zutreffend
b) teils, teils
c) selten zutreffend

19. Ich glaube nicht, dass mir jemand wirklich Schwierigkeiten wünscht.
a) stimmt
b) teils, teils
c) stimmt nicht

20. Jemandem, der mein Vertrauen enttäuscht ...
a) bin ich sehr böse
b) teils, teils
c) kann ich recht schnell wieder verzeihen

21. Ich habe Qualitäten, die mich vielen anderen überlegen machen.
a) stimmt
b) unsicher
c) stimmt nicht

22. Es ist mir unangenehm, andere in Verlegenheit zu bringen.
a) stimmt
b) teils, teils
c) stimmt nicht

23. Ich möchte im Leben vorankommen.
a) stimmt
b) teils, teils
c) stimmt nicht

24. Wenn ich mit mehreren Menschen im Fahrstuhl fahre, beschleicht mich ein unangenehmes Gefühl.
a) stimmt
b) teils, teils
c) stimmt nicht

25. Wenn ich zu Bett gehe, kann ich gut einschlafen.
a) zutreffend
b) teils, teils
c) unzutreffend

26. Es passiert mir häufiger, dass ich die Arbeit anderer kritisiere.
a) stimmt
b) teils, teils
c) stimmt nicht

27. Die Welt braucht zur Orientierung mehr ...
a) Beständigkeit und Verlässlichkeit
b) unsicher
c) Ideale und Utopien

28. Nur aus Angst vor Strafe verhalten sich die meisten Menschen korrekt.
a) stimmt
b) teils, teils
c) stimmt nicht

29. Als Kind war ich selten anderer Meinung als meine Eltern.
a) zutreffend
b) teils, teils
c) unzutreffend

30. Im Straßenverkehr lasse ich mich nicht unterkriegen.
a) zutreffend
b) teils, teils
c) unzutreffend

31. Jemanden, der schlecht über mich redet ...
a) lasse ich links liegen
b) teils, teils
c) versuche ich zu ertappen und zur Rede zu stellen.

32. Oft fällt es mir schwer, angefangene Arbeiten auch zu vollenden.
a) stimmt
b) teils, teils
c) stimmt nicht

33. Es macht mir Spaß, mit anderen Leuten zu reden.
a) stimmt
b) teils, teils
c) stimmt nicht

34. Bei gleichem Gehalt wäre ich lieber ...
a) Lehrer
b) weiß nicht
c) Förster

35. Bei mir läuft manches schief.
a) oft
b) manchmal
c) selten

36. Tagträumereien kenne ich bei mir nicht.
a) zutreffend
b) teils, teils
c) unzutreffend

37. Ziele, die ich mir gesetzt habe, erreiche ich fast immer.
a) stimmt
b) teils, teils
c) stimmt nicht

38. Bei gleicher Arbeitszeit und gleichem Gehalt wäre ich lieber in einem guten Restaurant …
a) Kellner
b) weiß nicht
c) Koch

39. In einer Fabrik wäre ich lieber verantwortlich für …
a) den Maschinenpark
b) teils, teils
c) die Personalabteilung

40. Das ganze Jahr über freue ich mich auf den Urlaub.
a) stimmt
b) teil, teils
c) stimmt nicht

41. Lieber schreibe ich in einer schwierigen Situation einen Brief, als ein Telefonat zu führen.
a) stimmt
b) teils, teils
c) stimmt nicht

42. Am liebsten gehe ich in allen Dingen meine eigenen Wege.
a) zutreffend
b) teils, teils
c) unzutreffend

43. Wer viel lächelt, meint es oft nicht gut.
a) zutreffend
b) teils, teils
c) unzutreffend

44. Ein unaufgeräumter Schreibtisch stellt für mich und meinen Ordnungssinn eine Herausforderung dar.
a) zutreffend
b) teils, teils
c) unzutreffend

45. Einen besonderen, ausgefallenen Wunsch zu äußern, fällt mir schwer.
a) zutreffend
b) teils, teils
c) unzutreffend

46. Das Sprichwort »Lieber den Spatz in der Hand als die Taube auf dem Dach« ist für meine Einstellung zum Leben …
a) zutreffend
b) weiß nicht
c) unzutreffend

47. Wenn Leute freundlich zu mir sind, habe ich den Verdacht, dass sie hinter meinem Rücken schlecht über mich reden.
a) stimmt
b) teils, teils
c) stimmt nicht

48. Wenn mir im Restaurant das Essen nicht schmeckt, fällt es mir schwer, beim Kellner zu reklamieren.
a) zutreffend
b) teils, teils
c) unzutreffend

49. Das Sprichwort »Was der Bauer nicht kennt, das isst er nicht«, gilt für mich.
a) stimmt
b) teils, teils
c) stimmt nicht

50. Ich bin lieber dafür, dass man bei Problemlösungen …
a) auf bewährte Methoden zurückgreift.
b) teils, teils
c) neue Wege und Vorschläge ausprobiert.

51. Bei einer wichtigen Arbeit lasse ich mich nicht gerne unterbrechen.
a) stimmt
b) teils, teils
c) stimmt nicht

52. Wenn ich eine große Geldsumme für wohltätige Zwecke zur Verfügung hätte, würde ich ...
a) lieber den vollen Betrag der Kirche geben.
b) jedem die Hälfte
c) den vollen Betrag für die Wissenschaft spenden.

53. Wenn das Wetter sich verändert, spüre ich Auswirkungen auf meine Arbeitsleistung und Stimmung.
a) zutreffend
b) gelegentlich
c) unzutreffend

54. Ich bin lieber für mich allein als mit anderen zusammen.
a) trifft zu
b) teils, teils
c) trifft nicht zu

55. Ich bin selten krank.
a) zutreffend
b) teils, teils
c) unzutreffend

56. Oft denke ich über Möglichkeiten nach, wie man die Gesellschaft verändern müsste, damit alles besser funktioniert.
a) stimmt
b) teils, teils
c) stimmt nicht

57. Wenn ich im Kaufhaus nicht so bedient werde, wie ich es für angemessen halte, lasse ich – wenn nötig – den Abteilungsleiter rufen.
a) zutreffend
b) teils, teils
c) unzutreffend

58. Hätte ich mein Leben noch einmal vor mir, würde ich ...
a) es ganz anders planen.
b) weiß nicht
c) es mir ziemlich genauso wünschen.

59. Ich bin für eine gewissenhafte Planung und Organisation bei der Arbeit.
a) stimmt
b) teils, teils
c) stimmt nicht

60. Ich neige zu Stimmungsschwankungen.
a) stimmt
b) gelegentlich
c) stimmt nicht

61. Mir geht im Leben manches daneben.
a) selten
b) manchmal
c) oft

62. Oftmals leide ich unter einem Gefühl des Alleinseins.
a) stimmt
b) teils, teils
c) stimmt nicht

63. Der berufliche Aufstieg ist nicht das Wichtigste im Leben.
a) stimmt
b) teils, teils
c) stimmt nicht

64. Ich streite nicht gern mit anderen Menschen.
a) stimmt
b) teils, teils
c) stimmt nicht

65. Öfters kann ich an den Leistungen anderer kein gutes Haar lassen.
a) stimmt
b) teils, teils
c) stimmt nicht

66. Am System der sozialen Marktwirtschaft gibt es viel zu reformieren.
a) stimmt
b) teils, teils
c) stimmt nicht

Geschafft! In einem realen Assessment Center haben solche Persönlichkeitstests etwa zwischen 100 und 250 Fragen bzw. Aussagen (oder in der Psycho-Fachsprache: Items).

Sie sind sicher schon auf Ihr »persönliches« Ergebnis gespannt (Auswertung siehe Seite XX).

Persönlichkeitstest PT

Test zu den vier Untersuchungsthemen

Testen Sie nun, ob Sie das System der zugrunde liegenden Fragen verstanden haben. Tragen Sie den Wert ein, der Ihnen am ehesten entspricht. Addieren Sie dann Ihre Punktwerte für jedes Thema.

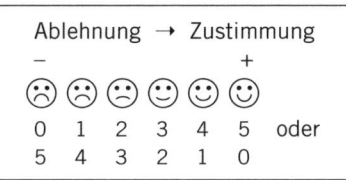

Ablehnung → Zustimmung	Minus (–) bedeutet:
– +	totale Ablehnung, falsch, überhaupt nicht
☹ ☹ ☹ ☺ ☺ ☺	
0 1 2 3 4 5 oder	Plus (+) bedeutet:
5 4 3 2 1 0	völlige Zustimmung, richtig, sehr viel

Schätzen Sie sich nun selbst ein:

1. Thema

Ablehnung → Zustimmung
–   +

FM: Ich übernehme gerne die Verantwortung für wichtige Entscheidungen.
☹ ☹ ☹ ☺ ☺ ☺
0 1 2 3 4 5 ___

GM: Für meine Überzeugung kämpfe ich, auch wenn ich Nachteile dafür hinnehmen muss.
☹ ☹ ☹ ☺ ☺ ☺
0 1 2 3 4 5 ___

LM: Ich wäre nicht unglücklich, wenn nicht alle meine Potenziale ausgeschöpft würden.
☹ ☹ ☹ ☺ ☺ ☺
5 4 3 2 1 0 ___

FM: Kollegen behaupten, ich strahle Autorität aus.
☹ ☹ ☹ ☺ ☺ ☺
0 1 2 3 4 5 ___

GM: Läuft etwas schief, kümmere ich mich darum, auch wenn ich nicht direkt betroffen bin.
☹ ☹ ☹ ☺ ☺ ☺
0 1 2 3 4 5 ___

LM: Ich bemühe mich immer, auch meine besten Stärken noch weiter auszubauen.
☹ ☹ ☹ ☺ ☺ ☺
0 1 2 3 4 5 ___

FM: In einer Spezialistenrolle fühle ich mich wohler als in einer Führungsrolle.
☹ ☹ ☹ ☺ ☺ ☺
5 4 3 2 1 0 ___

GM: Wenn etwas Neues initiiert werden muss, bin ich immer als Erster mit dabei.
☹ ☹ ☹ ☺ ☺ ☺
0 1 2 3 4 5 ___

LM: Ich wünschte mir, mein Verdienst wäre direkt an meine Leistungen geknüpft.
☹ ☹ ☹ ☺ ☺ ☺
0 1 2 3 4 5 ___

2. Thema **Ablehnung → Zustimmung**

                        −   +

HA: Ich bin gut im Aufschieben von unange-   😟 😦 😕 🙂 😊 😄
    nehmen Dingen, die ich erledigen sollte.   5 4 3 2 1 0 __

FL: Wenn ich einmal einen Plan gefasst habe, 😟 😦 😕 🙂 😊 😄
    weiche ich nur sehr ungern davon ab.   5 4 3 2 1 0 __

GE: Am liebsten plane ich alles im Voraus.   😟 😦 😕 🙂 😊 😄
                         0 1 2 3 4 5 __

HA: Vor lauter Aufgaben weiß ich manchmal   😟 😦 😕 🙂 😊 😄
    gar nicht, wo ich anfangen soll.   5 4 3 2 1 0 __

FL: Wenn Arbeiten sich anders entwickeln als 😟 😦 😕 🙂 😊 😄
    erwartet, komme ich nur schlecht damit klar. 5 4 3 2 1 0 __

GE: Ich bin alles andere, nur nicht perfektionis- 😟 😦 😕 🙂 😊 😄
    tisch veranlagt.   5 4 3 2 1 0 __

HA: Wenn ich etwas entschieden habe,   😟 😦 😕 🙂 😊 😄
    setze ich es auch meist sofort um.   0 1 2 3 4 5 __

FL: Ich kann mich ziemlich schnell auf   😟 😦 😕 🙂 😊 😄
    neue Anforderungen einstellen.   0 1 2 3 4 5 __

GE: Meine Unterlagen sind meist nicht so   😟 😦 😕 🙂 😊 😄
    ordentlich abgelegt, dass ich alles sofort 5 4 3 2 1 0 __
    finde.

3. Thema **Ablehnung → Zustimmung**

                         −   +

DU: Ich lasse mir so schnell nichts gefallen.   😟 😦 😕 🙂 😊 😄
                         0 1 2 3 4 5 __

TO: Kollegen sagen von mir, ich sei der   😟 😦 😕 🙂 😊 😄
    geborene Einzelkämpfer.   5 4 3 2 1 0 __

KO: Wenn ich mit Menschen zusammen bin, die 😟 😦 😕 🙂 😊 😄
    ich nicht kenne, fühle ich mich angespannt. 5 4 3 2 1 0 __

VE: Im Umgang mit anderen bin ich eher   😟 😦 😕 🙂 😊 😄
    rücksichtsvoll.   0 1 2 3 4 5 __

EI: Auf Veränderungen in der Gesprächs-   😟 😦 😕 🙂 😊 😄
    atmosphäre reagiere ich sensibel.   0 1 2 3 4 5 __

3. Thema

		Ablehnung → Zustimmung
		−　　　　　　　　　　　+

DU: Kollegen von mir sagen, ich würde häufig
versuchen, meinen Kopf durchzusetzen.

☹ ☹ 😐 🙂 🙂 🙂
0　1　2　3　4　5 ___

TO: Ich arbeite lieber Hand in Hand mit
anderen als alleine vor mich hin.

☹ ☹ 😐 🙂 🙂 🙂
0　1　2　3　4　5 ___

KO: Ich bin ein ziemlich geselliger Mensch.

☹ ☹ 😐 🙂 🙂 🙂
0　1　2　3　4　5 ___

VE: Kollegen halten mich häufig für ziemlich
kühl und berechnend.

☹ ☹ 😐 🙂 🙂 🙂
5　4　3　2　1　0 ___

EI: Auch zu schwierigen Personen finde ich
häufig einen guten Draht.

☹ ☹ 😐 🙂 🙂 🙂
0　1　2　3　4　5 ___

DU: Andere von etwas zu überzeugen,
fällt mir vergleichsweise schwer.

☹ ☹ 😐 🙂 🙂 🙂
5　4　3　2　1　0 ___

TO: In der Zusammenarbeit mit anderen kann
ich meine Stärken noch besser entfalten.

☹ ☹ 😐 🙂 🙂 🙂
0　1　2　3　4　5 ___

KO: Ich verfüge über ein großes Netzwerk
von beruflichen Kontakten.

☹ ☹ 😐 🙂 🙂 🙂
0　1　2　3　4　5 ___

VE: Wenn mein Verhalten nicht gut ankommt,
versuche ich mich besser anzupassen.

☹ ☹ 😐 🙂 🙂 🙂
0　1　2　3　4　5 ___

EI: Ich kann mich nicht so gut und schnell
auf andere Menschen einstellen.

☹ ☹ 😐 🙂 🙂 🙂
5　4　3　2　1　0 ___

4. Thema

		Ablehnung → Zustimmung
		−　　　　　　　　　　　+

BL: Starke Belastungen verkrafte ich besser
als andere.

☹ ☹ 😐 🙂 🙂 🙂
0　1　2　3　4　5 ___

ES: Ich erlebe mich eigentlich fast nie mutlos.

☹ ☹ 😐 🙂 🙂 🙂
0　1　2　3　4　5 ___

SB: Wenn es Probleme mit Kollegen gibt,
kann ich das relativ gut aushalten.

☹ ☹ 😐 🙂 🙂 🙂
0　1　2　3　4　5 ___

BL: Auch mal ohne Pause durchzuarbeiten,
macht mir weniger aus als anderen.

☹ ☹ 😐 🙂 🙂 🙂
0　1　2　3　4　5 ___

ES: Wenn mir etwas mal nicht so richtig gelingt,
macht mir das noch lange zu schaffen.

☹ ☹ 😐 🙂 🙂 🙂
5　4　3　2　1　0 ___

4. Thema   **Ablehnung → Zustimmung**
                                                        −   +

SB: Ich bin ziemlich selbstbewusst.   ☹ ☹ ☹ ☺ ☺ ☺
                                              0 1 2 3 4 5   ___

BL: Wenn ich unter Druck gerate, reagiere ich   ☹ ☹ ☹ ☺ ☺ ☺
      schnell gereizt.   5 4 3 2 1 0   ___

ES: Ängste kenne ich bei mir eigentlich nicht. ☹ ☹ ☹ ☺ ☺ ☺
                                                  0 1 2 3 4 5   ___

SB: Wenn ich vor einer größeren Gruppe von   ☹ ☹ ☹ ☺ ☺ ☺
      Personen reden muss, bin ich sehr nervös.   5 4 3 2 1 0   ___

Auswertung 1–4 siehe Seite 354.

Persönlichkeitstest Big Five

Im nun folgenden Test liegen Ihnen 50 Aussagen vor, die Sie je nach Zustimmung oder Ablehnung bewerten sollen, wobei

☹   für deutlich klare Ablehnung

☹   für relative Ablehnung

☺   für Unentschiedenheit/Teils-teils-Haltung

☺   für teilweise Übereinstimmung

☺   für deutlich starke Übereinstimmung

der jeweiligen Aussage steht.

Entscheiden Sie bitte spontan, welche Wertung am ehesten für Sie in Betracht kommt, und notieren Sie später die jeweilige Punktwertung getrennt nach den Symbolen.

                                        Ablehnung → Zustimmung

1. Ich denke des Öfteren, anderen   ☹ ☹ ☺ ☺ ☺
   Menschen unterlegen zu sein.   0 1 2 3 4   ✿-Punkte: ___

2. Unterhaltungen mit anderen   ☹ ☹ ☺ ☺ ☺
   Menschen bereiten mir Freude.   0 1 2 3 4   ★-Punkte: ___

3. Inspirationen, die ich in der Natur   ☹ ☹ ☺ ☺ ☺
   oder in Museen finde, verarbeite   0 1 2 3 4   ▼-Punkte: ___
   ich gerne kreativ weiter.

Ablehnung → Zustimmung

4. Rücksichtnahme und Sensibilität haben eine hohe Priorität in meinem Handeln gegenüber anderen.

    ☹ ☹ 😐 🙂 😊
    0   1   2   3   4   ■-Punkte: ____

5. Perfektionismus ist oberstes Gebot bei all meinen Arbeitstätigkeiten.

    ☹ ☹ 😐 🙂 😊
    0   1   2   3   4   ●-Punkte: ____

6. Es gibt Tage, an denen ich mir total wertlos vorkomme.

    ☹ ☹ 😐 🙂 😊
    0   1   2   3   4   ♣-Punkte: ____

7. Man kann mich mit Sicherheit als Frohnatur bezeichnen.

    ☹ ☹ 😐 🙂 😊
    0   1   2   3   4   ★-Punkte: ____

8. Es kommt durchaus vor, dass ich beim Hören von Musik oder beim Lesen eines Buches vor Begeisterung eine Gänsehaut bekomme.

    ☹ ☹ 😐 🙂 😊
    0   1   2   3   4   ▼-Punkte: ____

9. Meine Arbeitskollegen und meine Familie kennen mich als streitsüchtigen Menschen.

    ☹ ☹ 😐 🙂 😊
    4   3   2   1   0   ■-Punkte: ____

10. Es fällt mir leicht, bei meiner Arbeit den vorgegebenen Zeitrahmen einzuhalten.

    ☹ ☹ 😐 🙂 😊
    0   1   2   3   4   ●-Punkte: ____

11. Ängstlichkeit oder Furcht sind bei mir eher seltenere Gefühle.

    ☹ ☹ 😐 🙂 😊
    4   3   2   1   0   ♣-Punkte: ____

12. Ich umgebe mich gerne mit netten Menschen.

    ☹ ☹ 😐 🙂 😊
    0   1   2   3   4   ★-Punkte: ____

13. Auf Reisen experimentiere ich gerne mit exotischen Speisen.

    ☹ ☹ 😐 🙂 😊
    0   1   2   3   4   ▼-Punkte: ____

14. Bei Entscheidungen oder Meinungen zeige ich mich meist unnachgiebig und kompromisslos.

    ☹ ☹ 😐 🙂 😊
    4   3   2   1   0   ■-Punkte: ____

15. Um gesteckte Ziele erreichen zu können, arbeite ich stetig und gewissenhaft.

    ☹ ☹ 😐 🙂 😊
    0   1   2   3   4   ●-Punkte: ____

317

Ablehnung → Zustimmung

16. Es kommt wirklich nicht oft
vor, dass ich mich deprimiert
oder verlassen fühle.

    ☹   ☹   😐   🙂   🙂
    4   3   2   1   0   ♣-Punkte: ___

17. Meinen Lebensstil könnte
man als sehr umtriebig und
leicht chaotisch bezeichnen.

    ☹   ☹   😐   🙂   🙂
    0   1   2   3   4   ★-Punkte: ___

18. Poesie kann mich durchaus
emotional aufwühlen.

    ☹   ☹   😐   🙂   🙂
    0   1   2   3   4   ▼-Punkte: ___

19. Ich finde es o.k., Menschen,
die man als unsympathisch
empfindet, dieses auch zu
signalisieren.

    ☹   ☹   😐   🙂   🙂
    4   3   2   1   0   ■-Punkte: ___

20. Bei meinen Tätigkeiten gehe
ich immer sehr systematisch vor.

    ☹   ☹   😐   🙂   🙂
    0   1   2   3   4   ●-Punkte: ___

21. Wenn die Dinge mal nicht
so gut laufen, lasse ich mich
nicht so leicht entmutigen.

    ☹   ☹   😐   🙂   🙂
    4   3   2   1   0   ♣-Punkte: ___

22. Ich würde mich eher als einen
Menschen bezeichnen, der es
vorzieht, seine eigenen Wege
zu gehen.

    ☹   ☹   😐   🙂   🙂
    4   3   2   1   0   ★-Punkte: ___

23. Debatten über philosophische
Themen halte ich für Zeit-
verschwendung.

    ☹   ☹   😐   🙂   🙂
    4   3   2   1   0   ▼-Punkte: ___

24. Ich würde mich niemals als
einen Skeptiker oder Zyniker
bezeichnen.

    ☹   ☹   😐   🙂   🙂
    0   1   2   3   4   ■-Punkte: ___

25. Gewissenhaftigkeit ist oberstes
Gebot bei der Ausführung
mir übertragener Aufgaben.

    ☹   ☹   😐   🙂   🙂
    0   1   2   3   4   ●-Punkte: ___

26. Ich spüre häufig die Symptome
von Nervosität und starker
innerer Anspannung.

    ☹   ☹   😐   🙂   🙂
    0   1   2   3   4   ♣-Punkte: ___

27. Ich bin sehr empfänglich
für Humor und lache gerne.

    ☹   ☹   😐   🙂   🙂
    0   1   2   3   4   ★-Punkte: ___

Ablehnung → Zustimmung

28. Es reizt mich, ungewöhnliche
Ideen oder neuartige Theorien
gedanklich durchzuspielen.

☹ ☹ 😐 ☺ ☺
0   1   2   3   4   ▼-Punkte: ___

29. Ich bemühe mich, meine
Mitmenschen mit Unvorein-
genommenheit und Freund-
lichkeit zu behandeln.

☹ ☹ 😐 ☺ ☺
0   1   2   3   4   ■-Punkte: ___

30. Mein Arbeitsplatz ist stets
tadellos aufgeräumt und sauber.

☹ ☹ 😐 ☺ ☺
0   1   2   3   4   ●-Punkte: ___

31. Ich leide häufig darunter,
dass andere Menschen mich
schlecht behandeln.

☹ ☹ 😐 ☺ ☺
0   1   2   3   4   ✤-Punkte: ___

32. Eigentlich bin ich eher
ein verschlossener Mensch.

☹ ☹ 😐 ☺ ☺
4   3   2   1   0   ★-Punkte: ___

33. Ich bin der Meinung, dass man
sein Wissen ständig erweitern
sollte.

☹ ☹ 😐 ☺ ☺
0   1   2   3   4   ▼-Punkte: ___

34. Auf viele Menschen wirke ich
eher kühl und arrogant.

☹ ☹ 😐 ☺ ☺
4   3   2   1   0   ■-Punkte: ___

35. Wenn ich etwas versprochen
habe, halte ich es unter
Garantie auch ein.

☹ ☹ 😐 ☺ ☺
0   1   2   3   4   ●-Punkte: ___

36. Man kann mich ziemlich
leicht beunruhigen.

☹ ☹ 😐 ☺ ☺
0   1   2   3   4   ✤-Punkte: ___

37. Ich stehe sehr gerne im Mittelpunkt einer Gesellschaft.

☹ ☹ 😐 ☺ ☺
0   1   2   3   4   ★-Punkte: ___

38. Sich Tagträumereien hinzugeben,
halte ich für ausgesprochene
Zeitvergeudung.

☹ ☹ 😐 ☺ ☺
4   3   2   1   0   ▼-Punkte: ___

39. Um ein bestimmtes Ziel zu
erreichen, kann ich bisweilen
auch sehr rücksichtslos handeln.

☹ ☹ 😐 ☺ ☺
4   3   2   1   0   ■-Punkte: ___

40. Ich glaube, dass es mir wohl nie
gelingen wird, mein Leben in
geordnete Bahnen zu bringen.

☹ ☹ 😐 ☺ ☺
4   3   2   1   0   ●-Punkte: ___

Ablehnung → Zustimmung

41. Traurigkeit oder Nieder-
geschlagenheit verspüre ich
äußerst selten.
☹ ☹ 😐 🙂 🙂
4 3 2 1 0   ❖-Punkte: ___

42. Ich würde mich als einen eher
aktiven Typ bezeichnen.
☹ ☹ 😐 🙂 🙂
0 1 2 3 4   ★-Punkte: ___

43. Ich bin der Ansicht, bei ethi-
schen Themen sollte man auch
auf die Meinung von Religions-
vertretern achten.
☹ ☹ 😐 🙂 🙂
0 1 2 3 4   ▼-Punkte: ___

44. Es gibt Menschen, die mich für
egoistisch und arrogant halten.
☹ ☹ 😐 🙂 🙂
4 3 2 1 0   ■-Punkte: ___

45. Ich bin ein fleißiger Mensch,
der seine Aufgaben gewissenhaft ausführt.
☹ ☹ 😐 🙂 🙂
0 1 2 3 4   ●-Punkte: ___

46. Es kam öfters vor, dass mir
etwas so peinlich war, dass
ich mich sofort auf der Stelle
hätte verkriechen können.
☹ ☹ 😐 🙂 🙂
0 1 2 3 4   ❖-Punkte: ___

47. Normalerweise ist es mir lieber,
Aufgaben alleine zu erledigen.
☹ ☹ 😐 🙂 🙂
4 3 2 1 0   ★-Punkte: ___

48. Über hintergründige Themen
aus Naturwissenschaft oder
Philosophie nachzudenken,
liegt mir fern.
☹ ☹ 😐 🙂 🙂
4 3 2 1 0   ▼-Punkte: ___

49. Ich ziehe Zusammenarbeit
der Konkurrenz vor.
☹ ☹ 😐 🙂 🙂
0 1 2 3 4   ■-Punkte: ___

50. Es kommt öfters vor, dass ich
sehr viel Zeit verstreichen lasse,
ehe ich eine Aufgabe beginne.
☹ ☹ 😐 🙂 🙂
4 3 2 1 0   ●-Punkte: ___

Selbsteinschätzung: Soziale Kompetenz

Unter sozialer Kompetenz versteht man primär die Fähigkeit, die zwischenmenschlichen Beziehungen, sei es nun verbal oder nonverbal, konstruktiv und für alle Beteiligten zufriedenstellend zu gestalten. Das Fundament der sozialen Kompetenz bildet dabei die sogenannte soziale Intelligenz.

Der Intelligenzforscher Edward L. Thorndike definierte die soziale Intelligenz bereits in den 20er-Jahren des 20. Jahrhunderts als »die Fähigkeit, andere zu verstehen und in menschlichen Beziehungen klug zu handeln«. Soziale Intelligenz ist also die Sensibilität, auf Stimmungen, Motive und Intentionen anderer Menschen eingehen zu können und diese menschlich-kreativ weiterzuverarbeiten. Soziale Intelligenz kann somit als *interpersonelle* oder *zwischenmenschliche* Intelligenz angesehen werden und ist damit eine Art Treibstoff für Ihr Networking.

Die Gabe, diese Fähigkeit im Alltag auch umsetzen zu können, ist die *soziale Kompetenz*. Besonders in der sich stetig weiterentwickelnden Dienstleistungs- und Informationsgesellschaft nimmt die soziale Kompetenz einen immer bedeutsameren Kernpunkt ein, da zunehmend der Mensch selbst zum zentralen Wirtschaftsprodukt wird. Teamgeist, Kommunikationsfähigkeit, Sensibilität und Networking sind dabei, wieder den Stellenwert in den beruflichen Anforderungen einzunehmen, den sie vor der industriellen Revolution einst besaßen.

Auf vieles kommt es an, auf diese Kombination von Persönlichkeits- und Kompetenzmerkmalen aber ganz besonders! Es geht um emotionale Intelligenz und soziale Kompetenz.

Bewerten Sie sich selbst und lassen Sie sich später von andern einschätzen.
Hier das Bewertungspunktesystem:

0,5	**1**	1,5	**2**	2,5	**3**	3,5	**4**	4,5	**5**		**6**
	sehr gut		gut		befriedigend		ausreichend		mangelhaft		ungenügend

Sensibilität
- Einfühlungsvermögen
- Probleme und Gefühle anderer erkennen und berücksichtigen
- realistische Einschätzung der Wirkung der eigenen Person auf andere

Welche Punktzahl können Sie sich selbst geben?

Kontaktfähigkeit
- auf andere Menschen zugehen können
- Kommunikationsbereitschaft zeigen
- andere an Gesprächen teilhaben lassen
- Offenheit bei eigenen Zielen, Absichten und Methoden
- vertrauensvoller und hilfsbereiter Umgang mit anderen

Welche Punktzahl können Sie sich selbst geben?

Kooperationsfähigkeit
- Aufgreifen und Weiterführen der Ideen anderer
- sich nicht auf Kosten anderer profilieren
- den eigenen Erfolg mit anderen teilen können
- Verzicht auf Konkurrenzdenken, Machtinteressen und Rivalität

Welche Punktzahl können Sie sich selbst geben?

Integrationsvermögen
- Ursachen von Konflikten erkennen
- und für alle Beteiligte akzeptable Lösungen anstreben
- unterschiedliche Interessen zielgerichtet »kanalisieren«, ohne dabei eigene Konzepte zu vernachlässigen

Welche Punktzahl können Sie sich selbst geben?

Informationsbereitschaft

- andere mit Informationen versorgen
- wichtige Informationen nicht zurückbehalten
- zuhören können und Zeit für Gespräche haben

Welche Punktzahl können Sie sich selbst geben?

Selbstdisziplin/Frustrationstoleranz

- auf persönliche Angriffe oder Schwierigkeiten angemessen und nicht zu aggressiv reagieren
- andere nicht provozieren und sich selbst nicht provozieren lassen
- in seiner Stimmungslage berechenbar sein

Welche Punktzahl können Sie sich selbst geben?

Zusammengefasst ist die Soziale Kompetenz das Ausmaß, in dem ein Mensch in der Interaktion mit anderen im privaten, beruflichen und gesellschaftlichen Kontext selbständig, umsichtig und konstruktiv zu handeln vermag. Es geht dabei um die Fähigkeit, zwischenmenschliche Kommunikation und Interaktionen optimal zu gestalten. Die Schlüsselqualifikationen hierfür sind Einfühlungsvermögen, Kommunikations- und Teamfähigkeit sowie Konfliktlösungskompetenz.

Selbsteinschätzung: Erfolgsintelligenz

Der amerikanische Psychologe Robert J. Sternberg unterscheidet in seinem Buch *Erfolgsintelligenz. Warum wir mehr brauchen als EQ+IQ* zunächst zwischen analytischer, kreativer und praktischer Intelligenz. Mit analytischer Intelligenz werden Probleme und Ansatzpunkte für die Lösung richtig erkannt; kreative Intelligenz lässt gute Ideen entstehen, die sich jedoch ohne praktische Intelligenz gar nicht verwirklichen ließen.

Niemand erreicht in allen drei Intelligenzformen Höchstwerte. Die Kunst liegt darin, Stärken zu betonen und damit Schwächen zu kompensieren. Emotionale, soziale und logisch-analytische Intelligenz, gepaart mit Bildung, bieten zusammen jedoch noch keine Garantie dafür, dass die gesteckten Ziele im Leben auch wirklich erreicht werden können. Zur Umsetzung dieser Fähigkeiten bedarf es einer weiteren wichtigen Komponente, eben dieser Erfolgsintelligenz.

Hierzu ein etwas drastisch überzeichnetes, aber sehr anschauliches Beispiel:

Zwei Touristen befinden sich auf einer Fotosafari im Süden Afrikas. Obwohl sie zusammen reisen, sind sie doch sehr unterschiedlich: Der eine, nennen wir ihn Sebastian Schmidt, ist angehender Jurastudent, hatte sehr gute Abiturnoten und besitzt ein gesundes Selbstbewusstsein; Marcus Müller, der andere, wurde wegen schlechter Schulnoten vom Gymnasium verwiesen und hält sich zurzeit mit Taxifahren und Gelegenheitsjobs einigermaßen gut über Wasser, ist aber ein wirklich netter Kerl.

Auf der Suche nach einem ansprechenden Fotomotiv haben sich die zwei einige hundert Meter weit von ihrem Jeep entfernt, als sie unverhofft einem ausgehungerten Löwen gegenüberstehen, der ihnen augenblicklich anzeigt, dass er sich diese Beute nicht entgehen lassen wird. Schmidt erkennt sofort, dass der Löwe die Distanz zu ihnen in weniger als 30 Sekunden zurückgelegt haben wird und es bis zum Fahrzeug mehr als zwei Minuten wären. Er bleibt wie gelähmt stehen, während Müller seine Trekkingschuhe auszieht und in seine mitgebrachten Sportschuhe schlüpft. Panisch herrscht Schmidt ihn an: »Was soll der Quatsch? Wir können doch nicht schneller als ein Löwe rennen!« Müller jedoch entgegnet ihm lächelnd: »Schneller als ein Löwe? Nein, ich muss doch nur schneller rennen als du.«

Hier wird in zynischer Weise verdeutlicht, welcher Art erfolgreiches Handeln sein muss. Während Schmidt die Situation zwar richtig analysiert, aber kraft seines Wissens eine Ausweglosigkeit diagnostiziert hat, findet Müller einen praktikablen und ideenreichen Weg zur Lösung seines Problems. Er beweist damit so etwas wie Erfolgsintelligenz, wenn auch darwinistisch-rüde.

Nach Sternberg sind es diese 20 Kriterien, die beruflichen wie persönlichen Erfolg ausmachen und von denen Sie ganz sicher auch bei sich etwas in der einen oder anderen Ausprägung finden werden.

Empfehlung:
Bewerten Sie sich selbst und lassen Sie sich später von andern einschätzen.
Hier das Bewertungspunktesystem:

0,5	**1**	1,5	**2**	2,5	**3**	3,5	**4**	4,5	**5**		**6**
	sehr gut		gut		befriedigend		ausreichend		mangelhaft		ungenügend

- Wie ist Ihre Fähigkeit entwickelt, sich selbst motivieren zu können?
- Wie gut können Sie Ihre Impulse kontrollieren?
- Wie stark ist Ihr Durchhaltevermögen und Ihre Ausdauer?
- Verstehen Sie, das Beste aus Ihren eigenen Fähigkeiten zu machen?
- Verfügen Sie über die Fähigkeit, Ihre Ideen in Taten umzusetzen?
- Verfügen Sie über die Fähigkeit, ergebnisorientiert zu handeln?
- Wie stark ist Ihre Fähigkeit entwickelt, angefangene Arbeiten auch zu erledigen?
- Verfügen Sie über die Fähigkeit, selbst die Initiative zu ergreifen?
- Wie stark sind Ihre Ängste, Fehlschläge erleiden zu müssen?
- Verfügen Sie über die Fähigkeit, Dinge nicht auf die lange Bank zu schieben?
- Wie gut können Sie Kritik akzeptieren?
- Haben Sie die Kraft, sich nicht allzu häufig selbst bedauern zu müssen?
- Verfügen Sie über die Stärke, sich Ihre Unabhängigkeit zu bewahren?
- Verfügen Sie über die Stärke, persönliche Schwierigkeiten zu überwinden?
- Können Sie sich voll und ganz auf Ihre ausgewählten Ziele konzentrieren?
- Haben Sie die Fähigkeit, für sich das richtige Maß zwischen Überbelastung und Unterforderung zu finden?
- Haben Sie die Kraft, Geduld beim Warten auf Belohnungen zu entwickeln?
- Verfügen Sie über die Fähigkeit, leicht zwischen wichtigen und unwichtigen Dingen unterscheiden zu können?
- Verfügen Sie über die Kraft, ein vernünftiges Maß an Selbstvertrauen und Glauben an die eigenen Fähigkeiten zu entwickeln?
- Verfügen Sie über die Fähigkeit, eine ausgewogen analytische, kreative und praktische Denkweise zu praktizieren?

Auswertung:
Addieren Sie die Punktzahl und teilen Sie die Summe durch die Anzahl der Einschätzungen (1. Übung: 6, 2. Übung: 20). So erreichen Sie einen Durchschnittswert, auch für beide Übungen zusammen.

Ergebnis:
Alles unterhalb 2,6 ist gut und deutlich besser;
2,7 bis 3,4 guter bis etwas schwacher Durchschnitt;
ab 3,5 schauen Sie sich die einzelnen (hohen) Werte sehr genau an
und überlegen Sie sich ein persönliches Entwicklungsprogramm.

Machen Sie sich bewusst, dass sich Erfolg immer aus einzelnen Bausteinen zusammensetzt. Wo zu viele Mosaikbausteine fehlen, kann kein harmonisches Ganzes entstehen. Erfolglosigkeit ist die logische Konsequenz.
Mehr dazu im Internet unter www.berufsstrategie.de.

Fragen im Management Audit

Anhand Ihres Lebenslaufes werden Fragen zu Ihrer beruflichen Entwicklung gestellt:
Überlegen Sie sich, was Sie auf diese Fragen antworten würden:

Zum biografischen Teil
- Wie kam es zur Berufswahl?
- Wie hat sich der Berufseinstieg gestaltet?
- Welche Schwerpunkte gab es?
- Welche entscheidenden Weggabelungen?
- Wie kam es zur Wahl des jetzigen Arbeitgebers?
- Welche Alternativen hatten oder sahen Sie ansonsten?
- Wie bewerten Sie dies alles aus heutiger Sicht?

Zur beruflichen Entwicklung
- Welche Positionen hatten Sie inne mit welchen Aufgabenstellungen?
- Welche Gründe/Motive gab es für Positions-/Arbeitgeberwechsel?
- Wie bewerten Sie dies alles aus heutiger Sicht?
- Was waren die entscheidenden Positionen/Meilensteine für Ihre Karriere?
- Bitte begründen Sie dies.
- Welche außergewöhnlichen Leistungen/Erfolge können Sie vorweisen?
- Wie erklären Sie (sich) diese?

Zu besonderen Herausforderungen/Schwierigkeiten
- Bitte geben Sie uns Beispiele dafür.
- Wie sind Sie damit umgegangen?
- Welche Art der Lösung ist typisch für Sie?
- Was waren wirklich kritische Momente, was Schicksalsschläge in Ihrem Leben?

Zur aktuellen beruflichen Situation
- Was sind Ihre Kernaufgaben?
- Welche Ziele haben Sie?
- Was sind dabei die besonderen Herausforderungen?
- Was ist Ihr aktueller Beitrag zum Unternehmenserfolg?
- Was haben Sie bisher erreicht?

Zur zukünftigen beruflichen Entwicklung
- Welche Erwartungen haben Sie?
- Was ist Ihre Strategie?
- Wie sieht Ihre Aktionsplanung, wie die konkreten Schritte dafür aus?

Zu relevanten persönlichen Aspekten
- Was gibt es Interessantes über Sie außerhalb des Beruflichen zu erfahren?
- Wie steht es mit Familie, Hobby, Freizeitgestaltung?
- Welche Prioritätensetzung haben Sie diesbezüglich?
- Wie handhaben Sie die Work-Life-Balance?

Zur Selbsteinschätzung
- Wie schätzen Sie Ihre Stärken und Schwächen im Vergleich zu anderen Führungskräften ein?
- Wo haben Sie Optimierungsfelder?
- Welches Entwicklungspotenzial sehen Sie bei sich selbst?
- Was sind konkrete Entwicklungsfelder?
- Über welche besonderen Entwicklungsfelder bei sich können Sie uns rückblickend berichten?
- Welche Lernfelder sehen Sie für sich in der Zukunft?
- Welchen Stellenwert messen Sie beruflichem Erfolg in Ihrem Leben bei und was sind Sie bereit dafür zu tun?

Zur Unternehmenssituation
- Wie beurteilen Sie den Markt, in dem sich Ihr Unternehmen bewegt?
- Wie sehen Sie die Wettbewerbssituation?
- Welche positiven/negativen Trends stellen Sie fest?
- Welche Konsequenzen ziehen Sie daraus, empfehlen Sie?
- Welche Vorstellungen bezüglich Ihres Beitrages haben Sie in der aktuellen Situation, in der sich Ihr Unternehmen befindet?
- Welche Position/Aufgabe streben Sie dabei zukünftig an?

Zu Orientierung und Strategie
- Wie sehen Ihre beruflichen Leitbilder aus?
- Welche berufliche Strategie verfolgen Sie im Berufsalltag?
- Wie sieht oder sähe Ihr Beitrag zur Strategieentwicklung aus?
- Was sind Ihre Ansprüche?
- Welche Hindernisse sehen Sie?
- Welche Kompromisse sind Sie bereit einzugehen?
- Was sind Ihre Empfehlungen bezüglich einer zukünftigen strategischen Ausrichtung?
- Welche Bedeutung hat die Strategie Ihres Unternehmens für Ihren Verantwortungsbereich?
- Welche strategisch wichtigen Projekte bearbeiten Sie aktuell?

Dann folgen Fragen zu Kernkompetenzen wie
- strategische Kompetenz
- Führungskompetenz
- Problemlösungskompetenz
- soziale und persönliche Kompetenz

Zur strategischen Kompetenz

Unternehmerisches Denken und Handeln
1. Wie schätzen Sie die Strategien und Ziele Ihres Unternehmens ein?
2. Welchen Einfluss hat die Strategie Ihres Unternehmens auf Ihr eigenes Handeln?
3. Wie verbinden Sie Unternehmensziele und Strategien mit Ihrem Tagesgeschäft?
4. Wie sorgen Sie dafür, dass all dieses Verhaltensgrundlage für Ihre Mitarbeiter wird?
5. Wie haben Sie bisher in Ihrem Unternehmen Strategieentwicklungsprozesse erlebt?
6. Was war Ihre Rolle, Ihr Anteil daran?
7. Wie erleben Sie die Geschäftsentwicklung Ihres Unternehmens und der wichtigsten Wettbewerber in den letzten Jahren?
8. Wie bewerten Sie die aktuelle Situation Ihres Unternehmens auf dem Markt?
9. Welche Chancen bieten sich?
10. Welche Risiken sehen Sie?
11. Was bedeutet das für Ihre Position, für Ihren Aufgaben- und Verantwortungsbereich?
12. Welche Erfolgsfaktoren, welche Vorteile gegenüber Mitbewerber können Sie für Ihr Unternehmen benennen?
13. Welche Optimierungsbereiche sehen Sie?
14. Welche Unternehmensstrategie sollte aus Ihrer Sicht längerfristig verfolgt werden?
15. Welche Beispiele können Sie aus Ihrer Praxis für unternehmerisches Denken und Handeln anführen?
16. Was bedeutet für Sie im täglichen Arbeitsbereich ertrags- und kostenbewusstes Handeln?
17. Wie vermitteln Sie dieses Denken und Handeln den Ihnen anvertrauten Mitarbeitern?
18. Wie bekommen Sie einen Überblick über den Leistungsstand Ihres Verantwortungsbereiches?
19. Wie steht es dort aktuell mit den spezifischen Stärken und Schwächen?
20. Welche Maßnahmen haben Sie eingeleitet, um die Schwächen abzustellen?

Organisationsvermögen
1. Wie sieht Ihr typischer Arbeitsalltag aus?
2. Welche generelle, übergeordnete Zielsetzung stellen Sie allen Arbeitsabläufen voran?
3. Wie gehen Sie bei der Lösung eines Problems vor? (Beispiele)
4. Welche Problemlösungstechniken kennen Sie und welche setzen Sie ein?
5. Wie erkennen Sie, dass ein Arbeitsablauf optimal ist?
6. In welchen Büro-Arbeitsabläufen haben Sie in Ihrer Praxis am häufigsten organisatorische Schwachstellen entdeckt?
7. Wie strukturieren Sie Ihren Arbeitsbereich?
8. Wie und welche Prioritäten setzen Sie in Ihrem Arbeitsbereich?
9. Was war bisher Ihr größtes Erfolgserlebnis beim Organisieren von Arbeitsabläufen?
10. Was die größte Panne?
11. Wie stellen Sie sicher, dass bei Ihren Ihnen unmittelbar unterstellten Mitarbeitern das Arbeitsumfeld ordentlich organisiert ist und keine Rückstände auflaufen?
12. Wie verschaffen Sie sich einen Überblick, wenn eine Situation so richtig schwierig und kompliziert ist?
13. Wie koordinieren Sie Ihre berufliche und private Planung?
14. Was behindert Sie bei einer planvollen gut durchorganisierten Arbeits- und Vorgehensweise?
15. Welche Optimierungschancen sehen Sie?
16. Welche Verbesserungsmöglichkeiten bezogen auf Ihren Arbeitsstil sehen Sie selbst?

17. Wie gewährleisten Sie, dass bei Abwesenheit oder Ausfall Ihrer Person (z. B. Reise oder Krankheit) nichts liegen bleibt?
18. Wie managen Sie Ihre Termine?
19. Wie gehen Sie mit plötzlichen Terminänderungen um?
20. Wie erleben Sie das Schnittstellenmanagement bei Ihnen und wie bei anderen Bereichen?

Selbststeuerung

1. Wie planen Sie die kommende Arbeitswoche?
2. Wie strukturieren Sie sich in Ihrem beruflichen Alltag?
3. Wie haben Sie bisher für Ihre Firma »Langzeiterfolge« auf- und ausgebaut?
4. Was sind aktuell Ihre Hauptziele?
5. Was tun Sie, um diese zu erreichen?
6. Welche Prioritäten haben Sie sich selbst gesetzt?
7. Wie schätzen Sie Ihren eigenen Arbeitsstil ein?
8. Wo sehen Sie dabei Stärken und Optimierungsbedarf?
9. Wie hat sich Ihre Arbeitsorganisation und Ihre Zeitplanung im Laufe Ihrer beruflichen Entwicklung verändert?
10. Was sind aus Ihrer Sicht die wichtigsten Aufgaben einer Führungskraft?
11. Welche Hilfsmittel setzen Sie ein für Ihre Arbeitsplanung?
12. Wie organisieren Sie Ihren Arbeits- und Verantwortungsbereich?
13. Was sind Ihrer Meinung nach die wichtigsten Merkmale einer Führungskraft?
14. Welche Entwicklungschancen sehen Sie bei Ihrem Arbeitsstil?
15. Was erwarten Sie von Ihren Vorgesetzten?
16. Was verstehen Sie eigentlich unter Selbstmanagement?
17. Warum braucht es eigentlich Vorgesetzte?
18. Wer und/oder was hat Sie in Ihrem Berufsleben gefördert?
19. Wer und/oder was hat Sie in Ihrem Berufsleben behindert oder gebremst?
20. Was stört Sie in beruflicher Hinsicht bei Ihnen selbst, womit sind Sie bei sich unzufrieden?

Zur Führungskompetenz

Mitarbeitersteuerung

1. Wie delegieren Sie Aufgaben?
2. Welche delegieren Sie, welche bearbeiten Sie konsequent selbst?
3. Welche Probleme sind in diesem Zusammenhang schon mal aufgetreten?
4. Was haben Sie für Rückschlüsse daraus gezogen?
5. Welche Aufgaben delegieren Sie gern und warum?
6. Welche ungern und warum?
7. Was machen Sie, wenn ein Mitarbeiter nicht mitzieht?
8. Welche Kriterien entscheiden, was Sie delegieren und was nicht?
9. Welche Rolle spielt Kontrolle in Ihrer täglichen Arbeit, in Ihrem Verantwortungsbereich?
10. Wie vermitteln Sie Ihren Mitarbeitern Ziele?
11. Wie motivieren Sie Ihre Mitarbeiter, delegierte Aufgaben qualitativ und quantitativ gut zu erledigen?
12. Welchen Entscheidungsspielraum geben Sie Ihren Mitarbeitern bei der Aufgabenlösung?
13. Welche Probleme sehen Sie beim Delegieren?

14. Welche beim Kontrollieren und Beurteilen?
15. Welche Probleme haben Sie persönlich beim Delegieren, Kontrollieren und Beurteilen?
16. Was machen Sie, wenn von Ihren Mitarbeitern Ziele, Leistungen und Verhaltensweisen für längere Zeit nicht ordentlich erreicht bzw. erbracht werden?
17. Wie gelingt Ihnen die richtige Balance zwischen zielorientierter Durchsetzung und motivierender Unterstützung?
18. Wie ermutigen Sie Ihre Mitarbeiter, eine neue und schwierige Aufgabe trotz erhöhten Risikos anzugehen?
19. Welche Gefühle kennen Sie, wenn Mitarbeiter Ihre Erwartungen bei delegierten Aufgaben permanent positiv, aber auch negativ übertreffen?
20. Welche Erwartungen/Anforderungen im Sinne eher perfekt oder eher pragmatisch stellen Sie?

Mitarbeiterentwicklung
1. Wie dürfen wir uns Ihre Mitarbeiter vorstellen? (falls noch keine Führungsverantwortung, dann Kollegen)
2. Welche Stärken, welche Schwächen haben ganz bestimmte Mitarbeiter?
3. Was tun Sie, damit sich Ihre Mitarbeiter weiterentwickeln?
4. Was ist Ihr Selbstverständnis als Vorgesetzter und Führungskraft?
5. Was insbesondere im Hinblick auf die Personalentwicklung?
6. Was ist Ihr Verständnis von Mitarbeiterförderung?
7. Was ist Ihr persönlicher Beitrag zur Förderung Ihrer Mitarbeiter?
8. Welche Erfolge können Sie berichten?
9. Welche Misserfolge haben Sie dabei schon erlebt?
10. Was haben Sie aus beidem gelernt?
11. Wie sorgen Sie dafür, dass Ihre Mitarbeiter optimal eingesetzt werden?
12. Wie erkennen Sie das Entwicklungspotenzial eines Mitarbeiters?
13. Welche Mittel und Methoden der Mitarbeiter-Performance-Verbesserung, ohne dass es ein Training ist, kennen Sie?
14. Wie erkennen Sie die Grenzen von Entwicklungsfähigkeit?
15. Welche Instrumente/Elemente der Personalentwicklung kennen Sie?
16. Welche setzen Sie bevorzugt ein und warum?
17. Welche eher weniger und warum?
18. Wie können Sie gewährleisten, dass von Ihren Mitarbeitern neu erworbenes Wissen im beruflichen Alltag auch wirklich umgesetzt wird?
19. Wie tragen Sie dafür Sorge, dass Wissen aus Seminaren von Ihren Mitarbeitern in der Praxis auch wirklich zur Anwendung kommt?
20. Welche Kompetenzen, welches Wissen werden Ihre Mitarbeiter zukünftig am dringendsten brauchen?

Entscheidungsverhalten
1. Wie würden Sie Ihr eigenes, berufliches Entscheidungsverhalten beschreiben?
2. Wie gehen Sie an Entscheidungen heran?
3. Wie treffen Sie Entscheidungen, eher intuitiv oder eher methodologisch?
4. Welchen Entscheidungsvorgehens-Stil bevorzugen Sie und warum?
5. Warum fällt Ihnen diese Form der Entscheidungsfindung eher leichter, jene eher schwerer?
6. Was ist aus Ihrer Sicht das Grundproblem aller Entscheidungen?
7. Wie verhalten Sie sich, wenn eine schnelle Entscheidung notwendig wird?

8. Wie reagieren Sie, wenn Ihre Entscheidung deutlich kritisiert wird?
9. Was halten Sie für besser: einen entscheidungsfreudigen Manager oder einen, der sich darauf beschränkt, Mitarbeiterentscheidungen vor deren Ausführung zu kontrollieren?
10. Welche Beispiele, welche Begründung können Sie dafür anführen?
11. Welche von Ihnen getroffene Entscheidung mussten Sie schon einmal zurücknehmen?
12. Warum und was für Konsequenzen hatte das?
13. Was haben Sie daraus gelernt?
14. Wie würden Sie in einer ähnlichen Situation heute entscheiden?
15. Was bedeutet es für Sie, die Dinge/Sachen jederzeit sicher im Griff zu haben?
16. Was sollte permanentes Lernen, die Weiterbildung für Mitarbeiter sein?
17. Wie gehen Sie vor, wenn es darum geht, von einem Mitarbeiter eine Sonderarbeit/-leistung zu verlangen?
18. Wie oft haben Sie sich in der letzten Woche bei Ihren Mitarbeitern erkundigt, ob diese Schwierigkeiten bei der Arbeits- und Aufgabenbewältigung haben?
19. Welche Rolle nehmen Personengruppen wie Vorgesetzte, Kollegen und Mitarbeiter – wenn ein Entscheidungsprozess ansteht – bei Ihnen ein?
20. Wie können Sie sicherstellen, dass Ihre Entscheidungen von Ihren Mitarbeitern auch wirklich umgesetzt werden?

Zur Problemlösungskompetenz

Logisches, systematisches Denken und Handeln
1. Welche Problemlösungstechniken kennen und welche bevorzugen Sie?
2. Wie gelangen Sie in schwierigen Situationen zu einer Entscheidung?
3. Wie gehen Sie konkret an einem Beispiel Probleme an?
4. Wie planen Sie konkret an einem Beispiel neue Vorhaben?
5. Wie setzen Sie Ihre Ideen und Vorhaben in die Tat um?
6. Wie und vor allem was lernen/lernten Sie daraus für Ihr zukünftiges Problemlösen?
7. Wie wird sich der Markt für Ihr Produkt/Ihre Dienstleistung verändern?
8. Welche Entwicklungen sehen Sie dort?
9. Was sind notwendige Schritte, um die Wettbewerbsfähigkeit auch zukünftig zu sichern?
10. Wie behalten Sie auch in Stress- und Krisensituationen den Überblick?
11. Wie gehen Sie an neue Aufgaben oder Projekte heran?
12. Wie setzen Sie Prioritäten?
13. Wie stellen Sie sicher, dass Sie die notwendigen Informationen und Zusammenhänge erkennen und die richtigen Prioritäten gesetzt haben?
14. Aus welchen Vorgängen/Erfahrungen haben Sie bisher am meisten gelernt?
15. Was verstehen Sie unter analytischem Denken?
16. Wo setzen Sie das in Ihrer Praxis ein?
17. Welche Planungs- und Kontrollprozesse kennen Sie und wie setzen Sie diese um?
18. Worauf kommt es Ihrer Erfahrung nach bei Entscheidungen besonders an?
19. Wie hoch ist Ihre Detailorientierung?
20. Wie schätzen Sie sich ein, eher als einen Kopf- oder einen Bauch-Menschen?

Veränderungsbereitschaft, innovatives, kreatives Potenzial
1. Wie könnten Sie die Geschicke Ihres Unternehmens/Ihrer Abteilung noch besser lenken?
2. Was sollte Ihrer Einschätzung nach kurz-, mittel- und langfristig verändert werden, um bestens für die Zukunft gerüstet zu sein?
3. Was verbinden Sie mit dem Wort Veränderung?
4. Welche Negativerfahrungen fallen Ihnen bei dem Wort Veränderung ein?

5. Wie setzen Sie Ideen in Taten um?
6. Welche konkreten Veränderungsprozesse haben Sie schon erlebt?
7. Wie bringen Sie Ihren Mitarbeitern Veränderungen und Neuerungen nahe, wenn diese sich damit offensichtlich schwertun?
8. Wie könnte man die Kreativität der Mitarbeiter Ihres Bereiches steigern?
9. Wie nutzen Sie die Kreativität anderer Menschen?
10. Welche Ideen, Neuerungen, Veränderungen haben Sie für Ihren Bereich umgesetzt, vorangebracht?
11. Was halten Sie von sogenannten »Querdenkern«?
12. Für wie kreativ, für wie innovativ halten Sie sich selbst?
13. Was waren bisher für Ihren Verantwortungsbereich Ihre besten neuen Ideen und Vorschläge?
14. Wie sieht es dabei mit der Umsetzung aus?
15. Bei welchen Veränderungen, Neuerungen haben Sie schon eine wichtige Rolle gespielt?
16. Wie gehen Sie mit Mitarbeitern um, die immer wieder mit neuen, verrückten Ideen Unruhe ins Team bringen?
17. Was ist Ihrer Einschätzung nach vorteilhafter bei einem neuen Mitarbeiter: viel Erfahrung oder viele neue Ideen?
18. Welche neuen Trends/Entwicklungen können Sie für Ihren Verantwortungsbereich beobachten?
19. Was für Überlegungen/Einschätzungen haben Sie dazu?
20. Was sollte sich idealerweise Ihrer Meinung/Einschätzung nach niemals verändern dürfen?

Kognitive Flexibilität
1. Welche Erfahrungen haben Sie bereits in jungen Jahren bis heute geprägt?
2. Wie stellen Sie sich die von Ihnen angestrebte Position/das Aufgabengebiet vor?
3. Was meinen Sie: Sollte man unbedingt allen Branchentrends folgen?
4. Wenn ja, wann und warum nicht, was sind Ihre Erfahrungen?
5. Welche Neuerungen, welche Veränderungen haben Sie in Ihrem Verantwortungsbereich bisher eingeführt?
6. Wie sind Sie auf diese Ideen gekommen?
7. Was war erfolgreich, wo gab es aber auch Schwierigkeiten?
8. Wie sind Sie damit umgegangen?
9. Wenn Sie Ihren Bereich total reorganisieren müssten, wie würden Sie vorgehen?
10. Mit welchen Schwierigkeiten müssten Sie rechnen?
11. Was könnten Sie dagegensetzen?
12. Was ist reizvoller für Sie: eine Aufgabe erst zum Abschluss zu bringen, um dann eine neue anzufangen, oder gleich mehrere Aufgaben parallel zu bearbeiten?
13. Welches Wissen haben Sie sich in letzter Zeit neu angeeignet?
14. Wozu tendieren Sie eher: hoher Qualitätsanspruch gepaart mit Gründlichkeit oder Begeisterung und Schnelligkeit gepaart mit Experimentierfreude?
15. Woran erkennt man Ihrer Einschätzung nach einen geistig wachen Mitarbeiter?
16. Welche Vor- und Nachteile, Chancen und Risiken sehen Sie bei einem solchen Mitarbeiter?
17. Welche Fachzeitschriften lesen Sie?
18. Welche Fachmessen haben Sie in den letzten zwei Jahren besucht?
19. Welche Fort- und Weiterbildungsaktivitäten haben Sie in den letzten zwei Jahren unternommen?
20. Was möchten Sie in den nächsten zwei Jahren noch lernen?

Zur Sozialen Kompetenz

Kommunikationsvermögen

1. Welchen Stellenwert hat die Kommunikationsfähigkeit eines leitenden Mitarbeiters?
2. Wie würden Sie Ihren Kommunikationsstil beschreiben?
3. Welchen Stellenwert hat Überzeugungskraft für einen Vorgesetzten?
4. Wie gehen Sie vor, wenn Sie Ihren Gesprächspartner überzeugen wollen?
5. Wie gehen Sie mit unterschiedlichen Gesprächspartnern um?
6. Welche Typologien kennen Sie?
7. Mit welchem Typus kommen Sie besser, mit welchem schlechter zurecht, und warum?
8. Was kennzeichnet einen Stelleninhaber vergleichbar mit Ihrer Position, der eine über-durchschnittliche Überzeugungskraft hat?
9. Wie überzeugen Sie Ihre Mitarbeiter, wie Ihre Vorgesetzen, wie Ihre Kunden?
10. Welche Hilfsmittel kennen Sie, um Ihre Zuhörer noch besser zu erreichen?
11. Welche überzeugenden Argumente haben Sie für Ihre Produkte/Dienstleistungen?
12. Wenn Sie Ihre Kunden überzeugen wollen, mit welchen Einwänden müssen Sie rechnen?
13. Warum und was führen Sie dann an?
14. Wie gehen Sie vor, wenn Sie eine Neuerung einführen wollen, die auf den Widerstand Ihrer Mitarbeiter stößt?
15. Wie gehen Sie mit Schwierigkeiten um, die Sie mit dem Betriebsrat haben?
16. Wie mit Schwierigkeiten, wenn es Ihr Vorgesetzter ist, Ihr Mitarbeiter, ein wichtiger Kunde?
17. Wie verhindern Sie Schwierigkeiten mit diesen unterschiedlichen Gruppen/Funktionsträgern?
18. Wie bereiten Sie sich auf ein schwieriges Gespräch vor?
19. Welche Überzeugungserfolge können Sie uns vorstellen, aber auch welche Misserfolge?
20. Wie schaffen Sie es, in Ihrem privaten Umfeld Menschen zu überzeugen, für sich und Ihr Anliegen zu gewinnen?

Zusammenarbeit

1. Welche Aufgaben erledigen Sie lieber allein, welche bevorzugt zusammen im Team?
2. Wie kommen Sie zu dieser Unterscheidung?
3. Wie kommen Sie generell zu Entscheidungen?
4. Was sind bei einer Zusammenarbeit Ihrer Erfahrung nach die wichtigsten Weichensteller?
5. Wie erreichen Sie eine optimale Zusammenarbeit?
6. Wie gut können Sie mit Kompromissen leben?
7. Wie erreichen Sie tragfähige Kompromisse?
8. Wie gehen Sie mit Konflikten um?
9. Was sind Ihre Stärken und Schwächen in Konfliktsituationen?
10. Welche Entwicklungsmöglichkeiten sehen Sie für sich, in Konfliktsituationen noch besser zu reagieren?
11. Wie würden Sie Ihr Feedback-Verhalten beschreiben (positives und negatives)?
12. Wie entwickelt ist Ihre Antenne für die Stimmungslage Ihres Gegenübers?
13. Wie beurteilen Sie die Zusammenarbeit in Ihrem Team/Verantwortungsbereich?
14. Wie die mit Ihren Kollegen und Vorgesetzten?
15. Was sind Ihre Beurteilungskriterien dafür bei den unterschiedlichen Gruppen?
16. In welchen Bereichen oder bei welchen Aufgaben arbeiten Sie mit welchen Personen gut zusammen?

17. In welchen Bereichen oder bei welchen Aufgaben könnte die Zusammenarbeit besser sein?
18. Bei welchen Aufgaben oder Tätigkeiten klappt die Zusammenarbeit überhaupt nicht und warum?
19. Was haben Sie unternommen, um die Zusammenarbeit zu verbessern?
20. Wie groß ist das Vertrauen in Ihre Mitarbeiter und umgekehrt, wie hoch ist das Vertrauen Ihrer Mitarbeiter in Sie?

Persönlichkeit
1. Wie würden Sie sich bezogen auf Ihre persönlichen Eigenschaften beschreiben?
2. Wie realistisch ist Ihre Einschätzung von sich selbst, Ihren Stärken und Schwächen?
3. Wie empfinden Sie, wenn Sie hart kritisiert werden?
4. Wie reagieren Sie auf ungerechtfertigte Kritik?
5. Welcher Reihenfolge gäben Sie den Vorzug: zuverlässig – tatkräftig – dynamisch?
6. Was davon sind Sie mehr, was weniger?
7. Worin sollte eine Führungskraft Ihren Mitarbeitern Vorbild sein?
8. Welche Vorbilder haben Sie geprägt und wie erfüllen Sie Ihre Vorbildrolle?
9. Welche Eigenschaften/Merkmale sollten Ihre Mitarbeiter besser nicht von Ihnen übernehmen?
10. Wofür möchten Sie mit Ihrem Team im Gesamtunternehmen Vorbild sein?
11. Welche Situationen haben Sie unter hohen Stress gesetzt?
12. Warum und wie gehen Sie damit um?
13. Wie gehen Sie mit Stimmungsschwankungen um?
14. Wie erleben Ihre Kollegen Sie bezüglich Ihrer Verlässlichkeit und warum ist das so?
15. Welche Gründe gäbe es für Sie, Vereinbartes, Versprochenes zurückzunehmen?
16. Welche Verantwortung spüren Sie gegenüber Ihrem Arbeitgeber und Ihren Mitarbeitern?
17. Würden Sie sich als »loyal« bezeichnen und wo hört die Loyalität aus Ihrer Sicht auf?
18. Was kann Sie so richtig »auf die Palme« bringen?
19. Wobei sind Sie schon mal in einen Gewissenskonflikt geraten und wie sind Sie damit umgegangen?
20. Wo sehen Sie die Grenzen Ihrer Leistungsbereitschaft?

Auswertungshinweise und Lösungen

Auswertung Test 1: Was wissen Sie über das Assessment Center?

Lösungen
1b, 2b, 3c, 4c, 5b, 6d, 7c, 8b, 9b, 10c
Für jede richtige Lösung gibt es zwei Punkte = maximal 20 Punkte.

Bewertung
bis 6 Punkte: Sie brauchen noch mehr Informationen.
8–12 Punkte: Sie wissen schon, worum es geht. Dennoch etwas mehr kann nicht schaden!
14–16 Punkte: Sie haben schon eine recht gute Wissensbasis.
ab 18 Punkte: Sie wissen wirklich gut Bescheid.

Auswertung Test 2: Sind Sie fit für das Assessment Center?

Lösungen

1R, 2F, 3F, 4F, 5R, 6F, 7R, 8F, 9F, 10R, 11R, 12F, 13F, 14F, 15R, 16R, 17F, 18F, 19R, 20F
Bei 20 Items erhalten Sie pro richtige Lösung einen Punkt = maximal 20 Punkte.
Wie haben Sie jetzt im Vergleich zur der vorherigen Testaufgabensammlung abgeschlossen?

Bewertung

bis 6 Punkte: Ihr Wissensstand reicht noch nicht aus.
7–11 Punkte: Sie wissen, worum es geht, Ihr Wissen ist aber noch ausbaufähig.
12–16 Punkte: Sie haben schon eine recht solide bis gute Wissensbasis.
ab 17 Punkte: Sie wissen jetzt wirklich sehr gut Bescheid.

Auswertung Test 3: Wissen Sie, worauf es im Assessment Center wirklich ankommt?

Lösungen

1b, 2d, 3d, 4b, 5c, 6d, 7b, 8c, 9d, 10c, 11d, 12b, 13b
Bei 13 Items erhalten Sie für jede richtige Lösung drei Punkte = maximal 39 Punkte.

Bewertung

bis 12 Punkte: Das Ergebnis ist noch verbesserungswürdig.
15–21 Punkte: Ein knapp befriedigendes Ergebnis.
24–30 Punkte: Ein schon recht ordentliches bis wirklich gutes Ergebnis.
ab 33 Punkte: Ein sehr gutes Ergebnis.

Auswertung Test 4: Verfügen Sie über das richtige Sympathie-Mobilisierungs-Potenzial?

Addieren Sie die Zahlen, teilen Sie das Ergebnis durch zwei (ggf. aufrunden). Hier ist Ihr Punktwert:

bis 10 Punkte: Ein eher schwaches, unbefriedigendes Ergebnis.
11–19 Punkte: Ein verbesserungswürdiges, aber schon befriedigendes Ergebnis.
20–29 Punkte: Schon recht ordentlich bis ganz gut.
30–39 Punkte: Wirklich gut bis richtig sehr gut.
ab 40 Punkte: Ganz exzellent, super.

Auswertung Test 1 bis 4

Zählen Sie die erreichten Punktzahlen aus allen vier Tests zusammen, dann erhalten Sie ein Gesamtbild Ihres Wissensstandes im Bezug auf das Assessment Center.

bis 49 Punkte: Leider fehlt Ihnen noch ein (gutes) Stück an Know-how. Aber gut zu wissen, dass Sie Ihr Wissen ja noch erweitern können.

50–59 Punkte: Ziemlich knapp, also immer noch ein bisschen zu wenig an wichtigem Spezialwissen für ein wirklich erfolgreiches Bestehen bei einem AC.

60–69 Punkte: Sie wissen schon Einiges und hätten jetzt eine halbwegs ordentliche Chance, beim AC durch zu kommen. Ihr Wissen ist aber sicherlich noch steigerungsfähig. Was hält Sie ab?

70–79 Punkte: Ein wirklich ordentliches Ergebnis. Ihre Chancen stehen schon recht gut. Sie haben sich wichtige Kenntnisse bereits erworben. Jetzt fehlt höchstens noch der Feinschliff.

80–89 Punkte: Gratulation! Ein wirklich respektables Ergebnis. Sie zeigen damit: Ich weiß Bescheid. Eigentlich kann jetzt nichts mehr schiefgehen.

ab 90 Punkte: Fantastisch! Ein bestechend gutes, eigentlich sehr gutes Ergebnis. Damit müssten Sie im AC eine gute Figur machen und die Herzen und Köpfe der Entscheider im Sturm erobern.

Auswertung Teststrecke

Alle hier vorgestellten Aufgaben haben keine feste Lösung. Ausnahme die Gedächtnisprüfung. Hier bekommen Sie für jeden richtig erkannten Kandidaten 1 Punkt und für jede richtige Sacherinnerung ebenfalls. Alle falschen »Lösungen« müssen in Abzug gebracht werden! Bei den Sacherinnerungen liegen Sie im Mittelmaß mit etwa 10 Punkten. Bei den Fotos mit 3 Punkten.

1. Wer ist der älteste Kandidat?: Franz Xaver Hubener
2. Wie heißt der jüngste Kandidat?: Anna Dornbach
3. Wer wohnt im eigenen Haus?: Werner Murbach
4. Wessen Hobby ist die Rosenzucht?: Franz Xaver Hubener
5. Wessen Hobby ist Schwimmen?: Werner Murbach
6. Wer ist in Wien geboren?: Franz Xaver Hubener
7. Wer hat mehr als zwei Kinder?: Erika Bernweiß
8. Welche Hobbys hat der/die Disponent/in?: Musik
9. Welche Hobbys hat der/die Abteilungsleiter/in?: Ski fahren, Mountainbike fahren (2)
10. Wer ist nicht bei seinen Eltern aufgewachsen?: Franz Xaver Hubener
11. Wessen Mutter starb früh?: Werner Murbach
12. Wo arbeitet der Partner von Anna Dornbach?: Müllabfuhr
13. Was arbeitet der Partner von Erika Bernweiß?: Tierarzt
14. Wer ist Buchhalter/in?: Franz Xaver Hubener
15. Welche Musikinstrumente spielt Anna Dornbach?: Klavier und Geige
16. Wer wuchs als Zwillingskind auf?: Anna Dornbach
17. Wer wuchs mit vielen Geschwistern auf?: Erika Bernweiß
18. Wessen Tochter ist erst ein Jahr alt?: Erika Bernweiß
19. Wie viele Kinder wünscht sich Anna Dornbach?: mindestens drei
20. Was hat der Sohn von Franz Xaver Hubener vor?: Jura studieren
21. Welche Tätigkeit übt Werner Murbach aktuell aus?: Vertreter
22. Wer hat eine Ausbildung bei der Sparkasse gemacht?: Erika Bernweiß
23. Welchen Schulabschluss hat der Vertreter?: Hauptschule

24. Was arbeitet die Frau von Werner Murbach?: Verkäuferin
25. Wer hat einen Mittelschulabschluss?: Franz Xaver Hubener und Erika Bernweiß

Mit 15 richtigen Antworten liegen Sie im Mittelfeld.

Auswertung Gruppendiskussion

Umgangsstil erfolgreicher Führungskräfte untereinander
Hier eine generell gültige Rangordnung aufzustellen ist nicht möglich – sicherlich schwankt die exakte Bewertung je nach der im betreffenden Betrieb vorherrschenden Unternehmenskultur.
Deshalb hier nur eine Einteilung in drei Kategorien:
- sehr bedeutsam (1)
- bedeutsam (2)
- weniger bedeutsam (3)

1. Zwischen einzelnen Führungskräften herrscht immer ein gesunder Konkurrenzkampf. (1)
2. Bei einer Diskussion bleiben Führungskräfte stets beim Thema. (1)
3. Führungskräfte vermeiden Konflikte untereinander. (2)
4. Führungskräfte halten sich an gemeinsame Absprachen. (1)
5. Führungskräfte sprechen freimütig über ihre persönlichen Gefühle. (3)
6. Eine Führungskraft legt bei Problemlösungen Wert auf eine gemeinsame Vorgehensweise. (2)
7. Wechselseitige Antipathien werden von Führungskräften offen verbalisiert. (3)
8. Jeder lässt jeden immer ausreden. (2)
9. Beim Gefühl, gelangweilt oder gestört zu werden, wird dies freimütig zum Ausdruck gebracht. (3)
10. Informationen und Erfahrungen werden jederzeit offen ausgetauscht. (1)
11. In einer Gruppe von Führungskräften gibt mal der eine, mal der andere den Ton an. (3)

Was kennzeichnet eine gute Führungskraft?
Eine gute Führungskraft ...

1. spart nicht mit Lob, wenn gute Arbeit geleistet wurde. (1)
2. unterrichtet Mitarbeiter über die Gründe für bedeutsame Entscheidungen. (1)
3. ermuntert Mitarbeiter, sich auch kritisch über seine Entscheidungen und Vorgehensweisen zu äußern. (2)
4. zieht Mitarbeiter zurate, bevor Entscheidungen getroffen werden. (1)
5. hat keine Günstlinge. (2)
6. kritisiert nicht einen seiner Mitarbeiter in Gegenwart von anderen. (1)
7. pflegt auch außerhalb der Arbeitszeiten Kontakte mit seinen Mitarbeitern. (3)
8. überlässt seinen Mitarbeitern Entscheidungsspielraum auf ihren speziellen Arbeitsgebieten. (1)

Zusammenfassend: Hier gibt es nun wirklich keine absolute Rangfolge, im Prinzip sind unseres Erachtens alle genannten Eigenschaften für eine Führungskraft von großer Bedeutung und selbst die Entscheidung, einige als lediglich bedeutsam, eine sogar als weniger bedeutsam einzustufen, ist fragwürdig.

Es sei nochmals daran erinnert: Grundsätzlich gilt bei Gruppendiskussionen, dass es nicht primär auf die Lösung, sondern auf die Umgangsweise der einzelnen Gruppenmitglieder untereinander ankommt.

Auswertung Gruppendiskussion mit verteilten Rollen

Auch bei dieser Übung kommt es – wie bei allen Gruppendiskussionen – viel weniger auf die Lösung an, als von AC-Teilnehmern in der Regel geglaubt wird.

Sollten die Gruppenmitglieder auf die Idee kommen, eine Art Matrix aufzustellen, führt das in der Regel kaum zum Erfolg, denn die von jedem Teilnehmer vorgetragenen Kriterien werden subjektiv als höherwertig eingeschätzt, als dies in der Regel der Gruppenkonsens zulassen will. Erfolgversprechender ist eher, wenn man versucht, die allgemeingültigen Beurteilungskriterien der Autos aufzustellen. Auch die Idee eines Ringtausches – jeder bekommt ein etwas besseres Auto – kann je nach Diskutanten eine gewisse Lösung darstellen.

Entscheidend aber bleibt, wie sich der Einzelne in seiner Interaktion, in seinem Sozialverhalten präsentiert. Diskussionsteilnehmer, die versuchen, sich aggressiv durchzusetzen, sammeln jede Menge Minuspunkte.

Auswertung Rollenspiel

Wer eine solche Diskussion als außenstehender Beobachter mitverfolgt, wird schnell feststellen, dass der »Vorgesetzte« nur zum Ziel kommt, wenn er seinem Mitarbeiter zuhört und aktiv Informationen von ihm erfragt. Dies gelingt ihm aber nur mit der richtigen Fragestrategie. Geschlossene Fragen, die nur mit Ja oder Nein zu beantworten sind, bringen den Vorgesetzten kaum weiter. Die offene Frageform, die dem Mitarbeiter Möglichkeiten zum Erzählen gibt, und Fragen, die dazu angetan sind, ein kollegiales Gesprächsklima aufkommen zu lassen, bringen in der Regel mehr an Informationen. Und darauf kommt es an, denn hier geht es nur darum, wie gut die Rolle des Vorgesetzten im Umgang mit dem Mitarbeiter gespielt wurde. In einem realen Assessment Center wird der Mitarbeiter von einem AC-Beobachter gespielt.

Im Gesprächsverlauf ist wichtig, dass vom Vorgesetzten zuerst die Ursache für die Leistungsverschlechterung des Mitarbeiters analysiert wird. Ohne diesen Informationshintergrund läuft das Gespräch fest, kann der Mitarbeiter die Aufforderung nach Mehrarbeit nur ablehnen.

Eventuell finden beide Rollenträger zusammen eine Möglichkeit, wie die Mehrarbeit für den Mitarbeiter am günstigsten zu bewältigen ist. Lösungsansätze in diesem Rollenspiel könnten z. B. sein: Heimarbeit, aber auch eine flexible Arbeitszeit, die vom Mitarbeiter selbst zu wählen ist.

Sollte der Vorgesetzte seinen Mitarbeiter bezüglich seines Ablehnungsrechtes von Mehrarbeit im Unklaren lassen wollen und auch entsprechenden Nachfragen ausweichend begegnen, wird sich das Klima zwischen den beiden verschlechtern. Auch ein Überredungsversuch, dass der Mitarbeiter sich doch krankschreiben lassen möge, belastet die Vertrauensbasis und würde in einem realen AC negativ bewertet.

Ein intensives, wiederholtes Anhören der Tonbandaufzeichnung wird das mehr oder weniger geschickte Vorgehen des Vorgesetzten offenbaren.

Auswertung Entscheidungsmanagement (Postkorb)

Auch wenn es keine Patentlösung gibt, machen doch einige Vorschläge mehr bzw. weniger Sinn. Vergleichen Sie unsere Ideen mit Ihren Entscheidungen.

Wichtig: Maximal 75 Minuten haben Sie für 25 Entscheidungssituationen. Das bedeutet im Durchschnitt drei Minuten pro Entscheidung. 20 Entscheidungen sind also nach einer Stunde (siehe Punkt 20/21) fällig.

Nr. Entscheidung/Begründung

1 Das ist nicht der richtige Moment für Detailerzählungen. Gratulieren Sie, kürzen Sie ab, verstricken Sie sich nicht in eine Personaldiskussion und signalisieren Sie dem technischen Leiter, dass er das Problem eigenverantwortlich lösen wird. In einer Woche sieht man weiter und spricht wieder miteinander.
Zeitaufwand etwa fünf Minuten.

2 Sie geben telefonisch grünes Licht für den fest verabredeten Kredit, können aber nicht persönlich vorbeikommen.
Zeitaufwand etwa eine Minute.

3 Nach der Kreditentscheidung müssen die Aktien nicht sofort verkauft werden (Was nutzt Ihnen jetzt das Geld, wenn Sie sich eben für einen Kredit entschieden haben?). Klären Sie, bei welchem Stand Sie verkaufen, bei positiver wie negativer Entwicklung und spielen Sie ein wenig auf Zeit (eine Woche).
Zeitaufwand etwa eine Minute.

4 Sie bitten die Sekretärin, Sie vor Ihrer Abreise noch einmal an den Anruf bei Professor Schnell zu erinnern.
Zeitaufwand etwa eine Minute..

5 Sie sind für den Bewerber nicht zu sprechen und bitten die Sekretärin, die Anrufe spätestens ab jetzt genau zu filtern.
Zeitaufwand etwa eine Minute.

6 Sie beruhigen Ihre Frau (Pass), danken ihr und erklären ihr, dass Sie keine Zeit haben, das Gespräch zu vertiefen. Die Opernkarten besorgt Ihre Sekretärin.
Zeitaufwand etwa zwei Minuten.

7 Sie wirken stabilisierend auf den Verkaufsleiter ein und verweisen ihn an den Leiter der Buchhaltung. Gemeinsam sollen die beiden entscheiden, was angemessen ist.
Zeitaufwand etwa zehn Minuten.

8 Sie erkundigen sich, was passiert ist. Das Datum der letzten Tetanusimpfung wissen Sie nicht, können auch jetzt nicht persönlich vorbeikommen. Gott sei Dank erfahren Sie, dass alles nicht so gravierend ist, und die Kinder werden ja sowieso vom Babysitter abgeholt.
Zeitaufwand etwa zwei Minuten.
Falls Sie an einen Arzteinsatz denken, lassen Sie die Schule und diesen Entscheidungen treffen (Verantwortung delegieren).

9 Sie bitten die Sekretärin, anzurufen und über Ihre Reise zu informieren. (Stichwort: Ein ernsthafter Interessent läuft in sieben Tagen nicht weg.)
Zeitaufwand etwa eine Minute.

10 Sie lassen sich die wichtige neue Post zeigen (*Zeitaufwand etwa zweieinhalb Minuten*) und das Wichtigste aus den letzten 14 Tagen (*Zeitaufwand etwa zweieinhalb Minuten*). Hinweis: Ihr Sekretariat ist so organisiert, dass es Ihnen Arbeit abnimmt.
Zeitaufwand zusammen also fünf Minuten.

11 Sie lesen den Brief und überlegen. Noch tun Sie nichts.
Zeitaufwand etwa fünf Minuten.

12 Sie teilen dem Vorstandsvorsitzenden Ihre Meinung mit, zurzeit noch nichts zu unternehmen, die Sache aber trotzdem ernst zu nehmen und verfolgen zu wollen. Bei dieser Gelegenheit klären Sie, was er sonst noch von Ihnen wollte.
Zeitaufwand etwa zehn Minuten.

13 Sie signalisieren ihr Ihre Wertschätzung trotz der nicht gewährten Gehaltserhöhung und schlagen ein ausführliches Gespräch nach Ihrer Rückkehr vor.
Zeitaufwand etwa zwei Minuten.

14 Sie bitten Ihre Sekretärin, Ihrem Kollegen Quick den Artikel zukommen zu lassen und herauszufinden, warum der Rettungswagen kam.
Zeitaufwand etwa eine Minute.

15 Sie müssen all diese Dinge (Hund, Rasen, Unruhen) übergehen.
Zeitaufwand etwa eine Minute.

16 Sie bitten Ihre Sekretärin, Ihre Schwiegermutter anzurufen ....

17 ... und gleichzeitig den Wirtschaftsprüfer zu benachrichtigen, dass Sie sich in spätestens einer Woche melden.
Zeitaufwand für 16 und 17 etwa eine Minute.

18 Sie lehnen dankend ab, bitten aber um eine Kopfschmerztablette.
Zeitaufwand etwa eine Minute.

19 Sie danken dem Vertreter für das gezeigte Vertrauen und bitten ihn, sich auch an den Vorstandsvorsitzenden zu wenden. In einer Woche werden Sie sich darum kümmern. Bezogen auf Herrn Fix bitten Sie den Personalchef, eine vorläufige Suspendierung vom Dienst zu veranlassen.
Zeitaufwand etwa zehn Minuten.
Bis hierher sind 60 Minuten erreicht, es ist 11 Uhr!

20, 21 Sie machen kurz klar, dass jetzt nicht der richtige Moment für Auseinandersetzungen ist, und bitten Ihre Sekretärin, den Taxifahrer über den Pförtner zum weiteren Warten zu veranlassen.
Zeitaufwand etwa eine Minute.

22 Sie danken Ihrer Schwiegermutter, bitten um einen »Noteinsatz« und erzählen ihr, was passiert ist (Unfälle Babysitter, Schule).
Zeitaufwand etwa fünf Minuten.

23 Sie wirken beruhigend auf den Betriebsrat ein und bitten ihn, in einer halben Stunde wiederzukommen (wenn Sie weg sind) und Termine zu machen. Ihre Sekretärin verfügt über Ihre Termine.
Zeitaufwand etwa fünf Minuten.

24 Sie beruhigen auch den Pförtner und bitten ihn, das Taxi aufzuhalten.
Zeitaufwand etwa eine Minute.

25 Sie bitten die Sekretärin, Ihrem Sohn einen Expressbrief (Inhalt: 500-Euro-Scheck) zu schicken. Alternativ: Sie entscheiden sich, diesmal nichts zu tun, Sie haben Ihre Gründe.
Zeitaufwand jeweils etwa drei Minuten.
Jetzt ist es 11.15 Uhr und allerhöchste Zeit, aufzubrechen.

Auswertung Postkorb (klassisch)

Dokument	Entscheidung
1 Notiz Ehefrau	Die fristlose Kündigung eines Au-pair-Mädchens ohne Beweise ist nicht zulässig. Die Situation muss geklärt und ein persönliches Gespräch mit Milli vereinbart werden. Termin vorschlagen und im Kalender eintragen.
2 Kalender	Alle Termine sollten in den Kalender eingetragen werden (Nachbar, neues Au-pair-Mädchen, Gespräche mit Lehrer und Direktor, Besuch des Chefs).
3 Dr. Bohr	Auch wenn man offensichtlich nur Mieter ist, gilt es, den Termin wahrzunehmen, ggf. zu delegieren (z. B. an die Ehefrau).
4 Landesbank	Von wichtiger Bedeutung, steht aber in Zusammenhang mit den Dokumenten 11 und 14. Ein kleiner Verlust durch einen Teilverkauf von Aktien im Werte von etwa 25 000 Euro (Hälfte des Depots) erscheint angemessen und muss der Bank mitgeteilt werden. Für den Rest eine Versicherung abschließen (Dokument 15). Erfordert eine besondere Zeitplanung (Rechtsanwaltsbesuch).
5 Tochter/Schule	Von Bedeutung, weil durch Dokument 12 aktuell. Termin in Kalender eintragen und wahrnehmen. Vorher unbedingt mit Lehrer und Direktor sprechen. Auftrag an Haushilfe bzw. Ehefrau wegen Terminvereinbarung für Di, 5.7.
6 Gärtnerei	Unwichtig, zu vernachlässigen, nichts tun. Am 5.7. sind Sie wieder da und der Gärtner weiß, was zu tun ist.
7 Kreisgericht	Relativ unwichtig. Sie sind erst am 5.7. da. Terminsetzung zu kurzfristig, ggf. kurzer Brief an das Kreisgericht.
8 Martha/Scheck	Zu beachten: Kein Blankoscheck, nachdem im Haus ein Diebstahl beklagt wird, lieber etwas vorsichtiger sein. Evtl. 200-Euro-Scheck ausstellen. Uhrenkauf (Dokument 10) und Gärtnerei (Dokument 6) zeigen einen etwas problematischen Umgang mit dem Geld. Rechnungen lieber etwas liegen lassen.
9 Grund- u. Boden	Wichtig, obwohl juristisch auf schwachen Füßen, Brief mit Gesprächs- und Verhandlungsangebot veranlassen, Einspruch einlegen gegen Kündigungsdrohung. Nicht zu sehr verunsichern lassen.
10 Sohn	Im Moment zu vernachlässigen, bald aber Gespräch führen wegen der Themen Umgang mit Geld und Schule. Juwelier kann warten, darf teure Uhr nicht an 14-Jährigen verkaufen. Ggf. am Abend Gespräch mit Sohn führen.
11 Wirtschaftsbrief	Wichtig ist lediglich Artikel »Spekulation«. Wem vertraut man eher, der Bank oder diesem Brief? Steht in Zusammenhang mit Dokument 4 und Dokument 15.
12 Schulleiter	Wichtig, weil neben Schulverweis auch öffentliche Anklage am 6.7. (Dokument 5) zu befürchten ist. Kurzbrief mit Bitte um Gesprächstermin. Erst Sachverhalt klären, dann ggf. entschuldigen.
13 Martha	Termin mit Nachbar ernst nehmen. Veranlassen, dass Montag spät am Abend oder Dienstag ein Treffen vereinbart wird. Vorstellungsgespräch mit neuem Au-pair-Mädchen delegieren an

	Frau und Martha. Ggf. Ehefrau veranlassen, mit Chef zu telefonieren wegen Opernpremiere, ob er mitkommt (Dokument 1).
14 Rechtsanwalt	Wichtig: Für unter 1600 Euro Absicherung gegen Versicherungsrisiko bei Aktien. Da nur noch halbes Depot lediglich ca. 800 Euro. Persönlichen Besuch einplanen (Dokument 15), Scheck mitnehmen.
15 Terminplan	s. u., kann erst am Ende bearbeitet werden. Terminplanung (Dokument 15)

Meldestelle, Arzt, Wohnung, Bahnhof mit vorherigem Besuch des Delikatessengeschäfts wegen des Überraschungsgeschenkes für die Frau des Chefs sind unbedingte Muss-Anlaufstellen und werden mit jeweils 20 Punkten honoriert (sagt die Auswertungsempfehlung für die AC-Beobachter). Krankenhaus und Museumszeiten werden zwar mit Zusatzpunkten belohnt, aber hier wie auf der Bank, beim Rechtsanwalt und Friseur gibt es nur zehn Punkte. Alle Anlaufstellen ergeben maximal 150 Punkte, insgesamt sind angeblich 206 Punkte erreichbar, wenn man lediglich von 17.59 Uhr bis 18.03 Uhr am Bahnhof ist.

Die optimale Lösung sieht einen Weg über Friseur, Bank, Meldestelle, Rechtsanwalt, Delikatessengeschäft, Arzt und Bahnhof vor. Hier trifft man um 17.59 Uhr ohne Arzt drei Minuten früher, also noch rechtzeitig ein. Nach nur zwei Minuten Geschenkübergabe am Bahnhof kann man sogar noch seine Freundin im Museum mit einer Minute beglücken.

Der optimale Weg führt vom Bahnhof weiter über das Krankenhaus zur geliebten Frau (hier sind zehn Minuten Aufenthalt ausreichend), zur eigenen Wohnung, um den Nachwuchs hereinzulassen, und zum zweiten Mal zum Museum, um hier der Geliebten 13 Minuten zu widmen.

(Anmerkung: Die Konstruktion Ehefrau im Krankenhaus – Geliebte im Museum ist wirklich nicht auf unserem Mist, in unserer Fantasie, gewachsen. Das Original-AC sieht ein Treffen mit der Freundin im Park vor. Gott sei Dank ist es noch warm.)

Auswertung

Die vorgegebene Bearbeitungszeit von einer Stunde ist sehr knapp. Wer den Terminplan zwischendurch anfängt, wird in Zeitnot kommen.

Die AC-Beobachter legen gesteigerten Wert auf ein gutes Postkorb-Interview. Hier müssen die AC-Teilnehmer ihr Vorgehen detailliert erklären (z. B. zunächst alles durchlesen, Wichtiges von Unwichtigem unterscheiden, eine bestimmte Strategie wählen, Prioritäten setzen, geschäftlichen oder finanziellen Interessen oder der Sorge um die Ehefrau Vorrang geben). Dabei verspricht man sich viele Hintergrundinformationen für jede einzelne Entscheidung und erkennt, ob der AC-Teilnehmer die Konsequenzen seiner Entscheidung planvoll mit einbezogen hat.

Empfehlung: Überlegen Sie sich, was Sie – im Postkorb-Interview entsprechend befragt – für Erläuterungen und Begründungen angeben. Entwickeln Sie nach einem ersten Durchlesen eine Strategie (Plan), mit der Sie verdeutlichen, dass Sie in den Bereichen systematisches Denken und Handeln befähigt sind.

Auswertung Mini Case Studies

Haben Sie erkannt, wie sich ein Chef am besten verhält und was er möglichst niemals tun sollte? Zählen Sie zunächst in der Tabelle die Punkte zusammen, die Sie mit den Pluszeichen erreicht haben. Ihre Auswertung finden Sie unter »Richtiges Verhalten identifizieren«. Als nächstes zählen Sie die Punkte zusammen, die Sie mit den Minuszeichen gesammelt haben. Die passende Auswertung steht unter »Falsches Verhalten identifizieren«. Um Ihr Gesamtergebnis zu ermitteln, ziehen Sie anschließend bitte die Negativ-Punkte (»Falsches Verhalten identifizieren«) vom positiven Punktwert (»Richtiges Verhalten identifizieren«) ab. Die Gesamtauswertung finden ab Seite 341f.

	a	b	c	d	e
1	5	2	3	6	0
2	6	1	4	2	0
3	0	3	1	5	2
4	4	1	6	2	0
5	0	3	6	1	4
6	2	1	6	0	3
7	6	2	4	0	1
8	4	6	1	2	0
9	2	1	5	1	0
10	4	0	1	1	6
11	5	0	3	0	4
12	0	4	5	0	0

Richtiges Verhalten identifizieren (Pluszeichen)
Unter 25 Punkte: Leider kein gutes Ergebnis. Vielleicht nicht Ihr Tag, eventuell eine kleine Konzentrationsschwäche oder gar ein dummer Rechenfehler? Oder nicht Ihr Test! Sie liegen mit Ihrer Bewertung deutlich im roten Bereich. Ihre Führungskompetenz zeigt sich in diesen Testsituationen nicht. Am besten, Sie arbeiten alle Situationen noch mal durch und diskutieren die Verhaltensentscheidungen mit Freunden.

25–34 Punkte: Sie werden noch etwas Zeit brauchen und lernen müssen. Aber trösten Sie sich – Management- und Führungs-Guru Fredmund Malik ist davon überzeugt: Personalführung ist erlernbar.

35–39 Punkte: Schon ganz ordentlich, aus Ihnen wird noch eine gute Führungskraft. Zeit und Training stellen die Weichen bestimmt positiv. Sie dürfen optimistisch sein, denn Sie zeigen entwicklungsfähige Ansätze von kommunikativer Intelligenz und sozialer Kompetenz.

40–44 Punkte: Ein wirklich gutes Ergebnis. Vielleicht haben Sie bereits Erfahrung und wenn nicht: Auf Sie als Chef dürfen sich Arbeitgeber und Mitarbeiter gleichermaßen freuen. Schließlich haben Sie ausgeprägte Sozialkompetenz bewiesen.

45 und mehr Punkte: Wow, extrem gutes Ergebnis, bravo! Wenn Sie in der Arbeitswelt wirklich so reagieren wie bei diesem Test, haben Sie tolle Karrierechancen.

Falsches Verhalten identifizieren (Minuszeichen)
21 und mehr Punkte: Sorry, hier liegt entweder ein Rechen- oder Verständnisfehler vor. Das Testergebnis zeigt wenig Einfühlungsvermögen oder gar kommunikative Intelligenz. Vielleicht hatten Sie aber einfach nur einen schlechten Tag. Darüber nachzudenken, kann nicht schaden.

17–20 Punkte: Sie haben reichlich Nachdenkbedarf. Aber trösten Sie sich: Vieles lässt sich lernen, auch das Erkennen von Fehlverhalten – eine Aufgabe, bei der Sie hier nicht allzu gut abgeschnitten haben.

13–16 Punkte: Noch zu viele (Minus-)Punkte, aber Hoffnung. Übung und Zeit werden Ihnen helfen, mehr Sensibilität zu entwickeln und die dümmsten Führungsfehler zu vermeiden.

9–12 Punkte: Ganz O.K., ein ordentlich-durchschnittliches Ergebnis.

6–8 Punkte: Ein gutes Ergebnis und Grund zur Freude. Sie erkennen sicher, was man besser nicht tut, und beweisen damit soziale Kompetenz.

Unter 6 Punkte: Sehr gut, prima. Sie zeigen eine hohe Sensibilität und soziale Kompetenz. Ihr Testergebnis lässt keine Tendenz zu Chef-Neurosen erkennen.

Gesamtauswertung
unter 20 Punkte: Deutlich zu wenig, unbefriedigend. Ihnen fehlt es in diesen Testsituationen an sozialer Kompetenz, am Bewusstsein, was Führungsverantwortung ausmacht.

20–29 Punkte: Noch gerade so (bis 25 Punkte) bis hin zu einem schon ganz ordentlichen Wert. Sie zeigen ein Grundverständnis an sozialer Kompetenz, das hoffentlich noch weiter entwicklungsfähig ist. Ohne das geht es nicht, wenn Sie als Chef erfolgreich Mitarbeiterverantwortung übernehmen wollen.

30–39 Punkte: Sicher und stabil, ab 36 Punkte bereits recht gut und besser. Sie verfügen schon jetzt über ein gutes Maß an Mitarbeiter-Führungskompetenz. Sollten Sie Ihre Fähigkeiten erfolgreich weiterentwickeln, werden Sie sehr wahrscheinlich auch außergewöhnliche Karriereziele erreichen.

ab 40 Punkte: Sehr gut, ganz exzellent. Ein besonders Ergebnis, das hoffen lässt, Sie bekommen bald in hohem Maße Mitarbeiter-Führungsverantwortung übertragen. Voraussichtlich machen Sie schnell Karriere, und Ihre Mitarbeiter werden gerne mit Ihnen als Vorgesetztem zusammenarbeiten. Gute Aussichten!

Auswertung Persönlichkeitstest

Dazu die folgende Aufstellung (Angabe der Persönlichkeitsmerkmale sowie der Punktzahlen für die a/b/c-Ankreuzungen):

Punktwertung

Item Persönlichkeitsmerkmal	a	b	c
1 Kontakt	2	1	0
2 Leistung	0	1	2
3 Kontakt	2	1	0
4 Leistung	2	1	0
5 Durchsetzung	2	1	0
6 Vertrauen	2	1	0
7 Veränderung	2	1	0
8 Veränderung	2	1	0
9 Vertrauen	2	1	0
10 Durchsetzung	0	1	2
11 Leistung	2	1	0
12 Kontakt	2	1	0
13 Ausgeglichenheit	2	1	0
14 Kontakt	2	1	0
15 Leistung	0	1	2
16 Durchsetzung	0	1	2
17 Vertrauen	2	1	0
18 Veränderung	2	1	0
19 Vertrauen	0	1	2
20 Vertrauen	2	1	0
21 Durchsetzung	0	1	2
22 Durchsetzung	2	1	0
23 Leistung	0	1	2
24 Ausgeglichenheit	2	1	0
25 Ausgeglichenheit	0	1	2
26 Vertrauen	2	1	0
27 Veränderung	2	1	0
28 Vertrauen	2	1	0
29 Veränderung	2	1	0
30 Durchsetzung	0	1	2
31 Vertrauen	0	1	2
32 Leistung	2	1	0
33 Kontakt	0	1	2
34 Kontakt	0	1	2
35 Ausgeglichenheit	2	1	0
36 Ausgeglichenheit	0	1	2
37 Ausgeglichenheit	0	1	2
38 Kontakt	0	1	2
39 Kontakt	2	1	0
40 Leistung	2	1	0
41 Kontakt	2	1	0
42 Durchsetzung	0	1	2
43 Vertrauen	2	1	0

44	Leistung	0	1	2
45	Durchsetzung	2	1	0
46	Veränderung	2	1	0
47	Vertrauen	2	1	0
48	Durchsetzung	2	1	0
49	Veränderung	2	1	0
50	Veränderung	2	1	0
51	Leistung	0	1	2
52	Veränderung	2	1	0
53	Ausgeglichenheit	2	1	0
54	Kontakt	2	1	0
55	Ausgeglichenheit	0	1	2
56	Veränderung	0	1	2
57	Durchsetzung	0	1	2
58	Ausgeglichenheit	2	1	0
59	Leistung	0	1	2
60	Ausgeglichenheit	2	1	0
61	Ausgeglichenheit	0	1	2
62	Kontakt	2	1	0
63	Leistung	2	1	0
64	Durchsetzung	2	1	0
65	Vertrauen	2	1	0
66	Veränderung	0	1	2

Addieren Sie bitte die Punktwerte für Ihre Ankreuzungen pro Persönlichkeitsmerkmal:

A Kontakt

Item	Punkte
1	....
3	....
12	....
14	....
33	....
34	....
38	....
39	....
41	....
54	....
Summe	....

B Leistung

Item	Punkte
2	....
4	....
11	....
15	....
23	....
32	....
40	....
44	....
51	....
59	....
Summe	....

C Durchsetzung

Item	Punkte
5	....
10	....
16	....
21	....
22	....
30	....
42	....
45	....
48	....
57	....
Summe	....

D Vertrauen		E Ausgeglichenheit		F Veränderung	
Item	*Punkte*	*Item*	*Punkte*	*Item*	*Punkte*
6	....	13	....	7	....
9	....	24	....	8	....
17	....	25	....	18	....
19	....	35	....	27	....
20	....	36	....	29	....
26	....	37	....	46	....
28	....	53	....	49	....
31	....	55	....	50	....
43	....	58	....	52	....
47	....	60	....	56	....
Summe		*Summe*		*Summe*	

Tragen Sie jetzt bitte Ihre Punktwerte hier ein:

A Kontaktfähigkeit ....
B Leistungsbereitschaft ....
C Durchsetzungsvermögen ....
D Vertrauensbereitschaft ....
E Ausgeglichenheit ....
F Veränderungsbereitschaft ....

Sie müssen pro Persönlichkeitsmerkmal jeweils einen Punktwert zwischen 0 und 20 erreicht haben. Tragen Sie jetzt bitte Ihre Punktwerte für die Themenbereiche A bis F auf der nachstehenden Tabelle ein und verbinden Sie die Punkte durch eine Linie:

Profil

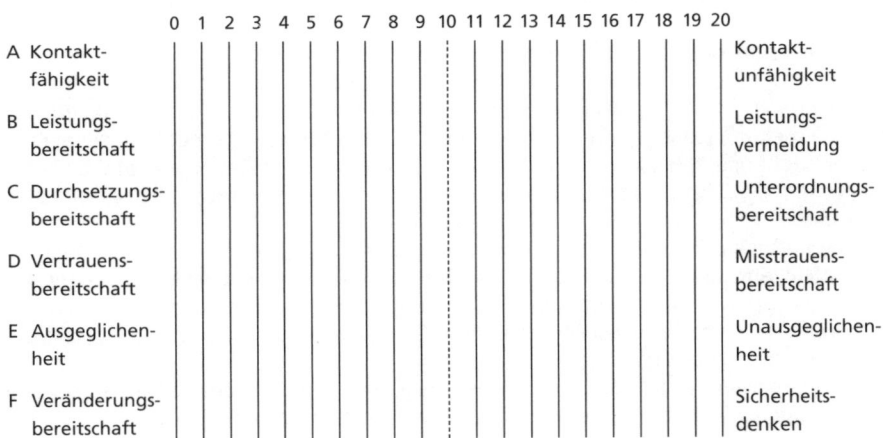

Wie sieht Ihre »Persönlichkeitslinie« aus? Ein Blitz, mit extremen Zacken (nahe an 0 oder 20), eine Diagonale wie im Firmenzeichen der Deutschen Bank, eine Senkrechte in der Mitte (10) oder mehr rechts bzw. links davon?

Die Form Ihrer Linie – man kann auch von einem (Persönlichkeits-)Profil sprechen – hat eine Bedeutung. Wie bzw. was hier aus dem Verlauf der Linie herausgelesen wird, wollen wir Ihnen jetzt demonstrieren:

Es wäre denkbar, dass Sie z. B. beim Persönlichkeitsmerkmal A »Kontakt« 20 Punkte haben, was zum Ausdruck bringen würde: Sie sind – vorsichtig formuliert – ein sehr kontaktscheuer, ein kontaktvermeidender Mensch.

Das andere Extrem wäre ein Punktwert von 0, der für eine extrem hohe Kontaktbereitschaft spräche. Beide Extremwerte sind sicherlich selten. Sie sollen aber verdeutlichen, dass der Persönlichkeitsbereich »Kontaktfähigkeit« aus zwei gegenüberliegenden Positionen auf einer Achse bzw. Skala besteht (vereinfacht: vergleichbar der Ost-West-Achse auf einem Kompass). Es geht um die extremen Pole »heiß« und »kalt« und alles, was an Abstufungen dazwischen denkbar ist.

Wie kommt der Punktwert auf der Skala »Kontaktfähigkeit« zustande? Für eine Ankreuzung, die für Kontaktfähigkeit spricht, haben Sie null Punkte erhalten, für eine Antwort in Richtung Kontaktvermeidung zwei Punkte, für eine mittlere Position (teils, teils) einen Punkt. Zehn Items zum Thema »Kontakt« ergeben den von Ihnen oben addierten Gesamtpunktwert.

Diese Vorgehens-, Aufbau- und Auswertungsweise trifft für alle aus gegensätzlichen Positionen aufgebauten Persönlichkeitsmerkmale zu:

A Kontakt: Kontaktfähigkeit – Kontaktunfähigkeit
B Leistung: Leistungsbereitschaft – Leistungsvermeidung/-unwilligkeit
C Durchsetzung: Durchsetzungsvermögen – Unterordnungsbereitschaft
D Vertrauen: Vertrauensbereitschaft – Misstrauensbereitschaft
E Ausgeglichenheit: emotional stabil – emotional labil
F Veränderung: Veränderungsbereitschaft – Sicherheitsdenken

Sie merken schon, dass die auf den ersten Blick relativ wertfreien Themen- bzw. Persönlichkeitsmerkmale zunehmend mehr Inhalt und Brisanz bekommen und ein deutliches Bild im Sinne einer »Schwarzweißmalerei« über Ihren Charakter ermöglichen.

Hinter den Kulissen

- Klingt der Themenbereich A »Kontakt« noch recht harmlos, gilt das für die beiden Pole »kontaktfähig« gegenüber »kontaktunfähig« schon nicht mehr. »Kontaktfähig« bedeutet im Extrem (Punktwert: 0 oder 1) eine hochgradige, übertriebene Kontaktsucht oder -gier, »Kontaktunfähigkeit« (20 oder 19 Punkte) eine Kontaktstörung, für die die Charakterisierung »kontaktscheu« noch eine Untertreibung darstellen würde.

- Die mittleren Werte 7–13 (in der genauen Mitte 10 bzw. 9 und 11) zeigen eine unauffällige neutrale Position auf der Skala zwischen »heiß« und »kalt« (kontaktbesessen – kontaktgestört). Hätten Sie bei den Entscheidungsfragen zum Themenbereich »Kontakt« immer die ausgewogene Mitte (b = teils, teils etc.) angekreuzt, wäre die Punktzahl 10 das Ergebnis.

- Die Punktwerte 12 und 13 geben ebenso wie 8 und 7 eine Tendenz an – im Sinne einer Ausprägung in Richtung weniger oder stärker kontaktorientiert.

- 6 und 5, auf der anderen Seite 14 und 15 zeigen deutlicher, in welche Richtung Ihre Persönlichkeit in Sachen Kontaktverhalten »ausschlägt«.

- 4, 3, und 2 als Punktwerte einerseits bzw. 16, 17 und 18 andererseits sind in diesem Persönlichkeitstest sehr deutliche Hinweise auf die Art Ihres Kontaktverhaltens (bis hin zum extremen Rand: 2 bzw. 18).

Schauen wir uns jetzt einmal inhaltlich an, wie sich ein extrem kontaktbetonter Mensch in diesem Test beschreibt:

Er arbeitet bevorzugt als Hotelmanager, Lehrer oder Kellner (Items 1, 34, 38), grundsätzlich jedenfalls eher mit Menschen als mit Zahlen (3) und kennt somit keine Einsamkeitsgefühle (12); er unterhält sich lieber mit anderen, als zu lesen (14, 33); klar, dass dieser Mensch sich mehr für die Personalabteilung als für den Maschinenpark interessiert (39) und viel lieber telefoniert, als Briefe schreibt (41).

Wer sich als dermaßen kontaktorientiert beschreibt, sammelt 20 Punkte und riskiert damit (bereits aber auch bei 19 Punkten) die eben erwähnte Charakterisierung als »hochgradig kontaktsüchtig«.

Nun das andere Extrem: Der Kontakt vermeidende Mensch arbeitet bevorzugt als Förster, Koch oder Chemiker (34, 38, 1), in jedem Fall lieber mit Zahlen als mit Menschen (3); in einem Unternehmen möchte er eher für den Maschinenpark als für das Personal verantwortlich sein (39); es macht ihm keinen Spaß, mit Leuten zu reden (33), er ist lieber mit einem guten Buch (14) allein für sich (60), kennt Einsamkeitsgefühle (12), und in schwierigen Situationen schreibt er lieber, als zu telefonieren (41).

Klar – wer alle diese Items so ankreuzt (0 Punkte), stellt sich als völlig kontaktuninteressiert, im Psycho-Klartext gesprochen: als extrem kontaktgestört dar (gilt auch für das Ergebnis 1 Punkt).

Überblick

Das Persönlichkeitsmerkmal A »Kontakt« bedeutet:
- Kontaktfähigkeit versus Kontaktunfähigkeit

in den extremen Punktwerten:

• Kontaktbesessenheit	vs.	schwere Kontaktstörung

Das Persönlichkeitsmerkmal B »Leistung« bedeutet:
- Leistungsbereitschaft versus Leistungsvermeidung

in den extremen Punktwerten:

• absolute Leistungsorientierung	vs.	Leistungsverweigerung
• übermotiviert sein	vs.	Drückebergerei
• mehr wollen als können	vs.	Faulheit

Das Persönlichkeitsmerkmal C »Durchsetzung« bedeutet:
- Durchsetzungsvermögen versus Unterordnungsbereitschaft

in den extremen Punktwerten:

• starkes Dominanzstreben	vs.	ausgeprägte Gefügigkeit
• Selbstbehauptung, Selbstbewusstsein	vs.	Anpassungsbereitschaft
• Egoismus, Unnachgiebigkeit	vs.	Unterwürfigkeit, Kriecherei

Das Persönlichkeitsmerkmal D »Vertrauen« bedeutet:
- Vertrauensbereitschaft versus Misstrauensbereitschaft

in den extremen Punktwerten:

• Vertrauensseligkeit	vs.	misstrauischer Argwohn
• Vertrauensduselei	vs.	kritische Skepsis
• dümmliche Naivität	vs.	Nörgelsucht

Das Persönlichkeitsmerkmal E »Ausgeglichenheit« bedeutet:
- emotionale Stabilität versus emotionale Labilität

in den extremen Punktwerten:
- extreme Dickfelligkeit   vs.   psychische Gestörtheit
- kühle Robustheit   vs.   extreme Stimmungsschwankungen
- seelische Unberührbarkeit   vs.   »hysterische« Charakterzüge

Das Persönlichkeitsmerkmal F »Veränderung« bedeutet:
- Veränderungsbereitschaft versus Sicherheitsdenken

in den extremen Punktwerten:
- hohe Risikobereitschaft   vs.   starrem Konservativismus
- Radikalismus   vs.   null Flexibilität
- revolutionäre Tendenzen   vs.   absoluter Starrheit

Kurzinterpretation

Hier eine Kurzinterpretation im Überblick:

A   Kontakt

0–1 Punkt:

Was ist mit Ihnen los? Sie stürzen sich ja auf alles, was sich bewegt, so kontaktbesessen sind Sie. Stimmt das wirklich? Können Sie nicht mal fünf Minuten für sich alleine sein?

2–4 Punkte:

Sie sind sehr, sehr kontaktfreudig. Das macht Sie vielen Leuten sympathisch, manche reagieren aber auch mit deutlicher Zurückhaltung darauf. Bei denen kommen Sie trotz aller Bemühungen nicht besonders gut an.

5–7 Punkte:

Sie sind ein wirklich aufgeschlossener und überzeugend kontaktfreudiger, sympathischer Mensch. Das spürt man und so kommt man Ihnen gerne näher.

8–9 Punkte:

Sie sind kontaktfreudig, aber in Grenzen.

10 Punkte:

Bei Ihnen herrscht eine ausgewogene Balance. Sie mögen die Kontaktaufnahme mit anderen, wenn Ihnen der Sinn danach steht. Aber Sie sind auch gerne für sich.

11–12 Punkte:

Sie sind im Kontakt mit Ihren Mitmenschen ein wenig zurückhaltend. Warum auch nicht!

13–15 Punkte:

Sie sind eher abwartend, was das Anknüpfen von Kontakten betrifft. Vielleicht sind Sie nur einfach wählerisch und suchen sich Ihre Mitmenschen besonders gut aus. Oder haben Sie gewisse Hemmungen, auf andere zuzugehen?

16–18 Punkte:

Sie sind deutlich kontaktscheu. Dadurch wirken Sie eher kühl bzw. reserviert. Woher kommt Ihre Angst vor Menschen?

19–20 Punkte:
Was ist mit Ihnen los? Sind Sie eine im eigenen Haus gefangene Schnecke? Lehnen Sie wirklich alle Kontakte so rigoros ab und möchten Sie nur für sich bleiben?

B Leistung

0–1 Punkt:
Sie sind ohne Rast und Ruhe, wie ein Löwe auf der Jagd und wollen stets Größtes leisten. Gelingt Ihnen das wirklich oder übernehmen Sie sich damit nicht ein wenig? Zählt bei Ihnen wirklich nur Leistung?

2–4 Punkte:
Sie sind ausgesprochen stark leistungsorientiert. Ruhepausen sind nichts für Sie und Ihre Schaffenskraft. Ziele, die Sie sich vornehmen, verwirklichen Sie in der Regel – koste es, was es wolle.

5–7 Punkte:
Sie leisten etwas und fühlen sich dabei wohl. Leistung macht Ihnen einfach Spaß. Sie scheuen keine Aufgabe.

8–9 Punkte:
Leistung ist für Sie kein Fremdwort. Man kann sich diesbezüglich auf Sie verlassen.

10 Punkte:
Sie zeigen eine ausgewogene Leistungsbalance. »Nicht zu viel und nicht zu wenig« könnte Ihr Motto sein.

11–12 Punkte:
Bevor Sie drauflosarbeiten, überlegen Sie zunächst, wie Sie sich die anstehende Aufgabe erleichtern könnten.

13–15 Punkte:
Sie stehen Leistungsanforderungen kritisch gegenüber. Bevor Sie sich anstrengen, wollen Sie erst mal wissen, wofür und ob sich die Mühe denn wirklich auch lohnt.

16–18 Punkte:
Die Arbeit wurde für Sie nicht unbedingt erfunden. Wenn es nicht sein muss, kommen Sie bestens ohne aus. Leistungsvermeidung ist das Stichwort.

19–20 Punkte:
Sie stellen sich als ausgesprochen faul dar. Stimmt das denn so, sind Sie wirklich ein Leistungsverweigerer und rechter Tunichtgut? Gibt es wirklich rein gar nichts, was Sie anspornen kann?

C Durchsetzung

0–1 Punkt:
So manch einer hält Sie für einen unnachgiebigen Egoisten, der sich absolut um jeden Preis durchsetzen muss. Sehen Sie sich auch so machtbesessen?

2–4 Punkte:
Sie scheinen ausgesprochen willensstark zu sein. Deshalb bestimmen Sie gerne und fast immer, wo es langgeht. Sie sind ein »Leader«-Typ.

5–7 Punkte:
Sie wissen, was Sie wollen und wie Sie das kriegen. Sie lassen sich die Butter nicht vom Brot nehmen.

8–9 Punkte:
Wenn Sie etwas Wichtiges für sich wollen, schaffen Sie es meistens auch. Sie wissen recht gut, wie Sie Ihre Vorhaben durchsetzen können.

10 Punkte:
Sie können sich einfügen oder führen – je nach Situation. Dabei haben Sie ein ausgewogenes Verhältnis zu Befehl und Gehorsam.

11–12 Punkte:
Sie sind gerne bereit, sich anzupassen, wenn es Sinn macht. Damit haben Sie keine Probleme und machen keine.

13–15 Punkte:
Anpassungs- und Einordnungsbereitschaft gehört zu Ihren starken Seiten. Dabei kommt Ihr Durchsetzungsvermögen logischerweise zu kurz. Schade.

16–18 Punkte:
Sie sind wirklich extrem anpassungswillig, häufig auf Kosten Ihrer eigenen Person. Ist Ihnen das bewusst?

19–20 Punkte:
Diese unterwürfige Anpassungsbereitschaft kann bis zur (A ...–)Kriecherei gehen. Haben Sie sich verrechnet?

D Vertrauen
0–1 Punkt:
Sie sind das ideale Opfer für jeden Trickbetrüger und fallen wegen Ihrer hochgradigen Vertrauensseligkeit wirklich auf alles rein.

2–4 Punkte:
Ein unerschütterliches Vertrauenspotenzial zeichnet Sie aus, und mit Ihrem Glauben an das Gute können Sie Berge versetzen.

5–7 Punkte:
Ihr Vertrauen hilft Ihnen und anderen. Das gibt und macht Mut.

8–9 Punkte:
In der Beziehung zu anderen Menschen sind Sie von einer positiven, vertrauensbereiten Grundstimmung getragen.

10 Punkte:
Vertrauen und Misstrauen halten sich bei Ihnen die Waage.

11–12 Punkte:
Kein blindes Vertrauen, sondern eine gesunde Portion Skepsis beschreibt Ihre Grundhaltung.

13–15 Punkte:
Eine deutlich kritische Skepsis zeichnet Sie aus. Sicherlich haben Sie Ihre Erfahrungen gemacht.

16–18 Punkte:
»Vertrauen ist gut, Kontrolle ist besser« lautet Ihre Devise. Diese Art von ständigem Misstrauen steigert nicht gerade Ihre Beliebtheit bei anderen.

19–20 Punkte:
Sind Sie wirklich ein so misstrauischer, argwöhnischer und nörgelnder Typ? Kaum zu glauben!

E Ausgeglichenheit

0–1 Punkt:
Sie sind wirklich »cool wie die Tagesschau«, nichts berührt Sie. Oder ist das alles nur »Mache«?

2–4 Punkte:
Sie haben ein dickes Fell und lassen sich überhaupt nicht aufregen. So kommt es, dass Sie mit einer ausgeprägten seelischen Robustheit durchs Leben gehen.

5–7 Punkte:
Gelassenheit ist eine Ihrer wichtigsten Charaktereigenschaften. Sie behalten die Nerven, wenn andere ihre verlieren.

8–9 Punkte:
Eine gewisse innere Ruhe nennen Sie Ihr Eigen. Es gibt viele Menschen, die Sie deshalb bewundern.

10 Punkte:
Zwischen Aufregung und Ruhe halten Sie die Balance.

11–12 Punkte:
Sie können mitfühlen, ohne den Boden unter den Füßen zu verlieren.

13–15 Punkte:
Sie geraten schon mal aus dem Gleichgewicht – auch bei kleineren Anlässen.

16–18 Punkte:
Sie wissen, was Stimmungsschwankungen bedeuten – Ihre Umwelt auch. Wünschen Sie sich nicht manchmal etwas mehr seelische Stabilität?

19–20 Punkte:
Wie ein Grashälmchen im Wind schwanken Sie von Krise zu Krise. Sind Sie wirklich ein solches Sensibelchen?

F Veränderung

0–1 Punkt:
Sie geben sich wirklich total revolutionär. Sind Sie wirklich so radikal oder möchten Sie nur so erscheinen?

2–4 Punkte:
Sie nehmen jedes Risiko auf sich und zeigen einen extremen Mut zur Veränderung. Alles Bestehende wird kritisch hinterfragt.

5–7 Punkte:
Neuem stehen Sie stets aufgeschlossen gegenüber.

8–9 Punkte:
Auf Veränderungen reagieren Sie mit Gelassenheit. Sie kommen schon klar.

10 Punkte:
Zwischen Verändern und Bewahren halten Sie die Balance.

11–12 Punkte:
Sie sind kein großer Freund von Veränderungen. Warum auch nicht.

13–15 Punkte:
Sie lieben das Bestehende und beklagen den Wandel. Aber immerhin kommen Sie mit der Realität noch klar.

16–18 Punkte:
Sie sind erzkonservativ. Haben Sie schon einmal an eine politische Karriere gedacht? Zu großes Risiko? Klar.

19–20 Punkte:
Sie wollen nun wirklich alles beim Alten belassen und klammern sich an bestehende Verhältnisse, die möglicherweise längst passé sind. Stimmt das?

Lügenfallen

Bisher haben Sie sich mit den 60 Items beschäftigt, die als Auswertungsgrundlage für das Ziel dienten, Licht in Ihre Persönlichkeitsmerkmale »Kontakt«, »Leistung« usw. zu bringen.

Vielleicht ist Ihnen aufgefallen, dass die letzten Items des Fragebogens (61–66) bisher noch nicht in die Auswertung einbezogen wurden. Dies wollen wir jetzt nachholen. Dabei handelt es sich um sogenannte »Lügenfragen«. Damit bezeichnen die Persönlichkeits-Tester Items, die der Überprüfung Ihrer Glaubwürdigkeit dienen. Fangen wir an: Da gibt es das Item 35 (aus der Persönlichkeitsdimension »Ausgeglichenheit«):

Bei mir läuft manches schief.
a) oft (2 Punkte)
b) manchmal (1 Punkt)
c) selten (0 Punkte)

Für welche Ankreuzung hatten Sie sich entschieden?
Bitte vergleichen Sie jetzt dazu Ihre Ankreuzung bei Item 61:

Mir geht im Leben manches daneben.
a) selten (0 Punkte)
b) manchmal (1 Punkt)
c) oft (2 Punkte)

Im Wesentlichen sind beide Aussagen gleich und Sie sollten deshalb bei den Ankreuzungen keine große Abweichung in der Punktzahl haben. Das bedeutet: Wer in Item 35 zwei Punkte hat, sollte auch in Item 61 zwei Punkte (wenigstens aber einen Punkt) haben. Eine etwaige Differenz notieren Sie sich bitte auf einem gesonderten Blatt.
Vergleichen Sie nun bitte Item 12 (aus dem Bereich »Kontakt«)

Ich fühle mich öfters einsam.
a) stimmt (2 Punkte)
b) teils, teils (1 Punkt)
c) stimmt nicht (0 Punkte)

mit Item 62

Oftmals leide ich unter einem Gefühl des Alleinseins.
a) stimmt (2 Punkte)
b) teils, teils (1 Punkt)
c) stimmt nicht (0 Punkte)

Auch hier ist wieder die etwaige Differenz in den Punktwerten zu ermitteln. Und es geht weiter: Vergleichen Sie Item 4 (»Leistung«)

Karriere ist nicht alles im Leben.
a) stimmt (2 Punkte)
b) teils, teils (1 Punkt)
c) stimmt nicht (0 Punkte)

mit Item 63

Der berufliche Aufstieg ist nicht das Wichtigste im Leben.
a) stimmt (2 Punkte)
b) teils, teils (1 Punkt)
c) stimmt nicht (0 Punkte)

und verfahren Sie wieder so, wie oben beschrieben.
Vergleichen Sie Item 5 (»Durchsetzung«)

Ich vermeide es, mich mit Leuten rumzustreiten.
a) ja (2 Punkte)
b) manchmal (1 Punkt)
c) nie (0 Punkte)

mit Item 64

Ich streite nicht gern mit anderen Menschen.
a) stimmt (2 Punkte)
b) teils, teils (1 Punkt)
c) stimmt nicht (0 Punkte)

und verfahren Sie so wie oben beschrieben.
Vergleichen Sie Item 26 (»Vertrauen«)

Es passiert mir häufiger, dass ich die Arbeit anderer kritisiere.
a) stimmt (2 Punkte)
b) teils, teils (1 Punkt)
c) stimmt nicht (0 Punkte)

mit Item 65

Öfters kann ich an den Leistungen anderer kein gutes Haar lassen.
a) stimmt (2 Punkte)
b) teils, teils (1 Punkt)
c) stimmt nicht (0 Punkte)

und verfahren Sie so wie oben beschrieben.
Vergleichen Sie Item 7 (»Veränderung«)

In unserer Marktordnung sollte im Prinzip alles so bleiben, wie es ist.
a) stimmt (2 Punkte)
b) teils, teils (1 Punkt)
c) stimmt nicht (0 Punkte)

mit Item 66

Am System der sozialen Marktwirtschaft gibt es viel zu reformieren.
a) stimmt (0 Punkte)
b) teils, teils (1 Punkt)
c) stimmt nicht (2 Punkte)

und verfahren Sie so wie oben beschrieben.
   Sie haben jetzt bei den sechs Item-Paaren eine maximale Differenz von zwölf Punkten ausrechnen können bzw. – wenn Sie immer gleich geantwortet haben – null Punkte. Tragen Sie Ihren Punktwert auf der nachstehenden Skala (der sogenannten »Lügenskala«) ein:

Überein-stimmung	0	1	2	3	4	5	6	7	8	9	10	11	12	Abweichung
	...	...	...	...	...	...	...	...	...	...	...	...	...	

Sollte Ihr Abweichungswert bis zu vier betragen, würde man Ihnen in der Testinterpretation noch eine relativ hohe »Wahrheitstendenz in Ihrem Antwortverhalten« bescheinigen. Bei mehr als sechs Punkten könnte der Testleiter Veranlassung sehen, die gesamte Interpretation infrage zu stellen.

Auswertung Persönlichkeitstest PT

Auswertung: 1. Thema
Überprüfungsobjekt: berufliche Zielorientierung
Insgesamt: 45
ab 35 = alles prima
um 28 herum = noch ok
unter 20 = gefährdet bis sehr problematisch

Auswertung: 2. Thema
Überprüfungsobjekt: Arbeitsverhalten
Insgesamt: 45
ab 35 = alles prima
um 28 herum = noch ok
unter 20 = gefährdet bis sehr problematisch

Auswertung: 3. Thema
Überprüfungsobjekt: soziale Kompetenz
Insgesamt: 75
ab 55 = alles prima
um 40 herum = noch ok
unter 30 = gefährdet bis sehr problematisch

Auswertung: 4. Thema
Überprüfungsobjekt: seelische Verfassung
Insgesamt: 45
ab 35 = alles prima
um 28 herum = noch ok
unter 20 = gefährdet bis sehr problematisch

Auswertung Persönlichkeitstest Big Five

Summe der Punkte in den Einzelfaktoren:

	❖
	Neurotizismus
40		sehr problematisch
35		problematisch
30		
25		überdurchschnittlich
20		
15		unproblematisch
10		
5		

★	▼	■	●	
Extraversion	Offenheit für Erfahrung	Verträglichkeit	Gewissen- haftigkeit	
40				zu viel des Guten
35				sehr gut
30				gut
25				überdurchschnittlich
20				etwas unter- durchschnittlich
15				unterentwickelt
10				problematisch
5				sehr problematisch

Je 10 Aussagen bezogen sich dabei auf jede der 5 Faktorgruppen.

Der Mittelwert (2 Punkte pro Aussage) liegt bei 20 Punkten pro Einzelfaktor. Dies ist auch der Wert, an dem Sie sich orientieren können. Hohe Werte liegen vor, wenn Sie deutlich über 25 Punkten liegen sollten. Das Maximum wären also 40 Punkte und ab 25 oder gar 30 und mehr Punkten pro Faktor ist der entsprechende Charakterzug extrem ausgeprägt, gefährlich wird es aber erst über 35 Punkte.

Wir verzichten hier bewusst auf eine detaillierte Punkteskala zu Ihrer Einstufung; am besten bilden Sie sich selbst ein Urteil.

Testauswertung

Testpersonen mit höheren Werten im Bereich Neurotizismus neigen dazu, eher unangemessen auf Stresssituationen zu reagieren, unrealistische Ideen zur Realisierung ihrer Bedürfnisse zu entwickeln und in ständiger Sorge um ihre Gesundheit zu leben. Unsicherheit, Traurigkeit, Ängstlichkeit, Nervosität und Verlegenheit sollen wichtige Bestandteile ihres Charakters sein. Hier ist ein Punktwert unter 20 anzustreben.

Hohe Werte im Faktor Extraversion charakterisieren Personen mit Vorlieben für An- und Aufregungen, sie sind eher heiter, aktiv, gesellig, personenorientiert, gesprächig, herzlich und optimistisch.

Liegen höhere Werte im Bereich Offenheit für Erfahrung vor, so zeichnen sich die Testpersonen durch Fantasie, Kreativität, Wissbegierigkeit und Objektivität aus; sie sind offen für Abwechslungen und neue Erfahrungen.

Testpersonen mit sehr hohen Werten im Faktor Verträglichkeit haben ein absolut starkes Harmoniebedürfnis, sie sind sehr nachgiebig und eher zu vertrauensvoll. Bei mittleren Werten werden Kooperativität und Gemeinschaftssinn ebenso deutlich wie etwa uneigennütziges, wohlwollendes, mitfühlendes und verständnisvolles Verhalten.

Wenn im Faktor Gewissenhaftigkeit höhere Werte vorliegen, so wird deutlich, dass die Testperson zuverlässig, diszipliniert, pünktlich, ordentlich, ehrgeizig und hart arbeitend, aber u. U. auch zwanghaft perfektionistisch ist (ab 35 Punkte deutlich).

Positiv ist anzumerken, dass dieser Persönlichkeitstest vom Inhalt und Aufbau intelligenter als die meisten anderen angelegt ist. Dennoch soll auch bei diesem Testverfahren darauf hingewiesen werden, dass es primär dafür entwickelt wurde, Ihr Seelenleben zu erforschen, um daraus Schlüsse auf eine berufliche Kompetenz zu ziehen. Ob es gerechtfertigt ist, Sie nach Ihren Ängsten oder seelischen Bedürfnissen zu befragen, beurteilen Sie am besten selber. Wir jedenfalls halten dies – auch in diesem Fall – für mehr als bedenklich.

Hinweis: Was Sie noch wissen sollten ...

In diesem Buch lasen Sie immer wieder Hinweise auf weiterführende und vertiefende Titel aus der Reihe der Hesse/Schrader-Ratgeber zum Themenkomplex Bewerbung.

Das Autorenteam Hesse/Schrader ist seit über 20 Jahren auf dem Sektor der Bewerbungsratgeber sowie zu weiteren Themen aus der Arbeitswelt publizistisch tätig und hat im Laufe dieser Zeit mehr als 160 Bücher veröffentlicht.

Beide Autoren verfügen über eine langjährige Erfahrung als Seminarleiter bei Test- und Bewerbungstrainings. Ein besonderes Interesse gilt der gewerkschaftlichen Bildungsarbeit in Form von Anti-Mobbing- und Konfliktmanagement-Seminaren. 1992 gründeten sie in Berlin das Büro für Berufsstrategie, das Arbeitnehmer in allen erdenklichen beruflichen Fragen berät und unterstützt. Mittlerweile gibt es Büros für Berufsstrategie auch in Frankfurt a. M., Stuttgart, München und Hamburg.

Hier ein Überblick über die Hesse/Schrader-Bücher, die in einer Bewerbungssituation, aber auch im Arbeitsalltag ganz allgemein hilfreich sein können. Viele richten sich speziell an Zielgruppen wie z. B. Hochschulabsolventen (Berufseinstiegsstrategien) und Führungskräfte (z. B. Karriere durch Headhunter) oder nehmen sich auch Themen an wie Bewerbungsunterlagen, Arbeitszeugnis-Begutachtung, Potenzialanalyse und Gehaltsverhandlung.

Gestaltung der schriftlichen Bewerbungsunterlagen
- Praxismappe
  (Ein Buch im DIN-A-4Format mit erfolgreichen Bewerbungsunterlagen in Originalgröße)

Vorstellungsgespräch
- Praxismappe Vorstellungsgespräch
  (Alle 150 Fragen, die auf Sie zukommen können – mit Hintergrund und Antwortstrategien)

Arbeitszeugnisse
- Arbeitszeugnisse – professionell erstellen, interpretieren, verhandeln
  (Wer beruflich weiterkommen will, braucht ein gutes Zeugnis und muss die Geheimsprache verstehen)

Tests und Personalauswahlverfahren
- Testtraining 2000plus

Wenn Sie sich eingehender mit der Thematik Einstellungstests beschäftigen wollen, empfehlen wir Ihnen unsere speziellen Ratgeber:

Testtraining 2000plus. Einstellungs- und Eignungstests erfolgreich bestehen.
Frankfurt 2005
Testtraining plus. Das interaktive Übungsprogramm auf CD-ROM.
Frankfurt 2006

Der Testknacker. Lösungswege und -strategien für Eignungs- und Einstellungstests.
Frankfurt 2004

In der Reihe berufsstrategie.exakt sind u. a. folgende Bücher erschienen:

Testtraining Allgemeinwissen
Testtraining Persönlichkeit
Testtraining Logik
Testtraining Konzentrationsvermögen
Testtraining Technisches Verständnis
Testtraining Kreativität
Gedächtnistraining
Testtraining neue deutsche Rechtschreibung
Testtraining Rechnen und Mathematik
Testtraining Naturwissenschaften
Testtraining Textaufgaben
Testtraining Organisationsvermögen

Anhang

Anmerkungen

1   Jeserich, W.: Mitarbeiter auswählen und fördern. München/Wien 1981, S. 33
2   Schuler, H.: Assessment Center als Auswahl- und Erfolgsinstrument: Einleitung und Überblick. In: Schuler, H. & Stehle, W.: Assessment Center als Methode der Personalentwicklung. Stuttgart 1987, S. 2
3   Goffman, E.: Wir alle spielen Theater. Die Selbstdarstellung im Alltag. München 1988, S. 62
4   Die Entwicklung dieses Systems erfolgte vom Psychologen Bernd Runde und seinen Mitarbeitern.
5   Vgl. www2.uni-osnabrueck.de/multimedia/isis.htm
6   Die Zeit, 15.9.89, S. 39
7   Hanft, A.: Eignungsdiagnostik in Betrieben – Psychologische Testverfahren und Assessment Center als Instrumente der Personalselektion. In: Grubitzsch, S.: Testtheorie – Testpraxis. Reinbek b.Hamburg 1991, S. 290.
8   Kompa, A.: Assessment Center. München, 1989, S. 69
9   Jeserich, in: Die Zeit, 15.9.89, S. 39

Literatur

Goffman, E.: Wir alle spielen Theater. Die Selbstdarstellung im Alltag. München, 1988
Hanft, A.: Eignungsdiagnostik in Betrieben – Psychologische Testverfahren und Assessment Center als Instrumente der Personalselektion. In: Grubitzsch, S.: Testtheorie – Testpraxis. Reinbek b. Hamburg, 1991
Jeserich, W.: Mitarbeiter auswählen und fördern. München/Wien, 1981
Kompa, A.: Assessment Center. München, 1989
Meike Müller: Der starke Auftritt. So überzeugen Sie in Ihrem Job. Frankfurt a. M., 2002
Schuler, H. & Stehle, W.: Assessment Center als Methode der Personalentwicklung. Stuttgart, 1987
www.boersenlexikon.de
www.tagesspiegel.de
www2.uni-osnabrueck.de/multimedia/isis.htm

Stichwortverzeichnis